飞行性能与运行

Flight Performance and Operations

余 江 编著

西南交通大学出版社
·成都·

内容简介

本书是民航院校交通运输工程（一级学科）和交通运输（类别）研究生专业课教材。

本书对民航运输航空中复杂环境下的运行性能进行了系统论述。在民航院校运行类（飞行、签派、管制、程序）本科专业的基础上，通过研究生阶段使用本书进一步学习，学生可较为全面地掌握民航实际运行中涉及的高级性能专题。

本书以民航现实应用为导向，以具体机型（B737-700、A319-112）为实例，围绕运行性能主题展开，涉及飞行程序、飞机系统、发动机、航空气象、民航规章、测绘学、软件工程等内容，具有综合性、多学科交叉的特点，并注重理论与实际相结合。

本书要求读者具备一定的飞行性能基础知识和民航实际运行经验。

本书可作为相关高等院校和航空公司飞行性能与运行方面的专业教材，适合性能工程师、飞行机组、飞行签派、飞行程序、运行控制、空中交通管理、飞行安全等相关领域人员使用。

图书在版编目（CIP）数据

飞行性能与运行 / 余江编著. —成都：西南交通大学出版社，2021.8
ISBN 978-7-5643-8167-7

Ⅰ.①飞… Ⅱ.①余… Ⅲ.①民用飞机–飞行品质–研究生–教材②民用飞机–运行–研究生–教材 Ⅳ.①V271.1

中国版本图书馆 CIP 数据核字（2021）第 150807 号

Feixing Xingneng yu Yunxing
飞行性能与运行

余 江 编著

责任编辑	李 伟
封面设计	何东琳设计工作室
出版发行	西南交通大学出版社 （四川省成都市金牛区二环路北一段 111 号 西南交通大学创新大厦 21 楼）
邮政编码	610031
发行部电话	028-87600564　028-87600533
网址	http://www.xnjdcbs.com
印刷	成都中永印务有限责任公司
成品尺寸	185 mm × 260 mm
印张	20.5
字数	512 千
版次	2021 年 8 月第 1 版
印次	2021 年 8 月第 1 次
定价	58.00 元
书号	ISBN 978-7-5643-8167-7

课件咨询电话：028-81435775
图书如有印装质量问题　本社负责退换
版权所有　盗版必究　举报电话：028-87600562

前　言

飞机的性能是飞行运行的基础，航空公司必须按照规章要求来确定航线和日常飞行运行数据。例如，确定最大起飞重量便是典型的日常性能工作。飞行性能工作不但要求从业者具有一定的飞行力学、空气动力学、飞机设计基础，要求具备广博的机型知识和民航实际运行经验，更为重要的是，还必须对民航相关规章和要求有深入的理解。

常规的飞行性能教材和相关资料，已对大部分基本性能知识进行了讲授。但是，针对民航实际运行相结合的性能分析、民航实际运行中经常遇到的若干高级性能专题等内容，在公开出版的书籍中尚未见到。中国民用航空飞行学院作为民航局直属的两所本科院校之一，一直起着民航专业人才培养的主力军作用。在本科民航院校知识学习的基础上，学生及业内相关从业人员一直有进一步深入学习的需求。但遗憾的是，国内并没有一本能够结合民航实际，对飞行性能工作中的高级问题进行深入阐述的书籍或教材，导致这一需求长期得不到满足。

本书主要内容自 2007 年开始，一直在交通运输工程(一级学科)和交通运输(类别)研究生的专业课"飞行性能与运行"中讲授。编者在多年性能培训、教学经验和科研工作的基础上，对相关内容一直进行持续更新。2017 年开始，本课程内容不但针对学校工程类的研究生，还针对飞行类的研究生展开了深入教学，最终在学校研究生处的鼓励和资助下，本书得以正式出版，以期填补这一空白。

本书在大部分内容和细节上，有别于现有民航院校的性能课程教材。首先，本书读者要求具备一定水平的飞行性能基础和民航实际运行经验，因此，并没有对一些基础的飞行性能理论进行详细讲授。其次，本书大量基于案例学习，充分以 B737-700 和 A319-112 机型在样例机场的分析为基础，大量使用性能软件及其结果作为分析手段，力图全方位展示民航实际运行中面临的各种性能问题及其解决方法。第三，本书以实用为目的，重点对运行中需要的性能知识及其应用进行了深入阐述，并对起飞分析、起飞一发失效应急程序(EOSID)设计、飞行程序与飞行性能、航线分析、着陆分析中的难点进行了重点阐述。第四，本书综合程度较高，覆盖了较广的学科知识领域，考虑到学习者基础的不同，以及跨专业情况，本书对学习中涉及的必要知识进行了适当的展开，便于自学。

全书共分 9 章，具体为基础知识、飞机的速度与限制、起飞性能基础、起飞性能分析、离场程序性能分析、起飞一发失效应急程序、航路飘降分析、航路供氧分析、进近与着陆等。

由于飞机的运行是按照规章和手册来进行的，它们均大量使用英美制，这已经成为全球民航界飞机运行的标准。本书的大量数据图表取自于这些法规和手册，其中部分单位符号多采用大写，如 KG（kg）、FT（ft）、M（m）等，本书保留使用这些国际民航界的通用术语、单位和符号，以方便民航界读者学习和使用。

本书除了用于院校教学，也适用于民航运行领域的技术工作者阅读，特别是性能、签派、飞行、程序设计、管制、规章标准、安全、机场、净空管理等领域人员。

本书仅用于相关知识和技能的学习，其数据不能用于具体飞机的运行。如本书内容和具体飞机手册冲突，以飞机手册为准。由于编者水平所限，书中疏漏和不当之处在所难免，望广大读者批评指正。

余 江

2021 年 5 月

目 录

第1章 基础知识 ··· 1
   1.1 国际标准大气 ··· 1
   1.2 高　度 ·· 6
   1.3 涡扇发动机 ·· 15
   1.4 手册、性能软件概览 ··· 25

第2章 飞机的速度与限制 ·· 39
   2.1 指示空速、校正空速和当量空速 ··· 39
   2.2 空气动力学基础 ·· 42
   2.3 传统失速速度与 1g 失速速度 ·· 45
   2.4 限制速度 ·· 49
   2.5 运行限制 ·· 52

第3章 起飞性能基础 ·· 63
   3.1 起飞速度 ·· 63
   3.2 起飞场道 ·· 65
   3.3 起飞飞行航迹 ··· 73
   3.4 起飞性能的优化 ·· 83
   3.5 AFM 起飞性能计算 ··· 87

第4章 起飞性能分析 ·· 95
   4.1 起飞分析所需数据 ·· 95
   4.2 波音起飞分析表 ·· 104
   4.3 空客起飞分析表 ·· 110
   4.4 深入理解起飞分析表 ··· 115

第5章 离场程序性能分析 ·· 135
   5.1 标准仪表离场程序 ·· 135
   5.2 SID 的全发性能验证 ··· 140
   5.3 SID 的一发失效性能验证 ·· 154

第6章 起飞一发失效应急程序 ··· 175
   6.1 背　景 ·· 175
   6.2 标准、规范与资料 ·· 180

6.3 应急程序航迹的确定 ··· 183
   6.4 一发失效性能验证 ··· 191
   6.5 决策点与全发性能验证 ··· 197
   6.6 EOSID 结束点 ·· 202
   6.7 应急程序的完成 ·· 203

第7章 航路飘降分析 ··· 205
   7.1 下降模式 ··· 205
   7.2 飞机的一发失效性能 ··· 207
   7.3 规章要求 ··· 211
   7.4 飘降分析的内容 ·· 221
   7.5 其他需要考虑的事项 ··· 232
   7.6 航路越障分析算例 ··· 234

第8章 航路供氧分析 ··· 241
   8.1 缺氧对人体生理的影响 ··· 242
   8.2 机载供氧系统的类型与特点 ·· 243
   8.3 规章要求 ··· 246
   8.4 氧气剖面与性能剖面 ··· 250
   8.5 航路供氧分析算例 ··· 268

第9章 进近与着陆 ··· 277
   9.1 进近与着陆概述 ·· 277
   9.2 着陆限制与操纵速度 ··· 280
   9.3 复飞爬升与着陆距离 ··· 281
   9.4 湿与污染道面性能 ··· 292
   9.5 刹车热能 ··· 299
   9.6 审定着陆性能计算 ··· 305
   9.7 着陆分析表 ·· 307
   9.8 复飞程序性能分析 ··· 311

参考文献 ··· 313

附 录 ·· 315
   附录1 符号表 ·· 315
   附录2 缩略语表 ·· 316
   附录3 单位制及其转换 ··· 319

第 1 章 基础知识

1.1 国际标准大气

1.1.1 国际标准大气概述

地球大气是多种气体的混合体,其中氮气约 78%,氧气约 21%,氩气约 0.9%,同时还有其他小比例的气体。大气中始终存在水蒸气,其量是变化的,取决于温度和相对湿度,通常比例小于 1%。

太阳能量加热地球大气,但大部分能量加热地表,地表升温反过来又加热底层大气。受热后的大气上升,然后膨胀、降压并冷却,其温度随高度的降低在对流层顶达到平衡,之上某一高度范围内温度保持恒定。民用运输类飞机通常在对流层顶附近飞行。

实际的大气是随时变化的。例如:包裹着地球大气的最低层是温度随高度增加而递减的对流层,多年观测表明,对流层顶随纬度和季节而变化,在热带平均为 17~18 km;温带平均为 10~12 km;高纬和两极地区只有 8~9 km。夏季对流层顶高于冬季。对流层虽薄,但却集中了整个大气质量的 3/4,90% 以上的水汽,云、雾、降水等天气基本都在这一层。

飞机和发动机的性能取决于飞机和发动机与空气的相互作用,时刻变化的大气不便于衡量这种相互作用。因此我们需要一个标准参照来计算和比较飞机性能、飞行试验与风洞试验数据。

历史上存在过许多标准大气模型,但现在飞机、发动机制造商以及航空界普遍使用的标准大气是国际民航组织(ICAO)在 20 世纪 60 年代建立的国际标准大气模型。

国际标准大气(International Standard Atmosphere,ISA)是一个人为规定的一个不变的大气环境,该模型包括温度、密度、气压等随高度的变化关系,以北半球中纬度地区大气物理特性的平均值为依据建立。

其主要规定参数如下:

ISA 海平面(ISA Sea Level),温度 15 ℃ 或 288.15 K,气压 29.92 inHg(1 inHg ≈ 33.86 hPa)或 1013.25 hPa,密度 0.002 376 89 slug/ft^3(1 slug/ft^3 = 515.379 kg/m^3)或 1.225 kg/m^3,重力加速度 32.174 05 ft/s^2(1 ft/s^2 = 0.304 8 m^2/s)或 9.806 65 m/s^2。

ISA 海平面参数通常用下标 0 来表示,如 T_0、P_0、ρ_0、g_0 等。

对流层(Troposphere)厚度 36 089 ft 或 11 km,温度递减率 -1.981 2 ℃/1 000 ft 或 -6.5 ℃/1 000 m。

对流层顶(Tropopause)之上为同温层(Stratosphere)。同温层下部温度为常值 -56.5 ℃,65 618 ft 或 20 km 之上,气温随高度增加又开始增加。

大气的这种分层主要是依据温度的垂直变化特点进行的。

ISA 模型中,温度、密度、气压等随高度的变化是由以下数学公式描述的。

气温可计算为

0 ~ 36 089 ft：$T_{ISA} = 288.15 - 0.001\,981\,2 \times H_p$（K）

36 089 ~ 65 618 ft：$T_{ISA} = 216.65$（K）

气压（静压）可计算为

0 ~ 36 089 ft：$P_{ISA} = 1013.25 \times \left(\dfrac{288.15 - 0.001\,981\,2 \times H_p}{288.15}\right)^{5.255\,877\,4}$（hPa）

36 089 ~ 65 618 ft：$P_{ISA} = 1013.25 \times 0.223\,36 \times e^{\left(\frac{36\,089 - H_p}{20\,805.8}\right)}$（hPa）

密度可计算为

0 ~ 36 089 ft：$\rho_{ISA} = 0.002\,376\,89 \times \left(\dfrac{288.15 - 0.001\,981\,2 \times H_p}{288.15}\right)^{4.255\,877\,4}$（slug/ft³）

36 089 ~ 65 618 ft：$\rho_{ISA} = 0.002\,376\,89 \times 0.297\,07 \times e^{\left(\frac{36\,089 - H_p}{20\,805.8}\right)}$（slug/ft³）

上面几个公式中，H_p 为以英尺表示的压力高度（Pressure Altitude，PA）。ISA 模型气压-高度变化关系如图 1.1 所示。

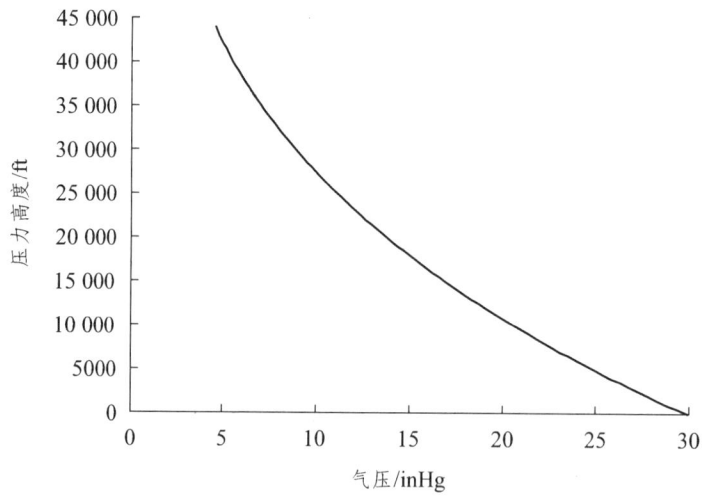

图 1.1 ISA 模型气压-高度变化关系

实际大气很少和标准大气重合。使用 ISA 温差（ISA Deviation）来表示实际温度与 ISA 标准温度的差值。

【例 1.1】 某机场外部大气温度（OAT）为 20 °C，PA 为 2000 ft，确定机场的 ISA 温差。

解： 机场 PA 2000 ft 处的标准温度为

$$T_{ISA} = 15 - 2 \times 2000/1000 = 11$$

$$\text{ISA Dev.} = 20 - 11 = 9\ (°C)$$

可文字表述为 ISA + 9 °C。

【例 1.2】 温度 ISA + 15 °C，计算 PA 31 000 ft 处的实际温度。

解： 实际温度为

$$T = 15 - 0.001\,981\,2 \times 31\,000 + 15 = -31.4 \;(\,^\circ\text{C}\,)$$

实际运行中，通常假设同一垂直空气柱各高度具有相同的 ISA 温差。

飞机、发动机性能取决于空气密度，空气密度是气压和气温的函数。

例如，如果现在某处的气压为 908 hPa（约 26.8 inHg），则该处对应的 PA 为 3000 ft（见图 1.1）。参见国际标准大气表（见表 1.1）。飞机、发动机将表现出等同于 ISA 大气下 3000 ft 高度处的性能。

表 1.1 国际标准大气表

Geopotential altitude/ft	Temperature		θ	a/a_0	Pressure			δ	σ
	°F	°C			inHg	lb/ft²	mb		
0	59.0	15.0	1.0000	1.0000	29.920	2116.3	1013.2	1.0000	1.0000
1000	55.4	13.0	0.9931	0.9966	28.854	2040.9	977.1	0.9644	0.9711
2000	51.9	11.0	0.9862	0.9931	27.820	1967.7	942.1	0.9298	0.9428
3000	48.3	9.1	0.9794	0.9896	26.816	1896.7	908.1	0.8962	0.9151
4000	44.7	7.1	0.9725	0.9862	25.841	1827.7	875.1	0.8637	0.8881
5000	41.2	5.1	0.9656	0.9827	24.895	1760.8	843.0	0.8320	0.8617
6000	37.6	3.1	0.9587	0.9792	23.977	1695.9	812.0	0.8014	0.8359
7000	34.0	1.1	0.9519	0.9756	23.087	1633.0	781.8	0.7716	0.8106
8000	30.5	−0.8	0.9450	0.9721	22.224	1571.9	752.6	0.7428	0.7860
9000	26.9	−2.8	0.9381	0.9686	21.387	1512.7	724.2	0.7148	0.7620
10 000	23.3	−4.8	0.9312	0.9650	20.576	1455.4	696.8	0.6877	0.7385
11 000	19.8	−6.8	0.9244	0.9614	19.790	1399.8	670.2	0.6614	0.7156
12 000	16.2	−8.8	0.9175	0.9579	19.029	1345.9	644.4	0.6360	0.6932
13 000	12.6	−10.8	0.9106	0.9543	18.291	1293.7	619.4	0.6113	0.6713
14 000	9.1	−12.7	0.9037	0.9507	17.577	1243.2	595.2	0.5875	0.6500
15 000	5.5	−14.7	0.8969	0.9470	16.885	1194.3	571.8	0.5643	0.6292
16 000	1.9	−16.7	0.8900	0.9434	16.216	1147.0	549.1	0.5420	0.6090
17 000	−1.6	−18.7	0.8831	0.9397	15.568	1101.1	527.2	0.5203	0.5892
18 000	−5.2	−20.7	0.8762	0.9361	14.941	1056.8	506.0	0.4994	0.5699
19 000	−8.8	−22.6	0.8694	0.9324	14.335	1014.0	485.5	0.4791	0.5511
20 000	−12.3	−24.6	0.8625	0.9287	13.750	972.5	465.6	0.4595	0.5328
21 000	−15.9	−26.6	0.8556	0.9250	13.183	932.5	446.4	0.4406	0.5150
22 000	−19.5	−28.6	0.8487	0.9213	12.636	893.7	427.9	0.4223	0.4976
23 000	−23.0	−30.6	0.8419	0.9175	12.107	856.3	410.0	0.4046	0.4807
24 000	−26.6	−32.5	0.8350	0.9138	11.596	820.2	392.7	0.3876	0.4642

续表

Geopotential altitude/ft	Temperature		θ	a/a_0	Pressure			δ	σ
	°F	°C			inHg	lb/ft²	mb		
25 000	−30.2	−34.5	0.8281	0.9100	11.103	785.3	376.0	0.3711	0.4481
26 000	−33.7	−36.5	0.8212	0.9062	10.627	751.7	359.9	0.3552	0.4325
27 000	−37.3	−38.5	0.8144	0.9024	10.168	719.2	344.3	0.3398	0.4173
28 000	−40.9	−40.5	0.8075	0.8986	9.725	687.8	329.3	0.3250	0.4025
29 000	−44.4	−42.5	0.8006	0.8948	9.297	657.6	314.8	0.3107	0.3881
30 000	−48.0	−44.4	0.7937	0.8909	8.885	628.4	300.9	0.2970	0.3741
31 000	−51.6	−46.4	0.7869	0.8870	8.488	600.4	287.4	0.2837	0.3605
32 000	−55.1	−48.4	0.7800	0.8832	8.105	573.3	274.5	0.2709	0.3473
33 000	−58.7	−50.4	0.7731	0.8793	7.737	547.2	262.0	0.2586	0.3345
34 000	−62.2	−52.4	0.7662	0.8753	7.382	522.1	250.0	0.2467	0.3220
35 000	−65.8	−54.3	0.7594	0.8714	7.040	498.0	238.4	0.2353	0.3099
36 000	−69.4	−56.3	0.7525	0.8675	6.712	474.7	227.3	0.2243	0.2981
36 089	−69.7	−56.5	0.7519	0.8671	6.683	472.7	226.3	0.2234	0.2971
37 000	−69.7	−56.5	0.7519	0.8671	6.397	452.4	216.6	0.2138	0.2844
38 000	−69.7	−56.5	0.7519	0.8671	6.097	431.2	206.5	0.2038	0.2710
39 000	−69.7	−56.5	0.7519	0.8671	5.810	411.0	196.8	0.1942	0.2583
40 000	−69.7	−56.5	0.7519	0.8671	5.538	391.7	187.5	0.1851	0.2462
41 000	−69.7	−56.5	0.7519	0.8671	5.278	373.3	178.7	0.1764	0.2346
42 000	−69.7	−56.5	0.7519	0.8671	5.030	355.8	170.3	0.1681	0.2236
43 000	−69.7	−56.5	0.7519	0.8671	4.794	339.1	162.3	0.1602	0.2131
44 000	−69.7	−56.5	0.7519	0.8671	4.569	323.2	154.7	0.1527	0.2031
45 000	−69.7	−56.5	0.7519	0.8671	4.355	308.0	147.5	0.1455	0.1936

已知某处大气静压，则可通过下式计算对应的 PA。

$0 \sim 36\,089$ ft：$H_p = 145\,442.15 \times \left[1 - \left(\dfrac{P}{P_0}\right)^{0.190\,263}\right]$

$36\,089 \sim 65\,618$ ft：$H_p = 36\,089 - 20\,805.8 \times \ln\left[4.477\,06 \times \left(\dfrac{P}{P_0}\right)\right]$

上式中，高度单位符号为 ft，分子分母气压必须是同一单位。

需要特别指出，压力高度（Pressure Altitude，PA）是飞行性能中一个非常重要的概念，它是 ISA 模型下，按气压-高度的对应关系所确定的高度。气压值确定，则 PA 确定。性能图表上的高度基本上均为 PA。

1.1.2 常用大气参数计算

引入三个概念：密度比、温度比、压强比。

温度比是当地高度大气温度与 ISA 海平面大气温度之比，用符号 θ 表示，因此：

$$\theta = T/T_0$$

上式中温度单位为绝对温度"开"。对流层内，温度比还可直接计算为

$$\theta = \frac{288.15 - 0.001\,981\,2 \times H + \Delta\text{ISA}}{288.15}$$

压强比是当地高度大气压强与 ISA 海平面大气压强之比，用符号 δ 表示，因此：

$$\delta = P/P_0$$

对流层内，压强比还可直接计算为

$$\delta = \left(\frac{288.15 - 0.001\,981\,2 \times H}{288.15}\right)^{5.255\,877\,4} = (\theta_{\text{ISA}})^{5.255\,877\,4}$$

密度比是当地高度大气密度与 ISA 海平面大气密度之比，用符号 σ 表示，因此：

$$\sigma = \rho/\rho_0$$

此密度单位符号为 slug/ft^3。

密度比通常使用实际大气的压强比与温度比计算得到：

$$\sigma = \delta/\theta$$

【例 1.3】 PA 33 000 ft，温度 ISA + 10 ℃，计算温度比、压强比和密度比。

解： 温度比为

$$\theta = (288.15 - 0.001\,981\,2 \times 33\,000 + 10)/288.15 = 0.807\,739$$

压强比为

$$\delta = \left(\frac{288.15 - 0.001\,981\,2 \times 33\,000}{288.15}\right)^{5.255\,877\,4} = 0.258\,581$$

密度比为

$$\sigma = \delta/\theta = 0.258\,581/0.807\,739 = 0.320\,129$$

注意，大气温度的变化不影响相同 PA 处的压强比，但温度的变化，相同 PA 对应的几何高度不同。

【例 1.4】 某机场的 OAT 为 30 °C，PA 为 3 000 ft，求空气密度。

解：温度比为

$$\theta = T/T_0 = (273.15+30)/288.15 = 1.0521$$

查国际标准大气表（见表 1.1）得到，3000 ft 处的压强比 $\delta = 0.8962$，因此，密度比为

$$\sigma = \delta/\theta = 0.8962/1.0521 = 0.8518$$

所求的空气密度为

$$\rho = \rho_0 \times \sigma = 0.002\ 376\ 89 \times 0.8518 = 0.002\ 024\ 7\ (\text{slug/ft}^3)$$

1.2 高　度

1.2.1 高度的概念

日常生活中的高/高度一般均指距某基准面的垂直物理距离，也称为皮尺高/高度（Tapeline Height/Altitude）或几何高/高度（Geometric Height/Altitude）。

地图上地形、山峰的标高或海拔（Elevation），是距平均海平面（Mean Sea Level，MSL）的几何高度，它不随气象条件而变。其数值是通过测绘学方法和仪器得到的。

MSL 是不考虑潮汐、风、波浪影响的静止海平面。由于地球密度的不均匀，MSL 并不是一个数学球体或椭球体，而是一个不规则的曲面。在 MSL 中，水面始终与重力线垂直。在陆地区域，MSL 是海洋沿假设的水槽延伸过来的水面。我国 MSL 为青岛附近的常年平均海平面，称黄海国家高程基准。

基准面不同，就有不同的高/高度概念（见图 1.2），常见的包括：

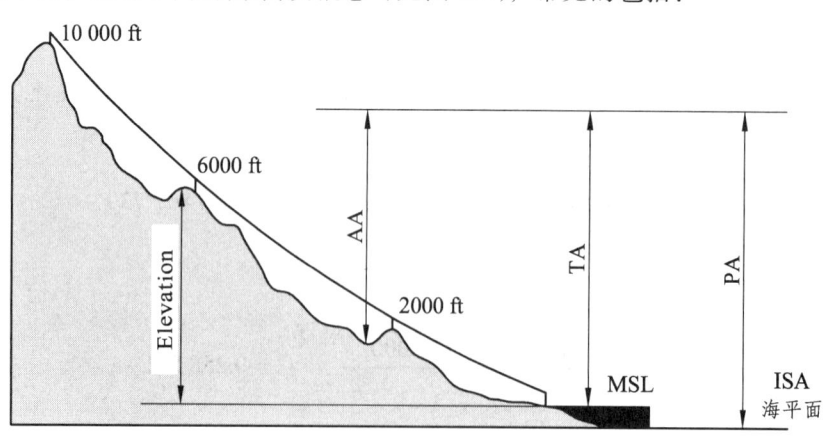

图 1.2　几个高度的概念

真实高度（True Altitude，TA）：飞机距 MSL 的垂直物理距离。在地图上，真实高度是山头、物体的标高（Elevation），如机场、塔台、障碍物的高度都是真实高度。

绝对高度（Absolute Altitude，AA）：飞机距地表的垂直物理距离。这一概念也称为离地高度（Above Ground Level，AGL）。飞机上无线电高度（Radio Altitude，RA）是绝对高度。

RA 仅在起降阶段使用，通常只在 2500 ft 以下才显示。

需要特别指出的是，本书所使用的真实高度与绝对高度是英文直译的名词，这是国际民航界普遍接受的概念。在国内不少资料上，"真实高度"对应"Absolute Altitude"，而"绝对高度"对应"True Altitude"，在定义上正好是相反的。读者在阅读资料时须注意这一不同。

飞机上所使用的高度表（见图 1.3）实际上是气压表，环境大气压（静压）是其唯一的输入参数。得到气压后，按 ISA 气压随高度的关系得到高度。高度表的读数即指示高度（Indicated Altitude，IA），反映的是测量处的气压与参考面气压在 ISA 大气中的高度差。如果今天的大气为 ISA，则 IA 等于 TA。

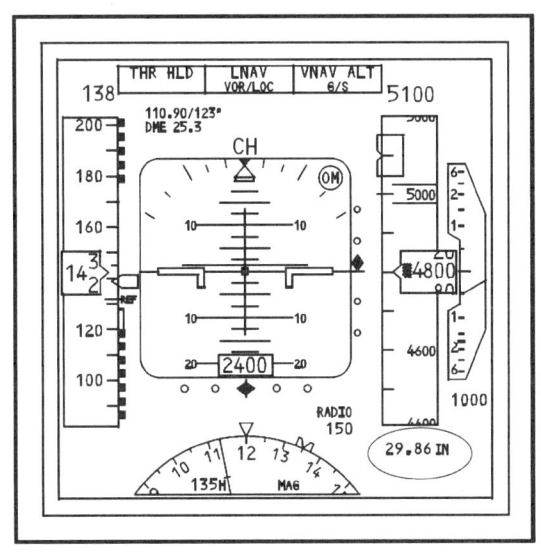

图 1.3　主飞行显示器（PFD）上的高度表设定显示（QNH29.86）

民用航空中，通常区分高度（Altitude）与高（Height）的概念。一般情况下，高度是指距海平面的垂直物理距离，而高是指距地表的垂直物理距离。

可通过设置高度表参考面气压（基准），得到不同的指示高度。

经常使用的高度表基准是：场压（QFE）、修正海压（QNH）、标准海压（QNE）。对应的指示高度分别称为场压高、修正海压高度、标准海压高度。

场压（QFE）：跑道面上的气压。如果以 QFE 作为参考气压，飞机停在地面上，高度表指零，飞机在空中时，高度表指示的是相对于机场表面的高。

修正海压（QNH）：当地平均海平面（MSL）上的气压。如果以 QNH 作为参考气压，飞机停在地面上，高度表指示的是机场的标高，飞机在空中时，高度表指示的是相对于 MSL 的高度。这种高度表设置有利于飞行中判断飞机相对地形障碍物的垂直距离，因为地形标高是从 MSL 开始测量的，从而有利于飞行安全。起飞着陆阶段所有过渡高度（Transition Altitude）以下的飞机均使用 QNH 设定。

QNH 是根据测量的场压和标高，按照 ISA 模型中气压随高度的变化曲线计算得到的。即下式，式中 QFE 的单位符号为 inHg，Elev 的单位符号为 ft。在民航实际运行中，QNH 可通过情报通播（Automatic Terminal Information Service，ATIS）得到。

$$QNH = 29.92 \times \left[\left(\frac{QFE}{29.92}\right)^{0.190\,263} + \left(\frac{Elev}{145\,442.16}\right)\right]^{5.255\,88} \quad (\text{inHg})$$

标准海压（QNE）：ISA 海平面上的气压，该值恒等于 1013.25 hPa。如果以 QNE 作为参考气压，高度表指示的是 PA。为便于统一高度分层，所有过渡高度层（Transition Level）以上的飞机均必须使用 QNE 设定。

需要特别指出的是，不管实际大气如何，上面三个气压高度实际上均为 ISA 大气条件下测量点到参考面气压的高度差。

飞行性能工作中，常常需要对高度有更深入的理解。

根据气体状态方程：

$$P = \rho RT$$

根据大气静力学方程：

$$dP = -\rho g dh$$

两式相除，得到描述一般大气的方程：

$$\int \frac{dP}{P} = -\frac{1}{R} \int \frac{g}{T} dh$$

为简化计算，假设重力加速度 g 为 ISA 海平面的值，不随高度而变，则上式变为

$$\int \frac{dP}{P} = -\frac{g_0}{R} \int \frac{1}{T} dh_{\text{geopotential}}$$

我们把这种 g 不随高度而变化的大气模型称为位势模型（Geopotential Model），对应的高度称为位势高度（Geopotential Altitude）。

位势高度的物理含义和势能相关。

质量为 m 的物体，在恒定 g 和变化 g 的重力场中升高，取得相同势能对应的高度分别称为位势高度和几何高度，则下式相等：

$$mg_0 \int dh_{\text{geopotential}} = m \int g \cdot dh_{\text{geometric}}$$

例如，在不变 g 重力场中物体升高 100 ft（位势高）取得的势能，在真实变化 g 重力场中，必然要求上升更大的高度（几何高度）才能取得。上述公式实际上描述了势位高度和几何高度的关系。

国际标准大气 ISA 是一种特殊的位势模型，压强、温度随 PA 的变化满足前面 ISA 模型中所列的数学公式。PA 是位势高度而不是几何高度。即 ISA 大气符合下列方程：

$$\int \frac{dP}{P_{\text{ISA}}} = -\frac{g_0}{R} \int \frac{1}{T_{\text{ISA}}} dh_{\text{p}}$$

ISA 中，只要给定温度随高度的变化，则可通过上式得到压强随高度的变化，进而通过状态方程得到密度随高度的变化，这也是上一节给出的 ISA 参数计算公式。

由于几何高度需考虑变化的重力加速度，而 g 随高度、纬度而变。可通过下列简化公式，将位势高度转换为几何高度：

$$h_{\text{geometric}} = \frac{r \cdot h_{\text{geopotential}}}{r - h_{\text{geopotential}}}$$

式中，r 为参考地球半径 20 855 531 ft。海平面以上，几何高度总是大于位势高度。

【例 1.5】 已知位势高度为 39 000 ft，确定对应的几何高度。

解：

$$h_{\text{geometric}} = \frac{20\ 855\ 531 \times 39\ 000}{20\ 855\ 531 - 39\ 000} = 39\ 073\ （\text{ft}）$$

可以看出，位势高度和几何高度相差很小，一般情景下，可看作两者相同。

在飞行性能相关计算分析工作中，需要进行越障判定，常常需要将非标准/标准大气条件下的指示高度转换为几何高度，才能与同为几何高度的地形障碍物进行比较，以进行越障判定。

1.2.2 非标准大气的高度修正

如果实际大气等于标准大气，则飞机的指示高度近似等于几何高度（IA 没有考虑 g 的变化）。

气压式高度表是按照 ISA 模型下的气压随高度的变化曲线，将测量的空气静压转换为高度，来指示相对基准气压面的高度的。因此，任何非标准大气情况，都将导致指示高度和几何高度（或位势高度）不同。

非标准大气的一种情况是 QNH 不等于 ISA 海平面压强。

这种情况相当于用于校准高度表的气压-高度变化曲线出现了平移，如图 1.4 所示。通过设置高度表参考面不同的气压值，可处理这一情况。

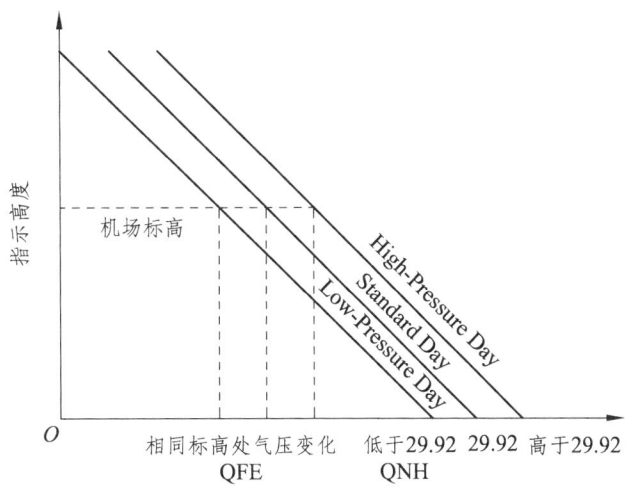

图 1.4 QNH 的变化导致气压-高度曲线出现平移

如果知道场压，则可直接计算对应的 PA（见 1.1.1）。实际运行中，大部分情况是只知道机场标高 H_{elve} 和 QNH 值，则通过下式计算对应的 PA。

$$PA = H_{elve} + 14\,542.15 \times \left[1 - \left(\frac{QNH}{P_0}\right)^{0.190\,263}\right]$$

【例 1.6】 已知机场标高 600 ft，QNH 997 hPa，确定机场 PA。

解：直接使用上面公式计算，可得

$$H_p = 600 + 145\,442.15 \times \left[1 - \left(\frac{997}{1013.25}\right)^{0.190\,263}\right] = 600 + 446.7 = 1047 \text{（ft）}$$

波音、空客的飞行机组操作手册（FCOM）中，对这一问题一般使用以下简化算法。

在对流层底部，气压随高度的变化可近似为线性变化，每升高 30 ft，气压降低 1 hPa。因此，该机场的气压高度可用下式计算得出：

$$H_p = 600 + 30 \times (1013.25 - 997) = 600 + 480 = 1080 \text{（ft）}$$

图 1.5 表示了这一计算过程。需要指出的是，有的机型手册不是以 30 ft（如使用 28 ft）气压降低 1 hPa 这一数据进行估算的，这个并不重要，只要最后的结果偏于保守就是可接受的。例如：如果计算得到的 PA 偏高，则对应的飞行性能就偏低。用偏低的飞行性能去评价跑道是否够用，是否能够越障，则会得到偏保守的结果，这是可接受的。这种保守评估原则的使用在运行性能中是一个普遍现象。

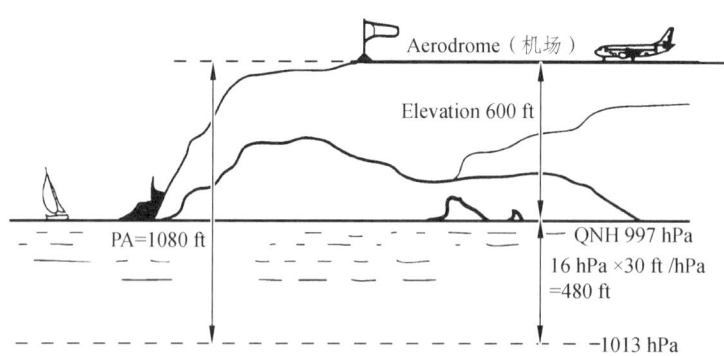

图 1.5 已知 QNH 和标高简化确定计算 PA

另外一种简化算法，是利用预先算好的表格（见表 1.2）进行。

表 1.2 通过标高与 QNH 确定 PA

QNH/inHg	Correction to Elevation for Pressure ALT/ft	QNH/mbar
28.81 to 28.91	1000	976 to 979
28.91 to 29.02	900	979 to 983

续表

QNH/inHg	Correction to Elevation for Pressure ALT/ft	QNH/mbar
29.02 to 29.12	800	983 to 986
29.12 to 29.23	700	986 to 990
29.23 to 29.34	600	990 to 994
29.34 to 29.44	500	994 to 997
29.44 to 29.55	400	997 to 1001
29.55 to 29.66	300	1001 to 1004
29.66 to 29.76	200	1004 to 1008
29.76 to 29.87	100	1008 to 1012
29.87 to 29.97	0	1012 to 1015
29.97 to 30.08	−100	1015 to 1019
30.08 to 30.19	−200	1019 to 1022
30.19 to 30.30	−300	1022 to 1026
30.30 to 30.41	−400	1026 to 1030
30.41 to 30.52	−500	1030 to 1034
30.52 to 30.63	−600	1034 to 1037
30.63 to 30.74	−700	1037 to 1041
30.74 to 30.85	−800	1041 to 1045
30.85 to 30.96	−900	1045 to 1048
30.96 to 31.07	−1000	1048 to 1052

该表假设气压随高度的变化关系为线性变化，大小为 1.06 inHg/1000 ft，或 36.1 hPa/1000 ft。这个变化关系在海平面 1000 ft 范围内是准确的。

【例 1.7】 已知机场标高 600 ft，QNH 997 hPa，确定 PA。

解：通过 QNH 997，从表 1.2 中可以得出对标高的修正量为 500 ft，则对应的 PA 为

$$PA = 600 + 500 = 1100 \text{（ft）}$$

非标准大气的另一种情况是温度不等于 ISA 标准温度。

温度不等于标准温度，将导致空气的密度发生变化。温度越低，单位体积内的空气质量越大，密度越高。空气密度的变化会改变气压-高度的关系，改变了气压随高度变化曲线的斜率，如图 1.6 所示。高度表通常不具备能力修正这样的斜率变化，而总是使用 ISA 模型下的气压-高度变化斜率来指示高度。

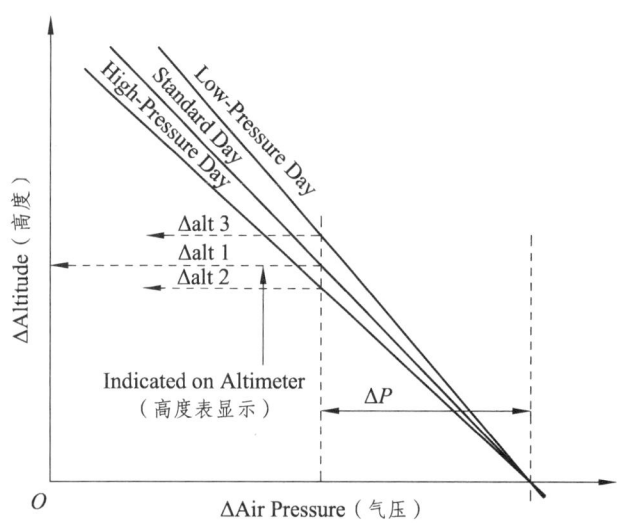

图 1.6 空气密度对气压-高度曲线的影响

实际温度与标准温度的偏差越大，指示高度与真实高度的差越大。使用相同指示高度飞行，气温越高，真实高度越高，气温越低，真实高度越低。在相对 ISA 很冷的天气时，这种高度偏差可能会达 1000 ft 以上。图 1.7 说明了这种高度偏差。

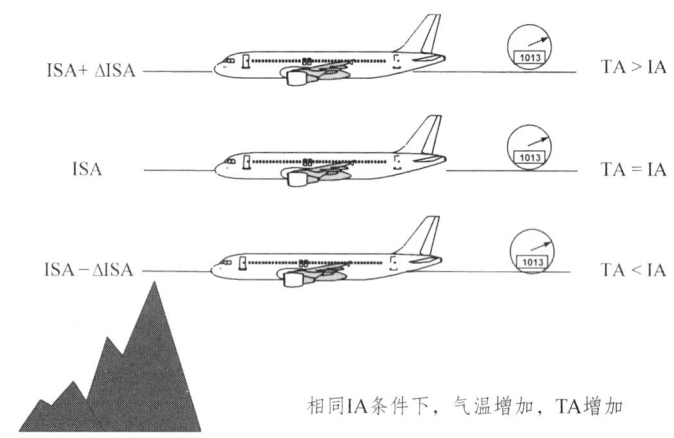

图 1.7　相同指示高度飞行时温度对真实高度的影响

正常航路飞行情况下，这种偏差不危及飞行安全。但是，在高原山区机场全发或一发失效的起飞着陆飞行阶段，或在高原航线的一发失效飘降飞行和释压后的紧急下降飞行中，如果不考虑这种指示高度偏差，不进行低温对指示高度的修正，将大大减少越障的安全裕度，甚至危及飞行安全。

由于大部分进离场飞行程序（SID/STAR）设计中，并没有考虑 ISA 温差修正。各定位点要求的最低高度是按照几何高度给出的。在低温情况，在地形复杂机场，如果按照程序图上要求的高度，操纵飞机以相同的指示高度飞越，可能导致飞机实际高度低于飞行程序要求的高度，从而触发近地警告（EGPWS）。

一般来说，当天气很冷（ −30 ℃ 或更低）时，应考虑指示高度修正问题。此外，在某些情况下，在 −30~0 ℃ 也应做指示高度修正。

由上节 1.2.1 已知，对包括 ISA 在内的所有位势大气模型，下式成立：

$$\int \frac{\mathrm{d}P}{P} = -\frac{g_0}{R} \int \frac{1}{T} \mathrm{d}h_{\text{geopotential}}$$

对于气压高度表，它始终是按 ISA 来对待感知大气的，因此：

$$\mathrm{d}P = -\frac{g_0 \cdot P \cdot \mathrm{d}h_{\text{PA}}}{R \cdot T_{\text{ISA}}}$$

而对于任意实际大气，只要满足不同高度存在相同的 ISA 温差，则

$$\mathrm{d}P = -\frac{g_0 \cdot P \cdot \mathrm{d}h_{\text{geopotenial}}}{R \cdot (T_{\text{ISA}} + \Delta \text{ISA})}$$

高度变化不大时，两式相等，可得

$$\Delta h_{\text{PA}} = \Delta h_{\text{geopotential}} \cdot \left(\frac{T_{\text{ISA}}}{T_{\text{ISA}} + \Delta \text{ISA}} \right)$$

上式给出了压力高度 PA 与位势高度在有 ISA 温差时的对应关系。从推导过程可以看出，由于气压随高度的变化并不是线性关系，高度变化范围越大，则上述公式误差也越大。如果 T_{ISA} 使用高度变化中间的温度值，则可使这种误差适当减小。下面举例说明。

【例 1.8】 机场标高 1000 ft，场温 −30 °C，离场程序上某定位点的公布最低高度为 4000 ft，确定该起飞条件下过该点的最低指示高度。

解：首先确定 ISA 温差为

$$\Delta \text{ISA} = -30 - \left(15 - 1000 \times \frac{2}{1000} \right) = -43 \text{ （°C）}$$

离场程序图上某定位点要求的最低高度为 4000 ft，它是相对 MSL 基准面的几何高度。机场标高 1000 ft 同样也是相对 MSL 基准面的几何高度。已知机场标高之上的几何高度（视同位势高度）变化量为 3000 ft，需要确定这一几何高度变化量对应的压力高度变化量（等同指示高度变化量）。

几何高度变化量中间值对应的高度为

$$1000 + 3000/2 = 2500 \text{ （ft）}$$

标准温度为

$$T_{\text{ISA}} = 15 - 2500 \times \frac{2}{1000} = 10 \text{ （°C）} = 283.15 \text{ （K）}$$

因此，3000 ft 几何高度（近似位势高度）变化量对应的压力高度变化量为

$$\Delta h_{\text{PA}} = 3000 \times \frac{283.15}{283.15 - 43} = 3537 \text{ （ft）}$$

故过该定位点的应飞指示高度为

$$3537 + 1000 = 4537 \text{ （ft）}$$

为进一步简化计算，在 ICAO Doc 8168 Vol 1 飞行程序设计标准，以及 Boeing、Airbus FCOM 中，均使用下面的表格（见表 1.3）进行低高度温度修正。

表 1.3 温度对低高度指示高度的影响（Boeing FCOM）

Airport Temperate /°C	Height Above Altimeter Source/ft										
	200	300	400	500	600	700	800	900	1000	1500	2000	3000
0	20	20	30	30	40	40	50	50	60	90	120	170
-10	20	30	40	50	60	70	80	90	100	150	200	290
-20	30	50	60	70	90	100	120	130	140	210	280	420
-30	40	60	80	100	120	140	150	170	190	280	380	570
-40	50	80	100	120	150	170	190	220	240	360	480	720
-50	60	90	120	150	180	210	240	270	300	450	590	890

该表的用法是：将需要修正的公布高度减去机场标高，得到"Height Above Altimeter Source"，和机场温度一起，查表得到修正量。将修正量加上公布高度，即得到应飞的指示高度。如果"Height Above Altimeter Source"超出表中最大值（3000），可以使用线性外插方法处理，即如果修正的高度为 6000 ft，则使用两倍 3000 ft 的修正量。

使用前例同样的算例数据：

首先确定定位点公布高度与机场标高的差值为 3000 ft（几何高度）。在表第一列中根据场温 -30 °C，和表第二行中 3000 ft 数据，查表得到高度修正量 570 ft。因此，应飞的指示高度为 3570 ft。

表 1.3 是基于海平面机场计算的，所有数据被圆整到更高的 10 ft。对于海平面以上的机场，其数据是保守的。

【例 1.9】 某海平面机场，场温 -20°C，确定 1000 ft 几何高度对应的指示高度。

解：ISA 温差为 ISA - 35，1000 ft 高度变化量中间值对应的标准温度为 14 °C，则

$$\Delta h_{\text{PA}} = 1000 \times \frac{14 + 273.15}{14 + 273.15 - 35} = 1139 \text{（ft）}$$

增量 139 ft 向上圆整到最近的 10 ft 后，为 140 ft，和表中数据相同。

典型的，下列公布高度应进行低温修正：MSA、FAF 高度；非精密进近中的阶梯下降高度和 MDA（最低下降高度）、MDH（最低下降高）；ILS（仪表着陆系统）进近中的 OM 高度（远距信标）；GPS（全球定位系统）进近中的 waypoint（航路点）高度等。除非航行资料上公布的高度已经进行了低温修正。

上述修正公式和修正表格并不适用于大高度变化量的情况，对进离场阶段的高度修正是适用的。

Airbus FCOM 3.05.05 提供了图 1.8，用于高高度压力高度与几何高度的近似转换。图中，横坐标 True Altitude 为几何高度，纵坐标 Altitude 为压力高度或指示高度。

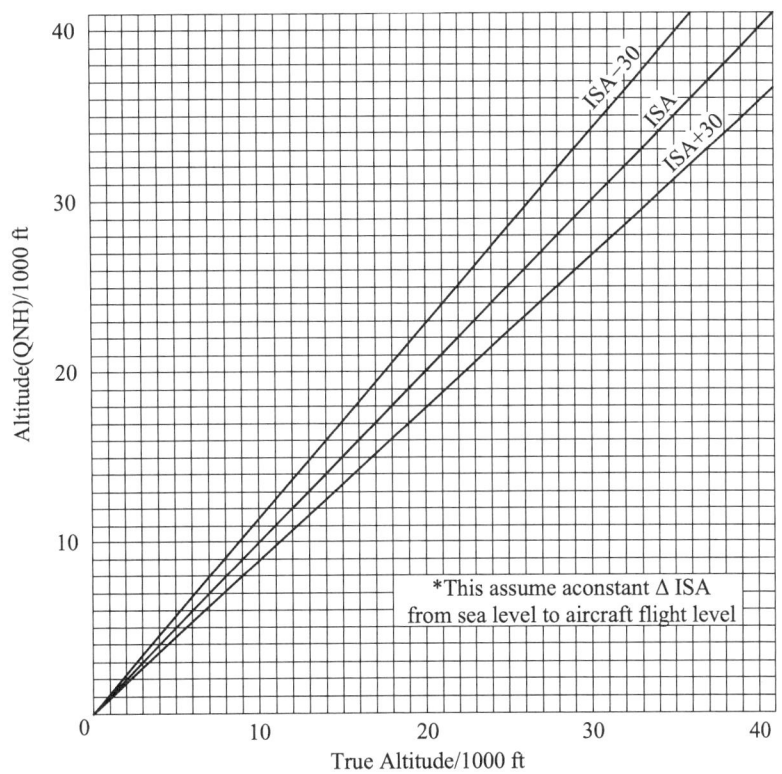

图 1.8　高高度温度偏差的指示高度修正（Airbus）

实际大气中任意点的压力高度 PA 与位势高度间的关系可用下式确定：

$$h_{\text{geopotential}} = h_{\text{PA}} - 96.0343 \times \Delta\text{ISA} \times \ln\delta$$

式中，高度单位符号为 ft，ΔISA 单位符号为°C，δ 为压力高度 h_p 对应的压强比。

在航路飞行阶段，出现一发失效的飘降飞行和座舱释压的紧急下降时，飞机可能处于高地形上空的近地飞行状态，评估能否安全飞越航路障碍物，也需要进行压力高度与几何高度的转换。

【例 1.10】　已知压力高度 30 000 ft，ΔISA = −10 ℃，确定对应的位势高度和几何高度。

解：从标准大气表中可查到，PA 30 000 ft 对应的压强比为 0.2970，则位势高度为

$$h_{\text{geopotential}} = 30\,000 - 96.0343 \times (-10) \times \ln 0.2970 = 28\,834 \text{（ft）}$$

对应的几何高度为

$$h_{\text{geometric}} = \frac{20\,855\,531 \times 28\,834}{20\,855\,531 - 28\,834} = 28\,874 \text{（ft）}$$

1.3　涡扇发动机

民航运输类固定翼飞机主要使用涡轮风扇喷气发动机（简称涡扇发动机）作为动力装置。喷气发动机于 1939 年首次在德国 He178 飞机上使用，涡扇发动机于 1959 年首次在英国

VC-10 客机上使用。喷气发动机由早期的单轴轴流式涡轮喷气（见图 1.9），演变到现今普遍使用的双轴/三轴轴流式大涵道比涡轮风扇发动机（见图 1.10）。

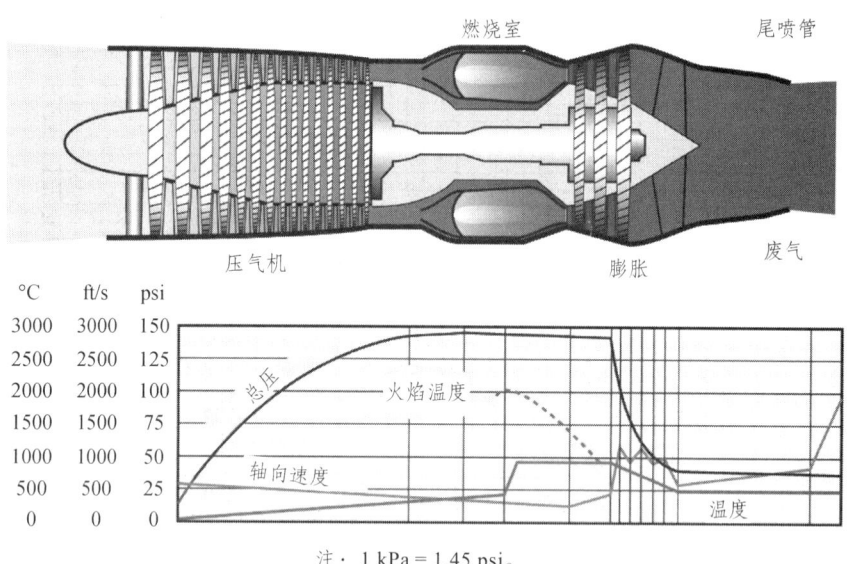

图 1.9　典型单轴轴流式涡喷发动机剖面几个参数的变化

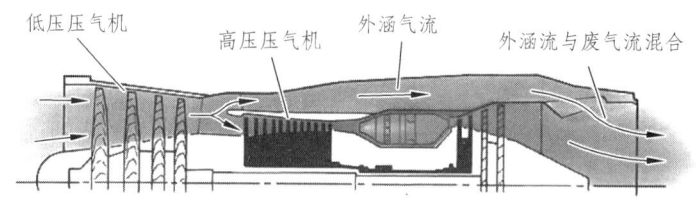

（a）双轴轴流式涡扇发动机（小涵道比）

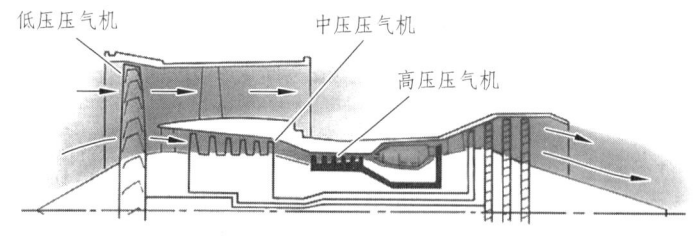

（b）三轴轴流式涡扇发动机（大涵道比）

图 1.10　小涵道比与大涵道比涡轮风扇发动机

今天的喷气发动机是非常精密复杂的机器，能够在起飞时以超过 14 000 r/min 的转速工作，涡轮入口处温度超过 1600 ℃，内部压力最高处可超过 50 个大气压。

喷气发动机由五部分组成：进气道、压气机、燃烧室、涡轮、尾喷管。进气道输送空气；压气机压缩空气；燃烧室喷油燃烧气体，膨胀加速后推动涡轮旋转；涡轮反过来通过连接轴驱动压气机；气体在尾喷管膨胀高速喷出，产生推力。

发动机性能对飞行性能影响极大，我们需要更多地了解一些发动机的知识。

表 1.4 列出了目前在产的主要商用涡扇发动机型号参数及其安装机型。

表 1.4 在产主要商用涡扇发动机与安装机型

型号	年份	涵道比	长度/m	风扇尺寸/m	质量/t	推力/kN	主要机型
GE GE90	1992	8.7～9.9	5.18～5.40	3.12～3.25	7.56～8.62	330～510	B777
P&W PW4000	1984	4.8～6.4	3.37～4.95	2.84	4.18～7.48	222～436	A300/A310, A330, B747, B767, B777, MD-11
R-R Trent XWB	2010	9.3	5.22	3.00	7.28	330～430	A350XWB
R-R Trent 800	1993	5.7～5.79	4.37	2.79	5.96～5.98	411～425	B777
EA GP7000	2004	8.7	4.75	2.95	6.09～6.71	311～363	A380
R-R Trent 900	2004	8.7	4.55	2.95	6.18～6.25	340～357	A380
R-R Trent 1000	2006	10.8～11	4.74	2.85	5.77	265.3～360.4	B787
GE GEnx	2006	8.0～9.3	4.31～4.69	2.66～2.82	5.62～5.82	296～339	B747-8, B787
R-R Trent 700	1990	4.9	3.91	2.47	4.79	320	A330
GE CF6	1971	4.3～5.3	4.00～4.41	2.20～2.79	3.82～5.08	222～298	A300/A310, A330, B747, B767, MD-11, DC-10
R-R Trent 500	1999	8.5	3.91	2.47	4.72	252	A340-500/600
P&W PW1000G	2008	9.0～12.5	3.40	1.42～2.06	2.86	67～160	A320neo, A220
CFM LEAP	2013	9.0～11.0	3.15～3.33	1.76～1.98	2.78～3.15	100～146	A320neo, B737Max
CFM56	1974	5.0～6.6	2.36～2.52	1.52～1.84	1.95～2.64	97.9-151	A320, A340-200/300, B737, KC-135, DC-8
IAE V2500	1987	4.4～4.9	3.20	1.60	2.36～2.54	97.9-147	A320, MD-90

1.3.1 推力及影响因素

发动机推力 F 可用下式表示：

$$F = \dot{m}(V_2 - V_1)$$

式中，$\dot{m}$ 为空气流量；V_2、V_1 分别为发动机气体的出口速度与入口速度。

对于涡轮风扇发动机，上式可进一步表述为

$$F_{\text{net}} = (\dot{m}_{\text{core air}} + \dot{m}_{\text{fuel}}) \times v_{\text{core exhaust}} + \dot{m}_{\text{fan air}} \times v_{\text{fan exhaust}} - \dot{m}_{\text{air}} \times V_{\text{airpiane}}$$

式中，F_{net} 为净推力；等号右侧由加号分开的三个部分分别为核心机的排气动量变化率、外涵道的排气动量变化率、发动机进气动量变化率。

许多因素会影响发动机的推力。空气密度是温度和压力的函数，温度或压力的任何变化都会影响发动机的推力。

对于给定的发动机型号，最大起飞推力受到 PA 和 OAT 的影响。在对流层，气温随高度的增加而线性递减，标准递减率为 1.98 °C/1000 ft。这种温度递减可以抵消掉一部分随高度增加引起的空气密度减小,但空气密度总的是减小的。在平流层,由于温度保持不变,空气密度随高度增加的减幅更快。

由于空气密度的这一变化特性,使得随起降机场高度的增加,起飞最大推力减小。虽然现代发动机普遍使用全权限数字电子控制(FADEC)方式,通过燃油流量的自动调节,以弥补高度和温度的变化对推力的影响,但这种推力随高度增加而减小的特性,仍是不可避免的。

飞机的速度对发动机推力也有显著的影响(见图1.11)。这种影响分两个方面:一方面,随着飞机速度的增加,发动机入口的空气会变得越来越大,从而导致更高的空气密度。这称之为冲压效应,这将增加发动机的推力。另一方面,随着飞机速度的增加,进气处的空气动量(质量乘速度)将增加。发动机推力是排气动量和进气动量之间的差,因此将降低发动机推力。

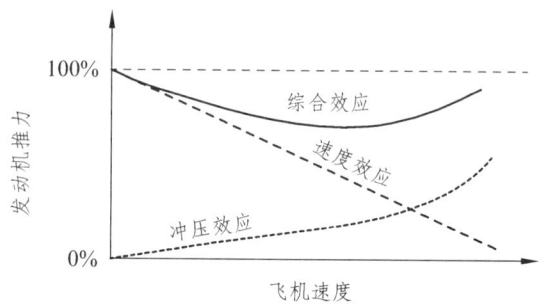

图1.11 速度对发动机推力的影响

发动机不但需要为飞机提供推力,还需要给飞机其他部件提供动力,所有这些消耗都将导致排气动量的减少,最终减少发动机的可用推力。例如:
- 为液压系统液压泵提供动力;
- 驱动发电机,为飞机电子系统提供电力;
- 为飞机环境控制系统(空调、增压)提供高压空气;
- 为飞机除冰/防冰系统提供热空气。

发动机在试车台上运行时,进气口和排气口的形状可能与安装到飞机上的形状有很大不同,这导致发动机在试车台上的推力,会超过在飞机上的推力。因此,修正后用于性能计算的发动机推力称为"安装净推力",这是飞机上可用的推力。

同型号的发动机个体并不会表现得完全一样。某些发动机在同样功率设定下,可能会比其他发动机产生更大的推力。这种发动机个体间的差异主要源自制造上的微小容差。飞机制造商在确定飞机性能的时候,往往使用两个不同的推力定义:平均发动机推力和最低发动机推力。前者是飞机制造商测试的发动机中的平均值,后者是飞机制造商保证的最低值。作为一般性的保守要求,在起飞着陆这种关键阶段,应使用最低发动机计算飞行性能。在非关键性的阶段,例如,航路爬升和巡航阶段,可使用平均发动机计算飞行性能。波音、空客性能软件中,均可见到这样的发动机选项。

涡扇发动机的主功率指示一般有EPR和N_1,辅助功率指示有EGT和FF(见图1.12),下面分别阐述。

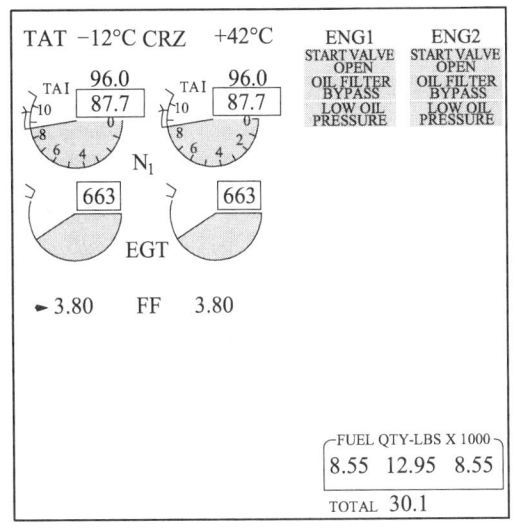 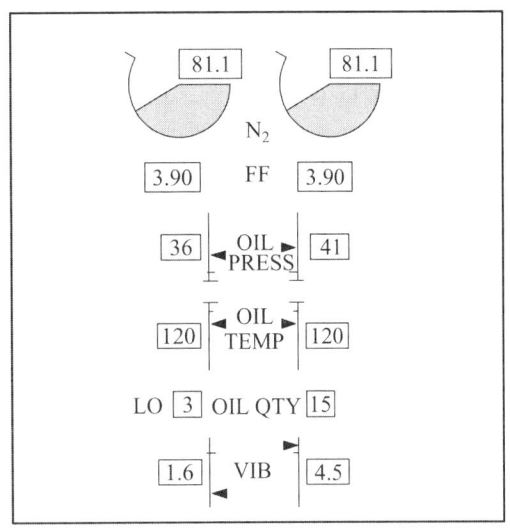

图 1.12　B737NG 系列典型发动机参数显示（左：上；右：下）

EPR（Engine Pressure Ratio）为发动机压力比。它是发动机排气口总压与风扇入口总压之比。但在某些发动机上，EPR 的定义有少许的不同。EPR 与推力的线性跟随特性关系较好。

N_1 为风扇或低压压气机转速。N_1 的单位可以是转/分（r/min），但实际上使用的 N_1 基本上均为百分比的 N_1，即风扇或低压压气机转速相对某参考转速的百分比。例如，装备于 B747-400 机型上的 RB211 发动机，参考转速是 3900 r/min，因此，如果风扇或低压转子的转速是 3900 r/min，则 N_1 表述为 100% N_1。参考转速通常设定为接近典型的起飞推力状态，因此，起飞 N_1 推力设定通常接近 100%。某些发动机上，起飞 N_1 可能比 100% 稍大，这不能理解为超出发动机极限。N_1 不像 EPR，它与推力的关系不是单调线性的关系。

另外一个关于 N_1 的概念是修正的 N_1（Corrected N_1），对于大部分发动机型号，修正 N_1 定义为

$$N_{1\,\text{correxted}} = N_1 / \sqrt{T_\text{T} / T_0}$$

式中，T_T 为总温；T_0 为 ISA 海平面标准温度。

同样的，通常定义 N_2 为高压压气机转子转速。

EPR 和 N_1 是用于发动机推力设定的最主要的两个参数。N_1 是通用电气（General Electric，GE）和 CFMI（法国 SNECMA 与美国 GE 的合资公司）发动机的主推力设定参数；EPR 则是普惠（Pratt and Whitney，PW）和罗罗（Rolls-Royce，RR）发动机的主推力设定参数。

EGT（Exhaust Gas Temperature）为涡轮出口处的排气温度。EGT 是涡扇发动机的主要使用限制，该温度近似反映了涡轮前的温度大小。涡轮叶片的材料限制决定了最高的温度限制。EGT 与极限值之间的温度差，称为 EGT 裕度。

FF（Fuel Flow）为进入燃烧室的燃油流量。前推油门杆，FF 增加，转速增加，EGT 增加，内外压差增加，推力增加。调节 FF 是 FADEC（全权限数字电子控制）发动机的主要手段。

1.3.2 推力的限制因素与 FADEC

涡扇发动机的推力主要受限于三个因素,分别为发动机内外压差强度、涡轮前温度和最大 N_1 转速。

首先,必须考虑发动机内外的压差。现代发动机的压气机,其内部压力最高处通常会达 40 个以上大气压,较新的发动机则超过 50 个大气压。对于任何发动机,推力由手动或自动控制的油门杆决定。前推油门杆,燃油流量增加,导致涡轮转速和推力增加,伴随着发动机的内部压力增加。因为由涡轮驱动的压气机将转得更快,导致进气进一步压缩。显然,推力超过特定值后,内外压差可能会导致发动机变得不安全,可能超出发动机的结构强度限制。

其次,随着前推油门杆和更多燃料进入燃烧室,涡轮前温度升高。现代发动机在高推力下,发动机内涡轮前温度超过 1600 ℃,高压涡轮的转速超过 10 000 r/min。实际上,该温度已远超用于制造涡轮叶片金属的熔点。鉴于高温和高离心负荷对涡轮机叶片的综合影响,需要在发动机内使用非常好的冷却系统并限制涡轮前最大温度。

发动机推力还有第三个限制,即风扇的转速限制。当今发动机的风扇直径超过 9 ft。以一个 9 ft 的风扇直径为例,典型的起飞 N_1 转速大约为 3000 r/min,这意味着风扇叶片的叶尖以等于或稍高于声速的速度运行。除了考虑风扇叶片尖端速度外,在设计中还必须考虑叶片上的离心力。例如:罗尔斯·罗伊斯(Rolls-Royce)计算数据指出,一个风扇叶片上的离心力可能达到 100 t 量级。

前推油门,喷油量增加,导致发动机实际参数接近其极限。如果没有任何保护装置,这种发动机很容易超过其极限而导致失效或爆炸。早期的喷气发动机,驾驶舱的油门杆和发动机的燃油控制单元是机械连接的,燃油控制单元调节进入燃烧室的喷油量。这种钢绳-滑轮机械系统不但笨重,而且需要精密维护,还受限于无法对燃油控制单元进行多参数控制、受限于控制精度、受限于其达到的性能水平、受限于保护等级等。这种机械-液压发动机控制系统首先被模拟电子控制系统取代,最终被数字电子控制系统所取代。

现代发动机被全权限数字发动机控制系统(Full Authority Digital Engine Controls,FADEC)所控制与保护。全权限是指发动机控制的所有方面被计算机控制,没有人工操控的选项。如果发动机是数字-电子控制的,但允许人工操控,则通常被认为是电子发动机控制系统(Electronic Engine Control,EEC)或发动机控制单元(Engine Control Unit,ECU)。FADEC 首先在 20 世纪 70 年代开始出现并进行商用,Pratt & Whitney 的 F100 和 PW2000 是首先配备 FADEC 的军用与民用发动机。

FADEC 工作时接收多个当前飞行状态参数,包括空气密度、油门杆位置、发动机温度、发动机压强等,EEC 接收这些参数后进行高频度数字处理,通过计算得到发动机控制参数,如燃油流量、可调静片位置、引气阀开度等,并以此操纵发动机。FADEC 同样也控制发动机的启动、重启流程与参数,发送发动机健康与维修报告。FADEC 的主要目的是在给定飞行状态下优化发动机的效率。

经过 FADEC 控制的发动机具有诸多特殊的特性。如发动机的平台额定特性(Flat-Rated)。平台额定特性是指发动机推力随温度的变化,低于某一温度时,推力不随温度而变,故称之为平台额定;高于这一温度时,推力随温度增加而线性递减,称为全额定(Full Rated)。推力随温度变化时,从平台额定转为全额定的温度称为拐点温度(Corner Temperature)或平台额定温度（Flat-Rated Temperature），如图 1.13 所示。波音手册中称之为 Break Temperature，空客手册中称之为 T_{REF}。

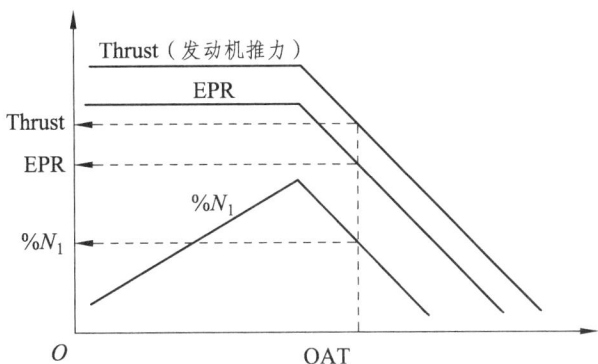

图 1.13　FADEC 控制下的发动机推力、EPR、N_1 与温度的关系（特定速度、高度时）

低于拐点温度，FADEC 保持内外压差不超限，推力随温度的变化这一段受限于发动机内外压差强度，称为压力限制（Pressure Limited）。高于拐点温度，FADEC 保持涡轮前温度不超限，推力随温度的变化这一段受限于涡轮前温度，称为温度限制（Temperature Limited）。拐点温度附近，N_1 转速达到最大。但通常发动机更易受内外压差和涡轮前温度的限制。

FADEC 不但提供对发动机的超限保护，确保其高效运行，还提供对发动机限制进行重新编程的能力。例如，装备于 B737NG 系列（600、700、800、900）上的 CFMI 发动机，虽然推力不同，但其机械结构是相同的。航空公司在购买飞机时，可以选择推力等级。例如：可在 20 000、22 000、24 000、26 000 lb（1 lb = 4.448 kN）推力中选择，因为额定推力等级是由 FADEC 软件编程决定的。

推力是由 FADEC 内部参数决定的，因此，最大推力等级是可以变化的。例如，把最大推力等级调小，称为减额定（Derate），这通常是通过在飞行管理系统（Flight Management System，FMS）的某个页面设定实现的。Derate 在起飞重量较小时使用，相关的专题称为减推力起飞。另一方面，把最大推力等级调大，称为 Bump，同样是在 FMS 中设定实现的。例如，B737NG 系列常见的 CFM56-7B26 发动机，最大推力等级为 26 000 lb，可以 Bump 到 27 000 lb。只有在高原以及特殊机场环境下起飞才有这个需求，起飞中使用 Bump 推力等级常常有附加限制条件。

1.3.3　推力等级

涡扇发动机的推力通常分为若干推力等级（Thrust Rating）。通常，起飞复飞推力等级（TOGA）、最大连续推力等级（MCT）是审定（Certified）推力等级，而其他推力等级是非审定推力等级。

起飞复飞推力（Take Off and Go Around，TOGA）：飞机起飞和复飞时可用的最大推力，这时的发动机参数达到其允许的最大值，有使用时间限制。

起飞推力是发动机可用的最大推力等级，只有在起飞中使用，不允许在超过最大允许起降高度以上的高度使用。这一推力等级是所有飞机飞行手册（AFM）/软件审定起飞性能数据的基础，所以，起飞最大推力是审定的推力等级。由于速度对推力会产生影响，起飞最大推力通常针对 40~80 kt（1 kt = 1.852 km/h）速度有效。

复飞推力是空中的起飞推力。虽然同样是最大推力等级，但由于速度不同，对应的 EPR 或 N_1 与起飞推力是不同的。复飞推力是飞机飞行手册/软件审定复飞性能数据的基础，因此，复飞推力同样是审定的推力等级。

起飞、复飞推力经常合称为 TOGA，其使用时间限制称为 TOGA 时限（TOGA Time Limit）。这种限制体现在飞机飞行手册（AFM）中，是对运营人的强制要求。对所有的运输类民用飞机，全发 TOGA 时限均为 5 min。但一发失效情况下，工作发的 TOGA 时限有所不同。对于所有空客电传飞机，一发失效 TOGA 时限为 10 min；对于波音飞机，一发失效 TOGA 时限大部分均为 5 min。航空公司通过向波音额外购买，可将一发失效 TOGA 时限提高到 10 min。TOGA 时限是否可用 10 min，可通过飞机序列号查阅 AFM 中是否有适用的 10 min 附录来确定。在波音的新型飞机中，如 B787、B737max，一发失效 10 min 推力限制已经成为一项标配。其他制造商的运输类机型，5 min 或 10 min 的一发失效 TOGA 时限均有可能。

出现这种差异的原因是欧美规章标准的不同，虽然美国联邦航空规章（FAR）定义 TOGA 的限制为 5 min，但美国联邦航空管理局（FAA）制定了一个特别的批准程序，允许制造商将其 AFM 中的一发失效 TOGA 限制从 5 min 提高到 10 min。

在复杂地形机场和高原机场，常常需要有中、远距，在起飞飞行航迹第三段需要飞越的地形障碍物。一发失效 TOGA 时限对飞行性能上改平高的影响较大。TOGA 时限延至 10 min，可以较大地提高性能允许的越障限重，从而提高起飞限重，或者增加起飞一发失效应急程序设计的灵活性。

最大连续推力（MCT）：空中可使用的无时间限制的最大推力，它只在应急情况下使用。例如：在起飞中一发失效，工作发经过 TOGA 时限后需要调小至这一推力等级。

MCT 是飞机飞行手册/软件中航路飘降性能数据的基础，因此，它属于审定推力等级。

下面介绍的其他推力等级属于非审定推力等级。

最大爬升推力（Maximum Climb Thrust，MCLT），通常用于正常全发起飞的航路上升阶段，没有时间限制，如图 1.14 所示。对于某些发动机，MCLT 和 MCT 相等。它不用于计算任何 AFM 性能，不是审定级别。

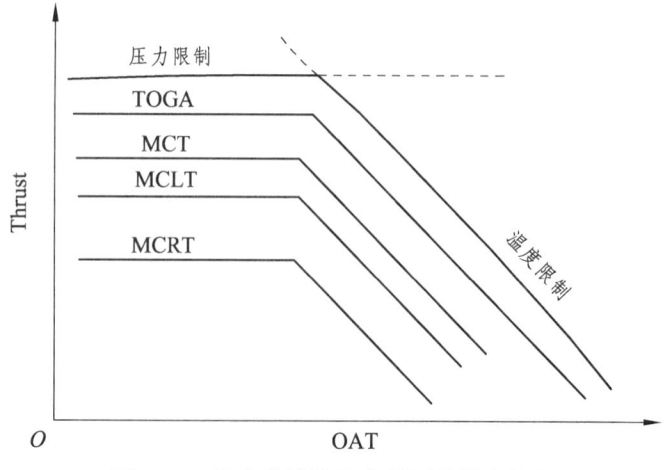

图 1.14 涡扇发动机几个重要的推力等级

最大巡航推力（Maximum Cruise Thrust，MCRT），正常巡航状态可用推力的参考，通常巡航时使用的推力小于 MCRT，没有时间限制。它不用于计算任何 AFM 性能计算，不是审定级别。

1.3.4 涡扇发动机的特性

涡扇发动机具有几个重要的特性，和飞行性能密切相关。

温度特性：发动机推力随温度的变化特性。现代具有 FADEC 控制的发动机表现出平台额定特性。气温低于拐点温度，推力不随温度而变，称为平台额定段；气温高于拐点温度，推力随温度的增加而减小，称为全额定段。

高度特性：发动机推力随高度的变化特性。高度增加，空气密度减小，推力减小，拐点温度降低，如图 1.15 所示。

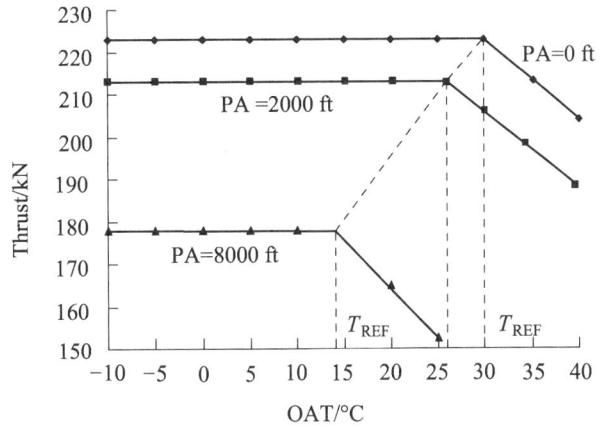

图 1.15 涡扇发动机 TOGA 推力随高度的变化

随着高度的增加，FADEC 会自动增加喷油量以弥补推力的减小。因此 FF 会增加，EGT 增加，EGT 裕度会减小，N_1 增加，EPR 增加，如图 1.16 所示。

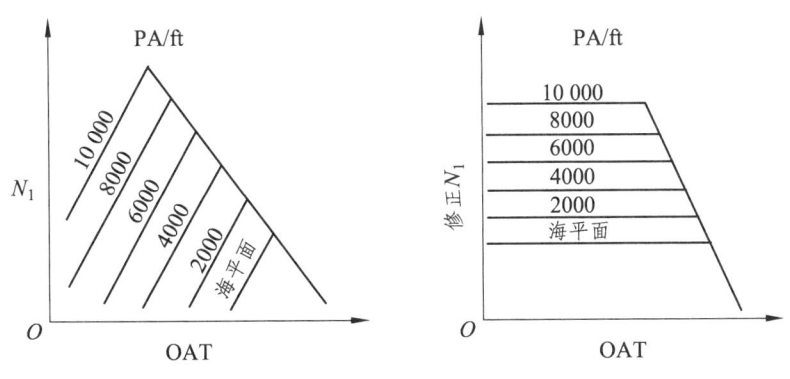

图 1.16 N_1、修正的 N_1 与高度、温度的关系

在高海拔机场运行，发动机的起飞 EGT 裕度至关重要，如图 1.17 所示。EGT 裕度是当前 EGT 与 EGT 极限的温度差值。随着机场高度的增加，起飞 EGT 裕度减小，高度越高，减小值越大。例如，装备于 B737-300 上的 CFM56-3C1 发动机，在昆明巫家坝机场(标高 6200 ft)

运行，在 20 000 lb 额定 TOGA 推力等级下，起飞 EGT 裕度将减小 40 ℃。如果某发动机海平面起飞 EGT 裕度为 55 ℃，在昆明机场则只有 15 ℃；如果起飞 EGT 裕度为 114 ℃，在昆明机场还可保留为 74 ℃。显然，后一台发动机具有更好的高原适应性能。这样，发动机的可靠性增加，空中停车概率减小，从而提高了飞行安全。

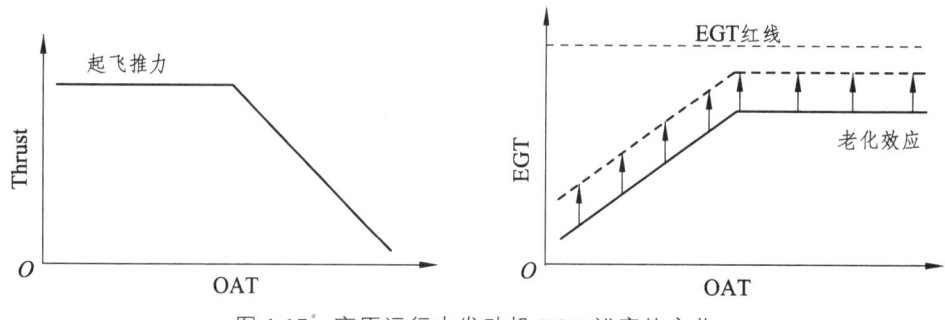

图 1.17 高原运行中发动机 EGT 裕度的变化

老旧发动机在 EGT 裕度方面也表现出和高原相似的特性。老旧发动机磨损增加，为保持推力不变，FADEC 会自动增加喷油量，导致 EGT 裕度减小，油耗增加。EGT 裕度减小至规定值时，需要更换发动机。

表 1.5 给出了目前空客机型上使用的三种现代典型发动机，在 ISA 条件下，TOGA 推力随高度的变化数据。从这些数据可以得出，在 9000 ft 的高原机场，相对于海平面机场起飞总推力下降的幅度。对于 A320-214/CFM56-5B4，下降幅度为 10%；对于 A340-313/CFM56-5C4，下降幅度为 23%；对于 A321-231/V2533-A5，下降幅度为 25%。

表 1.5 发动机起飞最大推力随高度的变化

飞机/发动机	项目	海平面	3000 ft	6000 ft	9000 ft	12 000 ft
A320-214/CFM56-5B4 TOW 90 000 kg	总推力/kN	220.24	221.26	217.13	198.27	—
	N_1/(r/min)	89.87	93.43	97.32	97.68	—
A340-313/CFM56-5C4 TOW 310 000 kg	总推力/kN	565.83	523.38	481.43	435.69	391.85
	N_1/(r/min)	98.15	99.54	101.06	101.36	101.38
A321-231/V2533-A5 TOW 100 000 kg	总推力/kN	257.80	239.22	215.30	192.44	171.54
	EPR	1.618	1.655	1.661	1.661	1.661

表 1.6 给出了 B737-700 型飞机装备的 CFM56-7B24 发动机拐点温度随高度的变化情况。

表 1.6 CFM56-7B24 发动机拐点温度随高度的变化

机场压力高度/ft	0	3000	6000	9000	12 000
平推力拐点温度/℃	30.0	24.1	18.1	12.2	6.2

速度特性：发动机推力随飞行速度变化的特性。总的说来，对于低涵道比的涡扇发动机，推力随速度的增加，推力变化不大；对于大涵道比的涡扇发动机，推力随速度的增加呈现出减小的趋势。

加速特性：发动机推力对油门的响应特性。涡扇发动机转子部分相对于发动机机体而言，是处于悬挂状态。加油门后，需要整个转子部分的转速增加起来，推力才会出来。因此，涡扇发动机具有较强的油门-推力滞后响应特性，如图1.18所示。这在紧急情况，例如复飞时，是不利的。目前，民航规章中性能条款制定时，考虑了8 s的推力滞后。

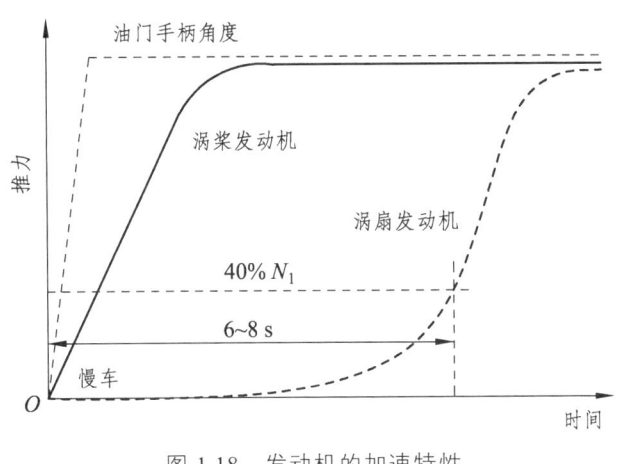

图1.18 发动机的加速特性

1.4 手册、性能软件概览

民航性能工作使用的飞机性能数据来自飞机制造商。制造商在飞机的初始适航审定中，按适航规章（主要是25部及相关咨询通告）要求进行设计、试飞，并按规章要求给飞机使用者——运营人，提供性能数据。运营人使用这些数据来确保飞机的整个使用过程符合运行规章（主要是121部及相关咨询通告）要求。

这些性能数据有两大来源：飞机相关手册以及性能软件。过去，手册数据基本上是唯一的来源方式，使用手册中的纸张性能图表或曲线，确定所需的性能数据。现在，性能软件已经成为主要的来源方式，通过制造商提供的专用性能软件，不但可以计算全部手册性能数据，还可以在更大的范围内，以更复杂的方式计算性能。在现代复杂环境运行中，如果没有性能软件，或性能软件功能不全，将极大地影响运行经济性，甚至有时导致该机型无法在某些条件下运行。

下面介绍涉及性能数据的两本主要手册：飞机飞行手册（AFM）和机组操作手册（FCOM）。

1.4.1 飞机飞行手册

飞机飞行手册（Airplane Flight Manual，AFM）是由飞机制造商根据25部适航审定规章要求编写、由机型所在国/组织的民航局（以下简称局方）适航审定部门批准的审定文档。目前，全球最有技术影响力的民航标准制定者是美国联邦航空局（Federal Aviation Administration，FAA）和欧洲航空安全局（European Aviation Safety Agency，EASA）。其他重要的局方还包括中国、澳大利亚、加拿大、巴西等国民航局。中国民航局（Civil Aviation Administration of China，CAAC）负责制定中国民用航空规章（CCAR）。

根据国际民航组织（ICAO）要求，从法律角度而言，民航规章是民航局制定的，涉及民用航空器设计、制造、运行、人员等领域的强制最低安全标准。运输类民用飞机必须满足25部的所有要求。这种满足是通过民航局对飞机入市前的初试适航审定过程来进行的。经过局方批准的AFM代表了局方认可该机对25部的符合性，是飞机适航的证明文档。如果AFM中的要求被违反，则飞机不再适航，除非有局方另外批准的最低设备清单手册（MEL）的偏离条款。因此AFM在所有手册中具有最高的法律地位。

同样的飞机，但由不同局方批准的AFM内容有所不同。因为不同国家/组织的25部规章并不完全相同。全球影响力最大的适航审定规章是美国的FAR 25部和欧洲的CS 25。

25部中涉及AFM的FAR条款通常包括21.5、25.1581、25.1583、25.1585和25.1587。AFM中除规章要求必须提供的信息外，还要求必须包括"由于设计、使用或操作特性而为安全运行所必需的其他信息"，以及91、121、135部中，对AFM产生影响的运行要求。

新发布的咨询通告（Advisory Information，AC）不影响以前已被批准的AFM，但AFM修订时，如果可行，应采纳AC的建议。规章不要求但已被局方批准的信息，如自动刹车的制动性能，必须和其他已被批准的材料放在同一部分；规章不要求且未被局方批准的信息，如污染道面上起飞和着陆的性能，则必须标注为"指导信息"，并和其他已被批准的材料部分分开放置。

AFM不仅可以适用于单一机型，也可以适用于同一型号的多个机型。如果用于多个机型，要通过机型名称和序列号等，明确规定适用于每个机型的限制、程序和性能资料。因此，查阅AFM时，必须知道，手册中某页信息可能仅针对某些序列号的飞机。

AFM通常由基本手册（Basic AFM Manual）和附录（Appendix）组成。手册主体、附录之前的部分称为基本手册，其信息通常适用于所有覆盖型号。附录是对基本手册的补充和更新，特别是针对不同型号不同部分的补充描述或更新数据。例如：发动机TOGA推力等级不同、安装翼尖小翼后的数据更新、高原改型等。附录中常常有一个非常重要的部分，称为构型偏离清单（Configuration Deviation List，CDL）。如果飞机缺失了某些不重要的机体或发动机部件，飞机能否继续运行，或能否继续在有限制条件下运行，需要查阅CDL。

通常，基本手册和附录由型号合格证（Type Certificate，TC）持有者编写与更新，并应提交给局方批准。补充型号合格证（Supplemental Type Certificate，STC）持有者可编写附录或对之进行补充，然而，STC持有者也可选择编写完整的新的AFM。

随着计算机的普遍使用和更广泛的实际运行要求，AFM中大量信息，特别是性能数据越来越多地以软件的形式提供。这种软件版本的AFM具有和纸张版本AFM同等的法律地位，这种情况下，纸张版AFM的厚度就大大减小了。以软件计算形式出现的AFM性能数据，通常使用第一法则（First Principle）进行计算。这种计算依据飞机的基本数据，如极曲线、升力系数、推力数据，使用飞行动力学运动方程进行求解。而之前的纸张版性能数据制作原则，称为第二法则（Second Principle）。纸张版性能图表在制作时常常有精度的损失。这种损失是必须的，以确保结果在覆盖一系列范围时，以保守结果呈现。这样一来，同一架飞机，以软件计算的性能，常常会好于以纸张插图得到的性能。例如：B767-300/CF6-80机型，同一机场，两种版本的AFM性能，在所有温度范围内的最大允许起飞重量上，软件版几乎较纸张版高出1 t。

除非特别指明，AFM中的信息均为审定数据，非适航审定规章要求的数据，通常不放在AFM中。例如：上升性能、巡航性能、全发性能等数据，AFM中是没有的。如其他手册数据与 AFM 数据不一致或冲突，以 AFM 为准。

AFM 时常被制造商/局方更新，运营人应确保使用最新版本的手册数据。

1. 波音 AFM

波音机型的基本 AFM 包含 4 章。

第 1 章，审定限制（Section 1 Certificate Limitations），包含重量限制、噪声限制、运行限制、重心限制、燃油限制、动力装置限制、速度限制、载荷因数限制、运行种类、最小机组、系统与设备限制、杂项限制等。

第 2 章，非正常程序（Section 2 Non-Normal Procedures），提供系统失效或故障时的操作程序，如座舱失压紧急下降、水上迫降、空中发动机重启等。

第 3 章，正常程序（Section 3 Normal Procedures），在系统正常情况下，制造商/局方认为重要的操作程序，如紊流穿越、高原运行、结冰环境操作等。

列入 AFM 中的正常与非正常程序，通常并不是全部的操作程序，而是制造商/局方认为那些和飞行安全、飞机特性或特定环境相关的重要操作程序。飞行员通常并不直接使用 AFM，而是更多地使用 FCOM/QRH 来参阅这些程序。虽然正常与非正常程序与飞机性能没有直接的关系，但它们构成了性能数据的基础。了解飞机的飞行与操纵过程，对于性能的深入学习是必须的。

第 4 章，性能（Section 4 Performance），包括起飞、航路、着陆等飞行阶段，涉及飞行安全的、25 部要求的性能数据。

较早的波音机型（B737-300/B757-200 之前），AFM 中的审定性能数据以纸张表格、曲线形式在 AFM 中提供。现在，新的机型中（B737NG 之后），审定性能以软件形式呈现，该软件称为 AFM-DPI（Digital Performance Information），如图 1.19 所示。AFM-DPI 是类 DOS 字符界面的 Win32 程序。

图 1.19 波音 AFM-DPI 启动界面

AFM-DPI 可以计算以下三类规章要求的审定性能数据：

起飞性能：起飞限重、起飞速度与距离、起飞飞行航迹。

航路性能：航路限重、航路高度能力、航路梯度能力。

着陆性能：最大允许着陆重量、着陆速度与距离。

2. 空客 AFM

空客机型的 AFM 由 7 章组成。

第 1 章，概述（General），提供了飞机的一般资料、改装清单、三视图等。

第 2 章，限制（Limitations），提供了重量、运行、速度、动力装置、系统等方面的限制信息。

第 3 章，紧急程序（Emergency Procedures），提供了系统失效或故障时的操作程序。

第 4 章，程序（Procedures），提供了发动机失效、单发、中断起飞等条件下的操作程序。

第 5 章，性能（Performance），提供了 25 部规章要求的性能数据。

第 6 章，附录与补充（Appendices and Supplements），包括对基本手册的修订，不同配置的更新，以及 CDL。

第 7 章，污染道面性能（Performance Contaminated），包含污染道面的起飞着陆性能数据。不同于美国 FAA/FAR 体系，在欧洲 EASA/CS 体系下，污染道面性能属于局方批准的审定数据。

较早的空客机型（A300/A310），AFM 中的审定性能数据以纸张图表形式在 AFM 中提供。现在，所有的空客电传机型，AFM 中的审定性能由空客性能软件 PEP 中的 FM 模块计算，如图 1.20 所示。

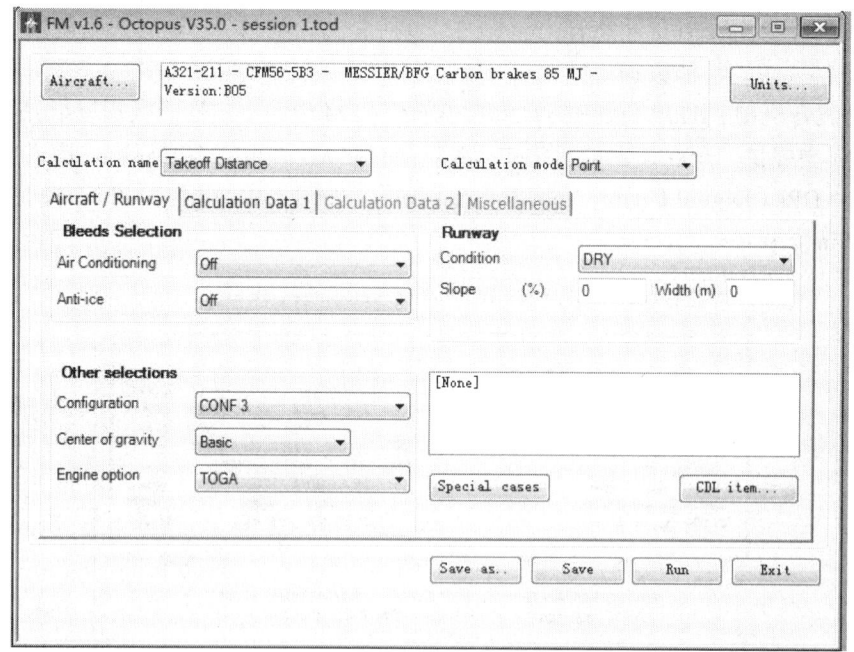

图 1.20　空客 PEP-FM 模块界面

1.4.2　FCOM/QRH 手册

飞行机组操作手册（Flight Crew Operations Manual，FCOM）不同于 AFM，它是按使用的目的来组织和编写的。其主要使用者是飞行员，它不是局方审定文档。FCOM 为航线飞行提供安全高效地操纵飞机所需的使用限制值、使用程序、飞机性能和飞机各系统的有关资料，制定标准操作程序（Standard Operating Procedures，SOP）和规范化的飞行动作，是飞行员进行型别等级（Type Rating）改装训练、复训和熟练检查的主要综合参考资料，也是飞行运行相关人员的主要参考资料和指南。

FCOM 数据主要来至 AFM，但也有很多数据不出现在 AFM 中，AFM 中不包含的数据称为非适航审定要求，例如对飞机运行所必需的全发运行数据。FCOM 常常伴随提供快速参考手册（Quick Reference Handbook，QRH）。QRH 是对 FCOM 的快速索引参考，为飞机在空中紧急情况下，提供快速参考。

FCOM 常常需要进行客户化定制，可以增加航空公司特定数据和操作程序，以适应不同航空公司不同机型的内容。

运输类 25 部飞机的 AFM 和 FCOM 通常是分开的。而小型 23 部飞机的 AFM 和 FCOM 常常合二为一，常常称为飞行员操作手册（Pilot Operating Handbook，POH）。

1. 波音 FCOM

波音机型 FCOM 分为 2 册。

第 1 册（Volume 1），包含以下主要部分：

第 L 章，限制（Chapter L Limitations）。

第 NP 章，正常程序（Chapter NP Normal Procedures）。

第 SP 章，补充程序（Chapter SP Supplementary Procedures）。

第 PD 章，签派性能（Chapter PD Performance Dispatch）。这一章包含重要的性能信息，通常是为地面准备与签派放行阶段所需，覆盖起飞与着陆限重、起飞功率与速度、航路高度能力、净改平高度、飞行燃油计划等性能信息。

第 PI 章，空中性能（Chapter PI Performance Inflight）。这一章包含重要的性能信息，通常是为机组在放行后的飞行中所需，是对飞行管理计算机（FMC）所含性能数据的补充，同时为 FMC 失效时继续完成航线飞行提供充足的飞行数据。

第 2 册（Volume 2），包含飞机各系统的信息：

第 1 章，飞机的一般介绍（Chapter 1 Airplane General）。

第 2 章，空气系统（Chapter 2 Air Systems）。

第 3 章，防冰系统（Chapter 3 Anti-Ice, Rain）。

第 4 章，自动飞行系统（Chapter 4 Automatic Flight）。

第 5 章，通信系统（Chapter 5 Communications）。

第 6 章，电子系统（Chapter 6 Electrical）。

第 7 章，发动机与 APU（Chapter 7 Engines, APU）。

第 8 章，防火系统（Chapter 8 Fire Protection）。

第 9 章，飞行操纵系统（Chapter 9 Flight Controls）。

第 10 章，飞行仪表与显示（Chapter 10 Flight Instruments, Displays）。

第 11 章，飞行管理、导航（Chapter 11 Flight Management, Navigation）。

第 12 章，燃油（Chapter 12 Fuel）。

第 13 章，液压系统（Chapter 13 Hydraulics）。

第 14 章，起落架（Chapter 14 Landing Gear）。

第 15 章，警告系统（Chapter 15 Warning Systems）等。

QRH 包含：

第 NC 章，正常检查单（Chapter NC Normal Checklists）。

第 NNC 章，非正常检查单（Chapter NNC Non-Normal Checklists）。

第 MAN 章，机动飞行（Chapter MAN Maneuvers）。

第 PI 章，空中性能（Chapter PI Performance Inflight）。这一章包含重要的性能信息，其提供的信息通常是 FCOM-PI 章的子集，包含干、湿道面起飞速度，着陆参考速度 V_{REF}，不可靠空速飞行，融雪与滑道面修正，非正常咨询着陆信息，放起落架飞行，复飞，全发巡航至目的地燃油，单发飘降，单发巡航，单发燃油至目的地。

波音机型 FCOM 中的性能数据均为表格形式。

2. 空客 FCOM

空客 FCOM 分为 4 册：

第 1 册，系统（Systems），描述飞机各系统，按 ATA 章节组织。

第 2 册，飞行准备（Flight Preparation），主要用于地面准备使用，包括以下内容：

装载（Loading）：货物装载、燃油、重量与平衡等。

起飞性能（Take-off Performance）：起飞分析表、最大起飞重量（MTOW）确定、灵活温度、修正、最小速度、快速参考表、净起飞飞行航迹等。

着陆性能（Landing Performance）：实际着陆距离与所需着陆距离。

特殊运行（Special Operations）：污染道面运行、无缝翼转场、无增压飞行、放起落架飞行、高原运行、山地运行、延程运行、混合发动机运行、所需导航性能（RNP）、窄跑道运行等。

飞行计划（Flight Planning）：一般介绍、计算表、巡航高度层、积分巡航、快速确定飞行计划、备降、空地距离、燃油运输等。

第 3 册，飞行操纵（Flight Operations），主要用于飞行中使用，包括以下内容：

运行限制（Limitations）：一般限制、飞机系统限制等。

非正常/应急程序（Abnormal/Emergency Procedures）、标准操作程序（SOP）、补充程序（Supplementary Procedures）等。

空中性能（In Flight Performance）：按飞行各阶段给出。

单发运行（Single Engine Operations）：升限、标准策略、越障策略、固定速度策略、等待、下降至着陆等。

运行工程通告（Operations Engineering Bulletins，OEB）：制造商将那些任何偏离初始设计目标对运营具有重大影响的变化通过 OEB 告知运营人，并为运营人提供涉及这些偏差的技术信息和临时操作程序。OEB 可以是红色或白色，具体取决于其优先级。红色 OEB 表示，不遵守建议的程序可能对飞机的安全运行有重大影响；白色 OEB 表示，不遵守建议的程序可能对飞机的运行产生重大影响。空客强烈建议所有运营人尽快采取 OEB 纠正措施。

飞行机组通告（Flight Crew Bulletins，FCB）：旨在提供与 FCOM 中包含的信息有关的补充技术/操作说明。它们是根据需要创建的，以便快速传输技术和程序信息，并且通常是在检测到异常情况或飞机/系统行为异常时发出的。FCB 会定期发布以解决一个或多个主题，并包括有关程序、系统说明、性能和法规的补充说明，如风切变操纵、避免擦机尾等。

第 4 册，FMGS 用户指南（FMGS Guide），是针对 FMGS 各页面与功能的详细介绍，基本上只针对飞行员使用。

QRH 包括：应急程序、非正常程序、正常程序、空中性能、运行数据、运行工程通知（OEB）、正常检查单。

2012 年前后，空客对其 FCOM 格式进行了一次大的改动，打乱了过去的四册分发形式，新版本更多以集成的电子化形式来使用。新版 FCOM 分以下六大部分。

（1）飞机系统 DSC（System Descriptions），对飞机各系统的功能与使用进行描述，按 ATA 章节编号。

（2）程序 PRO（Procedures），包括非正常/应急程序、正常程序、特殊运行程序、补充程序等。

（3）限制 LIM（Limitations），包括一般限制、重量与重心、环境包线、速度、飞机各系统限制等。

（4）运行工程通告（OEB）。

（5）飞行机组通告（FCB）。

（6）性能 PER（Performance），按飞行阶段组织，包括载重（Loading）、运行数据（Operating Data）、推力额定（Thrust Ratings）、起飞（Takeoff）、飞行计划（Flight Planning）、爬升（Climb）、巡航（Cruise）、等待（Holding）、下降（Descent）、复飞（Go Around）、着陆（Landing）、单发（One Engine Inoperative）等。

1.4.3 其他相关手册和来源

除了 AFM 和 FCOM 外，性能工作还使用或参考制造商提供的其他手册，这些手表包括波音的飞行性能与规划手册（Flight Planning and Performance Manual，FPPM），该手册覆盖 737NG 系列、747-400、777 等机型，从 787 开始，FPPM 不再提供，而以软件的形式替代。FPPM 提供的性能数据比 FCOM 更详细，大部分以曲线形式给出。FPPM 是简化的 AFM 性能数据，通常比 AFM 保守，主要由签派和性能工程师使用。

下面描述的手册对大部分 25 部飞机均适用。

主最低设备清单（Master Minimum Equipment List，MMEL），是局方批准的，允许日常运行中，在有些系统设备不正常工作时，是否允许继续运行或带限定条件继续运行的法律批准文档。如果没有 MMEL，则飞机上任何设备出现故障，飞机都将偏离出厂状态，不再适航，而导致不能运行。MMEL 是考虑飞机设计的冗余度，在经过制造商量化安全评估的基础上，经局方审定批准后的文档。它在确保安全的前提下，允许实际运行对 AFM 的有限偏离。运营人需要基于 MMEL，根据自己飞机的配置情况，对 MMEL 项目进行调整，发布自己的最低设备清单（MEL）。通常运营人 MEL 是 MMEL 的子集，或附有更严格的条款。MMEL/MEL 中常常有系统不工作时的性能数据调整。

放行偏差指南（Dispatch Deviations Guide，DDG），是制造商开发的，帮助航空公司制定自己的 MEL 的指导性手册，其中包括非正常情况下的性能数据调整。

飞行机组训练手册（Flight Crew Training Manual，FCTM），制造商编写的，主要用于飞行训练，是涉及该机型驾驶技术、一般资料、标准化操作的学习和参考指南。

用于机场规划的飞机特性手册（Airplane Characteristics for Airport Planning，AC），主要用于机场设计、规划部门了解飞机所编写，提供了机场规划所需的飞机外部尺寸数据、地面服务设施需求、机轮构型数据等。部分性能相关数据需要查阅该手册。

除纸张手册外，飞机上的飞行管理计算机（Flight Management Computer，FMC）也对机组提供性能数据。现在，随着电子飞行包（Electronic Flight Bag，EFB）的广泛使用，飞机的各类运行相关手册、航空资料汇编（Aeronautical Information Publications，AIP）、性能软件计算结果等资料，已经全部以电子化的形式，装备于专用平板（Pad）或飞机设备中。

1.4.4 性能软件

性能软件在民航运行中的应用约起始于20世纪70年代，基于当时的中型或大型主机，运行在UNIX操作系统上，其功能、用途和使用范围均非常有限。

性能软件的普遍使用是随着个人计算机（PC）的普遍使用而开始的。从20世纪80年代开始，基于DOS平台，开始了起飞分析表的计算。

20世纪90年代，随着法规、技术进步和运行安全经济性要求的加强，飞行性能工作日益复杂，在航空公司中的重要性日益强化；同期，伴随着Windows的普及而开始得到大规模的应用。

过去，各种性能数据主要以纸张图表的形式提供，数据较为单一且有限，由于手工查图误差较大，制造商只能以保守的方式制作性能图表。部分性能工作非常复杂（如迭代运算）且工作量大，运行规章符合性的满足通常是简单的和不准确的，有些方面甚至是处于空白状态。

现在，各种性能数据主要由性能软件提供，速度快，可以完成过去手工无法完成的工作，且精度高，不像图表那么保守，可以得到更好的性能。这些差异意味着运营人可以在符合规章要求的前提下，得到更好的运行经济性。特别的，在很多高原以及特殊机场，如果没有性能软件的支持，可能会导致该机型甚至无法在该机场运行，或导致在该机场运行经济性很差。

现在，纸张手册中的性能数据基本上只能支持简单的性能工作。性能软件不但覆盖了全部手册性能数据，还能提供手册不包含的性能数据，或计算更大条件范围内的性能数据。由于性能软件的复杂性和专业性，在航空公司，它主要由性能工程师使用。

在目前主流的25部运输类飞机制造商中，均提供有性能软件。各家软件提供的功能、复杂度各不相同。其中，波音、空客最为完善，软件所提供的功能也基本对等。下面以制造商为例，对性能软件进行大致介绍。

1. 波音性能软件

（1）BPS（Boeing Performance Software）

该软件为Win32 GUI界面（见图1.21），在制造商各机型数据库和用户机场数据库的支持下，完成性能计算，其中有4个主要功能，包括以下内容：

第 1 章 基础知识

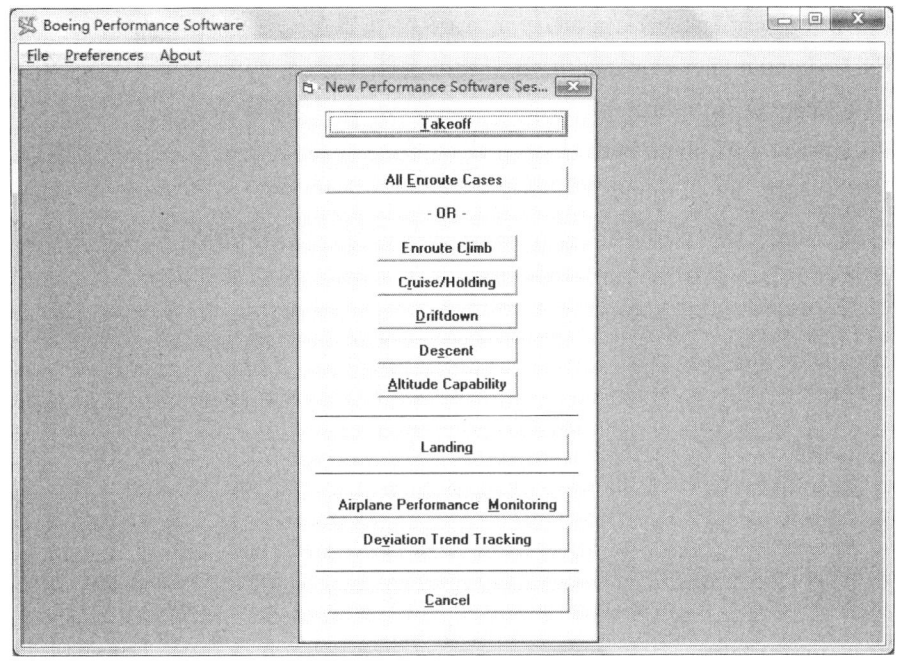

图 1.21 波音 BPS 主界面

- 起飞性能计算：起飞分析表/点计算、各起飞限重、起飞速度与距离、一发失效起飞飞行航迹、最大假设温度等。
- 着陆性能计算：着陆飞分析表/点计算、各着陆限重、着陆速度与距离等。
- 航路性能计算：巡航高度能力、爬升性能、巡航与等待性能、航路一发失效飘降性能、下降性能等。
- 飞行性能监控：将记录飞行数据与标称/基准性能做比较，分析飞行性能的衰退，特别是燃油的增加量，以此判定具体飞机的性能衰退并修正飞行计划燃油。

从软件工程的角度来说，BPS 实际上是个外壳（Shell）软件，负责用户界面与输入/输出数据的处理，具体功能实际上是调用不同的可执行文件来完成的，如图 1.22 所示。这些可执行文件是符合国际航空运输协会（IATA）标准性能计算软件接口规范（Standard Computerized Airplane Performance，SCAP）的 Win32 命令行版本软件，是可以单独运行的。其中包括：

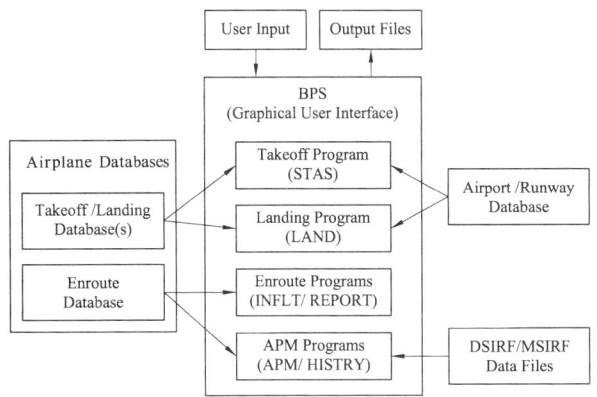

图 1.22 波音 BPS 的功能框架

33

- STAS（Standard Takeoff Analysis Software）：负责起飞性能计算。
- LAND（Landing Performance）：负责着陆性能计算。
- INFLT/Report（Inflight Performance）：负责航路性能计算。
- APM/History（Airplane Performance Monitoring）：负责飞机性能监控计算。

（2）BCOP（Boeing Climbout Program）

该软件为 Win32 GUI 界面（见图 1.23），在制造商各机型数据库和用户机场数据库的支持下，完成性能计算，其中有 4 个主要功能（见图 1.24），包括如下内容：

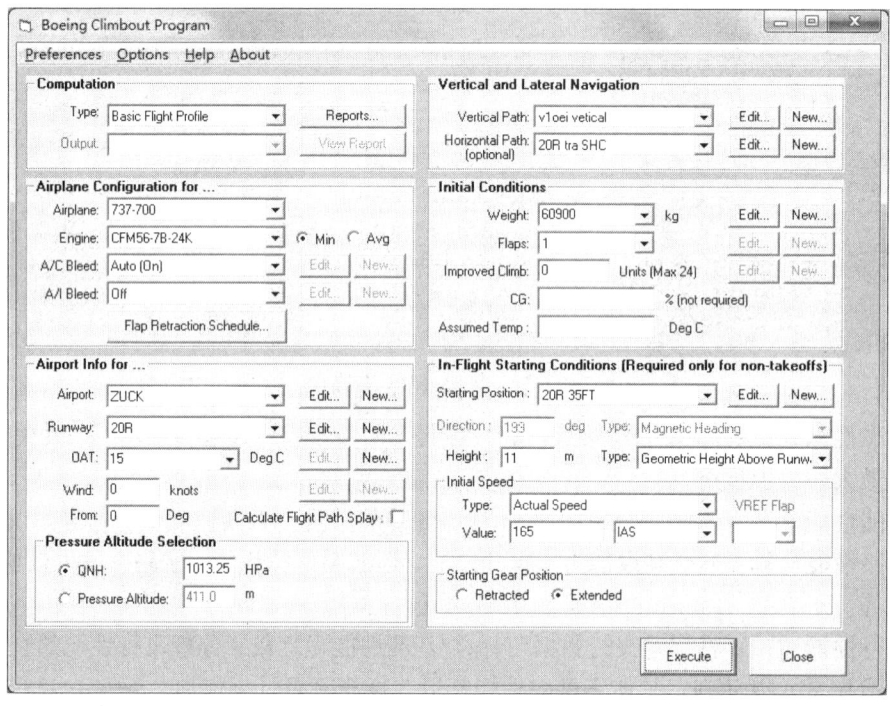

图 1.23　波音 BCOP 的主界面

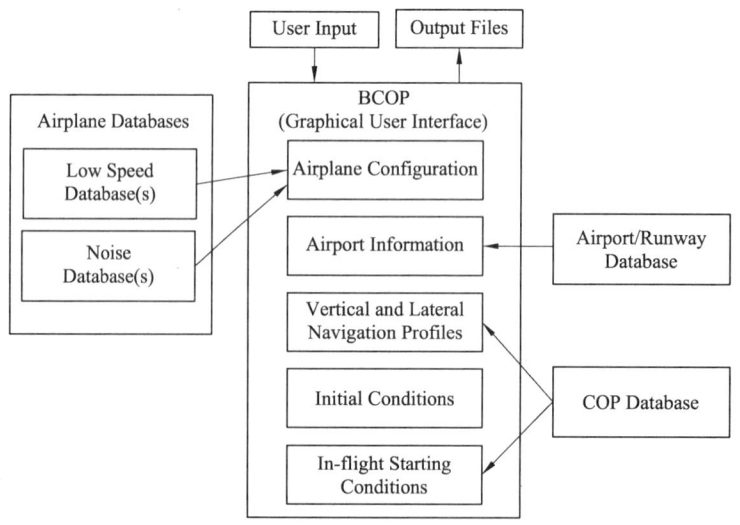

图 1.24　波音 BCOP 的功能框架

- 全发航迹与性能计算：计算全发情况下，飞机的水平与垂直航迹参数，从跑道松刹车点或空中任意点开始。
- 一发失效航迹与性能计算：计算一发失效情况下，飞机的水平与垂直航迹参数，从起飞 35 ft 点或空中任意点开始。
- 梯度计算：计算全发、一发失效情况下，飞机在不同速度、高度、构型下的爬升梯度。
- 噪声计算：计算特定航迹下的噪声分布等值线、特定地点的噪声值。

BCOP 的全发与一发失效航迹计算可以让飞机沿标准仪表离场程序/起飞一发失效应急程序/标准仪表进场程序（SID/EOSID/STAR）进行仿真飞行，以进行符合规章要求的越障分析和飞行程序分析，在 EOSID 设计与飞行程序的性能验证中占据非常重要的地位。

（3）PET（Performance Engineers Tool）

波音从 B787、B747-8、B737MAX 开始，性能软件进行了大幅改版，新的性能软件称为 PET，它以全新统一的界面（见图 1.25），提供了之前分散的各软件功能。集成整合的功能除过去的 AFM-DPI、BPS、BCOP 全部功能外，还提供了飞行计划计算的功能。

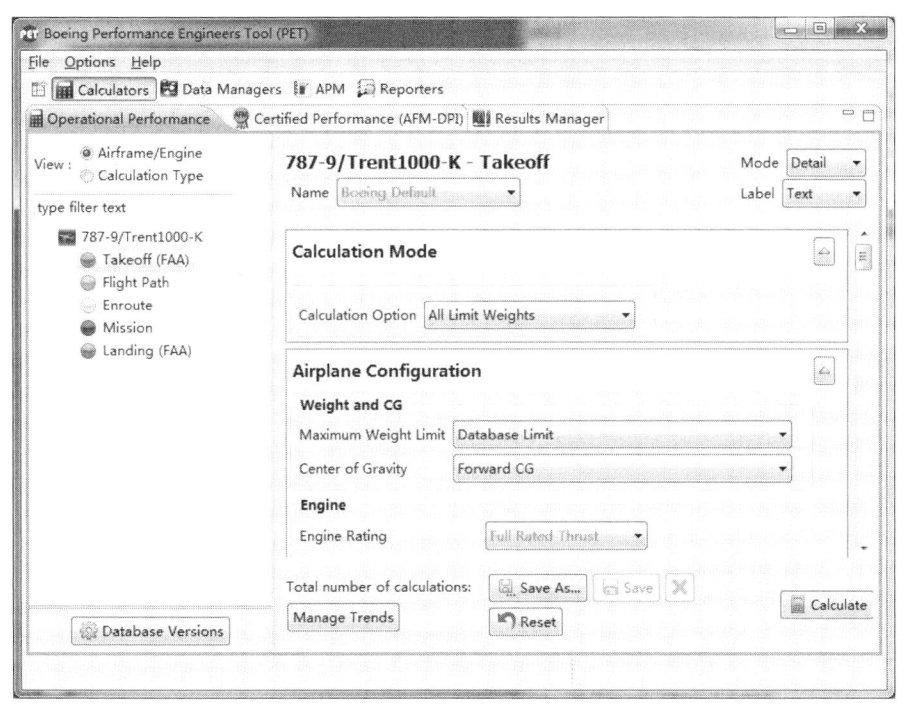

图 1.25　波音 BET 软件界面

2. 空客性能软件

空客提供的性能软件以及 AFM 审定性能计算全部集成在性能工程师软件（Performance Engineering Programs，PEP）中。它是基于 Windows 平台上的 GUI 软件，通过统一的界面和入口提供了所有的性能功能模块。

（1）FM

飞行手册审定性能模块（Aircraft Flight Manual，FM），计算 AFM 中的所有审定性能，如图 1.26 所示。其内部计算模块，对于纸张性能机型（适用于 A300/A310），称为 TAB，对于所有电传机型，称为 OCTOPUS。

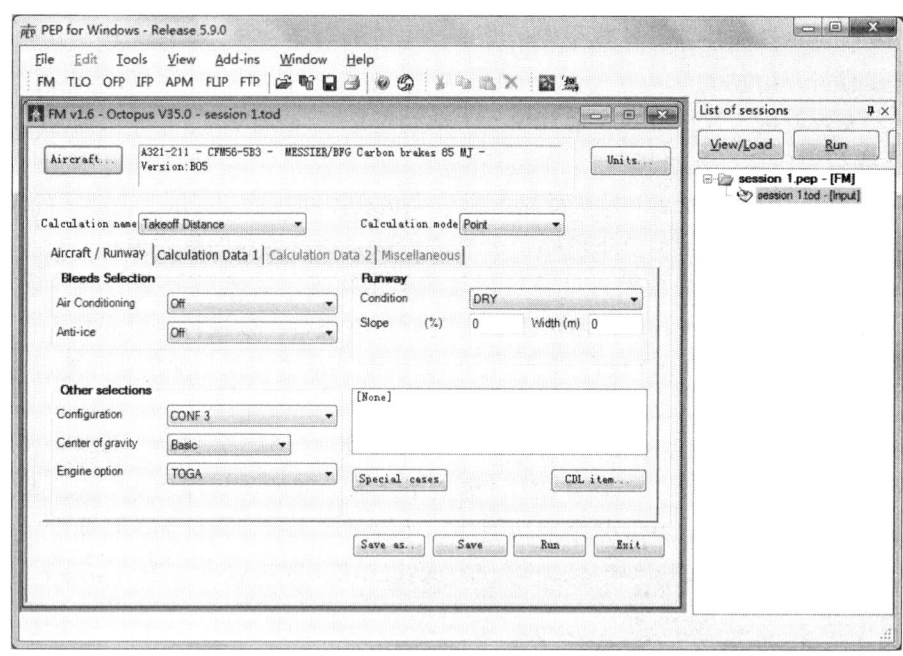

图 1.26 空客 PEP 软件 FM 模块软件界面

（2）TLO

起飞与着陆性能计算（TakeOff and Landing Optimisation，TLO），计算优化起飞着陆性能，起飞/着陆分析表，分为表计算和点计算，如图 1.27 所示。对于纸张性能机型，称为 TLC，对于所有电传机型，称为 OCTOPUS。TLO 是日常运行中使用最多的性能模块。

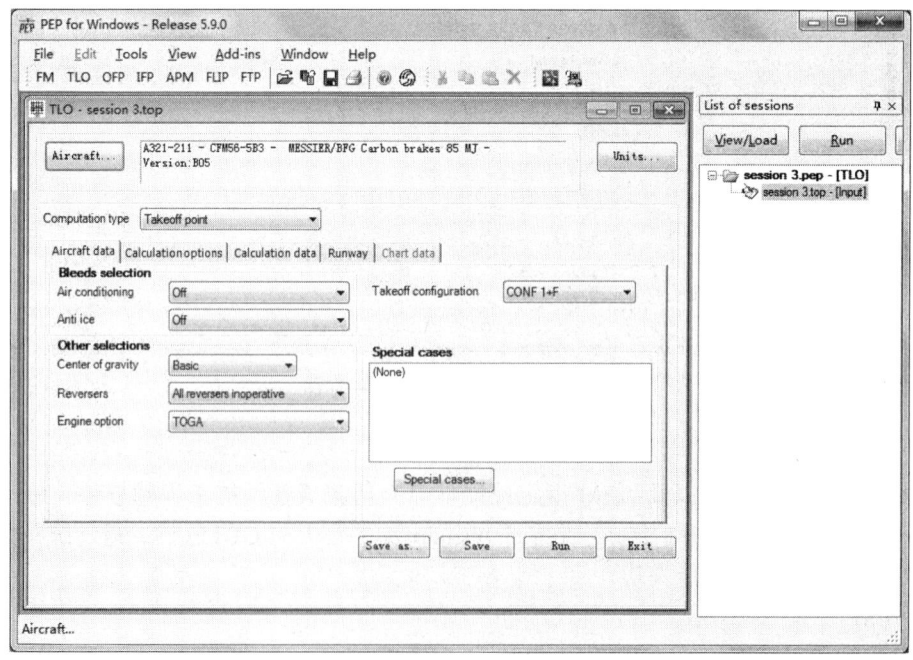

图 1.27 空客 PEP 软件 TLO 模块软件界面

（3）OFP

运行飞行航迹计算（Operational Flight Path computation，OFP），计算全发和一发失效情况下的整个飞行航迹，如图 1.28 所示。对于飞行程序验证、一发失效应急程序设计至关重要。

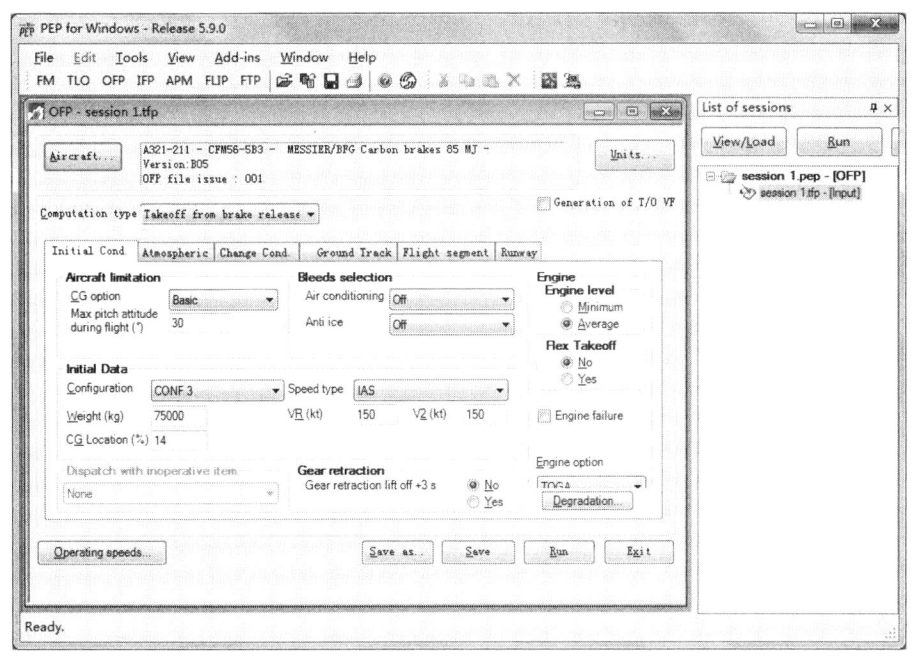

图 1.28　空客 PEP 软件 OFP 模块软件界面

（4）NLC

噪声等级计算（Noise Level Computation，NLC），结合 OFP，计算沿航迹的噪声等值分布，以评估不同飞行航迹的噪声暴露水平。

（5）IFP

空中性能（In Flight Performance program，IFP），计算包括爬升、巡航、下降、等待等航路阶段的高速性能。

（6）APM

飞机性能监控（Aircraft Performance Monitoring，APM），评估巡航阶段飞行数据与标称数据的偏差与性能降级。

（7）FLIP

计算机飞行计划（Computerized Flight Planning，FLIP），计算包含备降在内的整个飞行计划的燃油消耗，可以按正算（已知起飞重量，确定燃油和商载）和反算（已知商载，确定燃油和起飞重量）两种方式进行。通常，航空公司飞行计划使用另外的专用软件进行，本模块更多在性能分析方面使用。

（8）FTP

燃油温度预测（Fuel Temperature Prediction，FTP），主要针对极地航线，根据飞行计算、预报天气或历史统计天气，预测航路油箱温度，以预防燃油结冰。

在计算起飞或着陆性能时，通常可以选择两种计算模式：第一法则和多项式。

第一法则（First principle method），通过原始数据，使用飞行动力学方程求解，结果准确但耗时较长。多项式（Polynomial method），通过对方程进行多项式简化、基于预计算表格和神经网络预测来快速计算，计算速度更快但结果较为保守。

但在某些情况下，不能使用多项式法，或不提供多项式法。例如：空客要求，以下情况必须使用第一法则法进行计算：

- 跑道坡度大于 1%；
- 机场 PA 大于 8500 ft；
- 起落架放下；
- 转弯飞行；
- 三发转场飞行（对于四发飞机）；
- 起飞滑跑可用距离（TORA）、起飞可用距离（TODA）或加速停止可用距离（ASDA）大于 5000 m，或低于 2000 m（针对 A330、A340、A350 和 A380）/1700 m（针对 A320 系列）；
- 延伸二段；
- 存在 CDL 项目；
- 失效的组合；
- 运行着陆距离；
- 全发爬升梯度。

第 2 章　飞机的速度与限制

本章简单介绍基本速度概念、各种限制速度、高速空气动力学基本特性以及飞行手册中的各种性能相关限制。

2.1　指示空速、校正空速和当量空速

飞机在空中飞行，速度是使用伯努利（Bernoulli）定理间接测出来的。

将图 2.1 所示的空速管平行于气流放置，则最前面入口处得到总压，管壁垂直于气流处得到静压，总压与静压之差为动压。即下述（低速不可压）伯努利方程：

$$P_{\text{total}} = P_{\text{static}} + P_{\text{dynamics}} = P_{\text{static}} + \frac{1}{2}\rho V^2$$

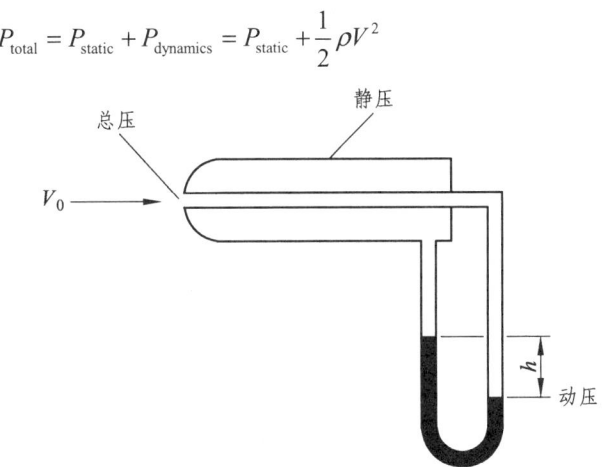

图 2.1　空速表原理

空速表的驱动源为来流的动压与静压信号，它是按 ISA 海平面校准的。即只有在 ISA 海平面条件下，其读数才等于真空速。它不能反映大气中密度随高度的变化情况。初看起来这是一个缺点，但恰恰相反，这是一个优点，这个特性是航空活动中非常需要的。

引入以下几个不同的速度概念。

真空速（True Air Speed）：飞机与空气之间的实际相对速度，它等同于日常生活中，以及物理学上的速度概念，缩写为 TAS。

指示空速（Indicated Air Speed）：空速表指示的速度，又称表速，缩写为 IAS。可以说，空速表实际上并不是速度表，而是动压表。ISA 海平面条件，TAS=IAS。

根据升力公式：

$$L = C_L \cdot \frac{1}{2}\rho V^2 \cdot S$$

飞机在某一高度 h 上平飞，空气密度 ρ_H，飞机重量 W，则需要产生的升力 L 可表述为

$$W = L = C_L \cdot \frac{1}{2} \rho_H V_{TAS}^2 \cdot S$$

空速表是动压表，由于它是按 ISA 海平面校准的，所以它把感受到的真实动压（$\rho_H V_{TAS}^2$）大小，在任何高度均理解为海平面动压（$\rho_0 V_{IAS}^2$），因此，升力公式也可写为

$$W = L = C_L \cdot \frac{1}{2} \rho_0 \rho_H V_{IAS}^2 \cdot S$$

进而：

$$V_{TAS} = V_{IAS} \cdot \sqrt{\rho_0 / \rho_H}$$

从上式可看出，等高直线飞行时，产生的升力不变。小表速，大迎角；反之，则大表速，小迎角。IAS 和迎角的关系是一一对应的，且这一对应关系不随高度而变。进一步可以认为：直线飞行中，表速相同，则迎角相同，空气动力相同。这是飞行中主要使用指示空速而不是用真空速的原因所在。

校正空速（Calibrated Air Speed）：IAS 经过仪表误差和位置误差修正后的读数，缩写为 CAS。CAS 是比 IAS 更为精确的动压。

空速表制造水平和构造特性引起的误差称为仪表误差，大部分现代飞机空速表的仪表误差基本为零。空速管需要将总压口平行于来流，静压口垂直于来流，这只有在某一特定速度下才能实现。因为不同速度，飞机的俯仰姿态不同。由于飞机俯仰姿态不同引起的误差称为位置误差，位置误差主要由静压源导致，其大小受飞机迎角（速度）、重量、近地效应、飞机构型的影响。

一般而言，起降气动外形，位置误差为负值，说明空速表多指；巡航气动外形，位置误差为正值，说明空速表少指。B757 多指不超过 4 kt，少指不超过 2 kt。

对于现代装备有大气数据计算机的飞机，空速表指示读数实际上就是 CAS。

位置误差修正值通过试飞得到并在飞机飞行手册（AFM）中给出，如图 2.2 所示。

当量空速（Equivalent Air Speed）：CAS 经过空气压缩性修正后的读数，缩写为 EAS。当量空速是最准确的动压，它用于计算真空速。只有 EAS 和迎角的关系才真正不随高度而变。

由当量空速计算真空速可通过下式进行：

$$V_{TAS} = V_{EAS} / \sqrt{\rho / \rho_0} = V_{EAS} / \sqrt{\sigma}$$

空气压缩性误差随 CAS 和高度的增加而增大，使空速表多指。这种压缩性修正与具体机型无关，只与飞行高度和 CAS 有关。CAS 与 EAS 的关系可使用下式进行转换，速度单位为节（kt）。

$$V_{EAS} = 1479.1 \sqrt{\delta \left[\left(\frac{1}{\delta} \left\{ \left[1 + 0.2 \left(\frac{V_{CAS}}{661.4786} \right)^2 \right]^{3.5} - 1 \right\} + 1 \right)^{\frac{1}{3.5}} - 1 \right]}$$

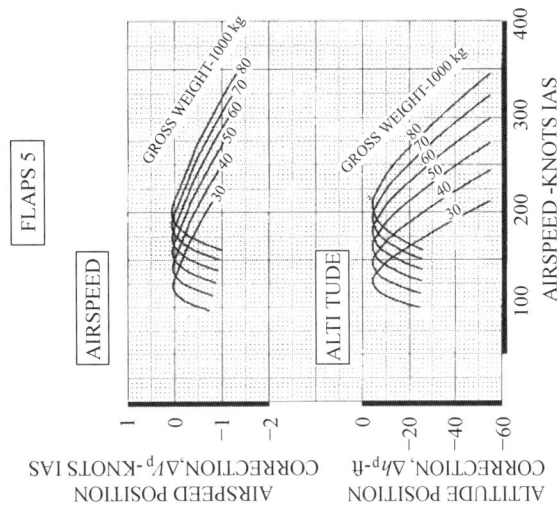
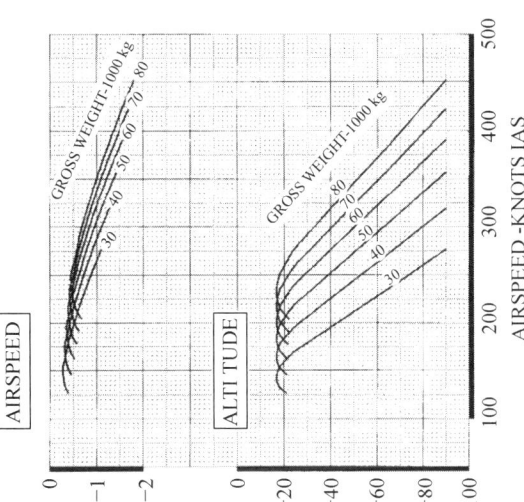

图 2.2 B737-700 位置误差

例如，在 30 000 ft 高度以 300 kt IAS（认为等于 CAS）飞行，此时压缩性误差为 – 15，即 EAS 为 285 kt。

马赫数（Mach Number）：真空速与当地音速之比，缩写为 M。

飞行马赫数 $M > 0.4$ 后，空气的可压缩性逐渐变得明显，使得飞机的空气动力特性逐渐发生变化。在接近音速的高压音速范围飞行，是否会产生空气动力特性的突变，取决于马赫数，而不是 IAS。因此，高空飞行，主要速度参照是马赫数。

空气中的音速 a 大小唯一取决于空气温度，音速可用下式计算：

$$a = \sqrt{\gamma RT}$$

式中，温度 T 使用绝对温度单位，γ 为 1.4，公制中 R 为 287.0529。

海平面音速可计算为

$$a_0 = \sqrt{1.4 \times 287.0529 \times 288.15} = 340.294 \text{（m/s）}$$

使用温度比的概念后，音速还可用下式计算：

$$a = a_0 \cdot \sqrt{\theta} = 661.4786 \cdot \sqrt{\theta} \text{（kt）}$$

【例 2.1】 已知飞行高度层 FL330，ISA + 10 °C，$M = 0.80$，计算 EAS 和 TAS。

解：查标准大气表，可知压力高度 33 000 ft 处的压强比为 0.2586，标准温度 – 50.4 °C，则温度比和密度比分别为

$$\theta = (-50.4 + 273.15 + 10)/288.15 = 0.807\,74$$

$$\sigma = \delta/\theta = 0.2586/0.807\,74 = 0.320\,15$$

则 TAS、EAS 分别为

$$V_{\text{TAS}} = M \cdot a_0 \cdot \sqrt{\theta} = 0.8 \times 661.4786 \times \sqrt{0.807\,74} = 475.6 \text{（kt）}$$

$$V_{\text{EAS}} = V_{\text{TAS}} \cdot \sqrt{\sigma} = 475.6 \times \sqrt{0.320\,15} = 269.1 \text{（kt）}$$

2.2 空气动力学基础

2.2.1 低速空气动力特性

在不考虑空气压缩性（$M < 0.4$ 或 TAS < 200 kt 的速度范围）的低速范围，像升力系数、阻力系数、升阻比这样的空气动力参数，均不随速度而变。重量和构型相同，随着飞行高度增加，同一表速对应的迎角不变，动压不变，但真空速增加。例如，在不同高度的机场，起飞抬前轮时，只要重量相同，则抬轮表速相同，产生的升力相同。同样，低速范围，失速表速是不随高度而变的。

升力系数、阻力系数主要由迎角决定，同时还受构型（襟缝翼及起落架位置）、重心和推力等级的影响。

低速下升力系数随迎角的关系如图 2.3 所示。中小迎角，C_L 随着迎角增大而线性增加，迎角继续增大，机翼上表面气流开始分离，C_L 随着迎角增大开始非线性增加，迎角增加到临界

迎角时，C_L 达到最大值，然后随着迎角增加而急剧减小。由于速度随迎角的对应关系不随高度而变，最大升力系数越大，则失速速度越小。增升装置利用这一特点来提高最大升力系数，从而降低起降速度。

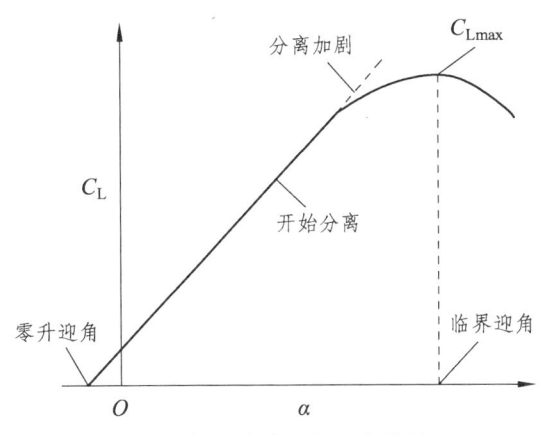

图 2.3　升力系数随迎角的变化关系图

最大升阻比是飞机非常重要的一个气动参数。升阻比 K 是升力系数和阻力系数的比值，K_{max} 对应的迎角称为最小阻力迎角 α_{md}，对应的速度称为最小阻力速度 V_{md}。以最小阻力速度平飞，飞行阻力最小。喷气飞机在起降的低速阶段，以最大升阻比爬升，上升角和上升梯度最大；以最大升阻比下降，下降角和油耗最低。低速阶段，升阻比主要取决于构型和迎角。

2.2.2　高速空气动力特性

在考虑压缩性后的高速范围，速度（主要是马赫数）逐渐开始对前述这些参数产生影响。表速和迎角不再一一对应。失速表表速在高高度开始变大，临界迎角不但取决于形状，也和马赫数相关。升阻比也取决于马赫数（M），如图 2.4 所示。高速飞行 M 越大，最大升阻比 K_{max} 越小。升力系数随阻力系数变化的关系曲线称为极曲线。高速阶段，极曲线也随 M 而发生变化，如图 2.5 所示。

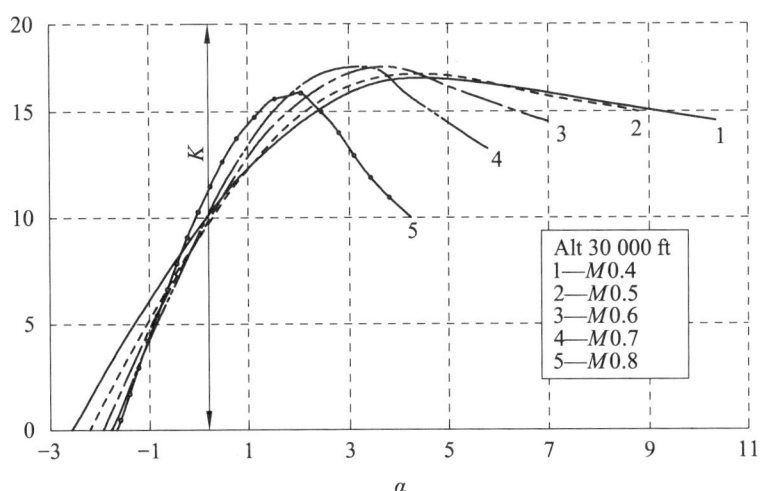

图 2.4　A321 升阻比-迎角曲线随马赫数的变化关系

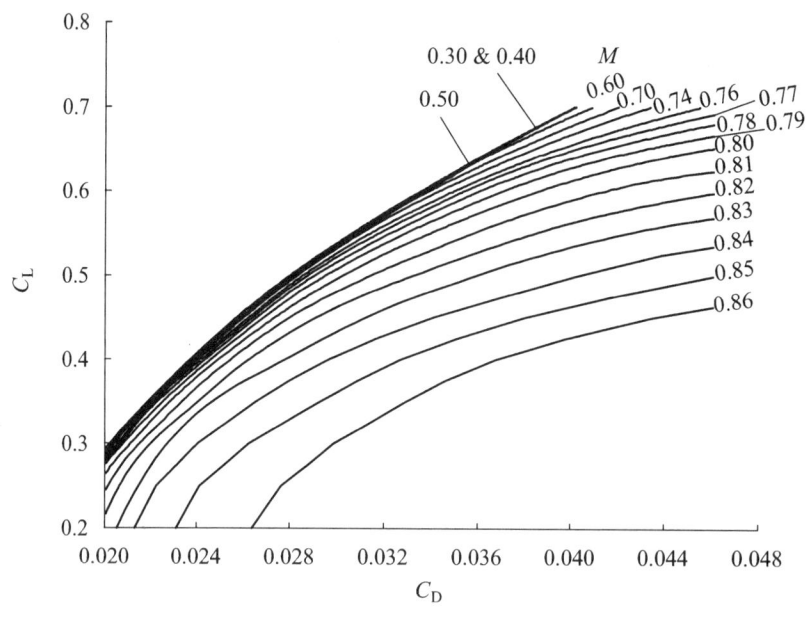

图 2.5　某机型巡航阶段极曲线随马赫数的变化

巡航飞行，为使航程最大，应使飞机保持在原点向平飞阻力曲线所引切线的切点对应的速度飞行。对于低速飞机，该速度约为最大升阻比速度的 1.32 倍。对于高速飞机，平飞阻力曲线在高速端阻力更大，航程最大的飞行状态对应气动效率（MK）最高状态，该速度大于 $K_{\max}$ 对应的速度。A321 平飞阻力-马赫数曲线随高度的变化如图 2.6 所示，A321 航程燃油比 SR-马赫数曲线随高度的变化如图 2.7 所示。

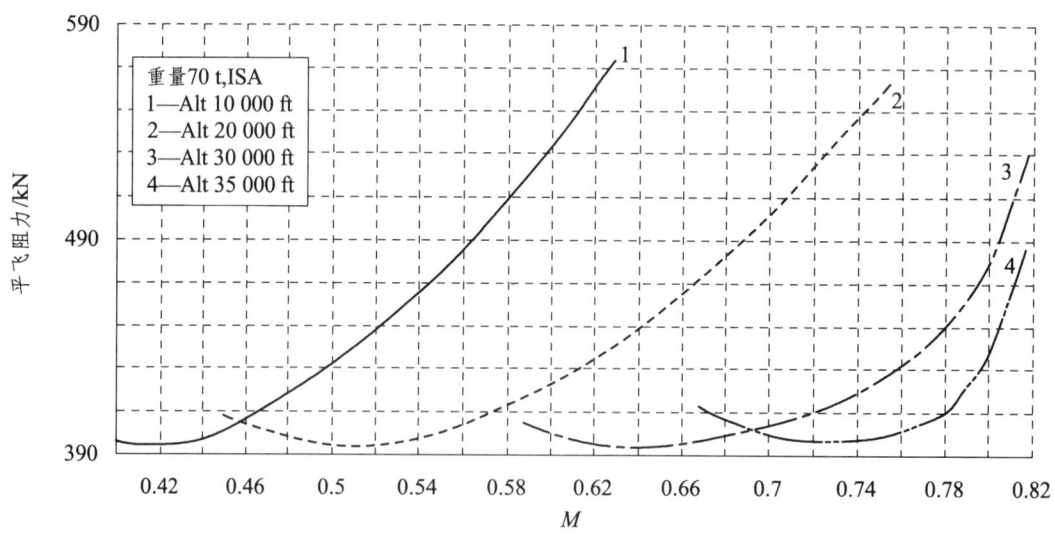

图 2.6　A321 平飞阻力-马赫数曲线随高度的变化

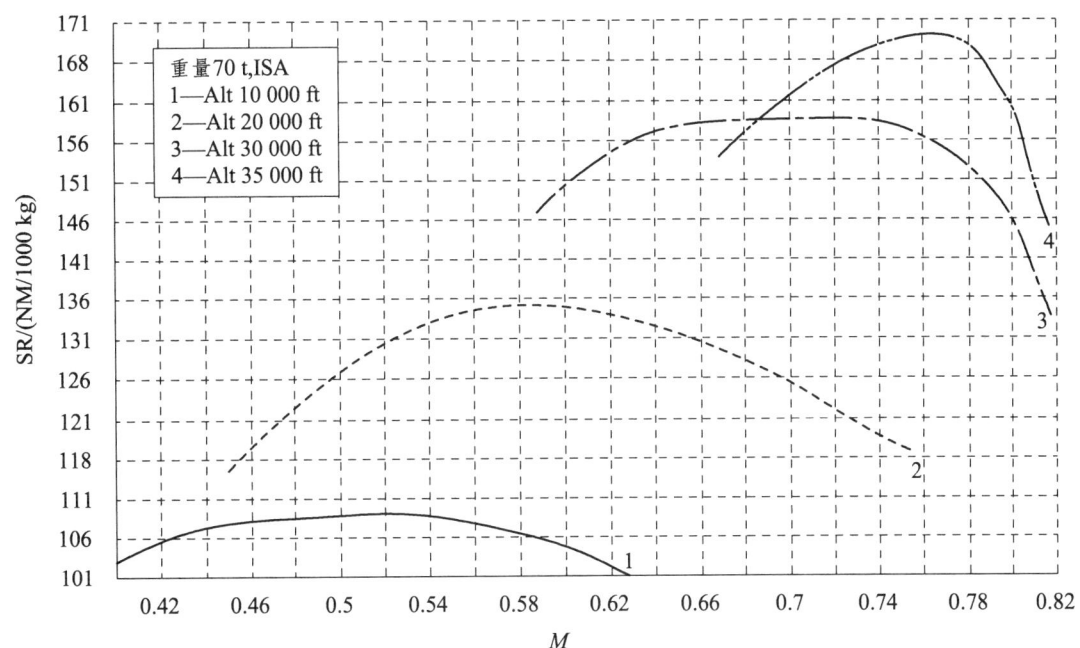

图 2.7　A321 航程燃油比 SR（每吨油前进的海里）-马赫数曲线随高度的变化

对于喷气式飞机，最小阻力速度是平飞两个速度范围的划分点，低于该速度平飞时，飞机具有速度不稳定性。

2.2.3　总温、总压与总密度

设想一股空气流，受到物体阻挡逐渐减速，在紧挨物体那一点，流速为零，则流体微团的动能将转换为压力能、热能。机翼前沿的驻点就是这种情况。考虑空气压缩性后，我们把上述情况下驻点的参数分别称为总压、总温、总密度。

总温（绝对温度）可通过下式计算：

$$T_{\text{total}} = T_{\text{static}} \cdot \left(1 + \frac{\gamma-1}{2} M^2\right)$$

对于空气，γ 等于 1.4，可得到下列公式：

$$T_{\text{total}} = T_{\text{static}} \cdot (1 + 0.2 M^2)$$

$$P_{\text{total}} = P_{\text{static}} \cdot (1 + 0.2 M^2)$$

$$\rho_{\text{total}} = \rho_{\text{static}} \cdot (1 + 0.2 M^2)$$

2.3　传统失速速度与 1g 失速速度

在 20 世纪 80 年代，25 部定义的失速速度是：演示飞行中，重心最不利位置，油门慢车，飞机从稳定的配平状态开始，以不超过 1 kt/s 的减速度平飞减速，直到出现清晰可见的失速现象。这个试飞中确定的最小稳定飞行速度称为失速速度（Stall Speed），用符号 V_S 表示。这种状态下飞机实际上已经失速，其迎角已经大于临界迎角。

理论上定义的失速速度是临界迎角对应的速度，临界迎角时，升力等于重力，载荷因数为 1g，我们把这种失速速度称为 1g 失速速度，使用符号 V_{S1g} 表示。失速过程中参数的变化如图 2.8 所示。

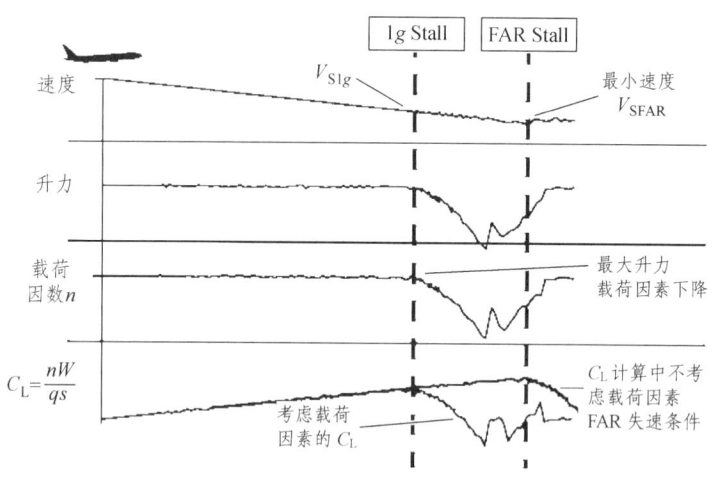

图 2.8 失速过程中参数的变化

历史上，把最小稳定速度作为失速速度，在此基础上，进一步确定其他最低操纵速度，是 25 部适航审定规章普遍接受的方法。例如：最低的 V_2 定义为 $1.2V_S$，最小航路爬升速度 V_{FTO} 定义为 $1.25V_S$，最低的着陆参考速度 V_{REF} 定义为 $1.3V_S$。这样的系数为实际运行提供了安全裕量，确保飞机离失速状态有一定的距离。

过去，25 部运输类飞机多为平直机翼，具有清晰可辨以及良好的失速特性，如失速前的明显气动抖动与失速后的低头。这类飞机的最小稳定速度和临界迎角对应的速度差别很小。随着喷气式后掠翼运输类飞机的出现，以及更为现代化翼型的使用，与平直翼相比，后掠翼的失速过程变得更为平缓，抖动现象也开始变得不像平直翼飞机那么明显，失速后也并不出现明显的低头现象，有的机型甚至展示出抬头倾向。为满足适航规章要求，这类飞机上出现了失速前自动激活的人工抖杆器和推杆器。

按传统失速试飞方法确定现代飞机的最小稳定速度，不同技术的试飞员飞出的速度可能会有所不同，对于最好的试飞员获得 V_S 时的载荷因数可低至 0.88，此时实际上飞机已经较深地进入失速状态。这样，得到的 V_S 就比 V_{S1g} 小得较多，基于这样的 V_S 确定的最低操纵速度就会过于偏小，其安全性逐渐被普遍认为不可接受。

20 世纪 80 年代以来，现代飞行控制系统开始加入高级保护特性，这些特性防止飞机进入失速状态，同样也防止飞机在高于失速状态一定速度之上的稳定飞行。对于这些飞机（A320），使用传统失速试飞方法已经不再适宜。FAA 当时为这类飞机发布了专用条件，在这些专用条件中，使用 V_{S1g} 作为参考速度。在确定其他最低操纵速度时，如果系数不变，将使各最低操纵速度变得较大，使制造商和运营人的经济性变差。

为和过去方法在结果上尽量达成一致性，使用了较小的系数。同在 20 世纪 80 年代，使用传统操纵系统的机型（B767-300）在审定中也使用了类似的专用条件。FAA 鼓励在审定中使用 V_{S1g} 作为失速参考速度，以避免基于其上的最低操纵速度过低的现象。自从 20 世纪 80

年代中期以来，FAA 审定的大部分运输类机型，均使用了新的 V_{S1g} 作为失速参考速度的标准。

1995 年，FAA 发布规章修订建议，建议对 1、25、36、97 部进行修订，重新定义运输类飞机的参考失速速度为不低于 1g 失速速度，取代过去使用最小稳定飞行速度的做法。认定这两个速度相差 6%（即 0.94 的系数差），以处理降低的系数。这样做的结果使得大部分运输类飞机在使用老的失速速度和新的 1g 失速速度时，确定的最低操纵速度变化不大。引入符号 V_{SR} 以代表不低于 V_{S1g} 的失速参考速度，而使用 V_S 代表过去的最小稳定飞行速度。这之后，为示区别，V_S 也被称为传统失速速度或 FAR 失速速度。过去，失速警告出现的速度必须大于最小稳定速度 7 kt，新的规章修订要求，基于 V_{S1g} 的失速参考速度后，失速警告在 3 kt 或 3% 之上（取大者）是可以接受的。在充分协商的基础上，欧洲 JAA 跟进了这一规章修订。这一规章修订建议最终在 2002 年成为正式规章。

传统失速速度 V_S 和 1g 失速速度 V_{S1g} 的区别图示于图 2.9 中。确定 1g 失速速度时，计算 C_L 和速度时考虑了载荷因素 n 的影响。使用安装于飞机上的仪器来确定垂直载荷因数小于 1 的时机，因此其大小具有确定性。

目前，对于国内在役飞机而言，波音飞机除 B737-300、B757-200 外，其他机型均使用 1g 失速速度；而空客机队中，除早期的 A300/A310 外，从 A320 开始的全系列电传飞机均使用 1g 失速速度。

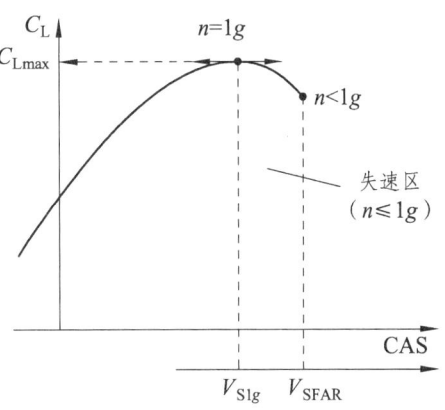

图 2.9　FAR 失速速度和 1g 失速速度

从两个概念的定义与特性表述可以看出，传统失速速度较 1g 失速速度小。不同失速速度下的警告裕度要求如图 2.10 所示。适航审定时采用系数 0.94 代表两者之间的关系，即

$$V_S = 0.94 \cdot V_{S1g}$$

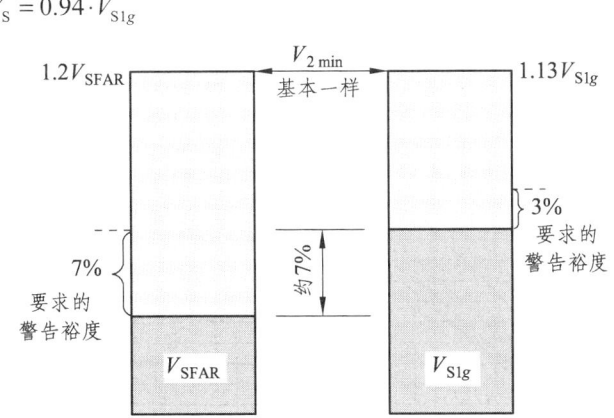

图 2.10　不同失速速度下的警告裕度要求

因此，基于失速速度的最低操纵速度变为

$$V_2 = 1.2 \cdot V_S = 1.13 \cdot V_{S1g}$$

$$V_{FTO} = 1.25 \cdot V_S = 1.18 \cdot V_{S1g}$$

$$V_{\text{REF}} = 1.3 \cdot V_{\text{S}} = 1.23 \cdot V_{\text{S1g}}$$

失速速度受到诸多因素的影响，包括重心、推力、高度、重量、减速率、载荷因素等。

由于重心在机翼升力之前，重心靠前，机翼升力增大，平尾负升力增大，全机总升力保持不变。而机翼升力增大，失速速度增大。

接近失速速度时，飞机俯仰角增加。推力增大，推力垂直于航迹的分量增加，机翼升力减小，失速速度减小。

在相对较低速度的起降阶段，如果不考虑压缩性影响，临界迎角不随马赫数而变，考虑空气压缩性后，特别是随着高度增加，临界迎角随马赫数的增加而减小。因此，以 CAS 和 IAS 表示的失速速度随高度增加而增大。

按早期标准审定的飞机，没有给出这类数据。对于按较新标准审定的飞机，例如波音 737NG 系列和空客电传系列，均按适航审定的要求给出了失速速度随高度变化的数据。图 2.11 表示了 A319-112 飞机失速速度（CAS）随高度与重量的变化。可以看出，重量较小时，保持失速速度不变的高度较高；重量较大时，超过 5000 ft 失速速度即开始增加。

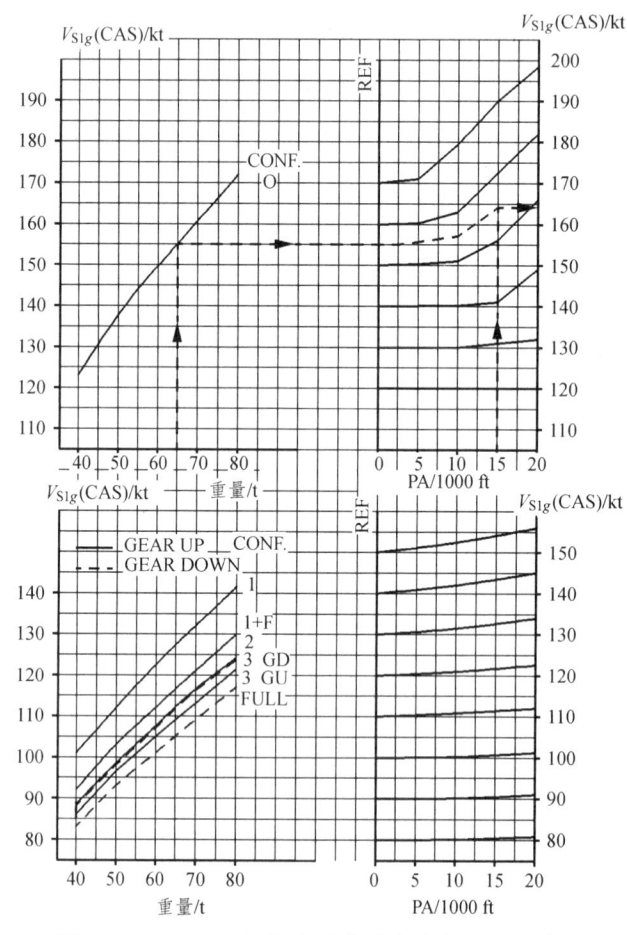

图 2.11　A319 飞机失速速度随高度与重量的变化

重量增加，要求的升力增加，更大重量下，机翼升力导致的机翼变形也增加，使升力系数有所减小，这两个方面的因素均导致失速速度增加。

进入失速试飞的减速度对传统失速速度有影响。减速度越大，传统失速速度越小。极端情况，在极其快速的变化条件下，如遭遇紊流，失速实际发生的速度可能和手册给出的失速速度存在很大的差异。这种动态失速是一种不稳定的短暂现象，现有的民航飞机设计规章并没有要求对此进行考虑。

载荷因素越大，失速速度越大。因此，转弯飞行失速速度会增加。

2.4 限制速度

为确保飞行安全，需要确定一系列极限状态下的速度。这些限制速度决定了实际飞行中使用的运行速度大小，规章决定了运行速度与这些限制速度的安全裕量。

2.4.1 地面最小操纵速度

地面最小操纵速度 V_{MCG}（Minimum Control Speed On Ground）是指这样一个最小速度，在该速度临界发动机突然停车时，工作发动机继续保持 TOGA，仅使用主气动操纵就能恢复对飞机的方向控制，使用正常的驾驶技能安全地完成继续起飞，方向舵蹬舵力不超过 150 lb，并且在修正过程中，飞机偏离跑道中心线的侧向距离不大于 30 ft（见图 2.12）。主气动操纵是指方向舵、升降舵、副翼，在这里主要是方向舵。特别的，规章要求在确定 V_{MCG} 时不包括前轮偏转和使用差动刹车技术进行方向的保持。

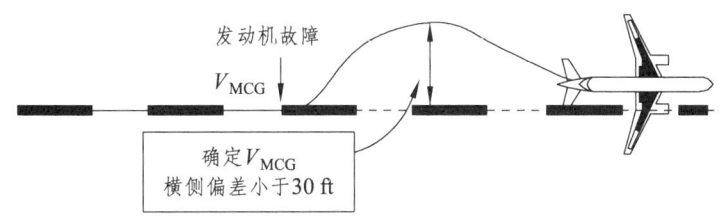

图 2.12 地面最小操纵速度 V_{MCG}

确定 V_{MCG} 时，要求飞机处于各个起飞形态，或由申请人确定的最临界起飞形态；工作发动机处于最大起飞功率或推力；最不利重心位置；飞机处于起飞配平位置；且重量是起飞重量范围内最不利的重量。

显然，低于地面最小操纵速度，出现一发失效，飞机将可能偏离跑道，并可能无法保持沿跑道方向加速滑跑。因此，只有在这一速度之上，谈论中断起飞或继续起飞才有意义。

最小允许的决断速度 V_{1MCG} 是指 V_{MCG} 1 s 后的速度值，规章要求 $V_1 \geqslant V_{1MCG}$，这就保证了一发失效后继续起飞时，飞机具有能力沿跑道方向继续滑跑。

影响 V_{MCG} 的因素主要是一发失效后工作发动机 TOGA 推力引起的不对称偏转力矩。一方面，高度和温度的增加，会导致发动机推力减小，从而减小一发失效后的不对称力矩。使用减额定（Derate）减推力起飞，TOGA 推力减小，不对称力矩也减小。另一方面，在相同表速下，相同舵面偏转角产生的空气动力是相同的，且不随高度而变。综合两个方面，高度温度增加，V_{MCG} 减小。Derate 减推力起飞，V_{MCG} 减小。

民用运输类飞机，其垂尾大小与偏转极限通常由满足此条规章条款所决定。

2.4.2 空中最小操纵速度

空中最小操纵速度 V_{MCA}（Minimum Control Speed in Air）：在空中临界发动机停车情况下，工作发动机继续保持 TOGA，飞机能保持向工作发动机一侧的坡度不大于 5°的直线飞行，使用正常的操纵技能，改出中航向变化小于 20°，为维持操纵所需的方向舵脚蹬力不超过 150 lb 的最小飞行速度，如图 2.13 所示。

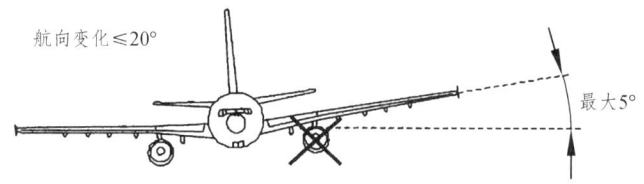

图 2.13 空中最小操纵速度 V_{MCA}

V_{MCA} 通过试飞确定，主要条件如下：最不利重心；海平面最大起飞重量；按起飞状态配平；临界起飞构型；工作发动机为最大可用推力，失效发动机为风车状态，飞机已在空中但不计地效影响。

和地面最小操纵速度相比，飞机向工作发一侧带坡度，可以帮助保持飞行方向。

显然，低于空中最小操纵速度，飞机将无法在限定条件下保持原航向。

规章要求：$V_{MCA} \leq 1.2V_S$，或 $V_{MCA} \leq 1.13V_{S1g}$。

对于三发或四发飞机，还需确定双发同时失效时的 V_{MCA}，其要求和一发失效 V_{MCA} 相同。

图 2.14 给出了 A319-112 FCOM 给出的最小操纵速度。

MINIMUM CONTROL SPEEDS

Altitude (ft)	VMCA (KT CAS)	VMCG (KT IAS)		
		CONF 1 + F	CONF 2	CONF 3
0	108	104.5	104.5	104.5
2 000	106	102.5	102.5	102.5
4 000	104	101.5	101.5	101.5
6 000	102.5	99.5	99.5	99.5
8 000	100	97.5	97.5	97.5
9 200	99	96	96	96

图 2.14 A319 最小操纵速度

2.4.3 最小离地速度

最小离地速度 V_{MU}（Minimum Unstick Speed），是指飞机能够安全离地并继续起飞过程的最小速度。

审定试飞中，在低速时（80～100 kt），飞行员带杆到操纵面的极限位置，飞机慢慢抬前轮到一个获得最大升力系数的迎角，或者对于受几何限制的飞机，抬前轮至机尾擦跑道（机尾装有防擦保护装置），如图 2.15 所示。然后，保持俯仰姿态直至飞机离地。

图 2.15 几何限制飞机最低离地速度俯仰姿态

最小离地速度受飞机几何限制或气动限制。几何限制为飞机离地机尾擦地时的几何尺寸限制，长机身飞机常常受此限制。气动限制为飞机受临界迎角限制，短机身飞机常常受此限制。

必须确定两个最小离地速度并要通过试飞验证：

全发 $V_{\mathrm{MU}(N)}$ 和一发失效 $V_{\mathrm{MU}(N-1)}$，由于该速度时飞机处于一个较大的俯仰姿态，推力的垂直分量较大，减小了离地所需的升力，因此：

$$V_{\mathrm{MU}(N)} < V_{\mathrm{MU}(N-1)}$$

V_{MU} 主要约束正常离地速度 V_{LOF}。这方面欧洲规章和美国规章有少许的区别，体现在表 2.1 中。

表 2.1 V_{MU} 和正常离地速度 V_{LOF} 的关系

规 章	JAR	FAR
几何限制	$V_{\mathrm{LOF}} \geqslant 1.04 V_{\mathrm{MU}(N-1)}$ $V_{\mathrm{LOF}} \geqslant 1.08 V_{\mathrm{MU}(N)}$	$V_{\mathrm{LOF}} \geqslant 1.05 V_{\mathrm{MU}(N-1)}$ $V_{\mathrm{LOF}} \geqslant 1.08 V_{\mathrm{MU}(N)}$
气动限制	\multicolumn{2}{c}{$V_{\mathrm{LOF}} \geqslant 1.05 V_{\mathrm{MU}(N-1)}$ $V_{\mathrm{LOF}} \geqslant 1.10 V_{\mathrm{MU}(N)}$}

影响因素：飞机几何尺寸、飞机重量、发动机推力、起飞构型等。

2.4.4 最大刹车能量速度

刹车时，动能转化为热能被刹车系统吸收，如果热量超出刹车盘所能吸收的限度，刹车盘就会过热并损坏。装备于机轮轮毂上的刹车盘主要由若干随轮胎转动的动盘和固定在机体上的静盘所组成，如图 2.16 所示，当施加刹车压力时，静盘被活塞驱动，压紧动盘，通过摩擦力实施制动。

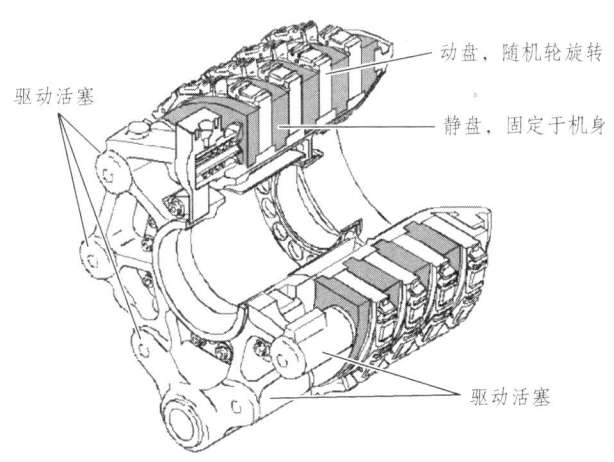

图 2.16 轮毂刹车系统

在中断起飞这样极限的刹车使用度下，刹车盘上的温度可在瞬间高达 1100 ℃。这样的高温会导致钢质刹车盘出现热衰退，导致摩擦力严重降低，甚至造成钢质刹车盘被熔化的现象。炭质刹车盘虽可承受更高的温度，但高温可能会导致刹车系统其他部件燃烧起火。

对于给定重量，在中断起飞中使用最大人工刹车情况下，飞机完全停住而不损坏刹车，定义了一个速度上限，称为最大刹车能量速度 V_{MBE}（Maximum Brake Energy Speed）。

随着刹车的使用时间增加，刹车盘逐渐磨损，导致其所能吸收的能量上限降低。

在过去的适航审定试飞中，允许使用全新的刹车系统演示确定最大刹车能量速度，从 1998 年开始，新的审定标准要求，必须使用在允许磨损限度范围内，磨损至 90% 的刹车做试飞测试，用磨损至 100% 的刹车做实验室测试，且制动中使用最大人工刹车，以确定最大刹车能量。这一标准以适航指令（AD）的形式被回溯要求至所有之前审定的机型。

飞机一般可选配多种不同规格的刹车，每种刹车规格可能对应不同的最大刹车能量。

高原运行，最大刹车能量常常构成起飞性能的限制因素。

规章要求：$V_1 \leqslant V_{MBE}$。

2.4.5　最大轮胎速度

飞机轮胎的工作条件远比地面低速车辆艰巨和复杂。例如：满载的 B747-400，其审定的起飞重量高达 385 t，几乎全部由其 16 个主轮所支撑，单个轮胎承重 24 t，是普通车辆的 20 余倍，胎压是普通车辆的 5 倍，承受的最大速度近 400 km/h，是普通车辆的 2 倍。

机轮在地面高速滑行，机轮离心力增大，温度增加，增加到一定速度之上，轮胎可能会被破坏而爆炸。

最大轮胎速度 V_{TIRE}（Maximum Tire Speed）是轮胎制造厂家根据轮胎强度规定的最大地面滑跑速度。

目前，典型的轮胎速度为 195 kt，这种轮胎装备于大多数中小型运输类飞机上，如波音的 B737、B767、A320 系列等；民用飞机中最大的轮胎速度为 204 kt（235 mile/h），这种轮胎装备于重型的运输类飞机上，如 A330、B747、B777 等。

高温高原机场运行容易受到轮速限制。

规章要求：$V_{LOF} \leqslant V_{TIRE}$。

2.5　运行限制

民用飞机必须遵守各类限制，才能确保飞行安全。这些限制体现在规章要求、手册要求中。

2.5.1　最大使用限制速度

最大使用限制速度（Maximum Operations Limit Speed）有最大使用速度和最大使用马赫数两个概念，分别用符号 V_{MO}、M_{MO} 表示，是指在任何飞行状态，包括爬升、巡航或下降中不能有意超过的最大速度，但在试飞或训练中经批准可以使用更大的速度，如图 2.17 所示。

在低空，飞机最大速度受强度限制，因此最大速度是按表速（即动压）给出；在高空，最大速度受高速抖动以及高亚音速空气动力特性变异限制，因此最大速度按马赫数给出。

该速度小于 25 部中的设计巡航速度 V_C、设计俯冲速度 V_D/M_D 和试飞验证过的极限速度 V_{DF}/M_{DF}，达到 V_{MO}/M_{MO} 后会出现警告，驾驶员及时采取减速措施，可确保飞行的安全。

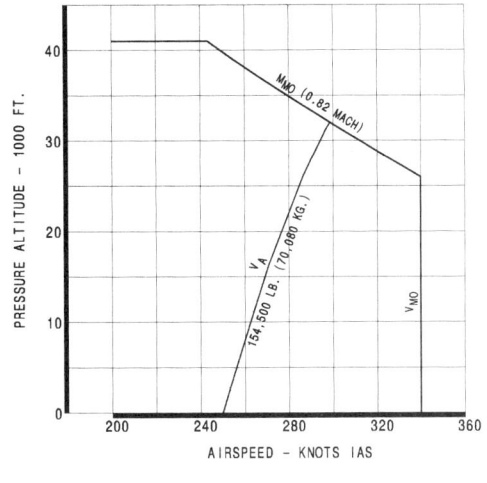
（a）A737-700

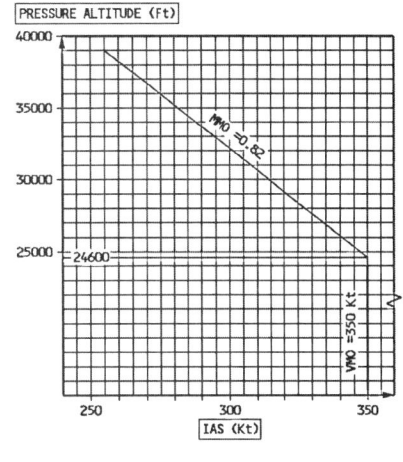
（b）B319-112

图 2.17　最大使用限制速度

V_{MO}、M_{MO} 在飞机飞行手册（AFM）的第一章中给出。例如：对于 A319，$V_{MO}=350$ kt，$M_{MO}=0.82$；对于 B737-700，$V_{MO}=340$ kt，$M_{MO}=0.82$。

2.5.2　襟翼展态最大速度

襟翼展态最大速度（Flap Extended Speed）用符号 V_{FE} 表示，指襟翼在放下时，对应不同位置的最大限制速度，如图 2.18 所示。它不仅考虑到襟翼、缝翼的结构强度，也考虑了飞机性能。超过 20 000 ft，不能放襟翼。

FLAP PLACARD SPEEDS	
FLAP POSITION	V_{FE} - KNOTS IAS
1	250*
2	250*
5	250*
10	210
15	195
25	170
30	165
40	156

*DO NOT EXCEED 230 KNOTS IAS WHEN FLAPS ARE EXTENDED USING THE ALTERNATE (STANDBY) SYSTEM.

图 2.18　B737-700 襟翼展态最大速度

图 2.19 给出了 A319 机型的襟翼最大展态速度。

MAXIMUM FLAPS/SLATS SPEEDS

LEVER POSITION	SLATS	FLAPS	Ind. on ECAM	MAX SPD	FLIGHT PHASE
1	18	0	1	230	HOLDING
1	18	10	1 + F	215	TAKEOFF
2	22	15	2	200	TAKEOFF/APPROACH
3	22	20	3	185	TAKEOFF/APPROACH/LANDING
FULL	27	40	FULL	177	LANDING

图 2.19　B319-112 襟翼展态最大速度

2.5.3　襟翼机动速度

襟翼机动速度（Flap Maneuver Speeds）是在起飞或着陆中推荐的操纵速度。这个速度保证了在数千英尺机场高度范围内能够提供全机动能力。全机动能力是指离抖杆最少 40° 的坡度能力，可理解为 25° 最大使用坡度并保留 15° 坡度裕度。因为襟翼最大可在 20 000 ft 高度放出，同样速度下，随着高度增加，机动裕度减小。波音机型的襟翼机动速度基于着陆形态的 V_{REF} 给出。表 2.2 给出了 B737NG 在各种襟翼设定下的襟翼机动速度。

表 2.2　B737NG 系列收襟翼速度计划表

Flap Position（襟翼位置）	襟翼机动速度
Flaps UP	$V_{REF40} + 70$
Flaps 1	$V_{REF40} + 50$
Flaps 5	$V_{REF40} + 30$
Flaps 10	$V_{REF40} + 30$
Flaps 15	$V_{REF40} + 20$
Flaps 25	$V_{REF40} + 10$
Flaps 30	V_{REF30}
Flaps 40	V_{REF40}

襟翼机动速度接近最小阻力速度，在爬升中，它接近最大爬升角速度，平飞时，它提供相对恒定的俯仰姿态，并且在不同的襟翼设定时几乎不需要改变推力。

起飞中按照襟翼机动速度进行分步收襟翼（见表 2.3）。收襟翼过程中，应该在达到当前襟翼位置的机动速度时选择下一个襟翼位置设定。因此，当选择了新的襟翼位置时，空速小于该襟翼的机动速度。此时，可以提供的机动裕度至少为 30°，即 15° 最大使用坡度，保留 15° 坡度裕度。当飞机加速到所选襟翼位置的机动速度时，可恢复全机动能力。

图 2.20 给出了 737-700 在起飞中按襟翼机动速度收襟翼的过程中坡度能力的变化过程。其中坡度能力是和载荷因数直接对应的。例如：1.1g 对应 25°、1.3g 对应约 40°、2.0g 对应约 60° 坡度。

表 2.3 起飞中的收襟翼计划

当前襟翼	开始的 PFD 速度指示	选择襟翼的速度	选择襟翼
25	$V_2 + 15$	$V_2 + 15$	15
	"15"	$V_{REF40} + 20$	5
	"5"	$V_{REF40} + 30$	1
	"1"	$V_{REF40} + 50$	UP
15 或 10	$V_2 + 15$	$V_2 + 15$	5
	"5"	$V_{REF40} + 30$	1
	"1"	$V_{REF40} + 50$	UP
5	$V_2 + 15$	$V_2 + 15$	1
	"1"	$V_{REF40} + 50$	UP
1	"1"	$V_{REF40} + 50$	UP

- "UP": Flaps up maneuver speed, $V_{REF40} + 70$。
- "1" "5" "15": Number corresponding to flap maneuver speed. Limit bank angle to 15° until reaching $V_2 + 15$

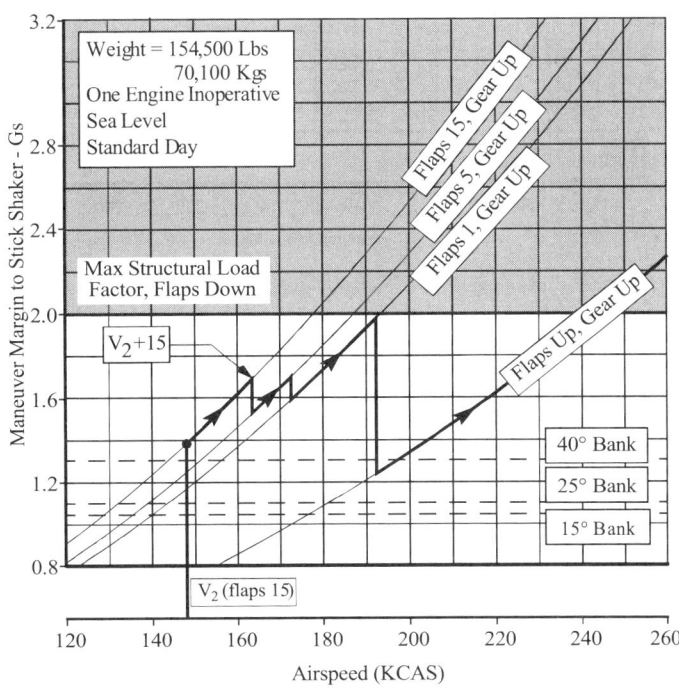

图 2.20 起飞中的机动裕度（B737-700）

着陆中按照襟翼机动速度进行分步放襟翼。放襟翼过程中，应该在达到当前襟翼位置的机动速度时选择下一个襟翼位置设定，如表 2.4 所示。

表 2.4 着陆中的放襟翼计划

当前襟翼	开始的 PFD 速度指示	选择襟翼时的速度	选择襟翼
UP	"UP"	$V_{REF40} + 70$	1
1	"1"	$V_{REF40} + 50$	5
5	"5"	$V_{REF40} + 30$	15
15	"15"	$V_{REF40} + 20$	30 或 40

图 2.21 给出了 737-700 在着陆中按襟翼机动速度放襟翼的过程中坡度能力的变化过程。

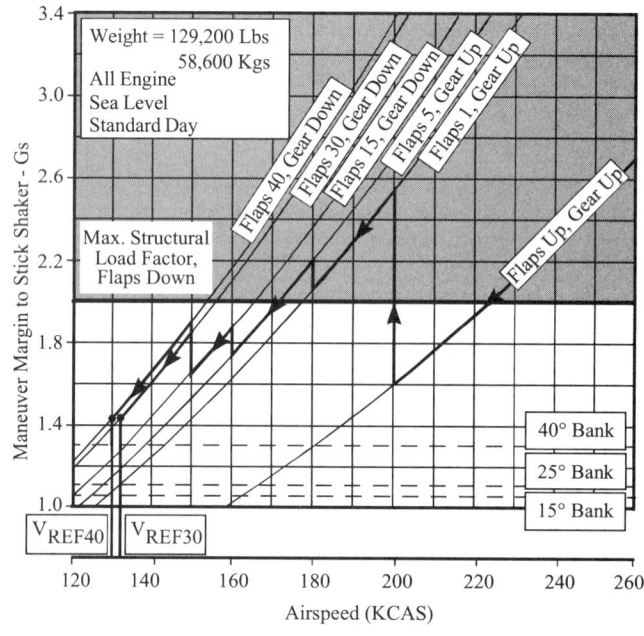

图 2.21 进近着陆中的机动裕度（B737-700）

空客机型的机动速度包括绿点速度、F 速度、S 速度。

绿点速度（Green Dot Speed）：干净构型一发失效操纵速度，近似于升阻比最大速度，因其在 PFD 速度带上以绿色圆显示符号而得名。

对于 A319-112，绿点速度可近似计算如下：

20 000 ft 以下：$V_{GD} = 2 \times \text{Weight (tons)} + 85$ kt

20 000 ft 以上：每 1 000 ft 增加 1 kt。

S 速度（S Speed）：起飞中缝翼可以收起的最小速度。进近中飞机构型为 CONF 1 时，S 速度是目标速度，对于 A319-112，它约等于干净构型失速速度的 1.23 倍。

F 速度（F Speed）：起飞中襟翼可以收起的最低速度。进近中飞机构型为 CONF 2/3 时，F 速度是目标速度，对于 A319-112，它约等于 CONF1+F 构型失速速度的 1.26 倍。

图 2.22 为起飞、着陆中的 PFD 速度带显示。图 2.23 给出了空客 A319 起飞中 PFD 速度带上各速度的显示情况。其中，V_1 显示为绿色 "1"，V_R 显示为青色的圆，离地后消失。F 速度显示为绿色的 "F"，当襟翼在 3、2 位时显示。S 速度，显示为绿色的 "S"，当襟翼在 1

位时显示。下一襟翼位的 V_{FE} 显示为琥珀色的"="。绿点速度：显示为绿色的圆，干净构型显示，对应于最大升阻比速度。

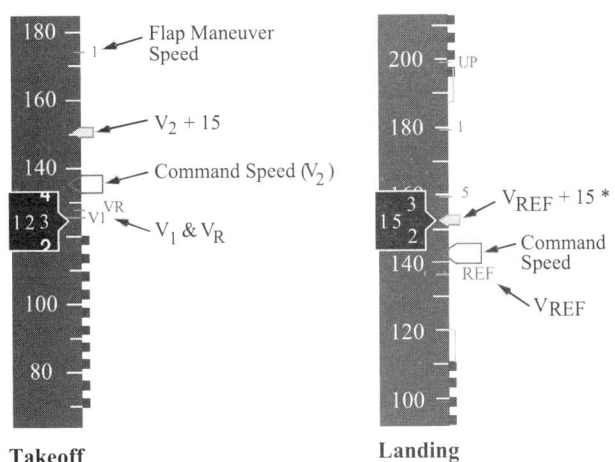

图 2.22　起飞、着陆中的 PFD 速度带显示（B737-700）

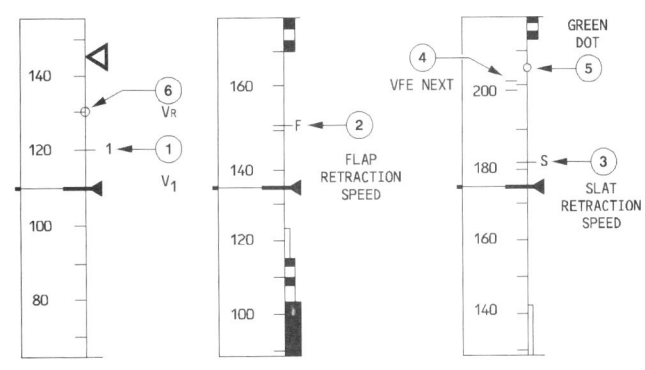

图 2.23　空客机型 PFD 在起飞时的速度带显示

目前，基本所有的运输类民用机均要求，超过 PA 20 000 ft，不能放襟翼。

2.5.4　最小机动速度

最小机动速度（Minimum Maneuver Speed）是 PFD 空速带下部琥珀色区域（amber band）顶端对应的速度，如图 2.24 所示。当空速在琥珀色速度带范围内时，机动能力小于全机动。正常情况下，目标速度始终等于或大于最小机动速度。在非正常情况下，目标速度可能低于最小机动速度。最小机动速度在襟翼放下和襟翼收上时稍有区别。

在襟翼放下情况下，最小机动速度是能够提供全机动能力的最小速度。当速度低于最小机动速度后，机动能力减小。载荷因数为 1 的平飞中，在琥珀色速度带中间的速度提供了 30°坡度能力。琥珀色速度带底部对应当前载荷因数的抖杆速度。

在襟翼收上情况下，当高度接近 10 000 ft 时，最小机动速度可提供全机动能力。在高度处于 10 000 ~ 20 000 ft 时，由于马赫数增加，空气压缩性的影响，机动能力随高度增加而减小。接近 20 000 ft 时，最小机动速度对低速抖动端可提供 1.3g 的机动能力。

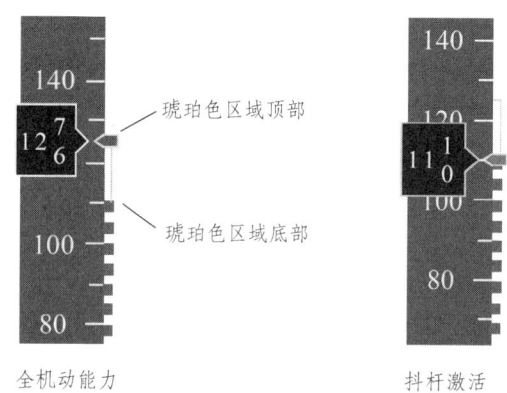

图 2.24 最小机动速度（PFD 琥珀色区域顶部）

最小机动速度不应与襟翼机动速度混淆。襟翼机动速度是基于飞机重量计算出来的，最小机动速度是使用迎角和当前空速计算出来的。这两个速度以独立不同的方法提供了终端区飞行的全机动能力。在正常情况下，当前襟翼的襟翼机动速度应始终等于或大于最小机动速度。在一些非正常情况下，当前襟翼的襟翼机动速度可能小于最小机动速度。

空客机型的最低可选速度 V_{LS}（Lowest Selectable Speed）是 PFD 速度带上琥珀色（amber）区域的顶部对应的速度，如图 2.25 所示。它由机载计算机根据空气动力数据计算得到。

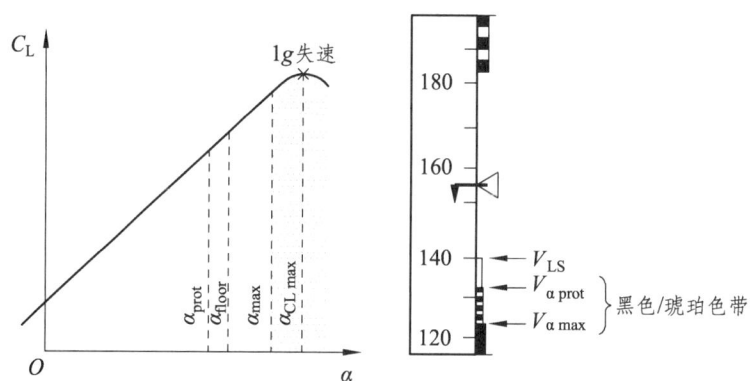

图 2.25 空客机型 PFD 上的 V_{LS}（PFD 琥珀色区域顶部）

起飞时，$V_{LS}=1.13V_{S1g}$；

收一挡襟翼后，$V_{LS}=1.23V_{S1g}$；

干净构型，$V_{LS}=1.28V_{S1g}$（注：如果 CONF 0 V_{LS} 设为 $1.23V_S$ 而不是 $1.28V_S$，则 PFD 上的 α 保护带会碰上 V_{LS} 带）。

着陆中，V_{LS} 是当前构型（CONF 3 或 CONF FULL）失速速度的 1.23 倍。

除早期的 A300/A310 机型，其他空客机型均使用电传操纵系统。飞行员的杆舵输入被转换为电信号，经过计算机处理后，再输入操纵面舵机。因此可以比传统的操纵系统提供额外的特性。如低速端的失速保护特性。

空客机型在 V_{LS} 以下的低速端具有一系列的失速保护措施。包括：

当迎角 α 大于 α_{prot}，系统将升降舵控制从正常模式切换为保护模式，之后，迎角与侧杆偏转将将成比例关系，自动配平停止，导致出现低头趋势。

当 α 达到 α_{floor}，自动油门会将推力调至 TOGA。如果侧杆中立，则迎角将保持在 α_{floor}。只有将侧杆后拉至极限位时，迎角才能保持在 α_{max}，在 $\alpha_{max}+4°$ 失速警告响起。前推侧杆，系统回到正常法则模式。

2.5.5 高度、强度与跑道坡度限制

最大运行高度（Maximum Operating Altitude）。座舱内外压差强度常常限制了飞机的最大运行高度，这一高度也称为最大审定高度。25 部要求，在最大审定高度时，座舱气压对应的高度（座舱高度）不能超过 8000 ft。例如：B737-700，最大审定高度（PA）为 41 000 ft，A319 为 39 800 ft。

飞机载荷因数定义为升力与重力之比，用符号 n_z 表示。它代表了飞机总体受力大小。因此，它被用来作为飞机的强度和机动飞行限制。

25 部运输类飞机，在光洁构型下的载荷因数范围为 $-1.0\sim2.5g$；非光洁构型（缝、襟翼伸出状态）下的载荷因数范围为 $0\sim2.0g$。

这个范围的最大载荷因数被称为限制载荷因数（Limit Load Factor）。按规章定义，这是允许使用的极限值，到达该值，飞机不得出现危及飞行安全的永久变形。飞机能够承受的主体结构不被破坏的载荷因数称为极限载荷因数（Ultra Load Factor），它被定义为前者的 1.5 倍。

$2.5g$ 的载荷因数对应飞机做 66.4° 坡度的稳定转弯。

普通运输类飞机允许起降的最大跑道坡度为 $\pm2\%$，在超过这个限制的跑道上起降，需要使用特殊的飞机，这种飞机进行过补充的审定以扩展性能数据，其 AFM 中的跑道坡度限制超过 $\pm2\%$。

目前，波音、空客各机型允许的最大起降顺风分量均为 10 kt。

2.5.6 环境包线

飞机飞行手册（AFM）中的环境包线给出了飞机允许的最大高度（最大审定高度）和最大允许起降高度，以及每个高度的最大、最小温度，如图 2.26 所示。在包线内，飞机的飞行性能和飞机设备都符合适航审定的要求。超出包线范围，飞机将不允许运行。

特别指出，环境包线纵坐标是 PA，而不是标高。标高需要进行转换才能得到 PA。

对于波音飞机，普通型的最大允许起降高度为 8400 ft，空客则为 9200 ft。

为了使飞机能够在超过普通机型环境包线最大允许起降高度以上的机场起降，飞机制造厂商必须进行额外的取证工作，进行专门的适航审定试飞和性能包线扩展，并更新 AFM 和其他手册的相关内容。

根据 25 部规章，普通型飞机，在座舱高度 10 000 ft，将出现"客舱高度过高"（EXCESS CAB ALT）的警告。座舱高度继续增加到 14 000 ft，会导致客舱旅客氧气面罩自动掉下。高原型飞机使用了不同的阈值及控制逻辑，使飞机能够在 8000 ft 以上的高原机场起降。

例如，对于高原型 B737-700 和 A319-115/-133，其最大允许起降高度均扩展至 14 500 ft，这一高度也是目前市场上所有运输类民用机的最大值，如图 2.27 和图 2.28 所示。而目前全球最高的民用运输机场是中国的稻城亚丁机场，标高 4411 m（14 472 ft）。

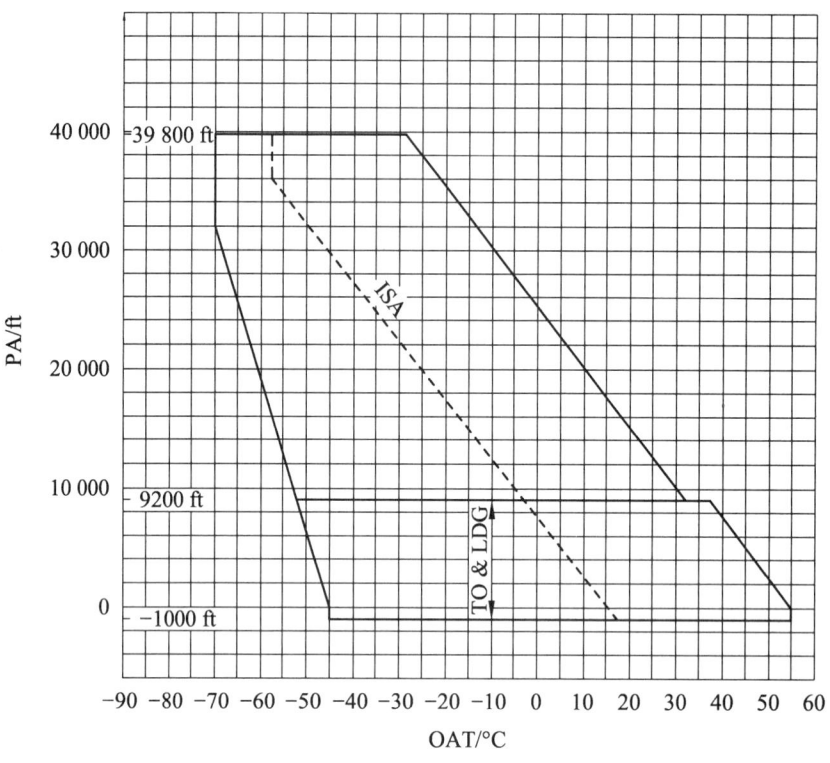

图 2.26　普通型 A319-112 环境包线

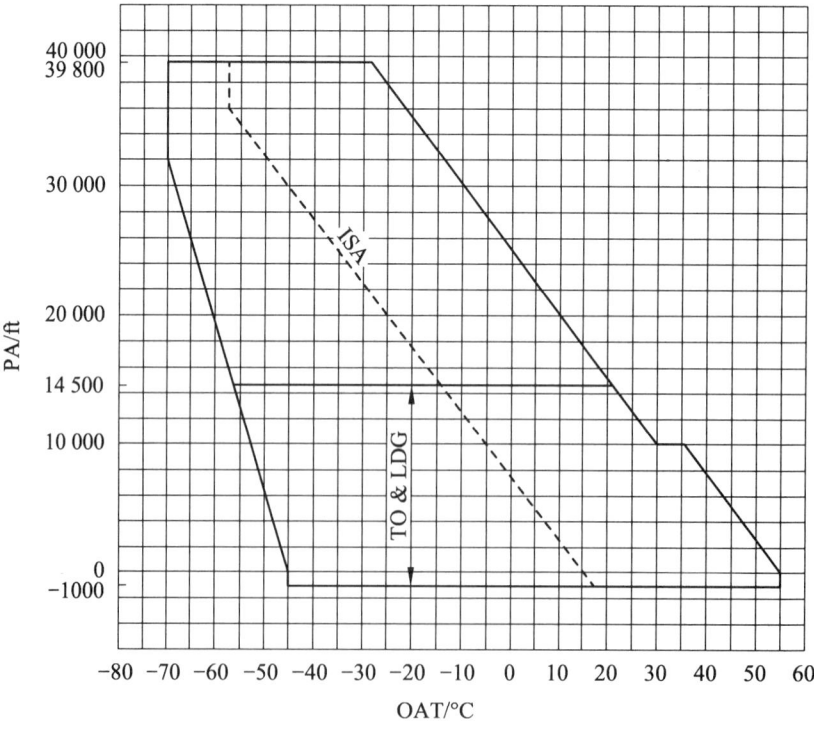

图 2.27　高原型 A319-115 环境包线

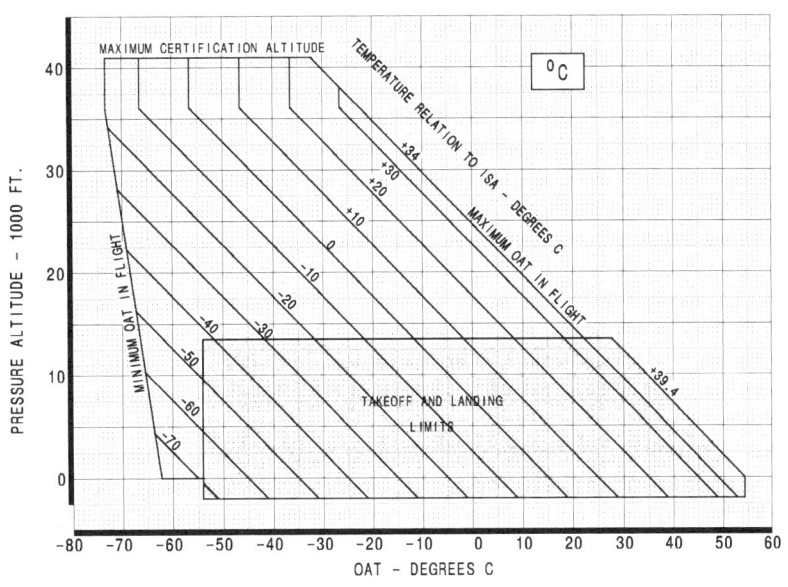

图 2.28　高原型 B737-700 环境包线

2.5.7　重量限制

针对图 2.29 对性能工作中可能涉及的几个重量进行说明。

WEIGHT LIMITATIONS

Airplane Serial Numbers	MAXIMUM WEIGHTS				Center of Gravity Limits Page	Notes
	Taxi LB (KG)	Takeoff LB (KG)	Landing LB (KG)	Zero Fuel LB (KG)		
34021 34537 34539 34541 34542 34543 41091 41092 41093	155,000 (70,306)	154,500 (70,080)	129,200 (58,604)	120,500 (54,657)	5B	
33408-33413	153,500 (69,626)	153,000 (69,399)	129,200 (58,604)	120,500 (54,657)	5	
34019 34020 34023 34538 34540	143,500 (65,090)	143,000 (64,863)	129,200 (58,604)	120,500 (54,657)	5A	
34022	155,000 (70,306)	154,500 (70,080)	129,200 (58,604)	121,700 (55,202)	5C	

图 2.29　B737-700 AFM 中记载的几个最大重量

基本空机重量（Manufacturer's Empty Weight，BEW），包括飞机结构、动力装置、内部装饰、各系统设备和不可用燃油、封闭系统里的滑油及其他液体等的重量。这个重量基本上是"干"重。

运行空机重量（Operational Empty Weight，OEW），BEW 加上运行项目的重量，运行项目包括飞行员和乘务员的机组及其行李、厨房餐食、旅客服务项目、应急设备、货物操纵设备、发动机滑油，厕所项目等。运行项目取决于航线类型及其长短。每架飞机的运行空机重量都可能不同。

最大滑行重量（Maximum Taxi Weight，MTW），地面上飞机允许运动的最大重量。

最大起飞重量（Maximum Takeoff Weight，MTOW），允许开始在跑道上滑跑起飞的最大重量。根据适航规章，该重量下，飞机可承受 6 ft/s 或 360 ft/min 的垂直速度接地冲击而不受到结构损坏。

最大无燃油重量（Maximum Zero Fuel Weight，MZFW），MZFW 等于 OEW 加上商载，包括旅客、货物、行李和邮件后的重量。超过 MZFW 的重量只能是燃油。

最大着陆重量（Maximum Landing Weight，MLW），正常着陆时允许的最大重量。根据适航规章，该重量下，飞机可承受 10 ft/s 或 600 ft/min 的垂直速度接地冲击而不受到结构损坏。超过该重量着陆通常要求必须进行结构检查和评估。

以上最大重量（MTW、MTOW、MZFW、MLW）通常被称为结构限重（Structural Limited Weight）或审定限重（Certified Weight），记录于 AFM 中第一章，任何情况不允许超过。

例如，某型 A319-112 的最大滑行重量：70 400 kg；最大起飞重量：70 000 kg；最大着陆重量：61 000 kg；最大无油重量：57 000 kg。

第 3 章 起飞性能基础

第 3 章 起飞性能基础

本章介绍飞机的起飞性能相关概念与理论，包含地面阶段的场道性能与空中阶段的起飞飞行航迹两部分。场道性能主要关注机场范围的飞行安全，如中断起飞、继续起飞、跑道长度等；空中阶段的起飞飞行航迹则是飞机沿离场航迹飞行的性能分析，主要是越障分析。本章的学习和掌握是后续章节学习的基础。

3.1 起飞速度

3.1.1 起飞决断速度

飞机由静止全发加速至 V_{EF}，临界发动机停车，飞行员识别判断后，若当前速度小于决断速度 V_1，则进行制动措施，最后将飞机在跑道上全停的过程称为中断起飞，缩写为 RTO（Rejected Take Off）。

中断起飞过程分三个阶段：全发加速段、过渡段、制动段。决断速度 V_1 是中断起飞时开始采取第一项制动措施的最大速度。

规章假定临界发动机在 V_{EF} 停车。从 V_{EF} 到飞行员判断并在 V_1 时采取行动之间的时间最大为 1 s。

V_{EF} 为临界发动机失效速度（Critical Engine Fail Speed）。临界发动机是指其失效对飞机的性能或操纵品质影响最大的发动机。对于双发飞机，一般任意一台均可认作临界发动机；对于四发飞机，临界发动机为外侧发动机。

因此，V_1 既是可以中断起飞的最大速度，又是可以继续起飞的最小速度，是中断起飞和继续起飞的行动分界点。

规章要求：$V_{EF} \geqslant V_{MCG}$，$V_1 \geqslant V_{1MCG}$。V_{1MCG} 是 V_{MCG} 出现发动机停车，1 s 后的速度。

规章要求：$V_1 \leqslant V_R$，$V_1 \leqslant V_{MBE}$。

在实际飞行中，这个速度可由起飞分析表得出，由机组在飞行准备期间通过多功能控制和显示组件（MCDU）输入飞行管理系统。在起飞加速时，在主飞行显示器（PFD）的速度刻度带上显示，如图 3.1 所示。

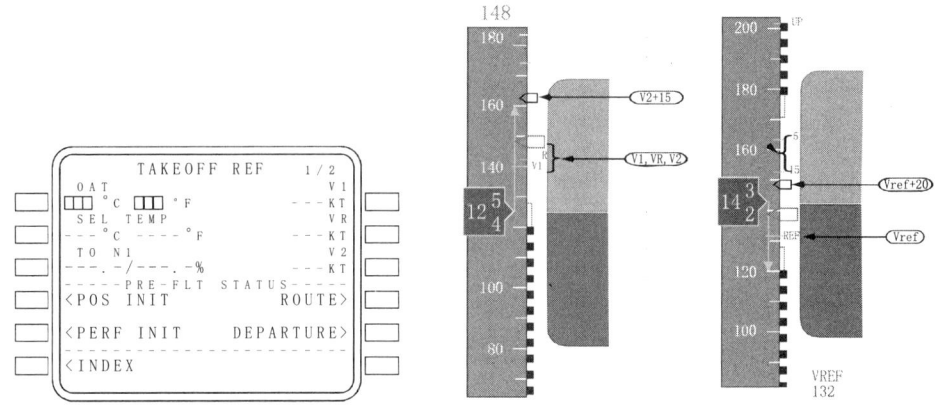

图 3.1 MCDU 起飞速度设置页面与起飞着陆 PFD 速度带显示

3.1.2 抬轮速度

抬轮速度 V_R（Rotation Speed）是起飞滑跑中开始带杆抬前轮时的速度。正常抬轮速率约为 3°/s。抬轮至规定的俯仰姿态后，飞机很快就离地。

规章要求：$V_R \geq V_1$，$V_R \geq 1.05 V_{MVA}$，且须保证飞机在离地 35 ft 高时速度不小于 V_2，如图 3.2 所示。

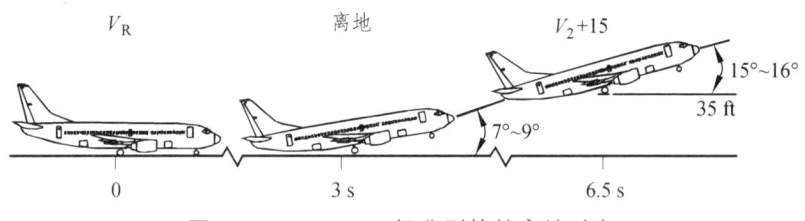

图 3.2 B737NG 飞机典型抬轮离地时序

3.1.3 起飞安全速度

起飞安全速度 V_2（Take Off Safety Speed）是当发动机在 V_{EF} 失效，继续起飞到达起飞表面 35 ft 高时必须达到的最小速度。

规章要求：$V_2 \geq 1.13 V_{S1g}(1.2 V_S)$，$V_2 \geq 1.1 V_{MCA}$。$V_2$ 还必须大于 V_R 加上在飞机达到离地高 35 ft 时所获得的速度增量，如图 3.3 所示。

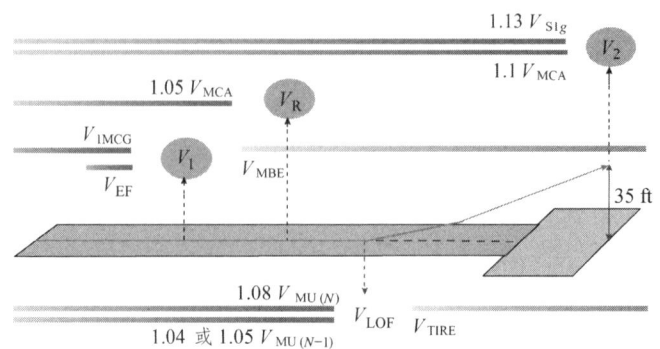

图 3.3 规章对 $V_1 / V_R / V_2$ 的限制

如果在 V_2 前发动机失效,则 35 ft 高到达 V_2 后,需保持这个速度爬升,直到改平增速。对于全发起飞,35 ft 处的速度一般为 $V_2+\Delta V$,ΔV 取决于具体机型,一般为 10~25 kt。

对于运输类飞机,对所有的起飞襟翼设置,在法定最低 V_2 情况下,能提供 30°(最大允许 15°+15° 裕度)的坡度能力,V_2+15 能提供 40°(最大允许 25°+15° 裕度)的坡度能力。

3.2 起飞场道

起飞所需距离分为三个,分别是起飞所需距离、起飞滑跑所需距离、加速停止所需距离。这三个所需距离随外部条件(起飞重量、温度、高度、风、起飞形态等)不同而变化。

规章要求,在计算地面性能时,必须以保守的观点进行风修正,即用逆风分量的 50% 或顺风分量的 150% 来计算起飞和着陆性能。手册中的图表以及性能软件的计算结果已经由制造商按照这个要求进行了处理。运营人在使用这些图表和软件时不需要再次进行类似的处理。

下述概念对给定的运行条件(起飞重量、温度、高度、风、起飞形态等)是确定的。

3.2.1 起飞所需距离

干跑道上的起飞所需距离 TODR_{DRY}(Take off Distance Required,见图 3.4)是以下两者中的较大者:

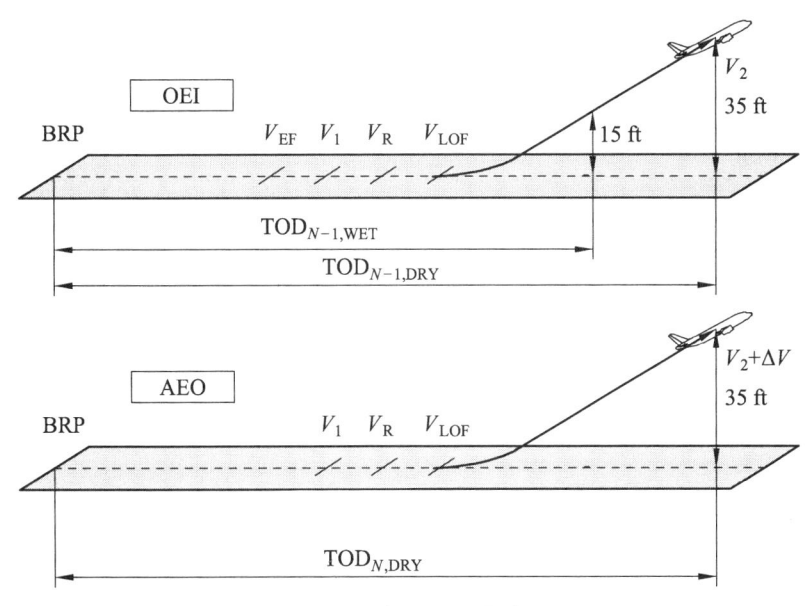

图 3.4 起飞所需距离

(1)$\text{TOD}_{N-1,\text{DRY}}$,干道面一发失效起飞距离为从松刹车点(BRP)开始,到飞机高于起飞表面 35 ft 所覆盖的距离,假设临界发动机在 V_{EF} 失效,在 V_1 时继续起飞。

(2)$1.15\text{TOD}_{N,\text{DRY}}$,干道面全发起飞距离为从松刹车点(BRP)开始,到飞机高于起飞表面 35 ft 所覆盖的距离,所有发动机工作。

$$\text{TODR}_{\text{DRY}} = \max(\text{TOD}_{N-1,\text{DRY}}, 1.15\text{TOD}_{N,\text{DRY}})$$

湿跑道上的起飞所需距离 $TODR_{WET}$ 是以下两者中的较大者：

（1）TOD_{DRY}，干跑道上的起飞距离；

（2）$TOD_{N-1,WET}$，湿道面一发失效起飞距离为从松刹车点开始到飞机高于起飞表面 15 ft 所覆盖的距离，并确保飞机在起飞表面 35 ft 时达到 V_2，假设临界发动机在 V_{EF} 失效，在 V_1 时继续起飞。

$$TODR_{WET} = \max(TODR_{DRY}, TOD_{N-1,WET})$$

3.2.2 起飞滑跑所需距离

对于有净空道的情况，干跑道上的起飞滑跑所需距离 $TORR_{DRY}$（Take off Run Required，见图 3.5）是以下两者中的较大者：

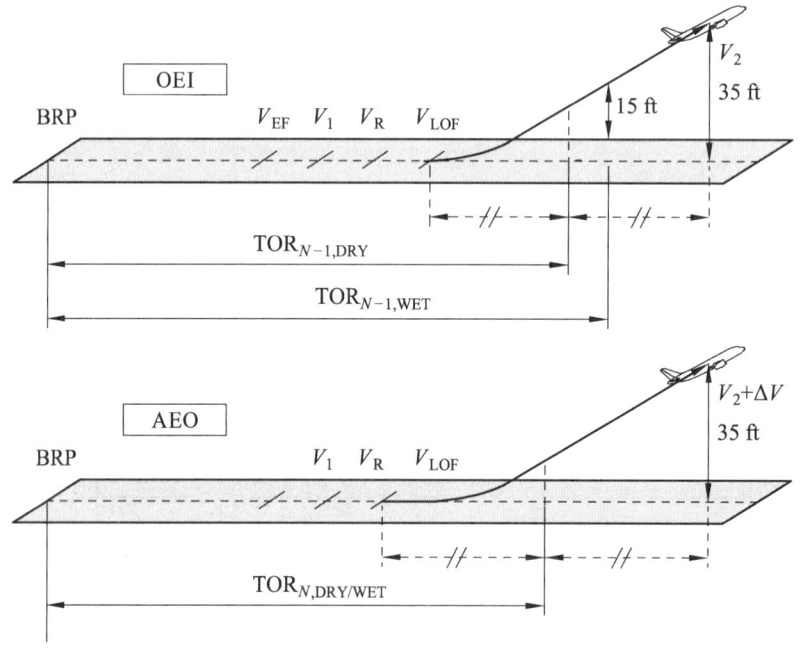

图 3.5 起飞滑跑所需距离

（1）$TOR_{N-1,DRY}$，干道面一发失效起飞滑跑距离为从松刹车点（BRP）开始，到离地与高于起飞表面 35 ft 的空中段中点所覆盖的距离，假设临界发动机在 V_{EF} 失效，在 V_1 时继续起飞。

（2）$1.15TOR_{N,DRY}$，干道面全发起飞滑跑距离为从松刹车点（BRP）开始，到离地与高于起飞表面 35 ft 的空中段中点所覆盖的距离的 1.15 倍，所有发动机工作。

$$TORR_{DRY} = \max(TOR_{N-1,DRY}, 1.15TOR_{N,DRY})$$

湿跑道上的起飞滑跑所需距离 $TORR_{WET}$ 是以下两者中的较大者：

（1）$TOR_{N-1,WET}$，湿道面一发失效起飞滑跑距离为从松刹车点（BRP）开始，到高于起飞表面 15 ft 所覆盖的距离，并确保飞机在起飞表面 35 ft 时达到 V_2，假设临界发动机在 V_{EF} 失效，在 V_1 时继续起飞。

（2）$1.15\text{TOR}_{N,\text{WET}}$，湿道面全发起飞滑跑距离为从松刹车点（BRP）开始，到离地与高于起飞表面 35 ft 的空中段中点所覆盖的距离的 1.15 倍，所有发动机工作。

$$\text{TORR}_{\text{WET}} = \max(\text{TOR}_{N-1,\text{WET}}, 1.15\text{TOR}_{N,\text{WET}})$$

对于没有净空道的情况，起飞滑跑所需距离等于起飞所需距离，不管是干道面还是湿道面。

3.2.3 加速停止所需距离

干跑道上的加速停止所需距离 ASDR_{DRY}（见图 3.6）是以下两者中的较大者：

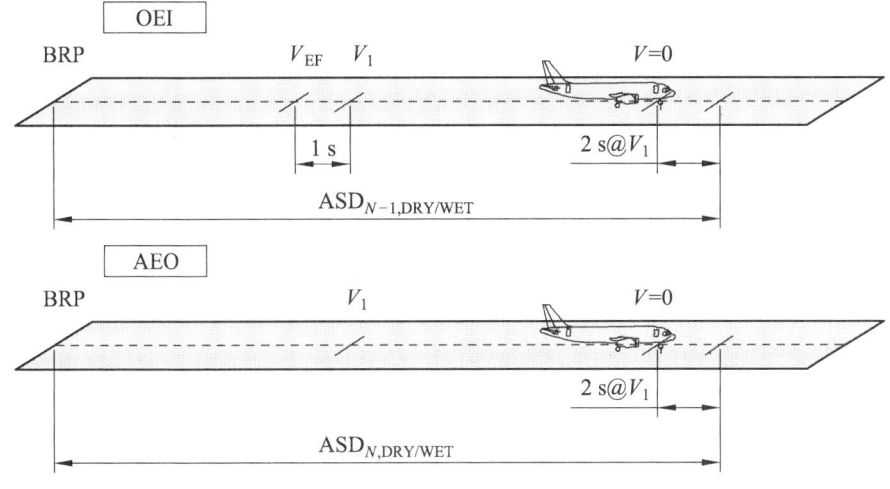

图 3.6 加速停止所需距离

（1）$\text{ASD}_{N-1,\text{DRY}}$，干道面一发失效加速停止距离为以下距离之和：从松刹车点（BRP）开始，全发加速到 V_{EF}，临界发动机在该速度失效，飞机继续加速到 V_1，在该速度采取制动措施减速到全停，再加上以 V_1 恒速运动 2 s 的距离。减速制动中使用最大人工刹车，不包含反推。

（2）$\text{ASD}_{N,\text{DRY}}$，干道面全发加速停止距离为以下距离之和：从松刹车点（BRP）开始，全发加速到 V_1，在该速度采取制动措施减速到全停，再加上以 V_1 恒速运动 2 s 的距离。减速制动中使用最大人工刹车，不包含反推。

$$\text{ASD}_{\text{DRY}} = \max(\text{ASD}_{N-1,\text{DRY}}, \text{ASD}_{N,\text{DRY}})$$

湿跑道上的加速停止所需距离 ASDR_{WET} 是以下三者中的较大者：

（1）ASDR_{DRY}，干道面加速停止所需距离。

（2）$\text{ASD}_{N-1,\text{WET}}$，湿道面一发失效加速停止距离定义和干道面相同，除道面是湿的（摩擦系数不同）、减速中可包含反推。

（3）$\text{ASD}_{N,\text{WET}}$，湿道面全发加速停止距离定义和干道面相同，除道面是湿的、减速中可包含反推。

$$\text{ASDR}_{\text{WET}} = \max(\text{ASDR}_{\text{DRY}}, \text{ASD}_{N-1,\text{WET}}, \text{ASD}_{N,\text{WET}})$$

需要指出的是，ASD 距离中包含以 V_1 恒速运动 2 s 的距离，该距离是在试飞数据的基础上插入的。不管是在审定试飞还是在实际运行中，总是要求中断起飞最迟必须在 V_1 采取制动行动措施。另外，实际运行中断起飞时，如果可用，总是使用反推。审定程序与实际程序间的这些差异可理解为一定的安全余量。

在历史上，从 20 世纪 50 年代现代民航规章体系建立以来，中断起飞中的若干细节在规章中发生过多次重要的调整。从 20 世纪 90 年代开始审定的飞机，均是按上述时序进行 AFM 数据处理的，这一标准在 1998 年正式进入美国规章（Amendment 25-92），随后正式进入欧洲规章（CS-25 Change 15）。目前，国内在用的所有运输类民航客机均是按照这一标准审定的（见图 3.7）。

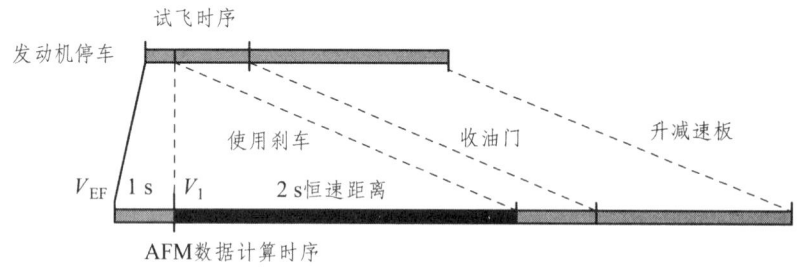

图 3.7　25 部审定标准中的 ASD 距离确定

起飞场地长度（Takeoff Field Length，TFL），是飞机起飞中需要的最低跑道长度，是下面两个距离中的最大者：

$$TFL = \max(TODR, ASDR)$$

3.2.4　起飞可用距离

起飞可用距离是机场提供的可使用的距离，是固定不变的，和所需距离对应，可进一步分为以下三个可用距离：

（1）起飞滑跑可用距离（Take-Off Run Available，TORA），为可用于飞机起飞滑跑的跑道长度。TORA 等于跑道两端入口标志间的跑道长度，如图 3.8 所示。

规章要求：起飞滑跑所需距离不得超过起飞滑跑可用距离。

（2）起飞可用距离（Take-Off Distance Available，TODA），为起飞滑跑可用距离加上可用净空道的长度，如图 3.8 所示。

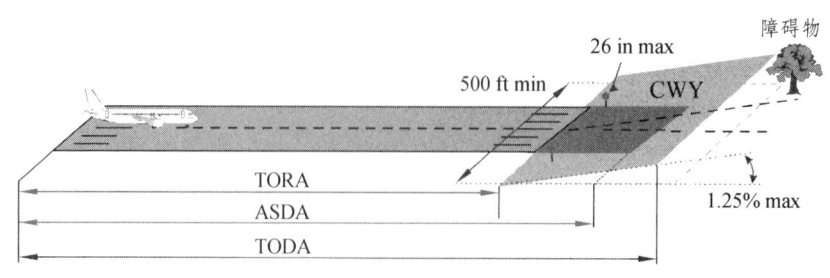

图 3.8　几个可用距离概念

（3）净空道（Clearway，CWY）是跑道端头外的一块长方形区域，与跑道处于同一条中心线上，在机场围界管理范围内。需满足：在最低宽度 500 ft、跑道端头开始的上坡坡度 1.25% 的平面上，除最高 26 ft 的跑道入口灯外，没有任何障碍物穿透，如图 3.8 所示。起飞所需距离的结束点：35 ft 条件可以在净空道上空完成。最大可用净空道不超过从离地到 35 ft 的空中段距离的一半。净空道供飞机起飞飞越使用。

加速停止可用距离（Accelerate-Stop Distance Available，ASDA），为起飞滑跑可用距离加上停止道的长度，如图 3.8 所示。

停止道（Stopway，SWY）是跑道端头外的一块长方形区域，其强度通常低于跑道，但足以承受飞机减速滑行而不致造成飞机结构破坏，与跑道处于同一条中心线上，至少与跑道同宽。停止道供飞机中断起飞减速使用，但不能用于正常着陆。

规章要求：加速停止所需距离不得超过加速停止可用距离。

上述三个可用距离的大小在航空资料汇编（AIP）中公布（见表 3.1）。

表 3.1　某机场 AIP 中 AD 2.13 公布距离

跑道号码	可用起飞滑跑距离/m	可用起飞距离/m	可用加速停止距离/m	可用着陆距离/m	备注
1	2	3	4	5	6
03	3400	3460	3460	3400	
21	3400	3460	3460	3400	

飞机通常从滑行道进入跑道，然后转弯以便对正起飞方向。这样，由于对正跑道所浪费的可用距离称为对中距离（Lineup Distance）。对于欧洲的规章，考虑对中距离是强制要求。尽管如此，在计算起飞性能时，在任何飞机不能从跑道头起飞的时候，均应对可用距离进行对中距离的修正（见图 3.9）。

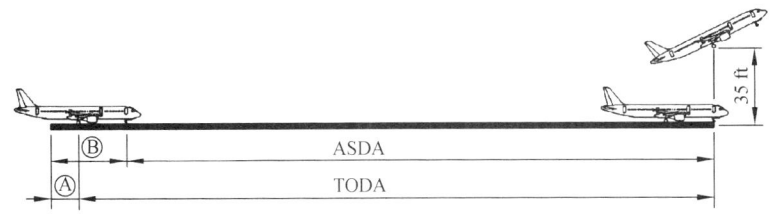

图 3.9　可用距离的对中距离修正

对于 TODA，飞机起飞达到起飞表面 35 ft 时，最低点（通常是主轮）所经过的距离，不超过 TODA，因此浪费掉的距离应为图 3.9 中的 A 段；对于 ASDA，飞机加速停止至全停时，要求前轮不超出 ASDA，因此浪费掉的距离应为图 3.9 的 B 段。

性能计算中通常考虑两种滑入方式：90° 滑入和 180° 滑入，分别产生不同的对中距离（见图 3.10）。空客各机型的最小对中距离如表 3.2 所示。

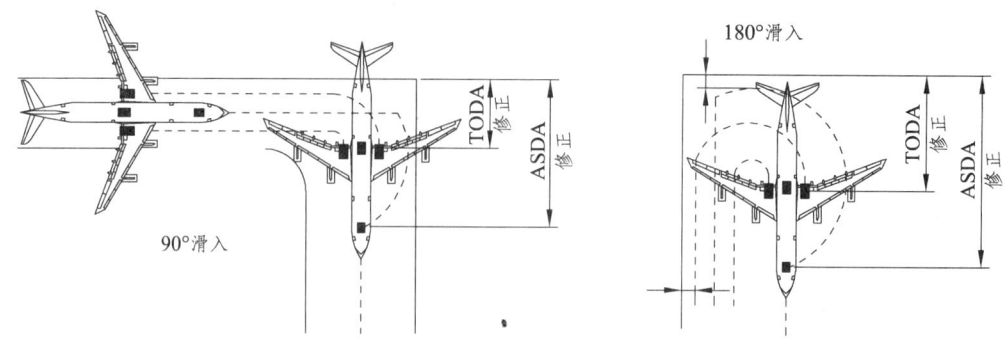

图 3.10　90°滑入与 180°滑入的对中距离修正

表 3.2　空客各机型的最小对中距离

Aircraft Model	90°滑入最小对中距离		180°滑入最小对中距离	
	TODA/m	ASDA/m	TODA/m	ASDA/m
A300 all models	21.5	40.2	26.5	45.2
A310 all models	20.4	35.9	23.3	38.8
A320 all models	10.9	23.6	16.5	29.1
A319 all models	11.5	22.6	15.1	26.2
A321 all models	12.0	28.9	20.9	37.8
A330-200 (Mod 47500)	22.5	44.7	30.1	52.3
A330-200 (Mod 46810)	25.8	48.0	31.9	54.1
A330-300 (Mod 47500)	22.9	48.3	33.2	58.5
A330-300 (Mod 46863)	25.1	50.5	34.2	59.6
A340-200 (Mod 47500)	23.3	46.5	31.5	54.8
A340-200 (Mod 46863)	24.6	47.8	32.2	55.4
A340-300 (Mod 47500)	24.4	50	34.1	59.7
A340-300 (Mod 46863)	25.2	50.8	34.4	60.0
A340-500	23.6	51.6	35.9	63.9
A340-600	24.6	57.8	41.1	74.3

3.2.5　起飞场地阶段的限重

场地长度限重（Field Length Limited Weight）。在给定机场、给定气象条件、给定机型以及起飞形态情况下，随着起飞重量的逐步增加，所需距离也将增加。当所需距离等于对应可用距离时，对应的起飞重量便称为场地长度限重，简称场长限重。

例如，对于干道面，可细分为六种情况：

$ASD_N = ASDA$，$ASD_{N-1} = ASDA$，$1.15TOD_N = TODA$，$TOD_{N-1} = TODA$，$1.15TOR_N = TORA$，$TOR_{N-1} = TORA$，增量增加，满足每个等式的起飞重量分别称为一个限重，则场长限重是这六个限重中的最低者。

场长限重主要的影响因素包括高度、大气温度、风、推力等级、起飞形态、跑道长度、净空道/停止道长度、跑道坡度、道面状态（干、湿、污染道面）等。

轮胎速度限重（Tire Speed Limited Weight）。随着飞机加速起飞，车轮转速会增加。当轮速超过最大轮胎速度时，可能导致离心力超过轮胎结构强度，导致轮胎损坏或爆炸。该极限速度为由轮胎制造商提供。飞机的重量必须确保在地面速度达到极限值之前升空。该要求对起飞重量构成的限制称为轮胎速度限重。

在高海拔机场、炎热天气条件以及小襟翼形态下，起飞重量可能面临轮速限制。

刹车能量限重（Brake Energy Limited Weight）。飞机制动时，飞机动能被转化为刹车系统的热能。飞机动能与重量、真空速平方成正比，高度越高，同样 IAS 下的 TAS 越大，飞机动能越大。如果动能转换成的热能超过刹车系统的极限，刹车和轮胎可能发生故障，并可能导致起落架起火。刹车系统所能吸收的最大能量对起飞重量构成的限制称为刹车能量限重。

起飞重量在场道阶段还可能受到其他限制。例如，地面最小操纵速度限制（V_{MCG} Limited Weight）。V_1 的低端限制为不小于 V_{1MCG}，在短道面，或等效的短道面（如湿道面、污染道面、防滞系统失效起飞等），可能出现 V_1 小于 V_{1MCG} 的情况，为满足规章要求，常常把 V_1 增大到 V_{1MCG}，同时减小起飞重量，出现起飞重量由 V_{1MCG} 限制的情况。同样，当 $V_1 > V_R$ 时，强制把 V_1 减小到 V_R，此时继续起飞距离增加，可能超出可用距离，必须同时把起飞重量减小，导致起飞重量由 V_R 限制的情况。

3.2.6 道面强度限重

飞机运行中必须确保飞机的重量不会和道面的承载能力相冲突，不会导致飞机或道面受到破坏。跑道道面一般分为两种类型：刚性混凝土道面、柔性沥青道面。全世界大型机场中 2/3 以上道面是柔性道面。

过去曾经建立过很多种方法来比较飞机重量对道面的影响和道面的承载能力之间的关系。1981 年，ICAO 采用了 ACN/PCN 方法，针对 5.7 t（12 500 lb）以上的飞机，现在已经成为统一的方法（Appendix 14）。

PCN（Pavement Classification Number）称为道面等级号。描述机场跑道、滑行道和停机坪的相对承载能力，机场修建时确定，公布在 AIP 中。1 PCN 定义为能支撑重量 500 kg、胎压 1.25 MPa（181.5 psi）的单轮所需的道面强度。

典型的 PCN 以下述格式给出：

PCN 58 R/B/W/T，其含义为：PCN=58，刚性道面，基层中等强度，技术评估，没有胎压限制。

PCN 数字后的四个字母位置可能包含：

① 道面类型：R—刚性道面（Rigid）、F—柔性道面（Flexible）。
② 基层强度：A—High、B—Medium、C—Low、D—Ultra Low。
③ 胎压类别：W—No Limit、X—to 1.50 MPa、Y—to 1.00 MPa、Z—to 0.50 MPa。
④ 评估方法：T—Technical、U—Using A/C experience。

ACN（Aircraft Classification Number）称为飞机等级号。描述飞机主轮的相对载荷强度，由制造商确定，可在用于机场计划的飞机特性手册文档中查到。图 3.11 给出了 70 t 结构限重版本的 A319-100 型 AC 手册中的 ACN 确定表。1 ACN 定义为重量 500 kg、胎压 1.25 MPa（181.5 psi）的单轮所产生的载荷。

1	2		3	4	5			6			7		8		9				10			
	MAX. RAMP WEIGHT (Kg)	MAX ZERO FUEL WEIGHT (Kg)	LANDING GEAR GEOMETRY (IN)	TYPE OF TIRES (MAIN)	TIRE PRESSURES						MAX. AFT CG POSITION		LOAD ON MAIN GEARS, AT MAX. AFT CG		ACN							
					WHEEL UNLOADED (1)		WHEEL LOADED (2)								FLEXIBLE PAVEMENT SUBGRADE				RIGID PAVEMENT SUBGRADE			
					bar	psi	bar	psi			% MAC	% LOAD ON MAIN GEARS	Kg	daN	HIGH CBR15 A	MED CBR10 B	LOW CBR6 C	ULTRA LOW CBR3 D	HIGH K550 A	MED K300 B	LOW K150 C	ULTRA LOW K75 D
AIRCRAFT MODEL																						
A319-100 70 t	70400		TWIN 36.5	45x16R20	13.0	189	13.5	196			37.5	92.0	64840	63586	35	37	41	46	40	42	44	46
				46x16-20 or 46x17R20	12.4	180	12.9	187							35	36	40	46	39	42	44	46
				49x17-20	10.3	149	10.7	155							34	36	40	46	37	40	42	44
				49x19R20 or 49x19-20	9.3	135	9.7	141							34	35	40	46	36	39	41	44
	57000		TWIN 36.5	45x16R20	13.0	189	13.5	196			37.5	92.0	52466	51452	28	29	31	36	31	33	35	36
				46x16-20 or 46x17R20	12.4	180	12.9	187							28	28	31	36	31	33	34	36
				49x17-20	10.3	149	10.7	155							27	28	31	36	29	31	33	35
				49x19R20 or 49x19-20	9.3	135	9.7	141							26	28	31	36	28	30	32	34
	70400		BOGIE 30.7x39.5	915x300R16 or 36x11-16	10.9	158	11.3	164			37.5	92.0	64770	63518	18	20	23	32	17	20	24	28
	57000												52420	51406	14	15	17	24	13	15	18	21

(1) Tire pressure to be used for LCN calculation
(2) Tire pressure to be used for ACN calculation

图 3.11 A319-100 70 t 结构限重机型的 ACN 表

实际运行中，要求 ACN≤PCN。

典型的道面设计寿命为 20 年。道面寿命取决于最初的设计指标、飞机使用的次数、飞机载荷和维护状况。ACN/PCN 体系要求：
- 对于柔性道面，ACN 不超过 PCN 的 10%，偶尔使用，对道面寿命无负面影响。
- 对于刚性道面，ACN 不超过 PCN 的 5%，偶尔使用，对道面寿命无负面影响。
- 如果道面结构未知，对上面两种情况则使用 5% 的限制。
- 每年超载使用次数不能超过年总使用次数的 5%。
- ACN 超过 PCN 的 50%，仅限紧急情况。

实际运行中，可能遇到 MTOW 重量对应的 ACN 大于 PCN，而 ZFW 重量对应的 ACN 小于 PCN 这种情况，这就面临着道面强度限制。这时，道面强度限重可通过线性插值的方法确定。图 3.12 给出了这一过程。

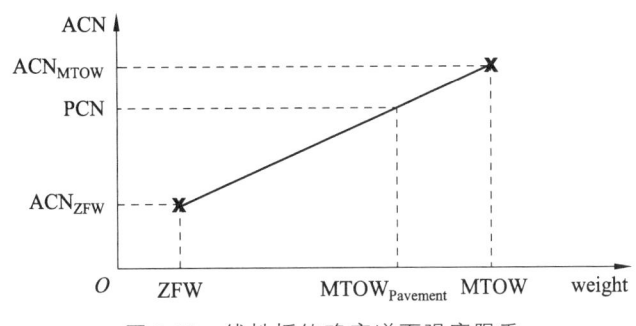

图 3.12　线性插值确定道面强度限重

3.3　起飞飞行航迹

3.3.1　概　念

和全发相比，飞机在一发失效情况下的爬升梯度大大降低，特别是对于双发飞机而言更是如此。典型双发飞机全发情况的爬升梯度可能高达 13% 以上，而单发情况下爬升梯度可能低至 3% 以下。图 3.13 给出了典型四发飞机和双发飞机的全发和一发失效上升梯度对比。

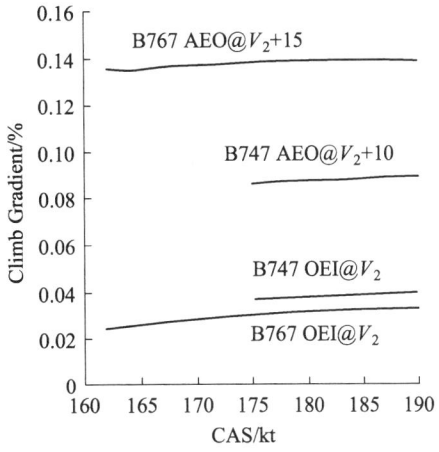

图 3.13　双发与四发飞机一发失效性能对比

起飞飞行航迹 TOFP（Takeoff Flight Path-FAR/JAR 25.111）是 25 部规章中的概念，对应一发失效起飞。它的起点是起飞离地 35 ft 的点，终点是以下两点中的较高者：

（1）高于起飞表面 1500 ft 的航迹点。

（2）完成从起飞构型到航路构型的过渡（即收上襟、缝翼和起落架）并达到最后起飞速度 V_{FTO}（1.25 倍传统失速速度）的航迹点，通常为最大升阻比速度（即空客飞机所称的绿点速度），该速度对应最大的爬升梯度。

起飞飞行航迹是飞机在起飞中，速度为 V_{EF} 时临界发动机失效，继续起飞到航路爬升间的过渡飞行阶段。这一概念和全发起飞无关。

起飞飞行航迹分为四段，各段特点如图 3.14 所示（FAR 25.121）。

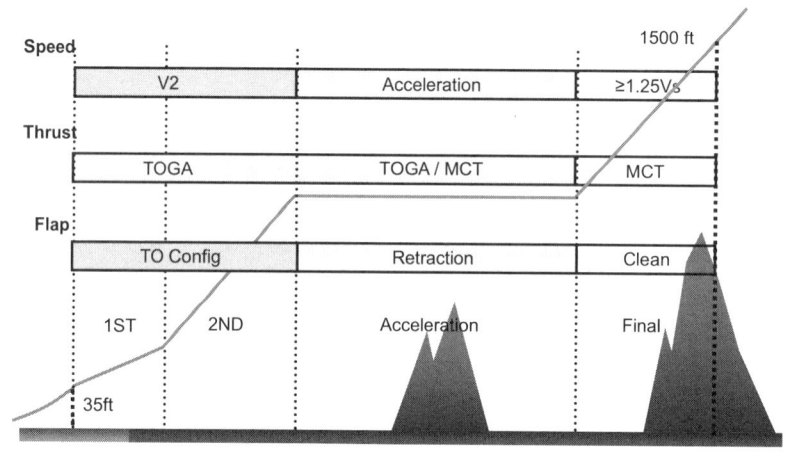

图 3.14　起飞航迹和各个航段的定义

第 1 段（First Segment），从 35 ft 开始，止于起落架收完，发动机 TOGA 工作状态，飞机保持起飞形态，以 V_2 恒表速上升。

第 2 段（Second Segment），从起落架收完开始，止于开始改平加速收襟翼高度，其主要目的是进行初始越障。开始改平加速收襟翼的高也称为改平高（Level Height）或加速高（Acceleration Height），规章要求改平高最低为 400 ft，该段中发动机处于 TOGA，飞机保持起飞形态，以 V_2 恒表速上升。

第 3 段（Level off Segment），从开始改平开始，加速分阶段收襟翼，结束点满足两个条件：襟缝翼全收的干净形态，达到最后起飞速度 V_{FTO}。其主要目的是进行构型调整和加速。构型调整主要涉及襟翼位置调整，即襟翼由起飞位分段调整至全收位，加速的目标是在第 3 段末达到最后起飞速度。此阶段，大部分情况下，发动机处于 TOGA 状态，即要求第 3 段末在 TOGA 时限（5 min 或 10 min）内完成。然而，对于特殊的具有高大障碍物的机场，发动机在该段也可是最大连续 MCT 状态。

第 4 段（Final Takeoff Segment），从第 3 段末至最低距起飞表面 1500 ft 高，飞机处于干净构型，发动机为最大连续 MCT 状态。飞机以不低于 $1.25V_S$ 的速度继续恒表速上升。

多数情况，在起飞飞行航迹上有一些障碍物，性能分析须确保飞机的起飞飞行航迹能安全地越过它们，即在飞机起飞航迹与障碍物之间应有一定的安全余量。为此引入两个航迹的概念。

总航迹（Gross Path）：飞机实际飞过的起飞飞行航迹。

净航迹（Net Path）：总航迹梯度减去规定的上升梯度得到的航迹。

规定的梯度减小量（FAR/JAR 25.115）在起飞飞行航迹阶段为：0.8%（双发飞机），0.9%（三发飞机），1.0%（四发飞机）。这个梯度减小量在起飞飞行总航迹的第1、2段和最后爬升段中计入，第3段则使用总航迹的爬升梯度减去梯度减小量，再转换为加速能力来处理。由于第3段净航迹的可用加速度被降低，其航迹比对应的总航迹长，如图3.15所示。

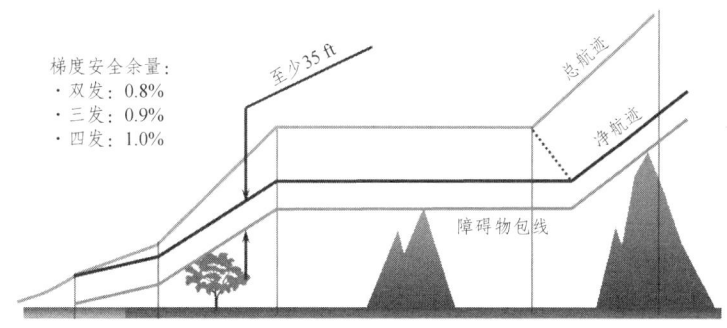

图3.15　总航迹、净航迹和垂直越障要求

TOFP总航迹与净航迹是从一发失效TOD的末端35 ft开始的，该点也称为参考零点RZ（Reference Zero）。

3.3.2　起飞飞行航迹规章要求

规章对起飞飞行航迹的要求分为两个方面：总梯度要求和越障要求。

1. 总梯度要求

规章（FAR/CS/CCAR 25.121）总梯度要求，飞机在起飞各阶段的总航迹，在任何情况下，必须满足最低梯度要求，这一最低总梯度如表3.3所示。它是对飞机的基本性能要求，和机场障碍物没有关系。满足这一要求的最大起飞重量称爬升限重（Climb Limit Weight）。爬升限重可进一步分为第1、2、4段爬升限重。

表3.3　起飞飞行航迹各段的最小爬升总梯度

发动机	第一爬升段/%	第二爬升段/%	平飞加速段	最后爬升段/%
双发	> 0.0	2.4	—	1.2
三发	0.3	2.7	—	1.5
四发	0.5	3.0	—	1.7

通常，第1段梯度是在开始收起落架时满足，第2段梯度是在起落架收上时满足，第4段梯度是在1500 ft场面高处满足，是规章可接受的标准。

规章（FAR/CS/CCAR 25.111）要求，从飞机高于起飞表面400 ft开始，沿起飞飞行航迹每点的可用爬升梯度不得小于：1.2%，对于双发飞机；1.5%，对于三发飞机；1.7%，对于四发飞机，如表3.3所示。为满足此条要求，部分推重比较低的机型，在第3段使用MCT推力时可能导致减载。这也是爬升限重的一种情况。

规章还要求，直到飞机高于起飞表面 400 ft 为止，不得改变飞机的形态和发动机功率。通常，飞机第 3 段末最迟在 TOGA 时限时结束。

2. 越障要求

起飞飞行航迹的越障要求在运行规章（121 部）中给出。进一步分为最大坡度要求、垂直越障要求、水平越障要求三个方面，满足这些要求的最大起飞重量称为越障限重（Obstacle Limit Weight）。在这些要求上，FAA 和 EASA 有些细微的不同。

（1）最大坡度

首先是可以使用的最大坡度有所不同。FAR 121 和 135 均要求在飞机达到 50 ft 前不许带坡度（或改变航迹）；之后，最大坡度不允许超过 15°，使用超过 15° 的坡度需要得到局方的批准，并记录于运营人的运行规范中。

AC 120-91 进一步要求：对于 15° 坡度，在 50 ft 和飞机半翼展的较大者以下，飞机不能转弯；对于 20° 坡度，转弯不能低于 100 ft；对于 25° 坡度，转弯不能低于 400 ft。超过 25° 的坡度，需要得到局方评估和批准。

EU-OPS 1.495 则要求，在 50 ft 和飞机半翼展的较大者以下，飞机不能带坡度；之后，在 400 ft 以下，坡度不允许超过 15°；超过 400 ft 后，坡度不能超过 25°。EU-OPS1 还要求，如果经局方批准，运营人可以在 200～400 ft 间使用不超过 20° 的坡度；或者 400 ft 后使用不超过 30° 的坡度。

对于空客电传操纵系统的飞机，自动驾驶仪在一发失效起飞中限制的最大坡度为 15°，如果在转弯中必须使用超过 15° 的坡度，则飞机需在人工操纵状态下飞行。

（2）垂直越障裕度

其次是垂直越障裕度上有所差异。FAR 121.189 和 EU-OPS1 均要求，在临界发动机停车情况下，飞机起飞飞行净航迹要至少高出障碍物 35 ft。在此基础上，EU-OPS1 还特别要求，对于转弯坡度大于 15° 时，净航迹要至少高出障碍物 50 ft，以计入转弯中翼尖位置下沉的影响。

表 3.4 给出了典型波音、空客飞机的翼展尺寸。

表 3.4 典型机型的翼展

机 型	翼展/ft	机 型	翼展/ft
A300-B2/B4/600	147	B737-600/700/800/900	113
A310-200/300	144	B757-200/300	125
A318/A319/A320/A321	112	B787-8	197
A330-200/300	198	B777-200/300	200
A340-200/300	198	B777-300ER,747-400	213
A340-500/600	208	B747-8F/8	225

（3）保护区

第三是考虑的障碍物保护区不同。

FAR 121.189 要求：在机场范围内，考虑距预定航迹左右两侧各 200 ft 宽度范围内的障碍物，机场范围以外，考虑距预定航迹左右两侧各 300 ft 宽度范围内的障碍物，如图 3.16 所示。

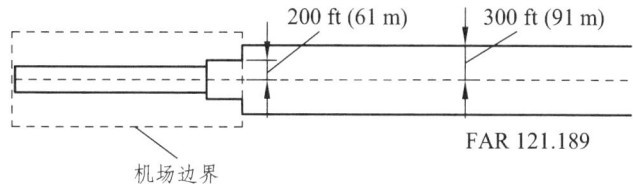

图 3.16 FAR 121 考虑的一发失效障碍物保护区

EU-OPS 1.495 / ICAO Annex 6 Part 1 要求，计算飞机的起飞重量需要考虑的障碍物保护区（见图 3.17 和图 3.18）是：

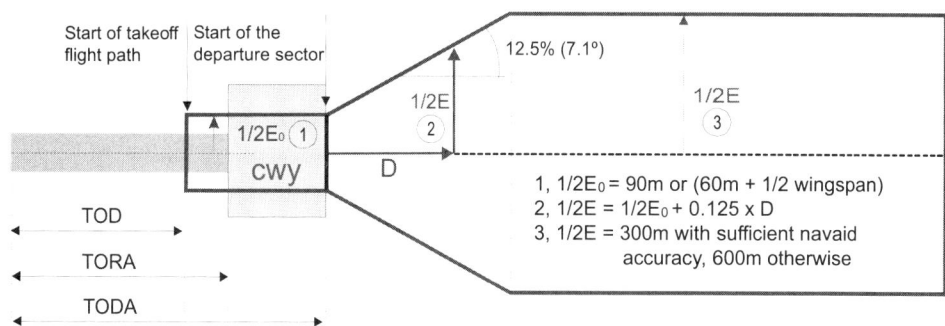

图 3.17 ICAO/EU-OPS/CCAR 一发失效障碍物保护区（直线离场）

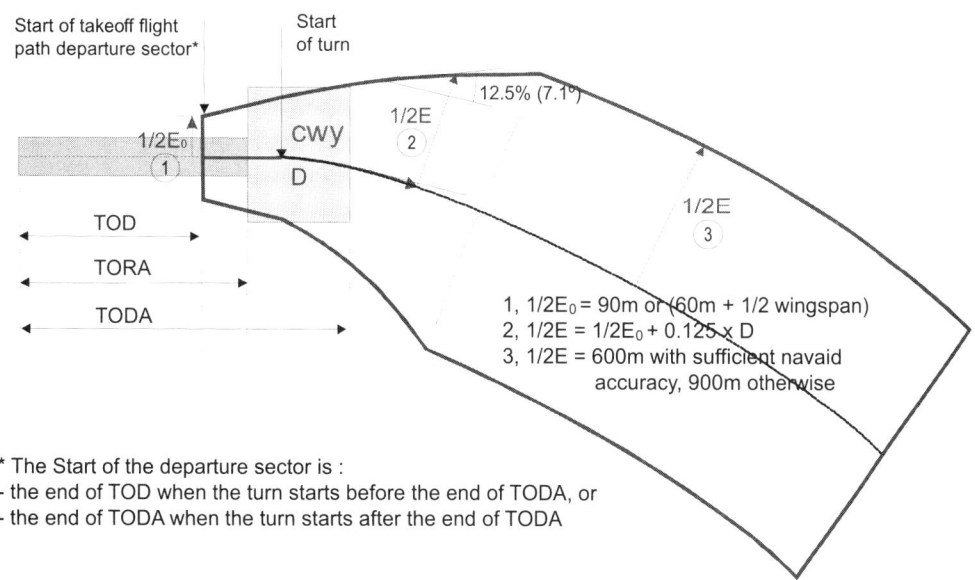

图 3.18 ICAO/EU-OPS/CCAR 一发失效障碍物保护区（转弯离场）

（1）从 TODA 末端开始，沿标称航迹初始半宽 90 m。
（2）沿标称航迹两侧，以 12.5% 梯度外扩，直至：
- 对于 VFR 直线立场，最终半宽为 300 m；转弯离场最终半宽为 600 m。

- 对于 IFR 直线离场，最终半宽为 600 m；转弯离场最终半宽为 900 m。

1992 年，FAA 在咨询通告草案 AC-120.OBS 中，对一发失效起飞障碍物保护区给出了修订建议。该草案在 2006 年被正式签署为 AC 120.91 Airport Obstacle Analysis。它是一个有别于 ICAO，但比过去 FAR 要求更加明确和可行的一个标准。该咨询通告对水平越障保护区的要求为：

对于直线离场，在机场以内，考虑沿标称航迹 200 ft 半宽范围内障碍物，机场以外，考虑 300 ft 半宽范围内的障碍物，从距跑道端头 4800 ft 开始，保护区边界沿标称航迹以 6.25%（16∶1）向外扩展，直至半宽为 2000 ft，如图 3.19 所示。

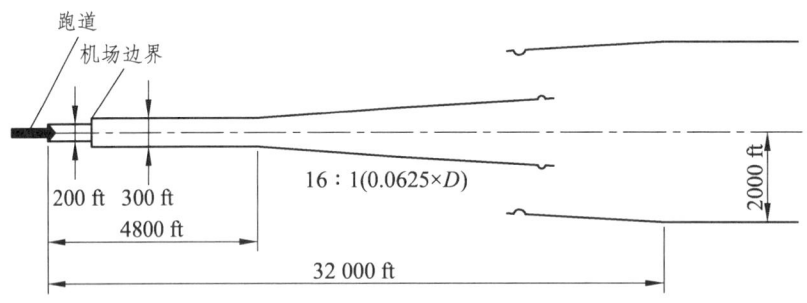

注：D 是沿预计飞行航迹到跑道端的距离。

图 3.19　FAA AC 120.91 建议的障碍物范围（直线离场）

对于转弯离场，直线飞行段同直线离场要求，从转弯点开始，保护区边界沿标称航迹以 12.5%（8∶1）向外扩展，直至半宽为 3000 ft，如图 3.20 所示。

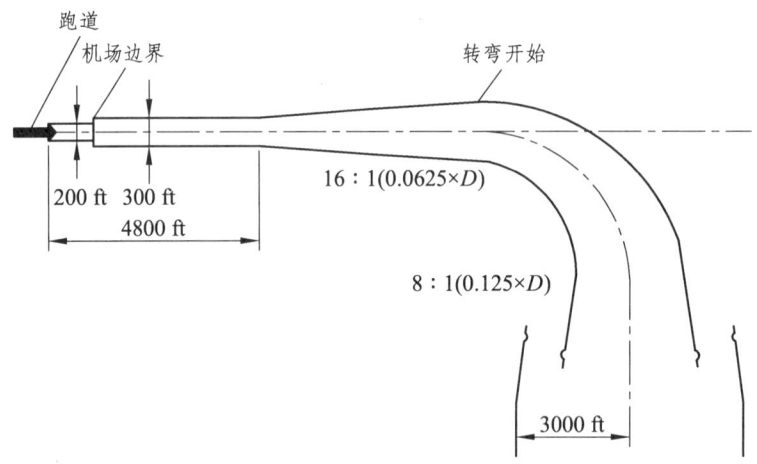

注：D 是沿预计飞行航迹到跑道端的距离。

图 3.20　FAA AC 120.91 建议的障碍物范围（转弯离场）

和过去相比，该咨询通告的建议更加接近 ICAO 标准。实际运行中，美国运营人使用该建议标准或 ICAO 标准，都是可以接受的。

目前，中国的 CCAR 121 规章以及国际民航组织 ICAO 附件 6 的建议标准，在最大坡度和垂直越障裕度要求方面与 FAR 标准相似，而在水平越障裕度要求方面与 JAR 标准相似。但在中国民航局发布的咨询通告和民航实际运行中，普遍采用的是欧美最严格标准的组合。欧美两大区域外的世界上大多数国家采用的是和 ICAO 建议标准相似的要求。

2014年，中国民航局发布咨询通告 AC-121-FS-2014-123《飞机起飞一发失效应急程序和一发失效复飞应急程序制作规范》。该咨询通告在 ICAO 保护区的基础上进行了进一步扩展。该咨询通告要求：

对于传统地基导航方式，除沿跑道中线延长线起飞的直线航段和有航迹引导的航段［包括沿 DME（测距仪）弧飞行的航段］以外的其他航段，即对于那些没有航迹引导的直线与转弯飞行段，一发失效障碍物保护区应采用下列两种方法之一：

• 给出航迹控制点的信息。该点的位置可用 VOR（甚高频全向无电信标）、DME（测距仪）、NDB（无方向信标）及其有效组合来确定。如 R-100VOR ID，D10DME ID 等。对于直线航段，航迹控制点为直线航段的起始和结束点；对于转弯航段，航迹控制点为从转弯点开始，航迹每变化不大于 45°角时所对应的点。航迹控制点供飞行员控制航迹时参考，并不要求精确飞越，航迹控制点必须在程序图中标明。

• 使用扩展保护区。扩展保护区是在 ICAO 900 m 半宽保护区之外的额外保护区。转弯区的扩展保护区为：从转弯开始点两侧半宽开始，以 12.5% 的扩张率扩展，直至取得航迹引导的一点，此后以 25% 的收缩率恢复至正常 900 m 半宽保护区。直线段的扩展保护区为：直线开始点两侧半宽开始，以 12.5% 的扩张率扩展，直至取得航迹引导的一点，此后以 25% 的收缩率恢复至正常 900 m 半宽保护区。

对于基于性能的导航（PBN）方式，一发失效障碍物保护区等同于 ICAO 规范。特别的，对于 RNP AR，一发失效障碍物保护区为 900 m 和 $2 \times RNP$ 中的较小者。例如，对于 RNP AR 0.3 运行，$2 \times RNP = 2 \times 0.3$ nm $= 0.6$ nm $= 1111$ m，因此一发失效需要考虑的障碍物保护区半宽仍为 900 m，如果是 RNP AR 0.15 运行，则保护区半宽可缩减为 556 m。

这些运行要求，不但是起飞分析中确定障碍物限重所必须遵守的准则，也是起飞一发失效应急程序设计的整个过程中所必须遵守的准则。

3.3.3 改平高

为了以规章要求的裕度飞越起飞飞行航迹保护区范围内的障碍物，常常需要对起飞飞行航迹进行调整。在起飞飞行航迹的四个阶段，在起飞重量和气象条件不变的情况下，基本上唯一可以调整的就是第 3 段的高，常称改平高。不同的改平高对中远距障碍物越障会产生不同的效果。下面我们对此进行深入分析。

改平高主要取决于三个方面：规章最低值 400 ft 高、障碍物远近和发动机的 TOGA 时限。下面首先引入以下两个最大改平高的概念。

标准 2 段最大改平高（Standard Second Segment Maximum Level-Off Height）：起飞飞行航迹在某一高改平，第 3 段结束时（满足干净构型、最后起飞速度），刚好达到 TOGA 时限（5 min 或 10 min），这一改平高称为标准 2 段最大改平高。亦即，第 3 段在 TOGA 时限内完成的飞行，称为标准 2 段模式。大部分资料把这个改平高简称为最大改平高，空客称为最大加速高（Maximum Acceleration Height）。

延伸 2 段最大改平高（Extended Second Segment Maximum Level-Off Height）：保持第 2 段爬升，直到达到 TOGA 时限，然后改平所对应的高，称为延伸 2 段最大改平高。亦即，第 3 段不能在 TOGA 时限内完成的飞行，称为延伸 2 段模式。这两个概念的异同，如图 3.21 所示。

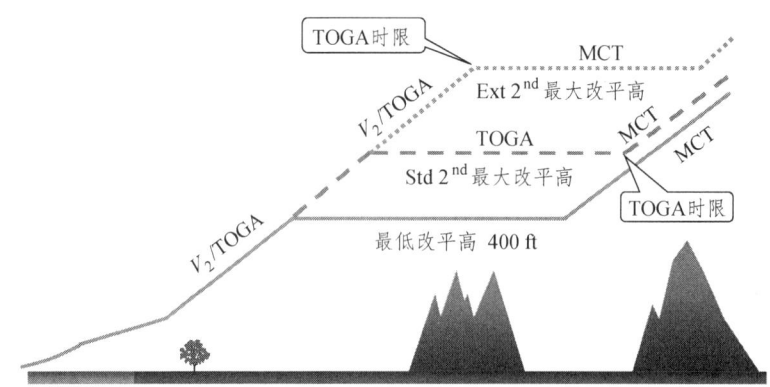

图 3.21　最低改平高、标准 2 段最大改平高与延伸 2 段最大改平高

大部分情况下均使用标准 2 段模式计算起飞性能。然而，对于第 3 段有更高障碍物，在使用标准 2 段最大改平高也不能飞越的情况下，性能软件将使用减载手段满足越障要求。这种由于改平高对起飞重量的限制称为改平高限制（Level Off Height Limited Weight）。

为避免标准 2 段最大改平高导致的起飞减载，可以考虑使用延伸 2 段。使用延伸 2 段意味着改平中是部分或全部使用发动机的 MCT 推力。对有的推重比较低的机型，或高原机场环境，这可能导致第 3 段使用 MCT 后的可用爬升梯度不能达到规章的最低梯度要求（双发飞机 1.2%）。在这种情况下，为满足此款要求，使用延伸 2 段可能会导致减载。另外，使用延伸 2 段还会导致第 3 段的可用爬升梯度偏低，对应的第 3 段净航迹偏长，不利于第 4 段越障。

目前，在实际越障分析中，普遍使用制造商起飞分析软件，确定满足所有规章要求的最低改平高和最大改平高。一般情况下，最低改平高为障碍物限制或 400 ft，最大改平高由发动机 TOGA 时限限制，可以是标准 2 段，也可是延伸 2 段。在最低和最大改平高之间选择任意值改平，均不会对前三段的越障产生影响。

在波音和空客机型的起飞分析性能软件中，缺省情况下使用标准 2 段模式进行性能计算，如图 3.22 所示。如果在第 3 段存在标准 2 段最大改平高无法飞越的障碍物时，就会出现起飞减载。这种情况下，应考虑使用延伸 2 段模式进行计算，以确定是否可以避免减载或少减载。

波音起飞分析软件 BPS 在改平高上提供了 4 种选项：

• Standard Second Segment：使用标准 2 段模式计算，全部障碍物在第 2 段、第 3 段飞越。如果标准 2 段最大改平高不能飞越，将导致减载。

• Consider Extended Second Segment：同时使用标准 2 段与延伸 2 段计算，输出最佳结果，全部障碍物在第 2 段、第 3 段飞越。如果标准 2 段、延伸 2 段最大改平高均不能飞越，将导致减载。

• Extended Second Segment：使用延伸 2 段模式计算，全部障碍物在第 2 段、第 3 段飞越。软件自动检查第 3 段可用爬升梯度不低于规章要求最低值，如果低于，将导致减载。如果延伸 2 段最大改平高不能飞越，将导致减载。

• Consider Final Climb Segment：使用标准 2 段飞越近距障碍物，并考虑第 4 段飞越远距障碍物。

波音要求，使用延伸 2 段和第 4 段飞越障碍物进行起飞分析时，需要在针对飞行员的指导材料或训练中特别说明，并给出一发失效飞行操纵注意事项。

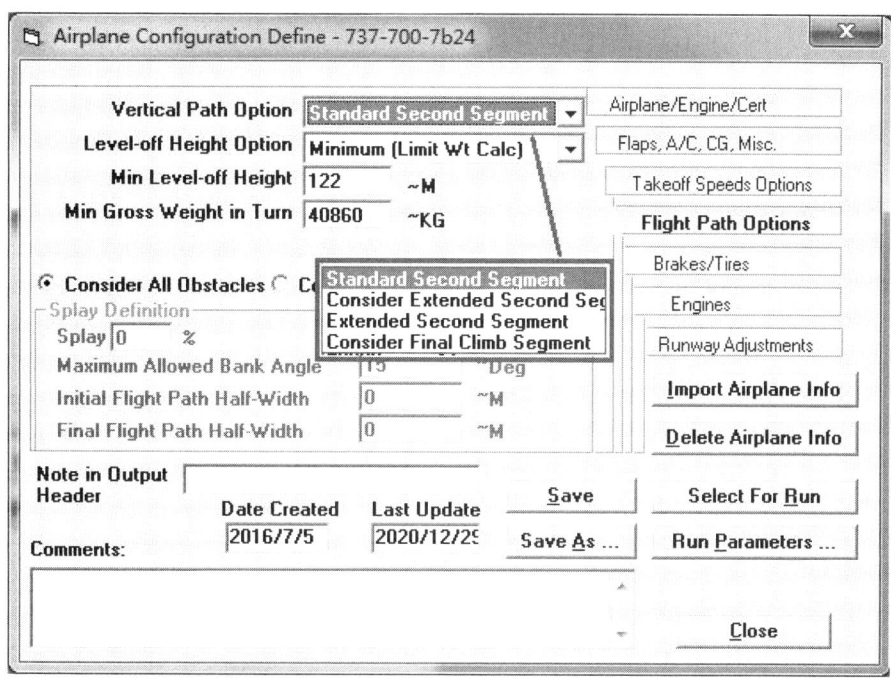

图 3.22　波音 BPS 起飞分析软件中的标准 2 段与延伸 2 段

空客起飞分析软件（TLO）则只提供了标准 2 段和延伸 2 段两个选项，没有提供第 4 段飞越的选项，如图 3.23 所示。软件只考虑全部障碍物在第 2 段、第 3 段飞越，使用标准 2 段最大改平高或延伸 2 段最大改平高不能飞越时，将导致减载。由于空客所有电传机型均使用

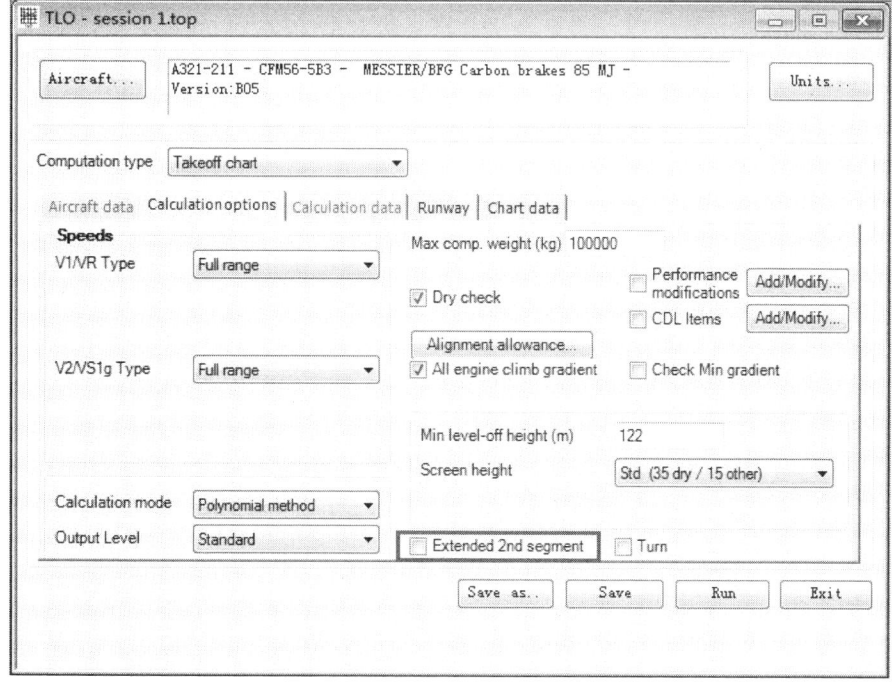

图 3.23　空客 BEP/TLO 起飞分析软件中的标准 2 段与延伸 2 段

一发失效 10 min TOGA 时限，其标准 2 段与延伸 2 段最大改平高均比波音使用 5 min TOGA 时限的近似机型高得多，因此其不减载能飞越的中距障碍物也高得多。但由于没有提供第 4 段飞越的选项，所以对于其他飞机可在第 4 段飞越的远距障碍物，空客起飞分析表常常给出减载的结果。

在中国西部很多山区与高原机场，存在需要在第 3 段飞越的高大中、远距障碍物，这些障碍物的典型飞行距离在 20~40 km 量级，TOGA 时限大小将严重影响起飞性能。

TOGA 时限为 5 min 和 10 min 将产生较大的最大改平高差异。例如：在某标高 6217 ft 的高原机场，B737-700/7B24 飞机，Flap 1，引气关，在 OAT 25 ℃、QNH 1013.25 和静风条件下，分别使用 5 min 和 10 min TOGA 时限，在同等重量和起飞速度下，起飞飞行航迹最大改平高变化较大。表 3.5 给出了 BPS 计算结果，表中距离和高均相对于松刹车点，min、max 分别代表标准 2 段最低改平和最高改平。

表 3.5　TOGA 时限对起飞飞行航迹改平高的影响

TOGA 时限	第 2 段结束点水平距离/m	第 2 段结束点水平距离/m	改平高/ft
5 min	13 000（min） 19 027（max）	21 508（min） 27 816（max）	1070（min） 1680（max）
10 min	13 000（min） 47 086（max）	21 508（min） 57 986（max）	1070（min） 4201（max）

由此可见，10 min 与 5 min 的 TOGA 时限，导致的标准 2 段最大改平高相差一倍以上。在特殊情况下，使用 5 min TOGA 时限标准 2 段最大改平高无法飞越，只能选择延伸 2 段。然而，如果是 10 min TOGA 时限，可能就只需要使用标准 2 段，或者在 10 min TOGA 时限标准 2 段基础上再使用延伸 2 段，将进一步改进飞机对第 3 段及后续障碍物的越障能力，避免或减小减载，如图 3.24 所示。

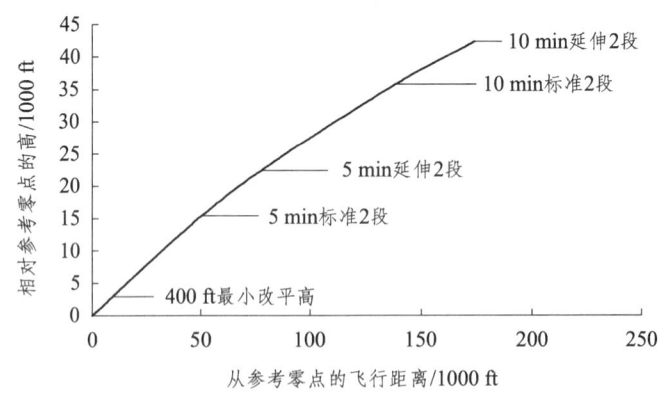

图 3.24　TOGA 时限对标准 2 段与延伸 2 段最大改平高的影响

离场航迹确定后，障碍物的远近与高低基本就确定了。对于第 2 段飞越的近距离障碍物，除了减载增加航迹梯度外，几乎没有其他手段。对于在第 3 段飞越的中距障碍物，则可使用标准 2 段、延伸 2 段模式下的改平高调整来解决，只要最大改平高能够飞越，就可避免减载或少减载。对于第 4 段飞越的远距障碍物，较低的改平高将有助于缩短第 3 段长度，提高第 4 段爬升梯度，从而有助于改善第 4 段远距障碍物的越障。

3.4 起飞性能的优化

起飞性能的优化主要在于 V_1、V_2 的优化。为简便起见，更多的是使用 V_1/V_R、V_2/V_S 速度比的方式。不同的 V_1/V_R、V_2/V_S 速度比组合，会导致不同的起飞性能。对场长范围和空侧范围的综合考虑，可得到最优的速度比，以及对应的 MTOW。这是起飞速度优化的主要目标。

3.4.1 V_1 的优化

对于给定的起飞重量，V_1 增加导致 TOD_{N-1} 和 TOR_{N-1} 减小。这是因为当 V_1 速度较大时，全发加速的阶段要长些，结果，当发动机在 V_{EF} 失效时，以较短的距离即可达到 35 ft V_2 速度这个条件。

另一方面，全发下的 TOD_N 和 TOR_N 与 V_1 无关。

相反，对于给定的起飞重量，V_1 增加导致 ASD_N 和 ASD_{N-1} 增加。当 V_1 较大时，从 V_1 到全停的减速段要长些，而且以 V_1 恒速前进 2 s 的距离也要长些。

结果，可以画出这些距离与 V_1 的函数关系，如图 3.25 所示。该图清楚地表明，在特定的 V_1 速度下，各距离中的最大者（即所需要的跑道长度）可以达到最小。这个速度被称为"平衡 V_1"（Balanced V_1），而相应的距离则被称为"平衡场长"（Balanced Field Length）。

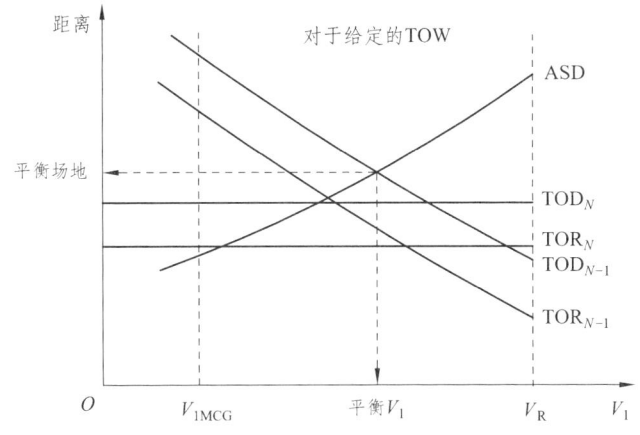

图 3.25　在给定重量下 V_1 对起飞各距离的影响

因此，平衡 V_1 是一发失效下，以该速度继续起飞的起飞距离等于以该速度中断起飞的加速停止距离所对应的速度。TODA 和 ASDA 相等的跑道称为平衡跑道。

对于平衡跑道，如选择平衡 V_1 为起飞决断速度，则可得到最大的场长限重。偏离该速度，场长限重均将减小。

如图 3.26 所示，以场长限重起飞，能够安全继续起飞或中断起飞的 V_1 是一个点；小于场长限重起飞，能够安全继续起飞或中断起飞的 V_1 是一个范围，平衡速度可能在该速度范围内（平衡场地法），也可能在该速度范围外（不平衡场地法）。以允许速度范围的低端作为 V_1，中断起飞的安全裕度大；以允许速度范围的高端作为 V_1，可以改善空侧的越障裕度。对于高原机场，如果起飞重量受限于刹车能量，而小于场长限重，则同样可以使用允许速度范围的低端作为 V_1，以改善中断起飞中的刹车能量裕度。

在上面分析的基础上，我们还可以把纵坐标换为重量继续分析。

对于给定的起飞重量，V_1 增加导致 TOD_{N-1} 和 TOR_{N-1} 减小。亦即，在给定跑道长度下，V_1 增加导致 TOD_{N-1} 和 TOR_{N-1} 限制的最大起飞重量增加。

另一方面，全发下的 TOD_N 和 TOR_N 与 V_1 无关。亦即，在给定跑道长度下，V_1 的变化不影响 TOD_N 和 TOR_N 限制的最大起飞重量。

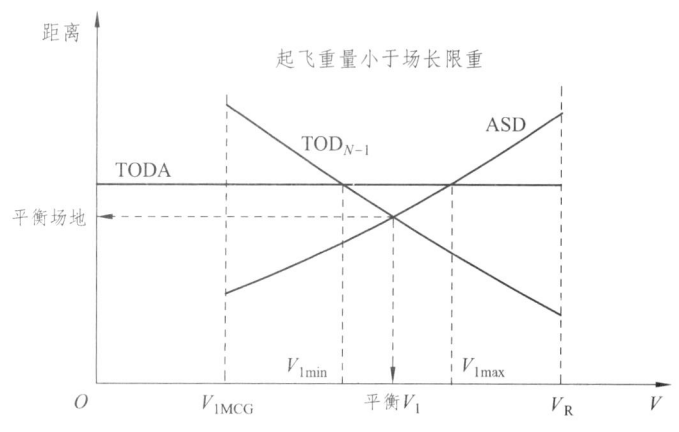

图 3.26 小于场长限重起飞的安全 V_1 范围

相反，对于给定的起飞重量，V_1 增加导致 ASD_N 和 ASD_{N-1} 增加。亦即，在给定跑道长度下，V_1 增加导致 ASD_N 和 ASD_{N-1} 限制的最大起飞重量减小。

结果，可以画出这些限重与 V_1/V_R 的函数关系，如图 3.27 所示。通常 ASD_N 和 ASD_{N-1} 限制的最大起飞重量差别不大，只需画出前者即可，这样，就有五个因素限制的最大起飞重量随 V_1/V_R 的函数关系曲线。

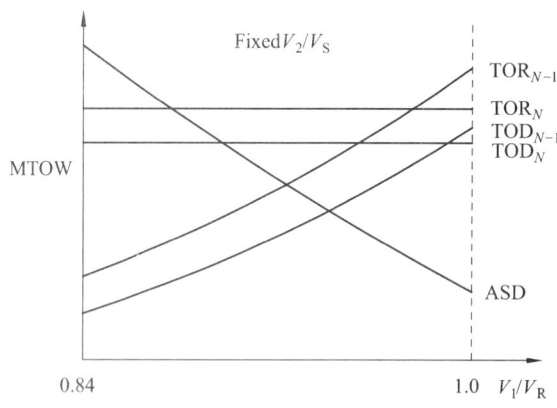

图 3.27 给定 V_2 下，V_1 对场长限重的影响

从图中清楚地看出，场长限重的六个因素中，一发失效加速停止距离和一发失效继续起飞距离限制的起飞重量最小。在特定的 V_1/V_R 速度比下，场长限重达到最大。

如果净空道与停止道不相等，或者虽 TODA 与 ASDA 相等，但由于其他原因导致等效的可用距离发生变化，都将是一种所谓的不平衡跑道。例如对于湿道面，摩擦力降低，对于起飞距离影响很小，却对中断起飞距离影响较大，相当于干道面上等效的 ASDA 缩短，跑道可能从原来的平衡跑道变为不平衡跑道。刹车防滞系统（Anti-Skid）故障下起飞，一般而言，允许在防滞系统不工作时放行飞机，也具有和湿道面一样的效果。

在不平衡跑道上，要得到最大的场长限重，就需要起飞决断速度偏离平衡V_1，从而导致一个不平衡的V_1。

图 3.28 分析给出了在无净空道、停止道的跑道（平衡跑道）基础上（上），单独增加净空道（中）、停止道（下），跑道变为不平衡跑道时，对场长限重和V_1的影响。

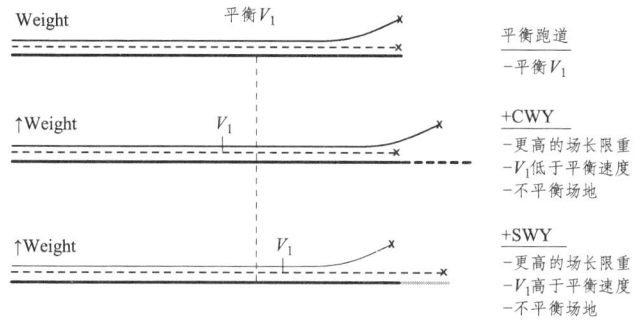

图 3.28　净空道、停止道导致的不平衡优化

可以看出，在平衡跑道基础上，单独增加净空道，场长限重增加，但对应的V_1减小；单独增加停止道，场长限重增加，但对应的V_1增加。

对于较短的道面，使用平衡速度作为V_1，可能出现V_1低于$V_{1\mathrm{MCG}}$的情况，因此平衡场地法就无解。如果重量不变，增加V_1到$V_{1\mathrm{MCG}}$，ASD 会超过 ASDA，TOD_{N-1}又会小于 TODA；那么，再减小重量，直至 ASD 等于 ASDA 为止，这样，就有了不平衡解，最终的V_1不等于平衡速度，如图 3.29 所示。

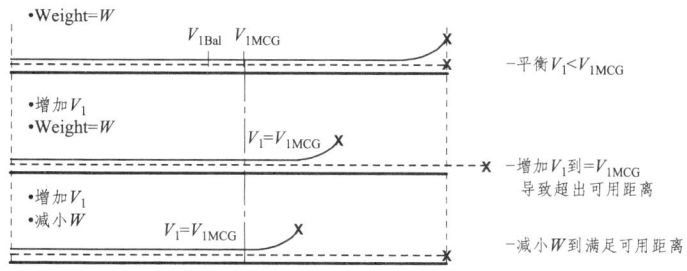

图 3.29　V_1小于$V_{1\mathrm{MCG}}$时的不平衡优化

如果平衡速度超过V_R，使用平衡速度作为V_1，可能出现V_1大于V_R的情况，同样出现平衡场地法无解。如果重量不变，将V_R作为V_1，ASD 会小于 ASDA，但TOD_{N-1}又会超过 TODA；那么，再减小重量，直至TOD_{N-1}等于 TODA 为止，这样，就有了不平衡解，最终的V_1不等于平衡速度，如图 3.30 所示。

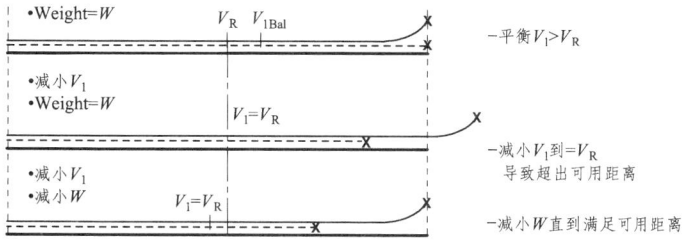

图 3.30　V_1大于V_R时的不平衡优化

3.4.2 V_2 的优化

前面的分析是在固定 V_2 条件下的分析结果，实际上，满足场道性能要求的起飞重量，还需满足越障要求、起飞飞行航迹要求等，如果不满足，同样会导致减载。

规章要求的最低 V_2 是 $1.13V_{S1g}$，此速度往往小于飞机的最大升阻比速度。以最大升阻比速度上升，飞机可以获得最大爬升梯度。

如果起飞限重为爬升限重或障碍物限重，且不受场长、轮速、刹车能量限制，则可以考虑对 V_2 进行优化，使用更大的起飞速度，如图 3.31 所示。波音把这种优化技术称为改进爬升（Improved Climb）。

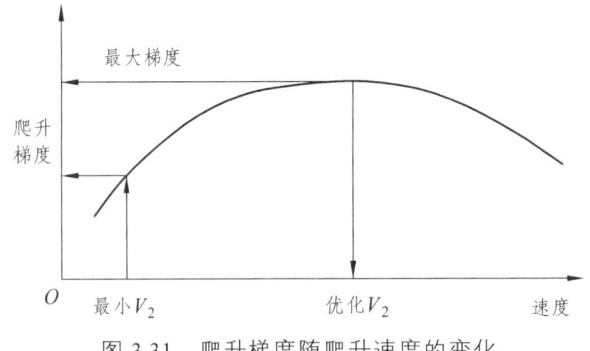

图 3.31 爬升梯度随爬升速度的变化

改进爬升可实现相同重量条件下的更大梯度爬升，或保持同样的爬升梯度，增加起飞重量。

改进爬升导致较大的速度，较低的俯仰姿态，降低了飞机的诱导阻力。

改进爬升可降低飞机的离地姿态，速度越大，离地俯仰角越低，从而减小擦尾风险。例如：B737-900 机型，每增加 5 kt 的 V_{LOF}，离地俯仰角减小 1°，机尾离地高增加 10 in（1 in = 25.4 mm）。

改进爬升可在相同的起飞重量下增加最大改平高。增加的 V_2 还可增加一发失效时飞机可压的最大坡度，如图 3.32 所示。

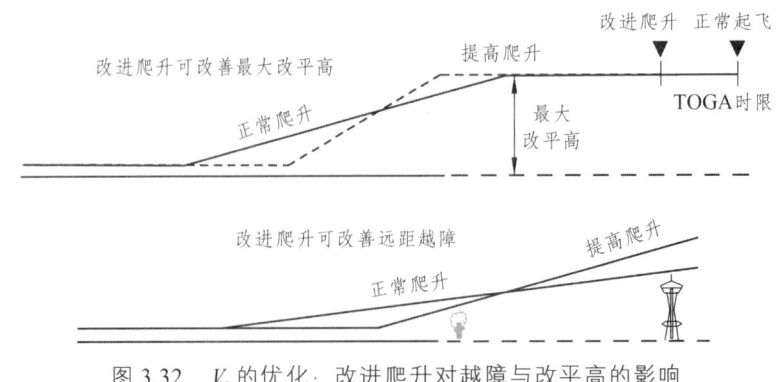

图 3.32 V_2 的优化：改进爬升对越障与改平高的影响

实际性能软件将综合考虑包括刹车能量限重、轮速限重、V_{1MCG} 限重，以及空侧的爬升限重、越障限重在内的所有情况，在可用的 V_1/V_R、V_2/V_S 范围内进行穷举计算（三维空间搜索），找到 MTOW 最大的那组 V_1/V_R、V_2/V_S，这种优化称为起飞性能的全程优化。

目前，波音、空客的起飞性能软件均能做到这样的全程优化。这种优化，对过去手工使用纸张性能图表确定起飞性能的年代是不可能完成的任务。

3.4.3 形态的优化

较小的襟翼角度，将导致较大的起飞速度，改善爬升梯度，但全发起飞距离和一发失效起飞距离增加，如图 3.33 所示；另一方面，较小襟翼角度，使得飞机气动阻力减小，机轮正压力增加，刹车效力增加，从而导致较小的加速停止距离。

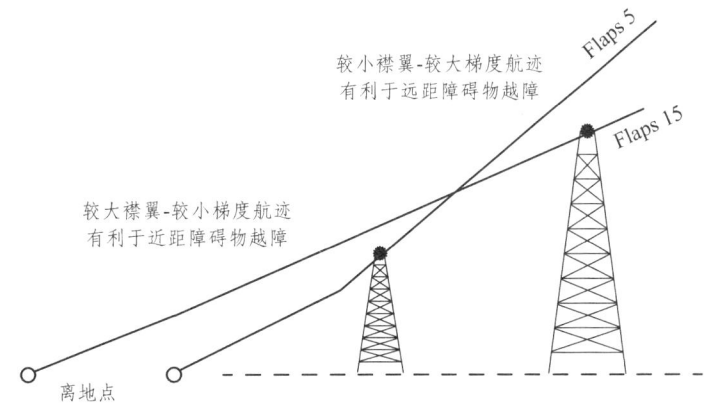

图 3.33 起飞构型对越障的影响

综合考虑陆侧与空侧的规章要求后，能够得到最高 MTOW 的构型称为优化构型，推荐使用优化构型计算起飞数据和起飞。如果不同构型对应相同的 MTOW，则建议取较低起飞速度对应的构型。

3.5 AFM 起飞性能计算

从 20 世纪 80 年代后期开始审定的波音和空客飞机，逐渐开始在 AFM 中，使用软件直接计算审定性能数据，以取代纸张版的审定性能数据。

这种审定性能计算软件，是 AFM 的一部分，具有和 AFM 同等的法律地位，在初始适航审定中随 AFM 一起，经过局方适航批准。如波音的 AFM-DPI 和空客的 PEP FM 模块。对于这些机型的 AFM，由于性能图表的数字化，手册厚度得以大大减小。

AFM 纸张版的性能数据，出于多种原因的考虑，往往做得比较保守。而审定性能计算软件，则可以根据多种实际运行条件，对起飞性能进行直接计算，因此其结果较前者往往更加精确，从而可以得到更好的起飞性能。表现在最大起飞重量上，可能达到相差数吨的结果。

目前，现有不同制造商的运输类飞机，基本上都提供有 AFM 审定性能计算软件，航空公司在日常运行的性能分析中，已经很少直接使用纸张性能图表来确定运行性能。

本节对波音、空客的 AFM 审定性能计算软件进行简要介绍。

3.5.1 波音 AFM-DPI

波音 AFM-DPI 是基于 Win32 命令行版本的字符界面审定性能计算软件，该软件除可以直接计算指定条件下 AFM 中所有的审定性能数据外,还具有起飞优化分析功能,即确定各个限重、MTOW 及最优 V_1/V_R、V_R/V_S 速度比的功能。

【例 3.1】 已知:机场标高 6217 ft,03 跑道的 TORA、TODA、ASDA 分别为 3400 m、3460 m、3460 m,跑道坡度上坡 0.14%,障碍物使用第 4 章给出的数据。

机型 B737-700/CFM56-7B24,襟翼 1,A/C Auto,A/I OFF,所有刹车和防滞系统正常。OAT 24 ℃,静风。试计算优化审定起飞性能数据。

解:(1)计算选择 All Takeoff Limit Weights,如图 3.34 所示。

```
Airplane Flight Manual - Digital Performance Information
                        AFM SELECTION
AFM Identification:      737-700/CFM56-7B24/FAA/D631A001.F01.G082 ►
Alternate Performance:                              (8) available ►
                     CERTIFICATE LIMITATIONS
Maximum Takeoff Weight at Brake Release:    69399 kg
                     TAKEOFF OUTPUT REPORT
Output Report:                           All Takeoff Limit Weights ►
Report Note:

F2 Execute Setup     F5 Configuration          F1 Help
F3 Save Setup        F6 Conditions             F9 Plot
F4 Load Setup        F7 Performance Options    F10 Exit
```

图 3.34　AFM-DPI 选择 All Takeoff Limit Weights

(2)按 F5 键设置飞机构型数据,如图 3.35 所示。

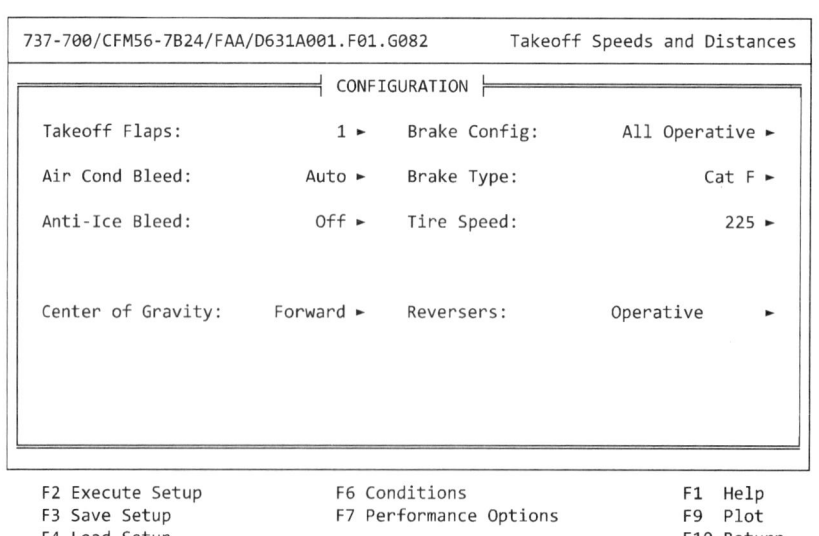

图 3.35　F5 键设置 AFM-DPI 构型数据

(3)按 F6 键设置机场和天气数据,如图 3.36 所示,同时加入障碍物位置信息(此处略)。

```
737-700/CFM56-7B24/FAA/D631A001.F01.G082        All Takeoff Limit Weights
                        ┤ CONDITIONS ├
       ┤ Operating Envelope ├
    Pressure Altitude:    6217 feet      Gross Weight:      69399 kg
    Actual Temp:          24.0 deg C     TORA:              3400 meters
    Assumed Temp:         24.0 deg C     TODA:              3460 meters
    Runway Cond:          Dry ▶          ASDA:              3460 meters
    Runway Wind Speed:    0 knots        Slope (Accel-Stop): 0.14 %
    Flight Wind Speed:    0 knots        Slope (Takeoff):    0.14 %
    Flight Wind Direction: 0 deg         Obstacle Selection: [Yes] ▶

    F2 Execute Setup        F5 Configuration          F1  Help
    F3 Save Setup           F7 Performance Options    F9  Plot
    F4 Load Setup           F8 Trend Data             F10 Return
```

图 3.36　F6 键设置 AFM-DPI 机场和天气数据

（4）按 F7 键选择性能计算选项，选择 V_1、V_2 全程优化，对于 Flight Path 选定 Second Segment，如图 3.37 所示。

```
737-700/CFM56-7B24/FAA/D631A001.F01.G082        All Takeoff Limit Weights
                        ┤ PERFORMANCE OPTIONS ├

            V1 Selection:            Optimum ▶
            Improved Climb:          Optimum ▶
            Flight Path:             Second Segment ▶
            Departure:               Straight Out ▶
            Level-Off Height:        400 feet
            Level-Off Type:   Minimum           ▶


    F2 Execute Setup        F5 Configuration          F1  Help
    F3 Save Setup           F6 Conditions             F9  Plot
    F4 Load Setup           F8 Trend Data             F10 Return
```

图 3.37　F7 键设置 AFM-DPI 选择性能计算选项

（5）按 F2 键执行制定的性能计算，计算结果为文本文件，内容如图 3.38 所示。

```
              FAA Approved Airplane Flight Manual
       BOEING AFM-DPI Performance Software Serial Number: D631A001.F01.G082
            Data Version: 024    Software Version: 008.03
                   All Takeoff Limit Weights Report

                              Configuration
                              -------------
   Model          = 737-700         Brake Type       = Cat F
   Engine         = CFM56-7B24      Brake Config     = All Operative
   Thrust Rating  = CFM56-7B24      Tire Speed       = 225.00 MPH
   Flaps          = 1               Center of Gravity = Forward
   Air Cond Bleed = Auto            Reversers        = Oper: No Credit
   Anti-ice Bleed = Off
```

```
                         Conditions
                         ----------
Certificate Limitations: Maximum Takeoff Weight  =    69399 KG
Actual Temp         =     24.0 DEG C
Assumed Temp        =     24.0 DEG C
Pressure Altitude   =     6217 FEET        Flight Wind Speed     =     0 KNOTS
Runway Wind Speed   =        0 KNOTS       Flight Wind Direction =     0 DEG
Runway Cond         =      Dry
TORA                =     3400 METERS
TODA                =     3460 METERS      ASDA                  =  3460 METERS
Slope (Takeoff)     =      .14 PERCENT     Slope (Accel-Stop)    =   .14 PERCENT

                      Performance Options
                      -------------------
V1 Selection     = Optimum            Improved Climb = Optimum
Level-Off Height =     400 FEET       Level-Off Type = Minimum
Departure        = Straight Out       Flight Path    = Second Segment
```

图 3.38　AFM-DPI 输出：计算原始参数

首先，输出结果文件中，重复了本次计算的原始参数，便于检查。

同时，还给出了本次计算使用的障碍物数据，如图 3.39 所示，障碍物参考点是离地端跑道头，水平距离单位为米，垂直高单位为英尺，相对航迹的侧向偏移为零。非常重要的一项，计算结果给出了飞机一发失效飞至每个障碍物上空的越障裕度。在其考虑的 9 个障碍物中，最为关键的障碍物是最后一个，即第 9 号障碍物，净航迹刚好以 35 ft 越障。

```
                            Obstacles
                            ---------
              Obstacle Reference Point: Liftoff End of Runway
              Obstacle clearance (Clrnc.) includes required regulatory margin.

     Dist.    Ht.    Offset   Clrnc.  |        Dist.    Ht.    Offset   Clrnc.
  #  METERS   FEET   METERS   FEET    |   #    METERS   FEET   METERS   FEET
  -- ------   ----   ------   ------  |   --   ------   ----   ------   ------
  1    200      9       0       14    |   6     3770    294      0        60
  2    700     43       0       21    |   7     8316    563      0       204
  3   1260     94       0       24    |   8     9086    786      0        49
  4   1560    122       0       24    |   9    10745    981      0         0
  5   1700    133       0       26    |

                     Takeoff Limit Weights
                     ---------------------
              Field Length Limit            61874    KG
              Brake Energy Limit            68872    KG
              Tire Speed Limit              65406    KG
              Climb Limit                   69376    KG
   CRITICAL:  Obstacle Clearance Limit      61383    KG
              Certificate Limit             69399    KG
```

图 3.39　AFM-DPI 输出：障碍物数据和各限重

随即结果给出了起飞分析软件考虑的若干限重具体大小，包括场长、刹车能量、轮速、爬升、障碍物、结构 6 个限重。显然，本次起飞允许的最大起飞重量 MTOW 是这 6 个限重中的最低者，即障碍物限重 61 383 kg。同时应注意到，MTOW 仅比场长限重小一点，因此，可以安全继续起飞和中断起飞的可用决断速度区间很小。

以 MTOW 起飞的所有速度被计算给出。由于本次计算使用了 V_1、V_2 全程优化技术，因此是不平衡结果。最小 V_1 与最大 V_1 基本相同，没有平衡速度作为 V_1 的解，可以安全继续起飞和中断起飞的决断速度区间很小。同时可以验算，给出的 $V_1/V_R/V_2$ 满足规章所有的限制条款要求，如图 3.40 和图 3.41 所示。

```
                    Critical Limit Weight Speeds
                    -----------------------------
    Min V1 = 157.1 KIAS
    Max V1 = 157.3 KIAS
    Bal V1 = NOT FOUND           V1MCG   =  98.5 KIAS at    24.0 DEG  C
        VR = 160.2 KIAS           VMCA   =  83.9 KIAS at    24.0 DEG  C
        V2 = 164.9 KIAS        1.05VMCA  =  91.0 KIAS at    24.0 DEG  C
     V1MBE = 167.3 KIAS        1.10VMCA  =  92.4 KIAS at    24.0 DEG  C
      VREF = 133.7 KIAS
VS (Flaps 1 )= 124.5 KCAS
VS (Flaps UP)= 155.0 KCAS

            Improved Climb                 = 21.23 units
            Takeoff Power Setting N1       =   96.7
            Takeoff Thrust Break Temperature = 17.7 DEG  C
```

图 3.40　AFM-DPI 输出：起飞各速度

```
                Critical Limit Weight Takeoff Distances
                ----------------------------------------
    All Engine Takeoff Distance            =  3290 METERS
    All Engine Takeoff Run                 =  3112 METERS
                       Minimum V1
    One Engine Inoperative Takeoff Distance =  3290 METERS
    One Engine Inoperative Takeoff Run      =  3082 METERS
    Accelerate-Stop Distance                =  3451 METERS
    Critical Distance(s) : Accel-Stop
                       Maximum V1
    One Engine Inoperative Takeoff Distance =  3273 METERS
    One Engine Inoperative Takeoff Run      =  3065 METERS
    Accelerate-Stop Distance                =  3460 METERS
    Critical Distance(s) : Accel-Stop

One Engine Inoperative Critical Limit Weight Minimum V1 Flight Path
-------------------------------------------------------------------
Note: Heights and distances are referenced from Brake Release End of Runway.
```

图 3.41　AFM-DPI 输出：起飞各距离

重要的一点，本次起飞使用改进爬升，$V_2/V_{S1g}=1.3$，超过规章要求的最低值 1.13，因此一发失效以 V_2 爬升时可以使用超过 15° 的坡度转弯。

从给出的所有起飞距离数据可以看出，对于全发起飞，3460 m 的 TODA 并没有被用完，松刹车到 35 ft 的实际起飞距离为 3290 m/1.15 = 2861 m。选最大 V_1 时，一发失效下，3460 m 的 ASDA 将被全部用完。不管选最小还是最大 V_1，一发失效下，3460 m 的 TODA 还有剩余。

下一步给出了起飞飞行航迹关键参数，输出结果中已特别说明：起飞飞行航迹数据的水平距离和高是从松刹车点开始算起的。满足越障要求的最低改平几何高为 1317 ft，5 min TOGA 时限限制的标准 2 段最大改平几何高为 2038 ft，如图 3.42 所示。

```
    Critical Obstacle Number =   9
    Max Level-Off Height Data:
       Gross Height = 2038 FEET
       Net Height   = 1582 FEET
       Gross Dist. at Start of Final Climb =  28113 METERS
       Net Dist. at Start of Final Climb   =  30129 METERS

                                      Gross
                 Gross Track  Gross X  Lateral  Gross
                   Distance   Distance Offset   Height
                   METERS     METERS   METERS   FEET
                   --------   -------- -------- --------
    Screen Height    3290       3290      0       50
    Gear-Up          3934       3934      0      116
```

```
Level-Off              14145      14145       0      1317
End Level Flight       20902      20902       0      1317
Start Final Climb      21349      21349       0      1375

                     Net Track    Net
                     Distance    Height
                      METERS     FEET
                     --------   --------
Screen Height          3290       50
Gear-Up                3934       99
Level-Off             14145      1032
End Level Flight      22704      1032
Start Final Climb     23151      1078
```

图 3.42　AFM-DPI 输出：起飞飞行航迹数据

计算还给出了起飞飞行航迹四个段上关键点的爬升梯度，显然，满足规章所有梯度要求，如图 3.43 所示。

```
                    Course
                    Change     Gross     Speed
                     DEG       Grad.     KIAS
                    -------    -----     -----
Screen Height         .0        3.1      164.9
Gear-Up               .0        3.7      164.9
Level-Off             .0        3.5      164.9
End Level Flight      .0        3.9      203.7
Start Final Climb     .0        3.1      203.7
```

图 3.43　AFM-DPI 输出：起飞飞行航迹梯度

从前面的起飞飞行航迹参数，可以构建起飞飞行航迹剖面，如图 3.44 所示。

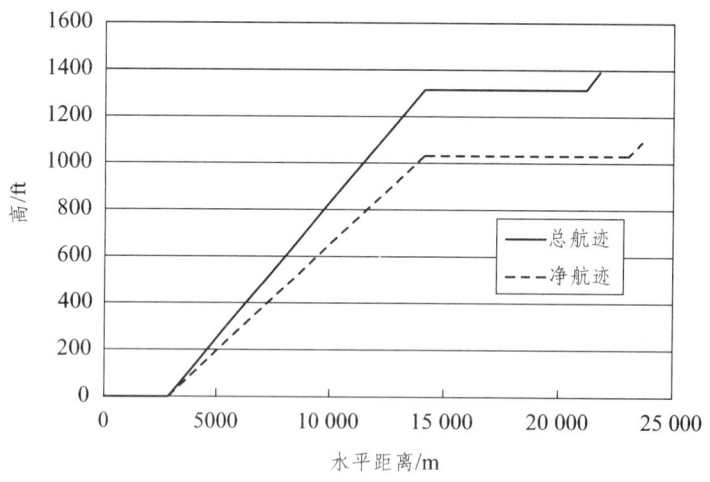

图 3.44　AFM-DPI 计算的最低改平高起飞飞行航迹剖面

3.5.2　空客 PEP/FM

空客飞机所有的电传飞机系列（即除 A300/A310 外的所有飞机）均使用数字化 AFM 性能数据，这些数据由 Airbus PEP 性能软件的 FM 模块计算。FM 只能在给定条件下计算审定起飞性能数据，并不具备优化功能，优化功能由 TLO 承担。

【例 3.2】　已知：03 跑道入口标高 6203 ft，跑道坡度上坡 0.14%，OAT 24 ℃，静风，

CONF 1+F，A/C On，A/I Off，干道面，所有刹车和防滞系统正常。

试计算 A319-112/CFM56-5B6 审定起飞性能数据。

解：（1）计算选择"Complete Takeoff"，点击计算。

（2）按条件输入飞机状态参数，如图 3.45 所示。

（3）按条件输入计算参数，如图 3.46 所示。

然后计算得到如图 3.47 所示的结果，这个结果是指定状态下的计算结果，不是外部约束（如跑道长度、障碍物）条件下的优化结果。

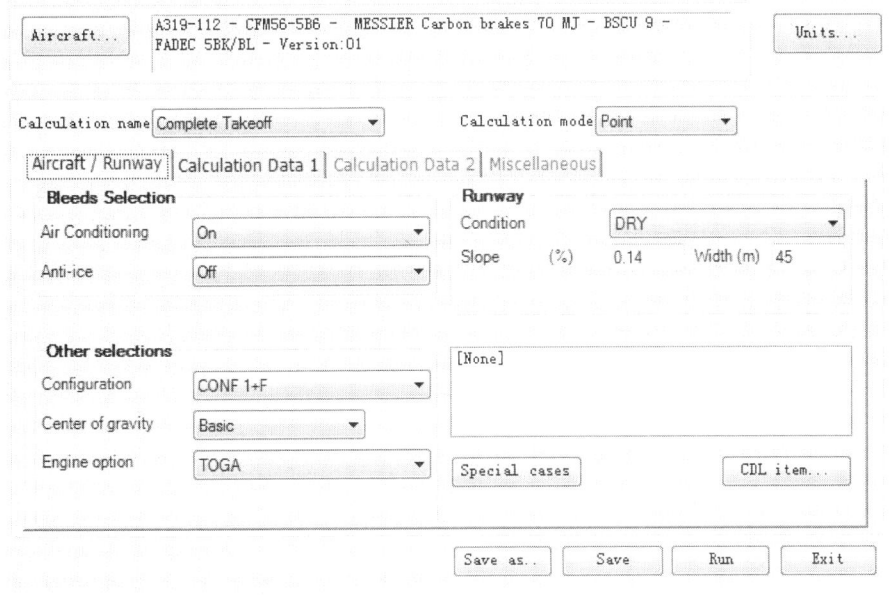

图 3.45　PEP/FM 飞机参数输入界面

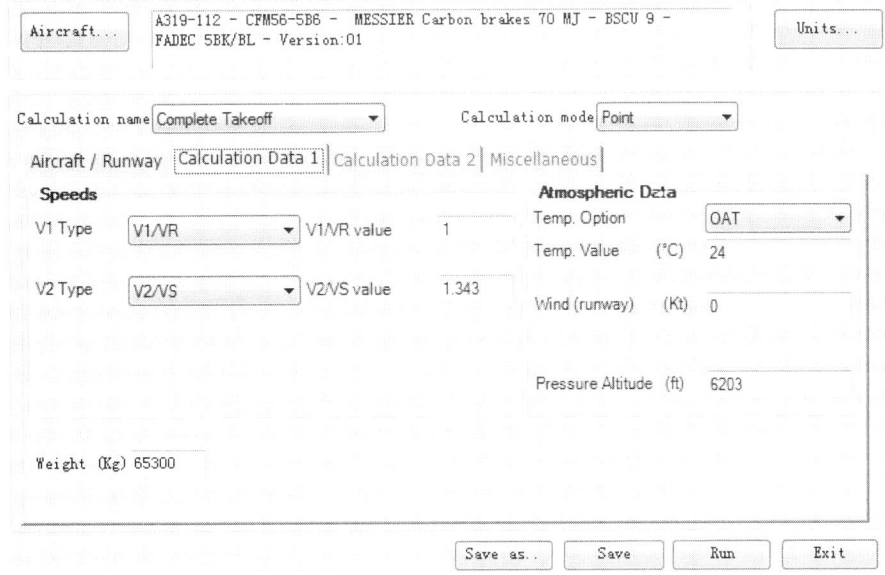

图 3.46　PEP/FM 计算参数输入界面

```
                    CALCULATION NAME : COMPLETE TAKE-OFF
                                      ----------------

        POINT CALCULATION
        -----------------

I--------------I--------------I--------------I--------------I--------------I
I TOD OEI      I 1.15 TOD AEO I TOR OEI      I 1.15 TOR AEO I ASD OEI      I
I--------------I--------------I--------------I--------------I--------------I
I M            I M            I M            I M            I M            I
I--------------I--------------I--------------I--------------I--------------I
I      2856.0 I       2791.9 I       2565.6 I       2659.8 I       3370.7 I
I--------------I--------------I--------------I--------------I--------------I

I--------------I--------------I--------------I--------------I--------------I
I ASD AEO      I BRK ENER AEO I BRK ENER OEI I V1 CAS       I V1 IAS       I
I--------------I--------------I--------------I--------------I--------------I
I M            I %            I %            I KT           I KT           I
I--------------I--------------I--------------I--------------I--------------I
I      3435.4 I         99.2 I         93.4 I      156.377 I      154.235 I
I--------------I--------------I--------------I--------------I--------------I

I--------------I--------------I--------------I--------------I--------------I
I VR CAS       I VR IAS       I VLOF0 CAS    I VLOF0 IAS    I VLOF1 CAS    I
I--------------I--------------I--------------I--------------I--------------I
I KT           I KT           I KT           I KT           I KT           I
I--------------I--------------I--------------I--------------I--------------I
I      156.377 I      154.235 I      160.518 I      161.615 I      157.659 I
I--------------I--------------I--------------I--------------I--------------I

I--------------I--------------I--------------I--------------I--------------I
I VLOF1 IAS    I V2 CAS       I V2 IAS       I V2/VS        I 1ST SEG GRAD I
I--------------I--------------I--------------I--------------I--------------I
I KT           I KT           I KT           I              I %            I
I--------------I--------------I--------------I--------------I--------------I
I      158.669 I      157.938 I      158.959 I        1.343 I        1.430 I
I--------------I--------------I--------------I--------------I--------------I

I--------------I--------------I
I 2ND SEG GRAD I N1           I
I--------------I--------------I
I %            I %            I
I--------------I--------------I
I        3.659 I         92.3 I
I--------------I--------------I
```

图 3.47　PEP/FM 计算输出输入结果

第4章 起飞性能分析

本章介绍起飞性能数据的软件分析方法,重点介绍起飞分析表的各个方面。

日常运行中,较少使用 AFM/FCOM 中的单个性能图表确定单个限重,而普遍使用性能软件计算的起飞分析表。起飞分析表(Takeoff Analysis Chart)也称为机场分析(Airport Analysis)或跑道分析(Runway Analysis),是由航空公司性能人员使用飞机制造商提供的性能软件计算得到的一种起飞性能数据表。

性能软件计算起飞分析表时,能考虑和检查所有的规章要求、复杂的不平衡跑道情况、起飞飞行航迹的爬升梯度以及越障要求,并在这些基础上进行陆侧与空侧的综合全程优化,以确定性能允许的最大起飞重量 MTOW(所有限重中的最小者),及其相应的起飞速度 $V_1/V_R/V_2$。其结果一般均好于基于手册纸张性能图表的手工分析结果。

起飞分析表还广泛应用于假设温度减推力起飞中确定最大假设温度以及对应的起飞速度。根据不同道面情况、不同 MEL 项目、不同减额定等级等条件计算得到的起飞分析表,还可用于湿与污染道面、部分系统不工作、减额定减推力起飞等情况。因此,起飞分析表是起飞中集大成的性能表,也是日常运行中涉及起飞性能的使用最为频繁的图表。

通常每条跑道起飞方向至少有一至多张起飞分析表,汇编于航空公司的机场分析手册中。机场分析手册是根据 CCAR 121.131-137 的要求而制作的,通常是航空公司《运行手册》的支持性手册。

起飞分析表使用取证性能数据计算,是 AFM 数据的另外一种表现形式。

起飞分析表大部分情况下的使用较为简单,但某些情况下的使用则较为复杂,其数据背后的理解则更需要全面深入的飞行性能理论支撑。

4.1 起飞分析所需数据

起飞性能分析所需的机场数据一般源自各国民航局出版的航空资料汇编(Aeronautical Information Publication,AIP)。该资料按 ICAO 的要求制作,以 28 天的周期进行更新。国际运行时也大量使用第三方商业公司的类似出版物,如 Jeppesen、Lido 公司的航图资料。由于资料的敏感性,本书使用了昆明/巫家坝机场为例进行学习。该机场由于和城市距离较近已废弃,转为市政建设用地,已由新的昆明长水机场(代码 ZPPP)代替。ZPPP 机场平面图如图 4.1 所示。

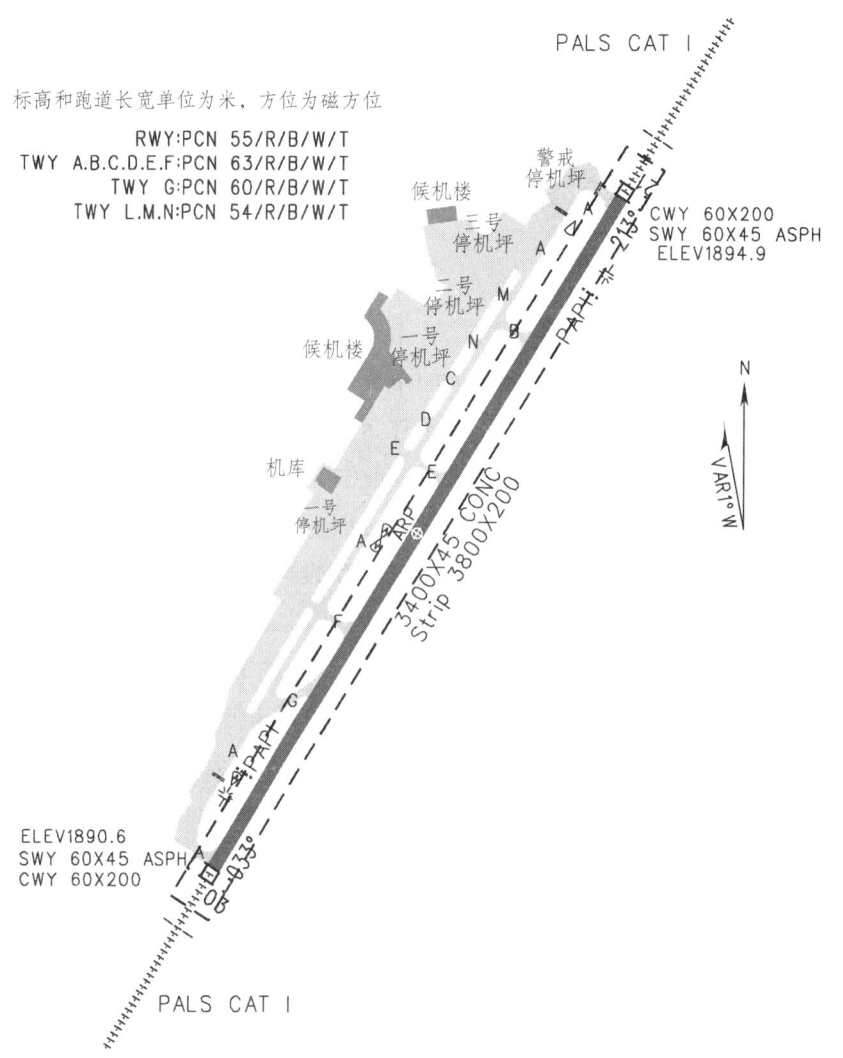

图 4.1 ZPPP 机场平面图

4.1.1 机场基本信息

机场参考点（Airport Reference Point，ARP）坐标：N245932 E1024433（跑道中心），对于单跑道机场，一般该值为跑道中心。

机场标高/参考气温：1894.9 m（6217 ft）/ 23.9 ℃（七月）。

磁差：1°W。

跑道物理特征：跑道号码 03，真方位 32°，磁方位 33°，跑道长宽 3400 m × 45 m，跑道强度（PCN）55/R/B/W/T，03 跑道入口标高 1890.6 m/6203 ft，21 跑道入口标高 1894.9 m/6217 ft，停止道长宽 60 m × 45 m，净空道长宽 60 m × 200 m。

公布距离：可用起飞滑跑距离 3400 m，可用起飞距离 3460 m，可用加速停止距离 3460 m，可用着陆距离 3400 m。

4.1.2 气象资料

AIP 中给出了机场所在地多年观测统计气象资料，对于性能分析而言，重要的是月平均最低、最高气温，以及对应的 QNH，如表 4.1 所示。

表 4.1 AIP 中的机场气象资料

月份	月平均气温/°C		平均相对湿度/%	平均气压（QNH）/hPa
	最高	最低		
1 月	15.2	2.8	64	1020.5
2 月	17.3	4.8	59	1019.7
3 月	20.8	8.4	55	1018.9
4 月	24.1	12.0	51	1018.0
5 月	22.7	13.8	69	1017.8
6 月	23.2	16.0	79	1015.7
7 月	23.9	16.5	79	1016.1
8 月	23.7	16.3	79	1017.7
9 月	21.9	14.5	77	1021.8
10 月	19.9	12.1	79	1024.0
11 月	17.0	6.4	74	1024.3
12 月	15.0	3.3	72	1016.6
年平均	20.4	10.6	70	1019.3

4.1.3 离场程序与进近程序

AIP 中给出了机场的飞行程序图，按导航方式不同，分传统地基导航程序与 PBN 程序，PBN 程序大部分都是基于卫星导航，如图 4.2 和图 4.3 所示。性能分析需重点关注离场程序和进近程序。

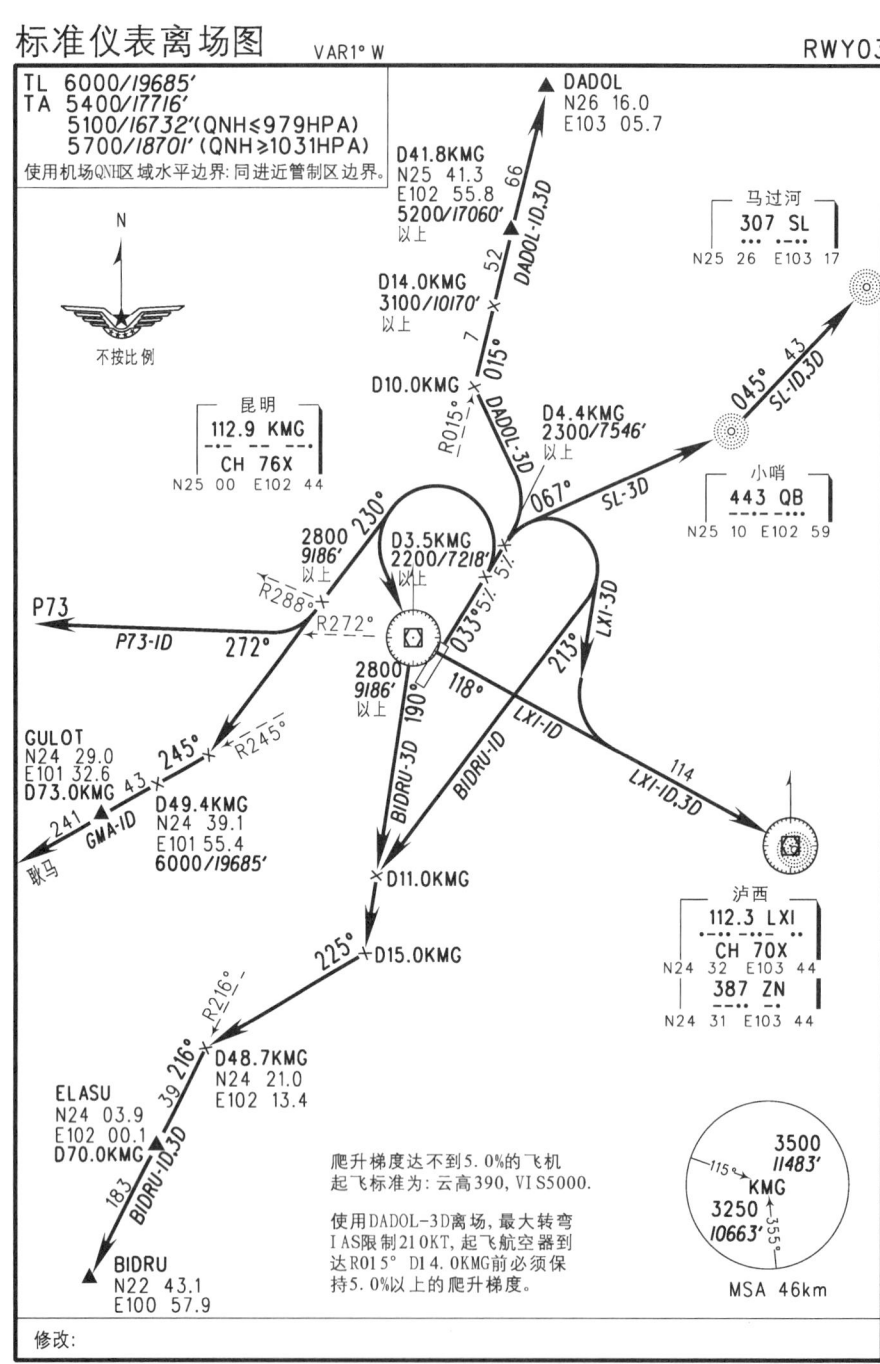

图 4.2 ZPPP 03 跑道传统仪表离场程序

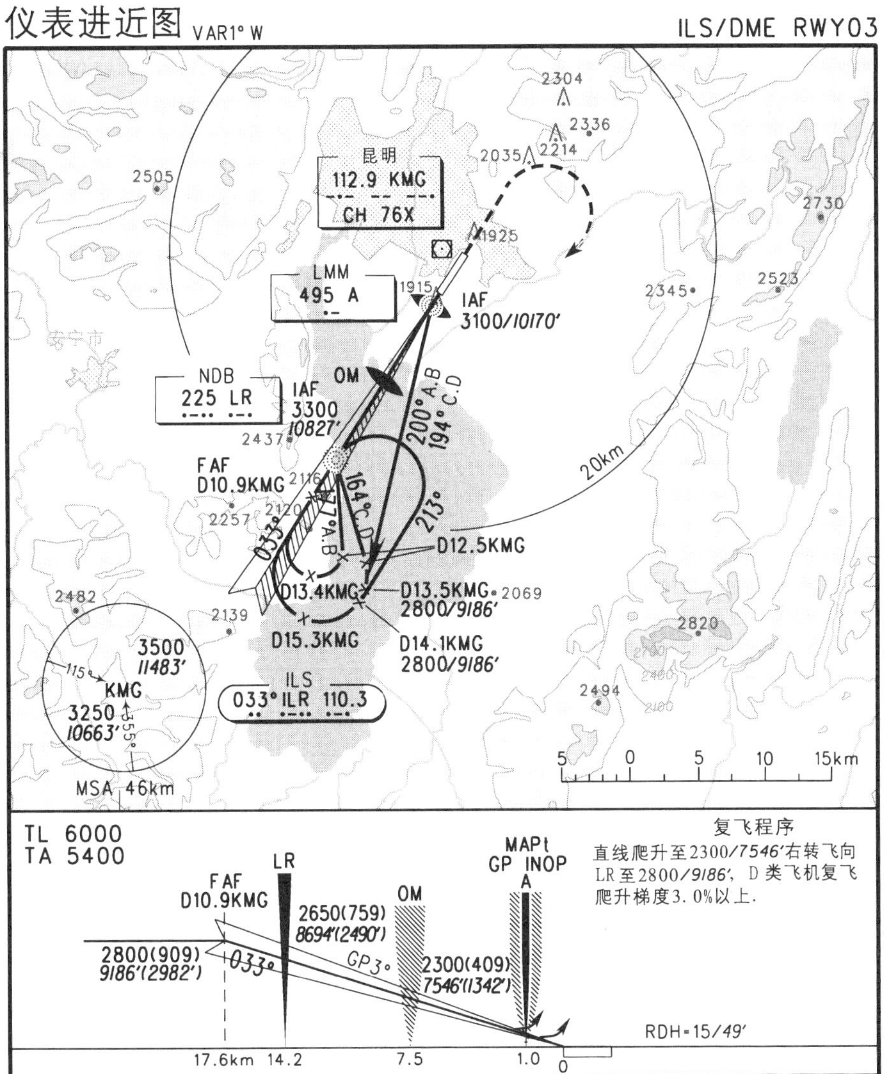

	ILS/DME DA(H) VIS	GP INOP MDA(H) VIS	目视盘旋 MDA(H) VIS
A			
B	1975(84) 6480′(276′) 900	1985(94) 6512′(308′) 1200	2295(400) 7529′(1312′) 4200
C	1980(89) 6496′(292′) 900	1985(94) 6512′(308′) 1600	2345(450) 7693′(1476′) 5000
D	1985(94) 6512′(308′) 1000		2375(480) 7792′(1575′) 5000

FAF-THR 17.6km					
地速 (km/H)	150	200	250	300	350
时间 (M:S)	7:02	5:17	4:13	3:31	3:01
下降率 (m/s)(5.2%)	2.2	2.9	3.6	4.3	5.1

测距 (KMG)(NM)	2	3	4	5	6	7
至入口 (NM)	0.2	1.3	2.3	3.3	4.4	5.4
高度 高 (M)	1927 (36)	2031 (140)	2131 (240)	2230 (339)	2329 (438)	2427 (536)

中国民用航空局CAAC

图 4.3　ZPPP 03 跑道 ILS 进近程序图

4.1.4　障碍物信息

起飞性能分析需要确定沿飞行航迹一发失效保护区范围内的准确地形、障碍物信息。这些信息一般由运营人根据多种可靠数据途径综合得到。主要的障碍物信息来源包括但不局限于：

（1）AIP 点障碍物

航空资料汇编（AIP）给出了机场周边主要障碍物的分布数据。一般以 ARP 为中心，分别给出了半径 15 km 内主要障碍物，以及半径 15～50 km 内的主要障碍物。性能分析只需要处理落入航迹保护区内的障碍物即可。表 4.2 给出了巫家坝机场的数据。

表 4.2 AIP 中的机场周边 15 km 范围内主要障碍物

序号	障碍物名称	相对 ARP 位置 磁方位/(°)	相对 ARP 位置 距离/m	坐标	海拔高度/m	控制障碍物及涉及航段/起飞航径区重要障碍物
1	水塔	009	1640		1933.9	
2	云南铝加工厂水塔	013	5020		1971.5	起飞航径区障碍物
3	天线	014	3020		1938.4	
4	山	015	8800		2030.9	
5	呼机天线	017	1600		1933.9	
6	山	022	6000		2001.9	
7	*一号高杆灯	023	1663		1913.8	
8	杨家山	023	11 000		2098.9	
9	*二号高杆灯	025	1780		1913.8	
10	祭天山	025	14 800		2168	起飞航径区障碍物
11	山	029	5040		1970.9	
12	叫鸡山	029	8500		2024.9	起飞航径区障碍物
13	建筑群	029	2400		1907.9	起飞航径区障碍物
14	金马镇凉亭村水塔	030	4300		1952.5	起飞航径区障碍物
15	石油公司昆明汽车队	030	4460		1955.9	起飞航径区障碍物
16	树	031	13 000		2121	起飞航径区障碍物
17	锥形物	031	2740		1912.6	起飞航径区障碍物
18	树	031	5470		1984.5	起飞航径区障碍物
19	电杆	033	2970		1924.9	
20	航向台天线	033	1900		1897.6	
21	锥形物	033	2930		1918.6	起飞航径区障碍物
22	崔茂怀院内 10 kV 电杆	033	3080		1925.7	起飞航径区障碍物
23	锥形物	033	2960		1923.5	起飞航径区障碍物
24	锥形物	033	1900		1897.6	起飞航径区障碍物
25	树	033	3405		1935.5	起飞航径区障碍物
26	圆宝山	034	14 700		2303.9	起飞航径区障碍物
27	石头山	035	9500		2034.9	
28	树	036	15 000		2201	起飞航径区障碍物
29	八宝山	036	10 200		2058.9	起飞航径区障碍物
30	锥形物	037	3260		1932.2	起飞航径区障碍物

续表

序号	障碍物名称	相对ARP位置 磁方位/(°)	相对ARP位置 距离/m	坐标	海拔高度/m	控制障碍物及涉及航段/起飞航径区重要障碍物
31	平顶山	038	12 100		2213.9	起飞航径区障碍物
32	烟囱	040	3280		1939.8	
33	山	044	7200		1977.9	
34	一撮云	047	14 150		2335.9	
35	电杆	048	2720		1935.9	
36	空心山	049	10 600		2178.9	
37	早龙山	051	6650		2029.9	
38	凤家山	051	8250		2037.9	
39	水塔	055	3360		1944.67	
40	九连山	056	10 200		2214.9	
41	黑虎山	060	9350		1995.9	
42	佛堂山	069	7450		2083.9	
43	石塘山	075	6700		2019.9	
44	长鲁山	078	5850		2027.9	
45	茶高山	109	7550		2060.9	
46	烟囱	124	1740		1940.9	
47	龙宝山	129	8200		2048.9	
48	南航向台机房	211	1960		1901.5	
49	锥形物	213	2580		1902.6	起飞航径区障碍物
50	南近台天线	213	2700		1906.9	
51	山	235	14 900		2306.9	
52	山	239	12 900		2448.9	
53	雷达站	240	12 500		2510.9	
54	行塔山	247	12 750		2432.9	
55	美人峰	251	12 050		2403.9	
56	太华山	256	12 400		2424.9	
57	金耳寺	275	14 550		2301.9	
58	点滴水	290	14 980		2399.9	
59	机库	300	400		1925.9	
60	宝风塔	304	14 950		2321.9	
61	玉柔山	311	14 650		2215.9	
62	塔台	333	640		1943.9	
63	鸿城花园	340	2100		1985.5	
64	中心	344	12 350		2155.9	
65	长虫山	344	14 200		2364.9	

（2）A 型图障碍物

ICAO 附件 4 给出了机场障碍物数据公布的具体要求，其中最为重要的是 A 型图（Type A）。A 型图给出了大比例的，在起飞航径区内的重要障碍物的平面和剖面分布，如图 4.4 所示。起飞航径区是位于起飞航迹下方、地球表面上并对称地位于起飞航迹两侧划设的区域，其大小和 ICAO 一发失效性能保护区相同。起飞航径区从公布的可用起飞距离末端开始，沿跑道延长线方向。如果是偏置离场，起飞航径区通常也是偏置的。

起飞航径区起点处的半宽为 90 m，然后每侧以 12.5% 的梯度外扩至最大半宽 900 m，然后保持 900 m 半宽至起飞航径区末端。起飞航径区末端向起飞方向延伸至某一点，在此点以外不再有重要的障碍物，或 10 km（5.4 NM）处不再有重要的障碍物，两者以较短的为准。

穿透坡度为 1.2% 斜面的障碍物，称为重要障碍物，将在 A 型图中公布。

A 型图平面比例一般为 1∶10 000，垂直比例一般为水平比例的 10 倍。ICAO 要求所有国际民用机场均应提供此图，除非起飞航径区内没有重要障碍物。由于只标出了跑道端头较近范围内的障碍物，在起飞性能分析中，它提供的障碍物是不够的。

（3）纸张大比例地形图

性能分析经常需要和纸张地图打交道，以确定所需障碍物数据。起飞分析一般使用 1∶50 000，或 1∶100 000 大比例官方出版地形图。纸张地形图是现阶段性能分析的主要障碍物信息来源。

使用地形图时，需以保守的方式确定障碍物。如等高线穿越保护区，应使用下一更高标高的等高线数值。

使用纸张地形图需要注意坐标问题。由于民航机载导航设备与 AIP 资料所用地理经纬度坐标均为 WGS-84，而国内纸张地图大量使用的 1954 年北京大地坐标系、1980 年国家大地坐标系均不同于 WGS-84，导致不同坐标系下同一经纬度坐标点对应的实际地点不同。特别是 54 坐标，与 WGS-84 可能存在超过上百米的偏移。

（4）数字地形

数字地形使用数字化的方式描述地表信息。常用的一种格式为数字高程模型（Digital Elevation Model，DEM），如图 4.5 所示。DEM 把地表按相等的间距分为网格，每个网格使用该网格内的最大高程或平均高程描述地形。它通常是一个矩形或方形的二位数据组，只要知道 DEM 文件一个角上的坐标和网格步进值，即可快速查询二维表格得到特定经纬度的高程值。另外一种常见的数字地形以矢量等高线方式描述地形，通常以 AutoCAD 软件的 dwg 格式给出。

一般而言，网格划分越小，对应的 DEM 精度越高。目前，美国、日本、德国等国家及其机构均使用航天器对全球地表进行了这类数字化建模。各国学者对这类 DEM 的精度进行了大量对比研究。总的结论是，30 m 网格精度 DEM 在大部分地区大致和 1∶100 000 纸张地图精度相当。由于测量技术、云层遮挡等因素，数字地形可能存在若干区域或点的高程信息不可靠的问题。

DEM 一般使用 WGS-84 水平坐标基准，但其垂直基准可能不是国内纸张地图使用的黄海高程系。数字地形在国外民航运行中已经得到普遍使用。

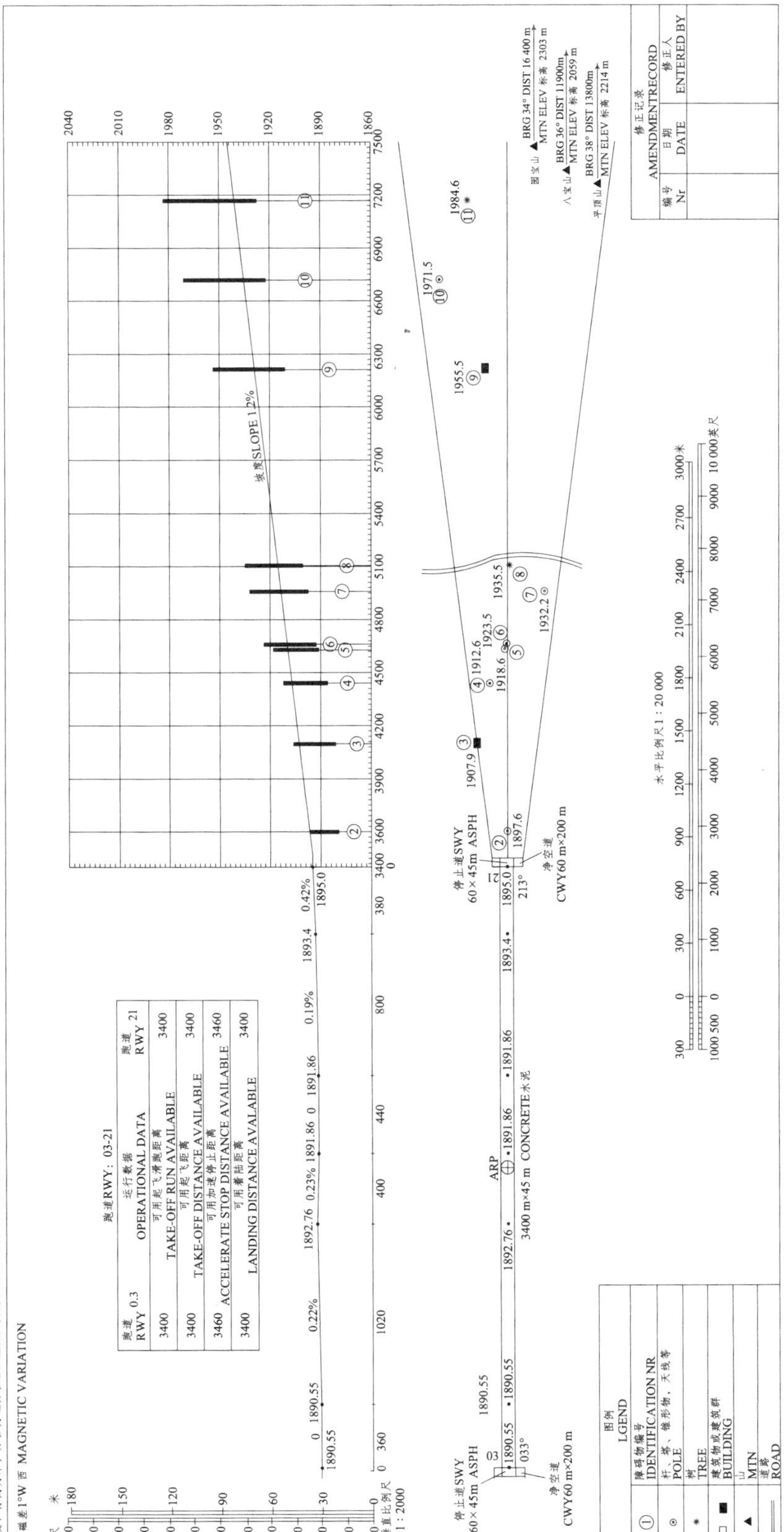

图 4.4 ZPPP 机场 A 型图（局部）

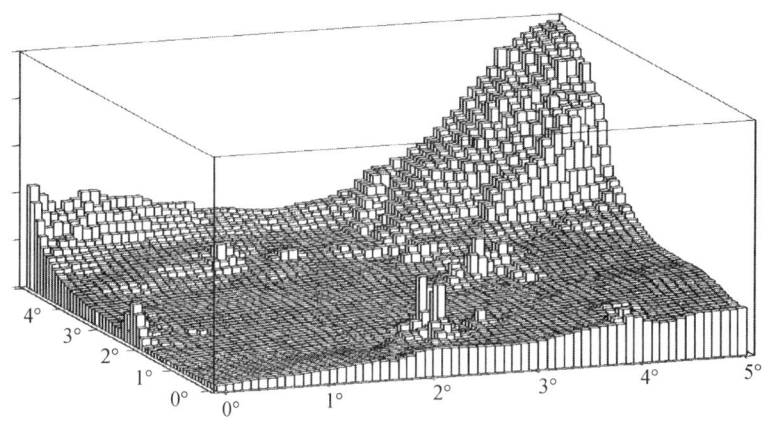

图 4.5 数字高程模型（DEM）示例

（5）人工测量障碍物

在具体案例中，如可能，也经常使用有测绘资质部门给出的实测障碍物数据。

（6）其他障碍物

基于航空目的设置的单个易碎结构障碍物（如天线、进近灯、指示牌等），通常在性能分析中可不予考虑。多个易碎结构或尺寸与质量较大的单个易碎结构，在与飞机的碰撞中可能导致飞机损坏时，应该予以考虑。

另外，还需要考虑临时或移动障碍物，如火车、轮船等；也应合理地判断以考虑不确定性物体，如树、建筑、旗杆、烟囱、输电线等，输电线应被认作连续的障碍物。除非明确地表没有植被覆盖，应考虑可能的植被高，最大可使用 15 m 的树高。运营人应综合所有的障碍物信息来源，按保守的原则来处理信息冲突的障碍物。

目前，运营人使用的障碍物数据不需要得到局方的批准，运营人自己对使用的数据准确性负责。

本章后续起飞性能分析算例中，上述示例机场 03 跑道使用的障碍物数据的确定细节将在第 6 章给出。

4.2 波音起飞分析表

使用前述示例机场 03 跑道数据及障碍物，使用 BPS 软件可计算得到的 B737-700/CFM56-7B24 机型起飞分析表。该表计算完毕以文本文件 txt 格式呈现。

4.2.1 起飞分析表使用

图 4.6 为 B737-700/ CFM56-7B24 机型在某机场的起飞分析表，由表头、表体、表尾三部分组成。下面对其内容进行简要说明。

表头部分（见图 4.7）：

① 机场标高 6217ft，03 跑道，机场四字代码 ZPPP。若道面为非干，如湿道面、污染道面等，将在此行中间显示这一信息。

② 起飞形态 Flap 01，空调自动、防冰关，机场名称。

③ 此行可显示设定的用户输入信息（V1 I/C OPT STD2ND 5MIN）。非重心前限时，此行还显示重心信息。

④ 机型 737-700，发动机 CFM56-7B24，以及推力等级、计算日期等。减额定推力等级时，此行还显示减额定等级。

```
ELEVATION   6217 FT                              RUNWAY 03         ZPPP

*** FLAPS 01 ***    AIR COND AUTO    ANTI-ICE OFF      Wujiaba
V1 I/C OPT. STD2ND 5MIN                                Kunming
737-700     CFM56-7B24         B24                     DATED 21-APR-2021
*A* INDICATES OAT OUTSIDE ENVIRONMENTAL ENVELOPE
OAT   CLIMB          WIND COMPONENT IN KNOTS (MINUS DENOTES TAILWIND)
C     100KG       -10            0             10            20

44A    517      466*/17-17-21   476*/19-19-22  477*/19-19-23  478*/19-19-23
                503**44-47-51   517**47-50-53  522**48-51-54  527**49-52-55
42     527      474*/17-18-22   485*/20-20-24  486*/20-20-24  487*/20-20-24
                511**45-48-52   526**48-51-55  531**49-52-56  536**50-53-57
40     537      483*/18-19-23   495*/21-21-25  496*/21-21-25  497*/21-21-25
                521**45-48-52   536**50-53-56  541**51-53-57  546**52-54-58
38     547      492*/20-20-24   505*/22-22-26  506*/22-22-26  507*/23-23-27
                530**46-49-53   546**51-54-58  551**52-55-59  556**53-56-60
36     558      501*/21-21-26   515*/24-24-28  516*/24-24-28  518*/24-24-28
                540**46-49-54   556**53-55-59  561**54-56-60  566**55-57-61
34     569      511*/22-23-27   525*/24-25-29  527*/25-25-29  528*/25-25-29
                549**47-50-54   566**54-57-61  571**55-58-62  577**56-59-63
32     580      520*/23-24-28   535*/25-26-30  538*/26-26-31  539*/27-27-31
                558**47-51-55   576**54-57-61  581**56-59-63  587**57-60-64
30     592      530*/24-25-30   546*/26-27-32  549*/28-28-32  550*/28-28-32
                568**48-52-56   587**55-57-62  592**56-59-64  598**59-62-66
28     603      540*/25-26-31   556*/28-28-33  560*/29-29-34  562*/29-29-34
                578**48-52-57   598**55-58-63  604**58-61-65  609**60-63-68
26     615      551*/26-27-32   566*/29-30-34  572*/30-31-35  573*/31-31-35
                588**49-53-58   608**56-59-64  614**58-61-65  620**59-62-67
24     626      560*/27-29-34   576*/30-31-36  582*/31-32-36  584*/32-32-37
                598**49-54-59   618**56-60-64  624**59-62-66  630**61-64-69
20     652      582*/30-31-36   599*/32-34-38  604*/33-34-39  609*/35-35-40
                619**50-55-60   640**58-61-66  647**60-63-68  654**63-65-70
15     667      595*/31-33-38   612*/34-35-40  617*/35-36-41  622*/37-37-41
                632**51-56-62   653**59-62-67  660**61-64-69  667**64-67-72
10     667      595*/31-33-38   612*/34-35-40  618*/35-36-41  623*/37-37-42
                634**52-57-63   655**60-63-68  662**62-66-71  669**64-67-72
 5     668      596*/31-33-38   613*/34-35-40  619*/35-36-41  623*/37-37-42
                635**53-58-64   657**61-64-69  664**63-66-72  670**66-69-74
 0     669      597*/32-33-38   614*/34-35-40  620*/35-36-41  623*/37-37-42
                637**55-59-64   659**62-65-70  665**64-67-72  672**66-69-74
-5     670      597*/32-33-38   615*/34-35-41  621*/35-36-41  623*/37-37-42
                639**56-60-66   660**63-67-72  667**66-69-74  673**68-72-77

MAX BRAKE RELEASE WT MUST NOT EXCEED MAX CERT TAKEOFF WT OF         69399 KG
MINIMUM FLAP RETRACTION HEIGHT IS  1330 FT
  LIMIT CODE IS F=FIELD, T=TIRE SPEED, B=BRAKE ENERGY, V=VMCG,
     *=OBSTACLE/LEVEL-OFF, **=IMPROVED CLIMB
  TORA IS  3400 M , TODA IS  3460 M , ASDA IS   3460 M
RUNWAY SLOPES ARE  0.14 PERCENT FOR TODA AND   0.14 PERCENT FOR ASDA
LINE-UP DISTANCES:     10 M FOR TODA,    22 M FOR ASDA     OBS FROM LO-FT/M
RUNWAY         HT    DIST  OFFSET      HT   DIST  OFFSET   HT   DIST  OFFSET
03              9     200     0        43    700     0     94   1260     0
              122    1560     0       133   1700     0    294   3770     0
              572    7836     0       771   9198     0    953  10854     0
ENG-OUT PROCEDURE:
Use RWY03 EOSID in case of an engine failure.
```

图 4.6　B737-700 机型示例机场 03 跑道分析表

```
ELEVATION   6217 FT                              RUNWAY 03         ZPPP

*** FLAPS 01 ***    AIR COND AUTO    ANTI-ICE OFF      Wujiaba
V1 I/C OPT. STD2ND 5MIN                                Kunming
737-700     CFM56-7B24         B24                     DATED 21-APR-2021
```

图 4.7　波音机型起飞分析表表头

表体部分（见图 4.8）：

```
*A* INDICATES OAT OUTSIDE ENVIRONMENTAL ENVELOPE
 OAT  CLIMB         WIND COMPONENT IN KNOTS (MINUS DENOTES TAILWIND)
  C   100KG             -10                                   10              20
 44A   517       466*/17-17-21      476*/19-19-22      477*/19-19-23      478*/19-19-23
                 503**/44-47-51     517**/47-50-53     522**/48-51-54     527**/49-52-55
  42   527       474*/17-18-22      485*/20-20-24      486*/20-20-24      487*/20-20-24
                 511**/45-48-52     526**/48-51-55     531**/49-52-56     536**/50-53-57
  40   537       483*/18-19-23      495*/21-21-25      496*/21-21-25      497*/21-21-25
                 521**/45-48-52     536**/50-53-56     541**/51-53-57     546**/52-54-58
  38   547       492*/20-20-24      505*/22-22-26      506*/22-22-26      507*/23-23-27
                 530**/46-49-53     546**/51-54-58     551**/52-55-59     556**/53-56-60
  36   558       501*/21-21-26      515*/24-24-28      516*/24-24-28      518*/24-24-28
                 540**/46-49-54     556**/53-55-59     561**/54-56-60     566**/55-57-61
```

图 4.8 波音机型起飞分析表表体

表体部分的数据是由各温度行与风分量列构成的二维数据表。

各温度行给出了不同温度下的起飞数据。每个温度可以对应单行，也可能对应两行。如果是单行，此行数据称为正常起飞数据（Normal Takeoff）；如果是两行，则第一行是正常起飞数据，第二行是改进爬升起飞数据（Improved Climb Takeoff）。

温度数值后如果有字母 A，表示该温度超出了环境包线中给出的最大温度。超出部分的温度可以用于假设温度减推力起飞。

各风分量列给出了不同风分量下的起飞数据。风分量是平行于跑道方向的风的分量。负值表示顺风，正值表示逆风。

已知温度和风分量，则可确定起飞数据。

对于正常起飞数据：从左至右分别为外部大气温度 OAT；爬升限重（显示数值乘 100 为实际重量）；对应风分量的正常起飞限重（波音文档称跑道限重，显示数值乘 100 为实际重量）；起飞限重限制码，表示起飞限重受何种条件限制；起飞速度 $V_1/V_R/V_2$（显示数值加 100 为实际速度）。波音文档所称的跑道限重为以下限重的最低者：场长限重、V_{IMCG} 限重、轮速限重、刹车能量限重、爬升限重、越障限重、改平高限重。

对于改进爬升起飞数据：从左至右分别为对应风分量的改进爬升起飞限重（显示数值乘 100 为实际重量）；起飞限重限制码（一律为**）；起飞速度 $V_1/V_R/V_2$（显示数值加 100 为实际速度），如图 4.9 所示。改进爬升限重是包括爬升限重在内的所有限重中的最低者，但波音并未给出具体限制条件。

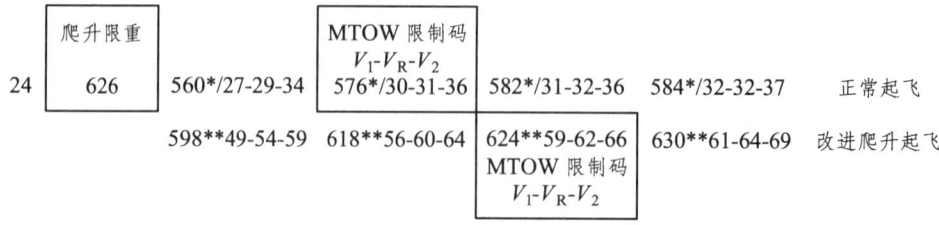

图 4.9 波音起飞分析表表体数据行含义

在起飞分析表中，可能某些温度下没有改进爬升行的数据，这是因为该条件下起飞数据和正常起飞相比，改进爬升没有提升起飞性能。

表尾部分（见图 4.10）：

第 4 章 起飞性能分析

```
MAX BRAKE RELEASE WT MUST NOT EXCEED MAX CERT TAKEOFF WT OF        69399 KG
MINIMUM FLAP RETRACTION HEIGHT IS  1330 FT
LIMIT CODE IS F=FIELD, T=TIRE SPEED, B=BRAKE ENERGY, V=VMCG,
        *=OBSTACLE/LEVEL-OFF, **=IMPROVED CLIMB
TORA IS  3400 M , TODA IS   3460 M , ASDA IS   3460 M
RUNWAY SLOPES ARE  0.14 PERCENT FOR TODA  AND   0.14 PERCENT FOR ASDA
LINE-UP DISTANCES:    10 M FOR TODA,   22 M FOR ASDA     OBS FROM LO-FT/M
RUNWAY      HT  DIST  OFFSET    HT  DIST  OFFSET    HT  DIST  OFFSET
03           9   200     0      43   700     0      94  1260     0
           122  1560     0     133  1700     0     294  3770     0
           572  7836     0     771  9198     0     953 10854     0
ENG-OUT PROCEDURE:
Use RWY03 EOSID in case of an engine failure.
```

图 4.10 波音起飞分析表表尾

① 最大松刹车重量不能超过最大审定重量 69 399 kg，也称结构限重。

② 最低收襟翼高 1350 ft。这是一发失效情况下起飞，能够安全飞越表尾所列障碍物的最低改平高。由于每个起飞数据下的最低改平高均不相同，此处给出的值是所有起飞数据中最低改平高中的最大者。该值为相对跑道表面松刹车点的几何高。

③ MTOW 限制码，波音起飞分析表给出了如下限制信息：F = 跑道长度限制，T = 轮胎速度限制，B = 刹车能量限制，V = 最小地面操纵速度限制，* = 障碍物/改平高限制，** = 使用改进爬升起飞。

④ 计算所用跑道信息，包括 TORA、TODA、ASDA 长度。

⑤ 计算所用跑道坡度信息，包括 TODA 和 ASDA 坡度。

⑥ 计算所用对中距离，包括 TODA 修正和 ASDA 修正。特别的，此行末尾给出了下行中的障碍物信息含义：从起飞离地端算起的距离与高的单位，本例高为 ft，水平距离为 m。

⑦ 计算所用沿飞行航迹保护区范围内的障碍物信息。每个障碍物由 3 个数据描述，分别为沿飞行航迹的水平距离、高、侧向偏移。

⑧ 注释行，由表的计算者设定其他补充信息。

下面简单说明如何利用起飞分析表确定最大起飞重量和起飞速度。

（1）正常起飞时的起飞重量和速度查阅

由 OAT、风分量，查出对应条件下的爬升限重、正常起飞跑道限重、结构限重。三个限重中的最小者即为该条件下的最大起飞重量（MTOW）。对应的速度为以该重量起飞应使用的 $V_1/V_R/V_2$。

（2）使用改进爬升起飞的起飞重量和速度的查阅

由 OAT、风分量，查出对应条件下的改进爬升起飞限重（有"**"标记的重量）、结构限重。两个限重中的最小者即为该条件下的最大起飞重量（MTOW）。对应的速度为以该重量起飞应使用的 $V_1/V_R/V_2$。

不管是正常起飞还是改进爬升起飞，如果道面强度限重小于上述 MTOW，则 MTOW 应为较小的道面强度限重，此时起飞速度应该在 QRH 或 FMC 中查询。

波音起飞分析表一般先使用正常起飞数据查表，如果需要比正常起飞 MTOW 更大的起飞重量，则可以使用改进爬升起飞性能。如果实际起飞重量介于正常起飞与改进爬升起飞 MTOW 之间，且不受道面强度限制，则实际起飞重量对应的起飞速度可由两组速度线性插值得到，即在正常起飞 MTOW 对应速度与改进爬升 MTOW 对应速度间线性插值。

【例 4.1】 示例机场，OAT 24 ℃，逆风 10 kt，Flap1 起飞，A/C Auto，A/I Off。查起飞分析表，确定：

（1）正常起飞爬升限重、跑道限重及限制码、MTOW 及起飞速度；
（2）改进爬升起飞 MTOW、限制码及起飞速度；
（3）起飞重量 60 t 对应的起飞速度；
（4）一发失效最低、最大改平高；
（5）使用前述这三个 MTOW 起飞时，可以使用 FMC/FCOM 提供的起飞速度数据吗？
（6）该起飞分析表考虑了几个障碍物？哪个障碍物是关键障碍物？
（7）该起飞分析表障碍物数据的起点是什么？
（8）该起飞分析表计算使用的优化策略是什么？计算使用的是标准 2 段还是延伸 2 段模式？

解：（1）正常起飞爬升限重 62.6 t，跑道限重 58.2 t，为障碍物限制，因此最大允许起飞重量 MTOW = 58.2 t，以该重量起飞对应的起飞速度为 131/132/136 kt。

（2）改进爬升的最大允许起飞重量 MTOW = 62.4 t，该重量限制码未知（起飞分析表没有给出），以该重量起飞对应的起飞速度为 159/162/166 kt。

（3）起飞重量 60 t 介于正常起飞 58.2 t 与改进爬升起飞 62.4 t 之间，因此对应的起飞速度可使用两组起飞速度的线性插值得到，具体为 143/145/149。

（4）一发失效最低改平高为 1330 ft 几何高，最大改平高未知（起飞分析表没有给出）。

（5）优化 V_1（V_1 Optimum）和改进爬升不能使用 FMC/FCOM 速度。

（6）该起飞分析表考虑了 9 个障碍物，关键障碍物未知（起飞分析表没有给出）。

（7）该起飞分析表障碍物数据的起点是离地端跑道头。

（8）优化策略取决于计算者，一般情况下，无法判定起飞分析表使用的优化策略以及计算所用 2 段模式。但该起飞分析表在表头的注释行中给出了这些信息：V_1、V_2 全程优化，标准 2 段模式。

4.2.2 软件计算简介

对于波音飞机，起飞分析表计算软件为 BPS，它是一个标准 Microsoft Windows 图形界面软件。它计算起飞分析表时，是通过调用 Win32 命令行界面的 STAS 软件完成的。STAS 本身可以单独运行。图 4.11 为 BPS 软件的主界面。

BPS 具有起飞分析表、着陆分析表、飘降性能以及其他取证性能数据的计算功能。本节利用前一节数据计算起飞分析表。

计算前需设置若干参数，其中某些参数的设置非常重要。

首先是飞机相关参数的设置（见图 4.12 ~ 图 4.15）。

图 4.12 中，不同的刹车类型（Brake Category）可能对应不同的刹车能量。Flap 为 Optimum，可让软件自动确定每个条件下的最优起飞形态。

图 4.13 中，V_1 的速度优化（V_1 Option）、V_2 的速度优化（Improved Climb）、改平高（Vertical Option）策略至关重要，对起飞分析结果影响较大。这个问题本章后面将有简要讲述。

图 4.14 中，TOGA 时限设置必须根据该机型的 AFM 数据选择。

图 4.15 中，可以选择道面不同类型，根据该机型审定的规章（EASA/FAA）不同，道面状态提供的选项可能不同。跑道可用距离数据及使用的障碍物信息通过其中的一个界面输入。

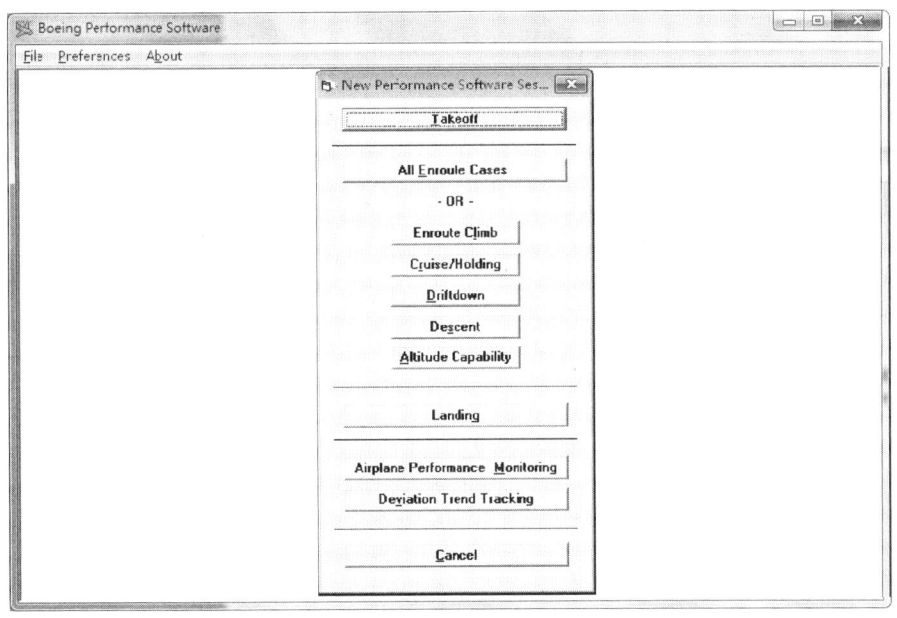

图 4.11　AFM-DPI 越障分析计算的起飞飞行航迹轨迹

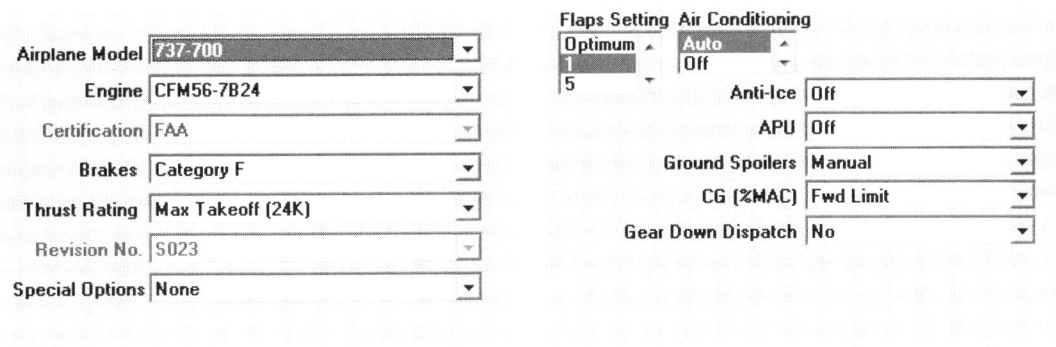

（a）飞机　　　　　　　　　　　　　　（b）构型

图 4.12　BPS 起飞分析表计算参数设置

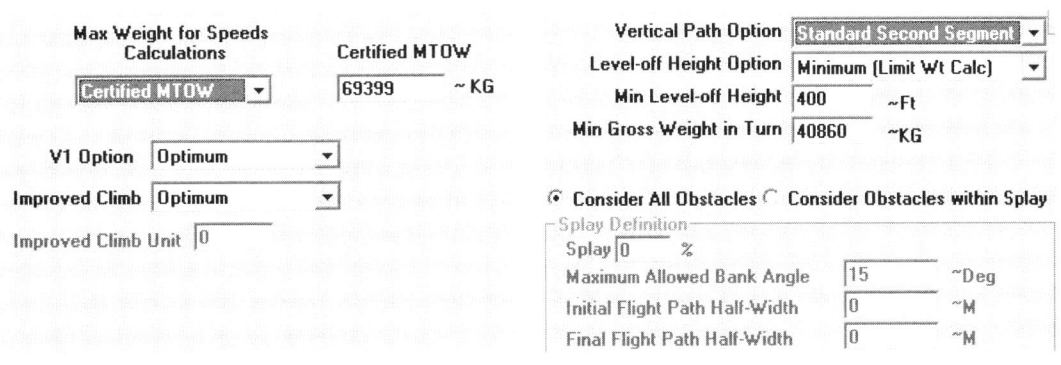

（a）起飞速度　　　　　　　　　　　　（b）飞行航迹

图 4.13　BPS 起飞分析表计算参数设置

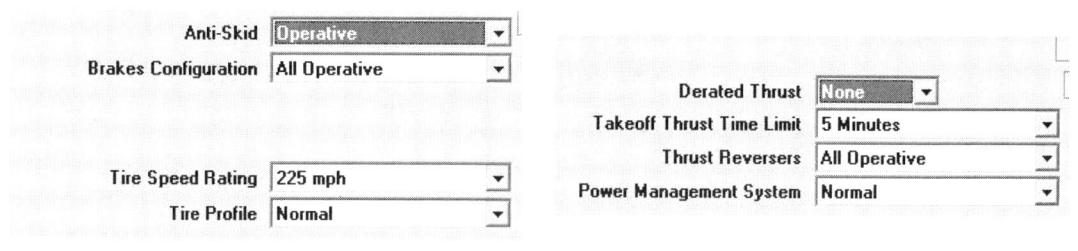

(a) 刹车　　　　　　　　　　　　　　(b) 发动机

图 4.14　BPS 起飞分析表计算参数设置

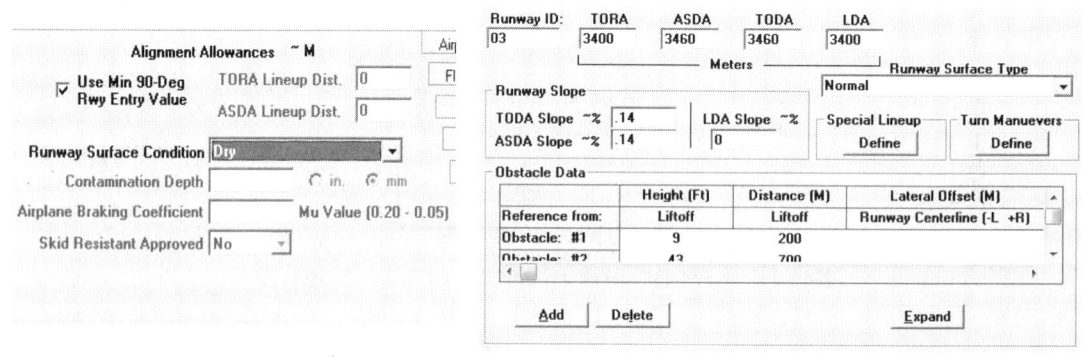

(a) 跑道　　　　　　　　　　　　　　(b) 机场

图 4.15　BPS 起飞分析表计算参数设置

4.3　空客起飞分析表

使用前述示例机场 03 跑道数据及障碍物，使用 PEP/TLO 软件模块可计算得到 A319-112/CFM56-5B6 机型在巫家坝机场 03 跑道的起飞分析表，障碍物数据和波音起飞分析表相同，列于本章最后一节，障碍物数据的确定原则在第 6 章中讲授。

空客资料上把起飞分析表称为 RTOW 表（Regulatory Take Off Weight）。

空客起飞分析表有两种不同的格式：一种格式类似于波音起飞分析表，是已知温度，确定 MTOW 和起飞速度，起飞分析表表体的第一列是温度；另外一种格式是已知重量，确定温度和起飞速度，起飞分析表表体的第一列是重量。具体使用哪种格式取决于航空公司自己的偏好。

计算结果可以有两种形式呈现：一种为普通文本形式，一种为矢量图形形式。

文本形式类似于波音起飞分析表，只能使用 ASCII 字符表中的字母、数字符号，外加固定的其他简单符号表现。因此其外观表现较为单一。

另外一种为使用 postscript（文件扩展名 .ps）描述语言的矢量图形形式。这是一种由 Adobe 公司推出的印刷与计算机图形领域的工业标准，本质上 postscript 文件是文本文件，但它可以描述极其复杂的矢量图形。通过 PEP 安装时附加安装的第三方免费开源软件 Aladdin Ghostscript，可将此扩展名为 ps 的文件转换为矢量版 pdf。大多数情况下，空客起飞分析表使用矢量图形的格式。

下面介绍空客起飞分析表。

4.3.1 起飞分析表使用

A319-112/CFM56-5B6 机型在示例机场 03 跑道的起飞分析表如图 4.16 所示，由表头、表体、表尾三部分组成。下面对其内容进行简要说明。

A319112 - JAA CFM56-5B6 engines Fadec 5BK-L	Wujiaba - ZPPP KMG - ZPPP		**03**	35.0.0 21-Apr-21 AD112E01 V10
QNH 1013.25 HPA	Elevation 6203 FT TORA 3400 M Isa temp 3 C TODA 3460 M Rwyslope 0.14% ASDA 3460 M			**DRY**
Air cond. On			9 obstacles	
Anti-icing Off	Line up dist. TOD/ASD: 12 M / 23 M Use RWY03 EOSID in case of an engine failure			

OAT C	CONF 1+F			
	TAILWIND -10 KT	WIND 0 KT	HEADWIND 10 KT	HEADWIND 20 KT
44	57.1 3/4 143/44/48	59.0 3/4 151/51/55	59.6 3/4 153/53/57	60.1 4/4 153/53/58
42	58.2 3/4 144/45/49	60.2 3/4 151/51/55	60.8 3/4 153/53/57	61.4 3/4 156/56/60
40	59.3 3/4 144/46/51	61.3 3/4 151/51/55	61.9 3/4 153/53/58	62.5 3/4 156/56/60
38	60.4 3/4 144/47/51	62.4 3/4 151/51/56	63.1 3/4 154/54/58	63.7 3/4 156/56/61
36	61.4 4/6 144/47/51	63.5 3/4 152/52/56	64.2 3/4 154/54/59	64.9 3/4 156/56/61
34	62.4 4/6 143/47/51	64.7 3/4 152/52/57	65.4 3/4 154/54/59	66.1 3/4 157/57/61
32	63.1 4/6 142/47/51	65.5 3/4 152/53/57	66.2 3/4 155/55/59	66.9 3/4 157/57/62
30	63.2 4/6 142/47/52	65.6 3/4 152/53/58	66.3 3/4 155/55/60	67.0 3/4 157/57/62
28	63.3 4/6 143/47/52	65.6 3/4 153/53/58	66.3 3/4 155/55/60	67.0 3/4 158/58/63
26	63.3 4/6 143/48/53	65.7 3/4 153/54/58	66.4 3/4 156/56/61	67.1 3/4 158/58/63
24	63.4 4/6 144/48/53	65.7 3/4 154/54/59	66.4 3/4 156/56/61	67.1 3/4 159/59/63
20	63.6 4/6 145/49/54	65.9 3/4 155/55/59	66.6 3/4 157/57/62	67.3 3/4 160/60/64
15	63.8 4/6 146/50/55	66.1 3/4 156/56/61	66.8 3/4 158/58/63	67.4 3/4 161/61/66
10	63.9 4/6 147/51/56	66.2 3/4 157/57/62	66.9 3/4 159/59/64	67.6 3/4 162/62/67
5	64.1 4/6 149/51/56	66.4 3/4 158/58/63	67.0 3/4 161/61/65	67.7 3/4 163/63/68
0	64.3 4/6 150/51/56	66.5 3/4 159/59/64	67.2 3/4 162/62/67	67.8 3/4 164/64/69
-5	64.5 4/6 151/52/57	66.6 3/4 161/61/65	67.3 3/4 163/63/68	67.9 4/4 164/64/69
	INFLUENCE OF AIR COND.			
Off	+0.7 +1 0/ 0/ 0 (+44) +0.7 +1 0/ 0/ 0	+1.0 +1 0/ 0/ 0 (+44) +1.0 +1 0/ 0/ 0	+1.0 +1 0/ 0/ 0 (+44) +1.0 +1 0/ 0/ 0	+1.1 +1 0/ 0/ 0 (+44) +1.1 +1 0/ 0/ 0
D QNH HPA	INFLUENCE OF DELTA PRESSURE			
+10.0	+0.3 0 0/ 0/ 0 (+44) +0.3 0 0/ 0/ 0	0.0 0 +1/ +1/ +1 (+44) 0.0 0 +1/ +1/ +1	+0.4 0 +1/ +1/ +1 (+44) +0.4 0 +1/ +1/ +1	0.0 0 +1/ +1/ +1 (+44) 0.0 0 0/ +1/ +1
-10.0	-0.7 -2 -1/ 0/ -1 (+44) -0.7 -2 -1/ 0/ -1	-1.2 -1 -1/ -1/ -1 (+44) -1.2 -1 -1/ -1/ -1	-0.7 -2 -1/ -1/ -1 (+44) -0.7 -2 -1/ -1/ -1	-1.2 -2 -1/ -1/ -1 (+44) -1.2 -2 -2/ 0/ 0

LABEL FOR INFLUENCE DW (1000 KG) DTFLEX DV1-DVR-DV2 (KT) (TVMC OAT C) DW (1000 KG) DTFLEX DV1-DVR-DV2 (KT)	MTOW(1000 KG) codes V1mean/VR/V2 (kt)	VMC LIMITATION	Tref (OAT) = 33 C Tmax(OAT) = 42 C	Min acc height 1343 FT Maxacc height 3366 FT	Min QNH alt 7546 FT MaxQNH alt 9569 FT
	LIMITATION CODES: 1=1st segment 2=2nd segment 3=runway length 4=obstacles 5=tire speed 6=brake energy 7=max weight 8=final take-off 9=VMU				Tref = 105/09/15 CHECK VMU LIMITATION Correct. V1/VR/V2 = 1.0 KT/1000 KG

图 4.16 A319-112 机型 ZPPP 03 跑道起飞分析表

1. 表头部分（见图 4.17）

A319112 - JAA	CFM56-5B6 engines Fadec 5BK-L	Wujiaba - ZPPP KMG - ZPPP	**03**	35.0.0 21-Apr-21
QNH 1013.25 HPA		Elevation 6203 FT TORA 3400 M		AD112E01 V10
Air cond. On		Isa temp 3 C TODA 3460 M		
Anti-icing Off		Rwyslope 0.14% ASDA 3460 M	9 obstacles	**DRY**
		Line up dist. TOD/ASD: 12 M / 23 M		
		Use RWY03 EOSID in case of an engine failure		

图 4.17 空客起飞分析表表头

① 机型 A319-112，使用规章 JAA，发动机 CFM56-5B6，机场名称，ICAO 四字代码，IATA 三字代码，03 跑道，计算日期，软件与数据库版本。

② 计算条件：QNH1013.25，A/C On，A/I Off。如果是湿道面或干道面有湿道面修正，此处会显示 Dry Check，表明输出的数据中，确保湿道面性能不会超出干道面性能。

③ 机场数据：标高 6203 ft，ISA 标准温度 3 °C，跑道坡度上坡 0.14%，TORA 3400 m，TODA 3460 m，ASDA 3460 m，对中距离 12 m、23 m。

④ 计算起飞分析表时考虑了 9 个障碍物。注意，表中看不到这 9 个障碍物的具体数据。干道面，2 行注释行。

2. 表体部分（见图 4.18）

OAT C	CONF 1+F			
	TAILWIND -10 KT	WIND 0 KT	HEADWIND 10 KT	HEADWIND 20 KT
44	57.1 3/4 143/44/48	59.0 3/4 151/51/55	59.6 3/4 153/53/57	60.1 4/4 153/53/58
42	58.2 3/4 144/45/49	60.2 3/4 151/51/55	60.8 3/4 153/53/57	61.4 3/4 156/56/60
40	59.3 3/4 144/46/51	61.3 3/4 151/51/55	61.9 3/4 153/53/58	62.5 3/4 156/56/60
38	60.4 3/4 144/47/51	62.4 3/4 151/51/56	63.1 3/4 154/54/58	63.7 3/4 156/56/61
36	61.4 4/6 144/47/51	63.5 3/4 152/52/56	64.2 3/4 154/54/59	64.9 3/4 156/56/61

图 4.18 空客起飞分析表表体

表体部分的数据是由各温度行与特定形态下各风分量列构成的二维数据表。

各温度行给出了不同温度下的起飞数据。每个温度对应一行起飞数据。

温度数值如有灰色竖条，表示该温度超出了环境包线中给出的最大温度。超出部分的温度可以用于假设温度减推力起飞。

各风分量列给出了不同风分量下的起飞数据。风分量是平行于跑道方向的风的分量。负值表示顺风，正值表示逆风。

已知形态、温度和风分量，则可确定起飞数据。

每个起飞数据格中，包含三组数据。例如：OAT 42 °C，静风情况，对应的三组数据分别为 MTOW60.2 t，MTOW 限制码为 3/4（其含义在表尾给出），对应的三个起飞速度 $V_1/V_R/V_2$ 分别为 151/151/155 kt。给出的 MTOW 是所有起飞限重中的最小者。

空客起飞分析表表体部分可同时显示最多三个不同起飞形态下的起飞数据，这样可以快速对比不同构型下的起飞性能。

3. 表尾部分（见图 4.19）

Off			INFLUENCE OF AIR COND.						
	+0.7	+1	+1.0	+1	+1.0	+1	+1.1	+1	
	0/ 0/ 0		0/ 0/ 0		0/ 0/ 0		0/ 0/ 0		
	(+44) +0.7	+1	(+44) +1.0	+1	(+44) +1.0	+1	(+44) +1.1	+1	
	0/ 0/ 0		0/ 0/ 0		0/ 0/ 0		0/ 0/ 0		
D QNH HPA			**INFLUENCE OF DELTA PRESSURE**						
+10.0	+0.3	0	0.0	0	+0.4	0	0.0	0	
	0/ 0/ 0		+1/ +1/ +1		0/ 0/ 0		0/ +1/ +1		
	(+44) +0.3	0	(+44) 0.0	0	(+44) +0.4	0	(+44) 0.0	0	
	0/ 0/ 0		+1/ +1/ +1		0/ 0/ 0		0/ +1/ +1		
-10.0	-0.7	-2	-1.2	-3	-0.7	-2	0.0	-2	
	-1/ -1/ -1		-1/ -1/ -1		-1/ -1/ -1		-2/ -1/ -1		
	(+44) -0.7	-2	(+44) -1.2	-3	(+44) -0.7	-2	(+44) -1.2	-2	
	-1/ -1/ -1		-1/ -1/ -1		-1/ -1/ -1		-2/ -1/ -1		

LABEL FOR INFLUENCE	MTOW(1000 KG) codes	VMC	Tref (OAT) 33 C	Min acc height 1343 FT	Min QNH alt 7546 FT
DW (1000 KG) DTFLEX	V1mean/VR/V2 (kt)	LIMITATION	Tmax(OAT) 42 C	Maxacc height 3366 FT	MaxQNH alt 9569 FT
DV1-DVR-DV2 (KT) (TVMC OAT C) DW (1000 KG) DTFLEX DV1-DVR-DV2 (KT)	LIMITATION CODES: 1=1st segment 2=2nd segment 3=runway length 4=obstacles 5=tire speed 6=brake energy 7=max weight 8=final take-off 9=VMU			Min V1/VR/V2 = 105/09/15 CHECK VMU LIMITATION Correct. V1/VR/V2 = 1.0 KT/1000 KG	

图 4.19　空客起飞分析表表尾

空客起飞分析表的表尾部分分为上部分的修正与下部分的说明。

首先是上半部分的起飞性能修正子表。当实际条件与表头计算条件（表头左侧格子）不一致时，需使用此部分的修正。修正子表给出的修正项并非包含所有情况，由于纸张空间的限制，计算软件允许每张 RTOW 表上最多可以给出三种修正。

起飞分析表表尾所附的修正称为优化修正（道面状况、QNH、空调、反推、起落架放、扰流板/刹车不正常等），还可使用 FCOM 给出的表格修正（限 QNH、防冰、空调），称为保守修正。对于老版本的 4 册格式 FCOM，该修正表位于 FCOM 2.02.24；对于新版本的 FCOM，该修正表位于 FCOM-PER-TOF-TOD-24。两种修正可以单独使用，也可混合使用。

每个修正项格子中的数据含义如下，根据 OAT 和括号中的数值大小，决定使用上两行还是下两行数据，如图 4.20 所示。括号中的数据空客文档称为 T_{VMC}，如果 OAT 高于该值，则起飞可能受限于最小操纵速度（V_{MCG}/V_{MCA}）。

```
MTOW修正    假设温度修正
  +0.3           0        OAT≤(46) 使用上两行
 +1/ +1/ +1                $V_1/V_R/V_2$ 修正量
(+46)+0.3        0        OAT >(46) 使用下两行
 +1/ +1/ +1                $V_1/V_R/V_2$ 修正量
```

图 4.20　空客起飞分析表表尾修正项含义

在使用起飞分析表表尾的优化修正时，应按从上到下的顺序进行各项修正；针对 QNH 修正，允许使用外插值。例如：表中给出了 ΔQNH ±10 hPa 的修正，如果是超出这个范围，可以对 ΔQNH 进行外插。

其次是下半部分的整个表的一些说明。从左到右的格子内容含义分别为：

① Label for Influence：对修正子表格每个数据的含义说明。
② 对表体部分格子每个数据的含义说明。特别的，该项说明给出了输出的 V_1 是在可用速度区间的哪个范围，可能出现的含义包括最小、平均、最大。
③ 如果表体格子的右侧有竖立的灰色条，则表明此格数据可能受限于最小操纵速度。
④ 给出了拐点温度和该机场高度处环境包线最大温度值。拐点温度空客称 T_{REF}。

⑤ 给出了表体数据格中 MTOW 的限制码的含义，分为 9 种限制情况。

⑥ 给出了一发失效最低改平高与最大改平高数值。同样，最低改平高是表体中每个数据格最低改平高中的最大者。

下面以使用举例说明 RTOW 表的用法。

【例 4.2】 已知某机场起飞条件：外部大气温度 OAT 24 °C，逆风 10 kt，QNH 1023 hPa，空调开，干跑道，起飞形态 CONF 1 + F。试确定 MTOW 和对应的起飞速度。

解：（1）在 CONF 1 + F 构型下，以 OAT 24 °C 和逆风 10 kt 为条件查表，得到性能允许的最大起飞重量 MTOW 为 66.4 t，限制码 3/4，代表其由场长和障碍物限制，对应的起飞速度为 156/156/161 kt。

（2）QNH 1023 比计算条件高了 10 hPa，需使用表尾修正子表进行 QNH 一项修正。

OAT（24）< TVMC（44），使用上 2 行修正数据。

QNH 修正：在逆风 10 kt 列，重量修正量 = 0.4，3 个速度修正量 = + 1/ + 1/ + 1。

因此，修正后的 MTOW 与起飞速度分别为 MTOW = 66.8 t，$V_1/V_R/V_2 = 157/157/162$ kt。

【例 4.3】 已知某机场起飞条件：外部大气温度 OAT 24 °C，逆风 10 kt，QNH 1003 hPa，空调关，干跑道，起飞形态 CONF 1 + F。试确定 MTOW 和对应的起飞速度。

解：（1）在 CONF 1 + F 构型下，以 OAT 24 °C 和逆风 10 kt 为条件查表，得到性能允许的最大起飞重量 MTOW 为 66.4 t，限制码 3/4，代表其由场长和障碍物限制，对应的起飞速度为 156/156/161 kt。

（2）空调关与计算条件不同，QNH 1003 比计算条件低了 10 hPa，此两项需要进行表尾优化修正。

两项修正均是：OAT（24）< TVMC（44），使用上 2 行修正数据。

A/C OFF 修正：在逆风 10 kt 列，重量修正量 = + 1.0，3 个速度修正量 = 0/0/0。

QNH 修正：在逆风 10 kt 列，重量修正量 = − 0.7，3 个速度修正量 = − 1/ − 1/ − 1。

经过两项修正后的结果为 MTOW = 66.4 + 1.0 − 0.7 = 66.7 t，起飞速度 = 155/155/160 kt。

空客要求，使用超过 2 项（含）表尾修正后，应进行速度检查。

首先，使用 RTOW 表的右下角格子数据进行，确保三个速度不低于最小的 $V_1/V_R/V_2$。本例中，经过两项修正后的三个速度为 155/155/160 kt，分别大于最小的三个速度值 105/109/115 kt，检查合格。

其次，检查 V_{MU}，该检查表使用 FCOM 表格进行，如图 4.21 所示。对于老版本的 4 册格式 FCOM，该修正表位于 FCOM 2.02.25；对于新版本的 FCOM，该修正表位于 FCOM-PER-TOF-TOD-25-20，表名为 "Minimum V2 limited by V_{MU}/V_{MCA}"。

使用机场 PA 6217 ft，CONF1 + F，TOW 66.7，可查表确定由 V_{MU}/V_{MCA} 限制的最小 V_2 为 135 kt，经过两项修正后的 V_2 为 160 kt，大于 135 kt，检查合格。

4.3.2 软件计算简介

对于空客飞机，起飞分析表计算软件为空客性能软件 PEP 中的 TLO（Take and Landing Optimization）模块。它是一个标准 Microsoft Windows 图形界面软件。

第 4 章 起飞性能分析

CONFIGURATION 1+F									
PRESSURE ALTITUDE (FT)	TAKEOFF WEIGHT (1000 KG)								
	35	40	45	50	55	60	65	70	75	80
-1000	119	119	119	119	122	128	133	137	142	147
0	119	119	119	119	122	128	133	138	142	147
1000	118	118	118	118	122	128	133	138	143	148
2000	117	117	117	117	122	128	133	138	143	148
3000	116	116	116	117	123	128	133	138	143	148
4000	115	115	115	117	123	128	133	138	143	148
5000	114	114	114	117	123	128	133	138	143	148
6000	113	113	113	117	123	128	133	139	143	148
7000	111	111	111	117	123	128	133	139	143	149

图 4.21　A319 FCOM 2.02.25 由 V_{MU}/V_{MCA} 限制的最小 V_2

计算起飞分析表时，需要设置若干软件界面参数。下面分别给出了这些界面（见图 4.22 ~ 图 4.25）。

图 4.22 可设置空调、形态、防冰等状态。

图 4.23 可设置 V_1 优化、V_2 优化、改平高等；大部分空客起飞分析是在 V_1、V_2 均使用全程优化的条件下计算的，相当于波音的 V_1 Optimum 加上 Improved Climb Optimum。另外，空客 TLO 没有提供第 4 段飞越障碍物的优化选项。

图 4.24 可输入跑道参数、障碍物数据等。

图 4.25 主要控制起飞分析表的最终表现形式，以几个部分外观组成，可设置起飞分析表的温度列、形态、风速、修正子表等。

图 4.22　空客 PEP/TLO 飞机参数设置页面

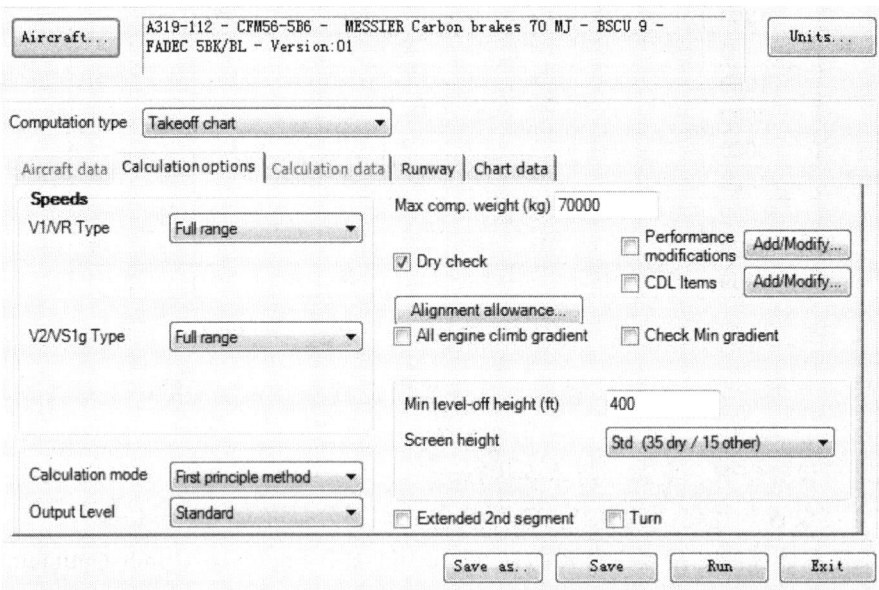

图 4.23 空客 PEP/TLO 优化计算设置页面

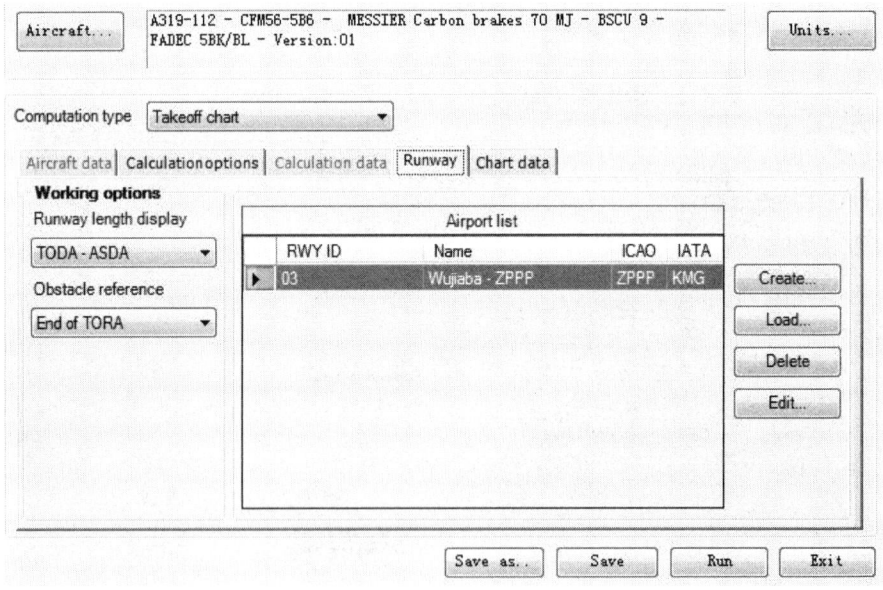

图 4.24 空客 PEP/TLO 跑道参数设置页面

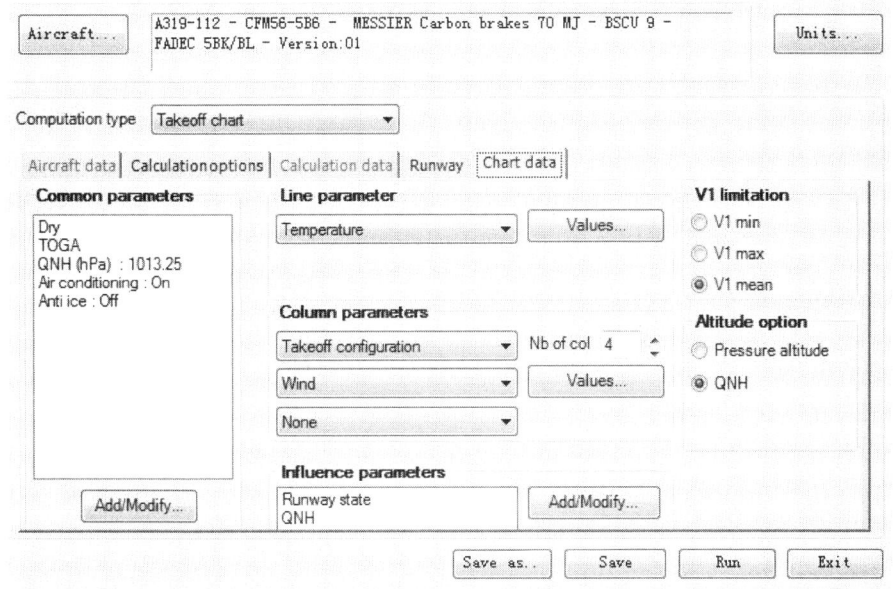

图 4.25　空客 PEP/TLO 表参数设置页面

4.4　深入理解起飞分析表

起飞分析表背后隐藏了大量额外的信息，需要我们对之进一步理解。这是我们进一步学习的基础，也是设计起飞一发失效应急程序的必备知识。

从前面的波音、空客起飞分析表学习中，我们可以看出，起飞分析表一般需考虑：

- 结构限制（Structure Limit），记载于 AFM 中，取决于每架特定的飞机；
- 场地长度限制（Field Length Limit），所需距离小于等于可用距离；
- 轮速限制（Tire Speed Limit）；
- 刹车能量限制（Maximum Brake Energy Limit）；
- 爬升限制（Climb Limit），和障碍物无关，满足 TOFP 的最低梯度要求；
- 越障限制（Obstacle Clearance Limit），满足净航迹 35/50 ft 越障要求；
- 道面强度限制（Pavement Limit），查阅起飞分析表过程中，由人工单独考虑。

起飞分析表一般不考虑：

- 着陆重量限制，此项限制通过单独的着陆分析表得到；
- 航路限制，包括航路一发失效越障和航路座舱失压，此项限制通过单独的航路分析得到；
- 减噪声程序限制。

每项限重的最低者是允许的最大起飞重量（MTOW）。超过 MTOW 起飞是严格禁止的，其结果可能没有得到试飞验证、可能引起结构损坏、可能导致不安全事件或事故、是不合法的。

4.4.1 波音和空客起飞分析表的异同

波音和空客起飞分析表大部分内容是相同的,但也有不同处,表现在:

MTOW 限制代码:波音是一项,空客是两项。从理论上而言,如果起飞性能的优化程度越高,限制码可能就越多。

构型信息:波音一个构型是一张表,空客一张表可显示多至 3 个构型。这样可以减小起飞分析手册厚度,也便于快速比较不同构型下的性能差异。

表脚修正项:波音通常无,空客通常有,空客一张表可显示多至 3 个修正项,使用超过 2 项(含)修正需进行补充速度检查。

障碍物数据:波音给出了全部障碍物具体数据,空客只给出障碍物个数。前者有利于局方监管和第三方检查。

优化策略:大部分情况下,波音起飞分析表的 V_1 优化策略使用 Balanced Plus,V_2 优化策略使用 Improved Climb Optimum。这样计算得到的起飞分析表,其正常起飞数据不带 V_2 优化,即改进爬升速度增量单位为 0,一般对应最低的 V_2。其改进爬升数据使用 V_2 优化,通常大于最小的 V_2。与之相比,空客起飞分析表大部分均使用 V_1、V_2 的全程优化。波音起飞分析表只有在 V_1 使用 Optimum,改进爬升使用 Optimum 时,才类似于空客的全程优化。

改平高:波音给出了最低改平几何高,这个几何高需要经过温度修正,转换为 QNH 修正气压高度,才能输入 FMC。波音新版本性能软件 PET 计算的起飞分析表可同时输出最低和最大改平高,如图 4.26 所示。空客起飞分析表同时给出了最低改平与最大改平高。

```
Elevation: 6217.0 ft        Runway 03                    ZPPP
787-9/Trent1000-K                                        Wujiaba
                                                         Kunming, China
                                                         Dated 15-Feb-21

         Flaps = Flaps 05              A/I = Eng & Wing
            CG = Forward         Runway Cond = Dry
           QNH = 1013.25 mbar      V1 Policy = Balanced Plus
    Time Limit = 10 Minutes            Path = Second or Extended
      Reversers = All Operative       Brakes = All Operative
           A/S = On
```

OAT °C	Climb (100 kg)	Wind (kts) -10.0	0.0	10.0
40	1825	1619* /35/39/43 1644**/47/52/55	1670* /39/41/45 1696**/54/58/61	1686* /40/42/46 1713**/55/59/62
38	1864	1655* /36/40/45 1679**/47/52/56	1705* /40/43/47 1732**/55/59/62	1722* /41/43/47 1749**/56/60/64
36	1902	1689* /38/42/46 1712**/48/53/57	1740* /41/44/48 1767**/56/61/64	1758* /42/45/49 1784**/57/61/65
34	1982	1722* /39/43/48 1745**/49/54/57	1775* /42/45/50 1801**/57/62/65	1792* /44/46/50 1819**/59/63/67
32	2021	1755* /40/44/49 1776**/49/54/58	1808* /44/47/51 1834**/58/62/66	1826* /45/47/52 1853**/60/65/68
30	2057	1785* /41/45/50 1806**/50/55/59	1839* /45/48/52 1865**/58/63/67	1857* /46/49/53 1884**/61/66/69
28	2092	1815* /42/47/52 1835**/50/55/60	1870* /46/49/54 1896**/59/64/67	1888* /47/50/54 1915**/62/66/70
26	2130	1847* /43/48/53 1866**/51/56/60	1903* /47/50/55 1929**/60/64/68	1921* /48/51/56 1948**/63/67/71

第4章 起飞性能分析

```
24  |  2167     1877* /44/49/54      1934* /48/52/56      1953* /49/52/57
    |           1896**/51/56/61      1960**/60/65/69      1981**/63/68/71
20  |  2236     1929* /46/51/57      1988* /50/54/59      2008* /51/55/59
    |           1947**/52/57/62      2018**/61/65/70      2040**/64/68/72
15  |  2240     1935* /47/51/57      1994* /50/54/59      2014* /52/55/60
    |           1955**/53/59/63      2024**/62/67/71      2046**/65/70/74
10  |  2269     1958* /47/52/58      2018* /51/55/60      2038* /52/56/61
    |           1979**/54/60/65      2050**/63/68/72      2071**/66/71/75
 5  |  2269     1959* /48/52/58      2020* /51/55/60      2040* /53/56/61
    |           1984**/56/61/66      2053**/65/70/74      2074**/68/72/76
 0  |  2270     1961* /48/52/58      2021* /51/55/60      2041* /53/56/61
    |           1988**/57/62/67      2056**/66/71/75      2077**/69/74/78
-5  |  2271     1962* /48/52/58      2023* /52/55/60      2043* /53/56/61
    |           1991**/58/64/68      2059**/67/72/76      2080**/70/74/78

Min Flap Ret Ht     1334 ft
Max Flap Ret Ht     4261 ft

MAX BRAKE RELEASE WEIGHT MUST NOT EXCEED MAX CERT WEIGHT OF    269887 KG
Limit Codes: B=Brake Energy  F=Field  **=Improved Climb  *=Obstacle/Level-off
             S=Structural  T=Tire  V=VMCG
TORA is 3400 M, TODA is 3460 M, ASDA is 3460 M
Line-up distances are 0 M for TODA and 0 M for ASDA
Runway slopes are 0.14 % for TODA and 0.14 % for ASDA
                                                OBSTACLES FROM LO-FT/M
Runway    Ht    Dist Offset    Ht    Dist Offset    Ht    Dist Offset
03         9     200   0       43     700    0      94    1260    0
         122    1560   0      133    1700    0     294    3700    0
         563    8316   0      786    9086    0     981   10745    0
03       USE RWY03 EOSID IN CASE OF AN ENGINE FAILURE.
```

图 4.26 波音新性能软件 PET 计算的 ZPPP 03 跑道起飞分析表

4.4.2 波音起飞分析的点计算

波音、空客性能软件均可使用所谓的表计算与点计算两种格式。点计算可以得到起飞分析表每个数据格背后的进一步诸多性能信息。

以巫家坝机场 03 跑道起飞分析表中的一个数据格为例：Flap1、24 °C、静风条件、改进爬升。B737-700 在该条件下，使用 V_1/V_2 全程优化、标准 2 段的 BPS 起飞分析点计算结果如图 4.27 所示。这些数据，对于我们深入理解起飞分析表具有很大的价值。很多参数也为后续的性能分析所需要。

```
RUNWAY       ZPPP/03

CONFIGURATION
737-700                    CFM56-7B24              B24
Flaps = 1                  Air Conditioning = Auto  Anti-ice OFF
Description = V1 I/C OPT. STD2ND 5MINTOGA

ATMOSPHERIC AND RUNWAY CONDITIONS
Temperature    24.00
Wind            0.00       QNH  1013.25        Elevation    6217.00
Runway Condition = Dry

LIMIT WEIGHTS
Maximum Takeoff Weight     61795
Input Calculation Limit    69399
Field Limited              62087
Tire Speed Limited         66157
Climb Limited (Segment)    69264  (2nd)    9.E20 (Final)    9.E20 (1st)
Fuel Jettison Limited      9.E20
```

```
                                    V1 min     V1 bal     V1 max
Obstacle Clearance Limited          61795                 61795
Brake Energy Limited                69631                 69631

SPEEDS FOR MAXIMUM TAKEOFF WEIGHT
V1 min  = 156.5       Vmcg = 98.5
V1 bal  =
V1 max  = 156.5       Vmbe = 166.7
VR      = 159.8
V2      = 164.5
Speed Increase =  20.3 units

ONE ENGINE INOPERATIVE FLIGHT PATH DISTANCES
                                    Min LO Path    Max LO Path
Gear Up                                 630            630
End of Second Segment                 10904          17043
End of Acceleration Segment (Gross)   18336          24714
End of Acceleration Segment (Net)     20261          26853

ONE ENGINE INOPERATIVE HEIGHTS
                                    Min LO Path    Max LO Path
Gear Up (Net)                           96             96
Gear Up (Gross)                        113            113
End of Second Segment (Net)           1004           1506
End of Second Segment (Gross)         1290           1953

ONE ENGINE INOPERATIVE RUNWAY DISTANCES
                      V1 min    V1 std    V1 max    Available
Takeoff Run            3126                3126       3400
Takeoff Distance       3340                3340       3460
Accelerate-Stop Distance 3438              3438       3460

ALL ENGINES OPERATING DISTANCES
Takeoff Run =  3124     Takeoff Distance =  3305

GRADIENTS
Second Segment                          3.6            2.8
Final Segment                           3.1            2.3

MISCELLANEOUS
Power Setting =  96.72 (%N1)

UNITS
Weights in KG       Temperatures in C
Speeds in KTS       Distances in M          Heights in FT
Pressure in mBar    Depth in MM

TORA IS  3400 M , TODA IS   3460 M , ASDA IS   3460 M
RUNWAY SLOPES ARE    0.14 PERCENT FOR TODA  AND   0.14 PERCENT FOR ASDA
LINE-UP DISTANCES:     10 M  FOR TODA,    22 M  FOR ASDA    OBS FROM LO-FT/M
RUNWAY     HT   DIST  OFFSET    HT   DIST  OFFSET    HT   DIST  OFFSET
03          9    200     0      43    700     0      94   1260     0
          122   1560     0     133   1700     0     294   3770     0
          572   7836     0     771   9198     0     953  10854     0
```

图 4.27 B737-700 ZPPP 03 跑道起飞分析 BPS 点计算（V_1 Optimum）

波音起飞分析数据依赖于其采用的优化策略，即 V_1 优化与 V_2 优化。V_1 优化主要提供了 Optimum 和 Balanced Plus，前者可以得到最好的性能，后者较普通的平衡优化（Balanced Only）结果稍好。V_2 优化为改进爬升，主要提供了 Optimum。在计算起飞分析数据时可选用这些不同的策略组合。如果 V_1 优化和 V_2 优化同时使用 Optimum，则输出的 MTOW 是所有情况中最大的，其他策略都将导致 MTOW 有所降低。

图 4.28 给出了这两个优化选项在 BPS 中的情况。

大部分情况下，波音起飞分析使用的 V_1 优化策略为 Balanced Plus，使用这一策略下正常起飞数据的好处是，其起飞速度结果和 FMC/FCOM 起飞速度兼容。如果 V_1 使用 Optimum 策略，或 V_2 使用改进爬升，则不能使用 FMC/FCOM 确定 MTOW 下的起飞速度。

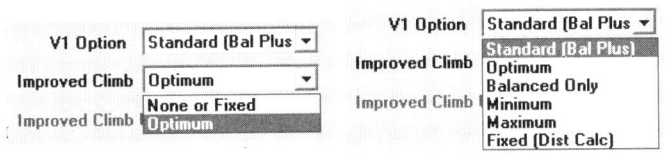

图 4.28　BSP 提供的起飞分析 V_1、V_2 优化策略选项

具体说来，V_1 使用 Balanced Plus 的优化原则为：
- 基于平衡场地长度原则确定 V_1；
- 使用相等的对中距离（取 ASDA、TODA 对中距离的较大者），除非净空道与停止道不相等；
- 使用相等的净空道和停止道，除非 ASDA、TODA 对中距离不相等；
- 使用不平衡优化满足 V_{1MCG} 和 V_R 要求；
- 减少重量但不使用不平衡优化以满足越障、最低改平高、刹车能量要求；
- 在不使用改进爬升和可选前重心时，与 FMC 和 FCOM 起飞速度兼容。

V_1 使用 Optimum 的优化原则为：
- 提供最大的性能限重和假设温度；
- 对不相等的净空道和停止道使用不平衡优化；
- 对不相等的对中距离使用不平衡优化；
- 使用不平衡优化满足 V_{1MCG} 和 V_R 要求；
- 使用不平衡优化以满足越障、最低改平高、刹车能量要求；
- 可能与 FMC 或 FCOM 起飞速度不兼容。
- 对于存在可用 V_1 范围情况，如果平衡 V_1 在此范围内，则输出平衡 V_1；如果平衡 V_1 不在此范围内，则输出最小或最大的 V_1，取决于哪个值更靠近平衡 V_1。

V_2 优化原则为：
- 无改进爬升（None），可人工指定 V_2/V_S 速度比，或使用最小的 V_2；
- 使用优化（Improved Climb Optimum），在可用的 V_2/V_S 速度比范围内全程优化。

4.4.3　空客起飞分析的点计算

空客 PEP/TLO 软件计算优化起飞性能时，使用两种方法：第一法则（First Principle）方法和多项式方法（polynomial method）进行计算。前者依据飞机的基本数据，使用飞行动力学运动方程进行求解，更加精确，同时也更耗时；后者使用多项式系数拟合和神经网络进行快速求解，更快捷，但较为保守。

在以下情况时，只能使用第一法则进行计算：
- 跑道坡度大于 1%；
- 压力高度 PA 大于 8500 ft；
- 起落架放；
- 转弯；
- 三发转场飞行；

- TORA、TODA、ASDA 长度大于 5000 m、低于 2000 m（A330、A340、A350 和 A380）和低于 1700 m（A320 系列）；
- 延伸 2 段；
- CDL 项目，失效组合；
- 运行着陆距离；
- 全发爬升梯度。

A319-112 起飞在示例机场 03 跑道，24 °C 静风条件的起飞分析点计算如图 4.29 所示。

MAX WEIGHT	1ST SEG W	2ND SEG W	LIM COD1 V1MI	LIM COD2 V1MI
KG	KG	KG		
65735.1	74339.4	72812.3	19.	6.

LIM COD1 V1MA	LIM COD2 V1MA	LIM COD1 V1BA	LIM COD2 V1BA	V2/VS
19.	6.	0.	0.	1.335

V1/VR MIN	V1/VR MAX	V1/VR BAL	V1 MIN IAS	V1 MAX IAS
			KT	KT
1.000	1.000	0.000	153.784	153.784

V1 BAL IAS	V2 IAS	VR IAS	TOD1 V1 BAL	TOD1 V1 MIN
KT	KT	KT	M	M
0.000	158.532	153.824	0.0	2878.9

TOD1 V1 MAX	TOR1 V1 BAL	TOR1 V1 MIN	TOR1 V1 MAX	ASD V1 BAL
M	M	M	M	M
2878.9	0.0	2580.8	2580.8	0.0

ASD V1 MIN	ASD V1 MAX	1.15 TOD0	1.15 TOR0	GROSS 1ST SEG
M	M	M	M	%
3435.5	3435.5	2794.3	2661.7	1.377

GROSS 2ND SEG	GROSS FTO	BR ENER V1 MI	BR ENER V1 MA	BR ENER V1 BA
%	%	%	%	%
3.554	2.309	99.3	99.3	0.0

OH2MIN	OH2MAX	NUM OBST V1MI	NUM OBST V1MA	NUM OBST V1BA
FT	FT			
955.3	2891.7	9.	9.	0.

OH2GMINP	OH2GMAXP	OH1N	OH1G	OH2GMIN
FT	FT	FT	FT	FT
1208.0	3641.6	72.2	105.4	1253.4

OH2GMAX	OD1	OD2MIN	OD2MAX	OD3NMIN
FT	M	M	M	M
3878.1	1266.0	11357.1	37581.8	************

OD3GMIN	OD3NMAX	OD3GMAX	BANK AG START	HEIGHT START
M	M	M	DEG	FT
************	54796.1	50730.1	0.0	0.0

HR DIST START	RADIUS START	BANK AG END	HEIGHT END	HR DIST END
M	M	DEG	FT	M
0.0	0.0	0.0	0.0	0.0

RADIUS END	V1MIN OBST W	V1MAX OBST W	V1BAL OBST W	TREF OAT
M	KG	KG	KG	DEG C
0.0	65735.1	65735.1	0.0	32.7

TREF DISA	TMAX OAT	TMAX DISA	V35FT CAS	V35FT IAS
	DEG C		KT	KT
30.000	42.7	40.000	162.306	163.392

VEF MIN CAS	VEF MAX CAS	VEF BAL CAS	VEF MIN IAS	VEF MAX IAS
KT	KT	KT	KT	KT
154.560	154.560	0.000	152.459	152.459

VEF BAL IAS
KT
0.000

图 4.29 空客 PEP/TLO ZPPP 03 起飞分析点计算输出

点计算输出中,起飞飞行航迹各段的高和距离,除非另有说明,是从 35 ft 点(参考零点)开始算起的,如图 4.30 所示。

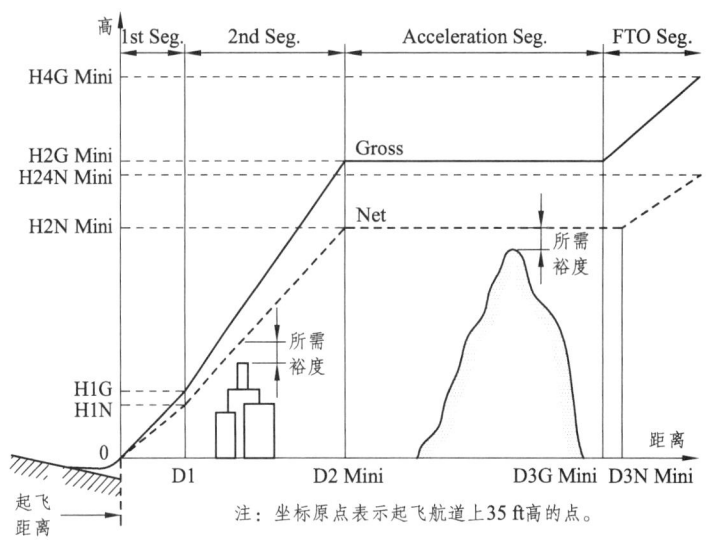

图 4.30 Airbus 起飞分析点计算剖面坐标示意

各缩写的含义如表 4.3 所示。

表 4.3 空客 PEP/TLO 点计算各缩写参数含义

名 称	含 义	名 称	含 义
MAX WEIGHT	最大允许起飞重量		
OPT CONFIG	优化形态		
LIM COD1 V1 BA LIM COD1 V1 MA LIM COD1 V1 MI	第 1 限制码	LIM COD2 V1 BA LIM COD2 V1 MA LIM COD2 V1 MI	第 2 限制码
V1 BAL IAS V1 MAX IAS V1 MIN IAS	V_1 IAS	V1/VR BAL V1/VR MAX V1/VR MIN	V_1/V_R CAS
VR IAS	V_R IAS	V2 IAS	V_2 IAS
V2/VS	V_2/V_S CAS		
V35FT CAS	全发 35 ft 处速度 CAS	V35FT IAS	全发 35 ft 处速度 IAS
VEF BAL IAS VEF MAX IAS VEF MIN IAS	V_{EF} IAS	VEF BAL CAS VEF MAX CAS VEF MIN CAS	V_{EF} CAS
BR ENER V1 BAL BR ENER V1 MAX BR ENER V1 MIN	刹车能量比	TOD1 V1 BAL TOD1 V1 MAX TOD1 V1 MIN	一发失效起飞距离
TOR1 V1 BAL TOR1 V1 MAX TOR1 V1 MIN	一发失效起飞滑跑距离	ASD V1 BAL ASD V1 MAX ASD V1 MIN	加速停止距离
TOD0 * 1.15	全发起飞距离	TOR0 * 1.15	全发起飞滑跑距离
GROSS 1ST SEG GROSS 2ND SEG GROSS FTO	总梯度第 1 段、第 2 段、第 4 段	1ST SEG W 2ND SEG W	第 1 段爬升限重 第 2 段爬升限重

续表

名 称	含 义	名 称	含 义
V1 BAL OBST W V1 MAX OBST W V1 MIN OBST W	障碍物限重	NUM OBST V1BA NUM OBST V1MA NUM OBST V1MI	关键障碍物号
OH1G OH1N	第1段结束点总、净高	OD1	第1段结束点水平距离
OH2GMAX OH2GMIN	第2段结束点最大、最低改平总高	OD2MAX OD2MIN	第2段结束点水平距离最大、最低改平
OH2MAX OH2MIN	第2段结束点最大、最低改平净高	OD3GMAX OD3GMIN	第3段结束点水平距离最大、最低总改平
OH2GMAXP OH2GMINP	第2段结束点最大、最低改平总高（气压高度，相对松刹车点）	OD3NMAX OD3NMIN	第3段结束点水平距离最大、最低净改平
HEIGHT END HEIGHT START	高转弯结束、开始时	HR DIST END HR DIST START	从离地端跑道头开始的水平距离转弯结束、开始时
RADIUS END RADIUS START	转弯结束、开始时半径	BANK AG END BANK AG START	转弯坡度结束、开始时
TMAX DISA	最大温度ISA温差	TREF OAT	拐点温度OAT
TMAX OAT	最大温度OAT	TREF DISA	拐点温度ISA温差

使用的限制码如表4.4所示。

表4.4 空客PEP/TLO点计算所用重量限制码

序号	限制码	序号	限制码
1	Weight < maximum takeoff weight	17	Acceleration third segment
2	TOD0 < TODA	18	Final takeoff gradient
3	TOD1 < TODA	19	Obstacles regulatory clearance
5	ASD1 < ASDA	20	TOR1 < TORA
6	ASD0 < ASDA	21	TOR0 < TORA
9	$V_{MCG} < V_{EF}$	22	$V_1/V_R > V_1/V_{Rmin}$
10	$V_{LOF} < V_{TIRE\ LIMIT}$	23	$V_1/V_R > V_1/V_{Rmax}$
12	Braking energy < maximum energy	27	Climb gradient during second segment path
13	V_R and V_2 versus V_{MCA}	28	Gross level-off constraint
14	First segment gradient	29	Height of turn
15	Second segment gradient	30	V_2 and $V_{35\ ft}$ versus V_{MU}

4.4.4 转弯性能分析

1. 转弯坡度

转弯带坡度飞行时,升力倾斜,需要升力的垂直分量平衡重力,因此总的升力更大,阻力也更大,这会降低爬升梯度,使飞行航迹降低,越障能力降低,所以要考虑转弯中的爬升梯度损失。

飞机转弯中的受力如图 4.31 所示。满足:

$$W \cdot \tan\varphi = \frac{mV^2}{r}$$

因此:

$$r = \frac{V^2}{g \cdot \tan\varphi}$$

式中,V 为真空速。

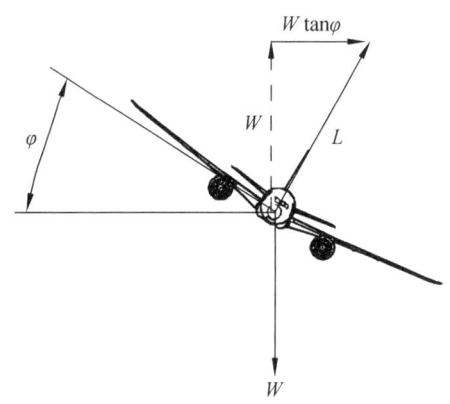

图 4.31 转弯中的受力

实际飞行中,飞行员倾向于使用固定坡度转弯。同样坡度,不同速度对应的转弯半径不同,导致地面航迹不稳定,从而导致需考虑更多的障碍物。在固定坡度转弯的前提下,如果希望地面航迹稳定,则要求速度尽量保持稳定。因此,只要可能,转弯应尽量安排在起飞飞行航迹的第 2 段或第 4 段中进行。

【例 4.4】 制定转弯半径 2266 m(7500 ft),转弯中使用恒定坡度转弯,坡度大小为 15°,确定要求的真速度。如机场 PA 915 m,OAT 20 °C,确定该真空速对应的表速。

解: $V_{\text{TAS}} = \sqrt{r \cdot g \cdot \tan\varphi} = \sqrt{2266 \times 9.81 \times \tan 15} = 77.2 \text{ m/s} = 150 \text{ kt}$

查标准大气表,915 m PA 处压强比 $\delta = 0.896$,OAT 20 °C 的温度比 $\theta = 1.02$,则:

$$V_{\text{LAS}} = V_{\text{TAS}}\sqrt{\delta/\theta} = 150\sqrt{0.896/1.02} = 141 \text{ (kt)}$$

也可使用计算好的曲线来快速确定转弯半径,如图 4.32 所示。民航运行中普遍使用标准速率转弯,即 3 °/s 的转弯。

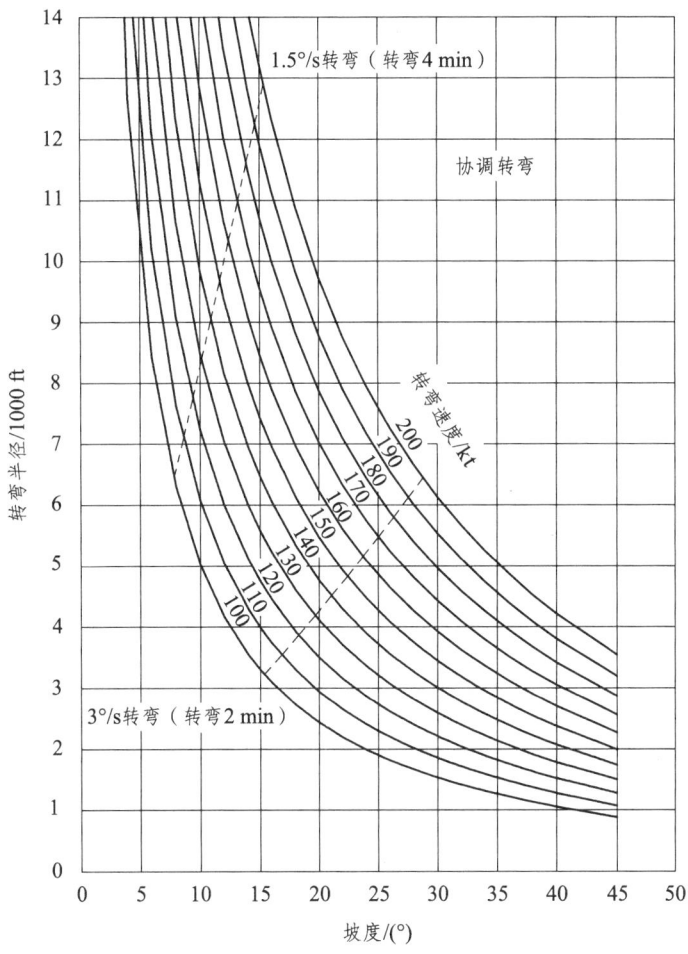

图 4.32 通过坡度、速度确定转弯半径（平飞，静风）

转弯飞行，失速速度增加，须确保所压坡度对应的 V_2/V_S 不小于最小的 V_2，对于 1g 失速速度的机型，这个值为 1.13。以最小的 V_2 转弯，飞机可以压 15° 坡度，同时留有 15° 坡度的裕度。以更大速度飞行，飞机可以压的坡度就更大。

对于不少其他制造商的运输类机型，在缺乏性能软件的定量数据支持时，可以使用表 4.5 确定的最大使用坡度。

表 4.5 坡度与速度的关系

最大坡度	速度			
	737,757,767,777	747-400	FAA AC 120-91	AMC OPS 1.495（c）（4）
15°	V_2 to V_2+15	V_2 to V_2+10	V_2	V_2
20°	V_2+15	V_2+10	$V_2+××/2$	V_2+5
25°	V_2+15	V_2+10	$V_2+××$	V_2+10
30°	V_2+15	—	—	—

注：×× 为全发速度增量（通常为 10 或 15 kt）。

2. 转弯障碍物高度修正

由于目前的取证性能软件、起飞分析表计算软件常常不能直接处理障碍物在起飞转弯段或以后的情况，因此在实际中计算起飞分析表时，常常将转弯中的梯度损失折算成障碍物高度增加，从而将转弯离场转换成直线离场加以处理。

图 4.33 和图 4.34 分别给出了手册中给出的 B737-800、A319 的梯度损失曲线。除查图表外，在飞机性能软件中也可直接计算任何实际条件下的梯度损失。

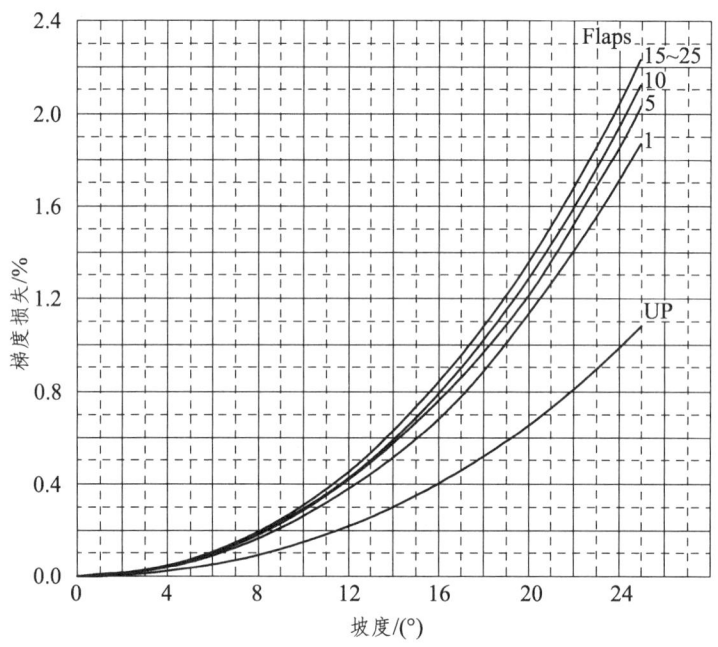

图 4.33　B737-800 转弯爬升梯度损失曲线（起落架收）

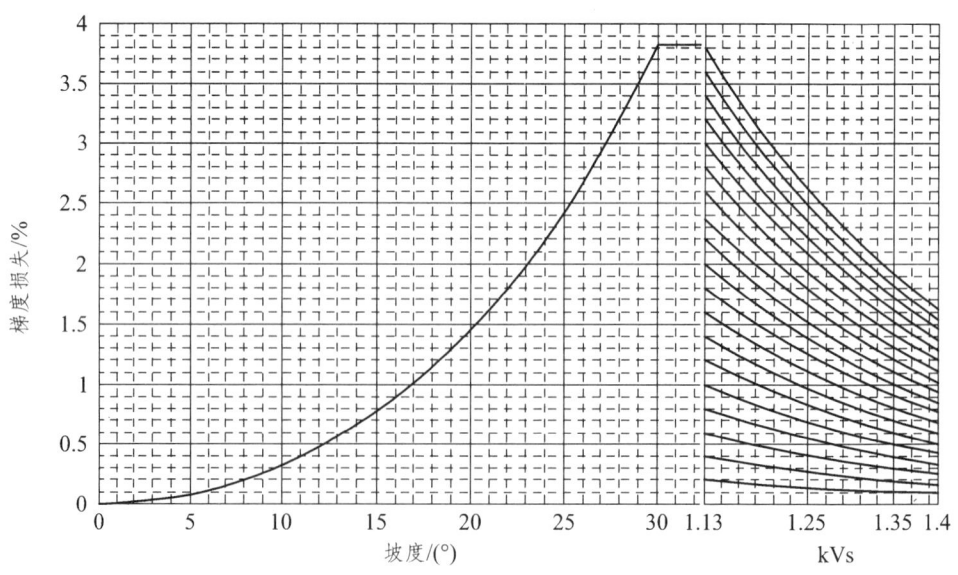

图 4.34　A319 转弯爬升梯度损失曲线（第 2 段）

下面通过实例来说明转弯时由于爬升梯度减小导致的障碍物高度修正问题。

【例 4.5】 飞机起飞襟翼 Flap15，离场轨迹如图 4.35 所示，在离地端跑道头 4080 m 处开始实施转弯，地形限制的转弯半径为 2266 m（7500 ft），180° 转弯结束后再进行直线飞行。在转弯角 50° 处有一高为 160 m 的障碍物 1，距转弯结束点 2800 m 处有一高为 320 m 的障碍物 2。试确定这两处障碍物由于爬升梯度减小导致的高度修正。

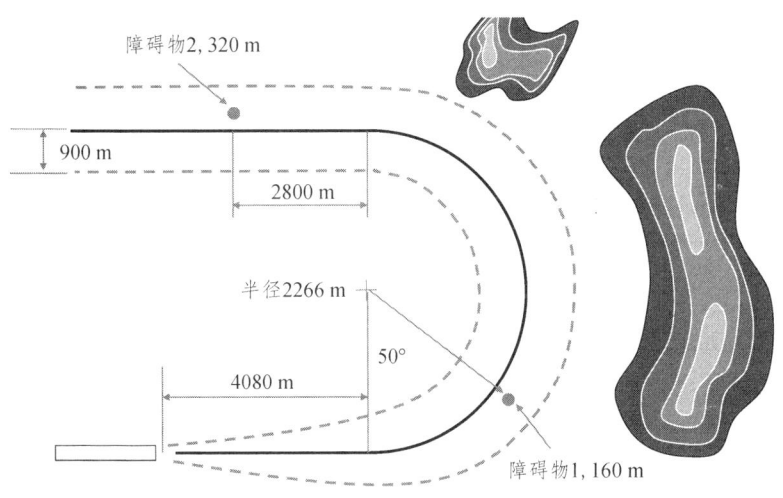

图 4.35　确定转弯中障碍物高度的修正

解： 从起飞离地端跑道头算起，障碍物 1 的水平距离可用下式确定：

$$D_1 = 4080 + \left(\frac{50}{180}\right) \times \pi \times 2260 = 6060 \text{ (m)}$$

障碍物 2 的水平距离可用下式确定：

$$D_2 = 4080 + \left(\frac{180}{180}\right) \times \pi \times 2260 + 2800 = 14\ 000 \text{ (m)}$$

查波音手册提供的转弯上升梯度减小量图（见图 4.36），可知 15° 坡度和 Flap15 下对应的爬升梯度减小量为 0.6%。

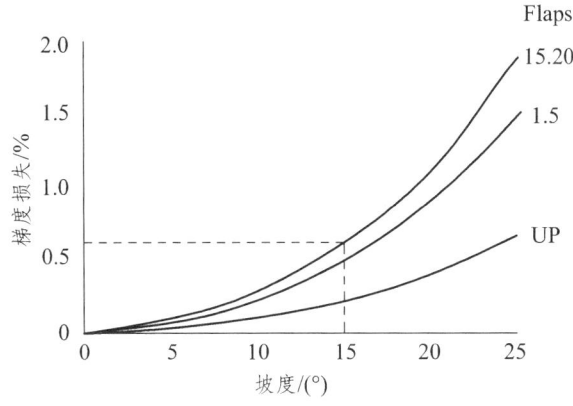

图 4.36　上升梯度减小量与转弯坡度的关系

由于上升梯度是上升高与上升距离之比，因此，0.6% 的上升梯度减小对应障碍物 1 和障碍物 2 的高度修正量取决于转弯飞行段的长度，这个转弯飞行段长度对于 1、2 号障碍物分别为 1980 m 和 7120 m。因此，高度修正量可分别计算为

$$\Delta H_1 = 1908 \times 0.006 = 12 \text{ (m)}$$

$$\Delta H_2 = 7120 \times 0.006 = 43 \text{ (m)}$$

最后，经过修正后的障碍物 1 和障碍物 2 的高度为

$$H_1 = 160 + 12 = 172 \text{ (m)}$$

$$H_2 = 320 + 43 = 363 \text{ (m)}$$

经过这种修正处理后，转弯离场飞行相当于变成了直线离场飞行。图 4.37 表示了这种转换后的直线离场垂直剖面。

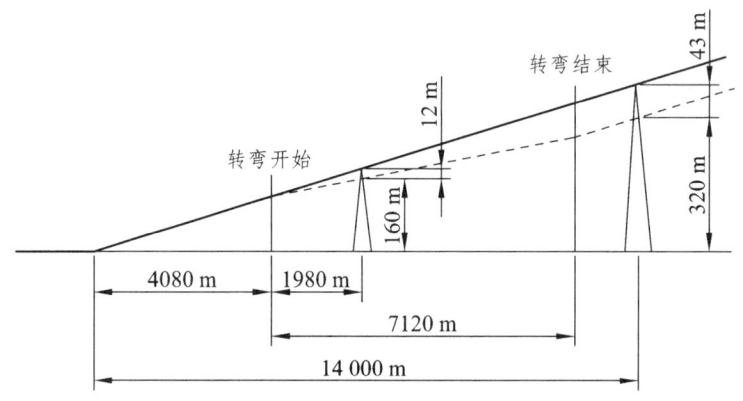

图 4.37　转弯离场经过障碍物高度修正

转弯分析的复杂性在于，以起飞分析表每一个 MTOW 起飞，对应的 V_2 都是不一样的，由此导致的转弯半径、转弯坡度、梯度损失、转弯飞行距离也有所不同。这样，每个起飞数据下障碍物转弯梯度修正高也有所不同。以特定起飞数据确定的转弯梯度修正高，来计算整个起飞分析表，显然会出现较大的障碍物高度误差。

3. 风对转弯轨迹的影响

转弯分析中可以考虑风的影响，这种影响是非线性的。对于风的影响，可以考虑恒定风场，也可考虑变化风场。在恒定风场情况下，飞机随风平飘，相对于空气的飞行参数，如指示空速不发生变化；但相对于地面的飞行参数，如地速则发生变化。

以前面例 4.5 进行的转弯分析为例，在稳定逆风情况下，地面轨迹发生变化，则障碍物的水平距离和高度也发生变化。下例给出了稳定逆风起飞情况下的一个分析样例。

【例 4.6】　在如图 4.38 所示的转弯离场轨迹中，飞机保持 150 kt（77.16 m/s）真空速飞行，逆风 20 kt（10.29 m/s）。试确定风对地面航迹的影响。

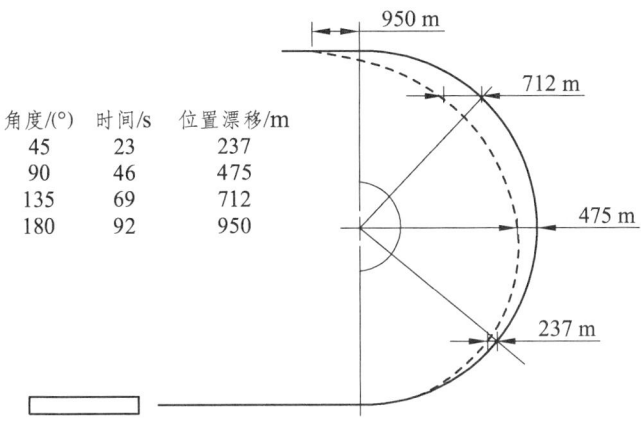

图 4.38 有风时地面轨迹的漂移量确定

解：稳定风场中，飞机的真空速不发生变化。因此，180° 转弯飞行总时间为

$$T_{180} = \text{Dist}/\text{Speed} = 7120/77.16 = 92.3 \text{ (s)}$$

转弯角速度为

$$\omega = \text{Angle}/\text{Time} = 180/92.3 \approx 2 \text{ (°/s)}$$

飞机从转弯开始到 45° 位置时所需时间可计算为

$$T_{45} = \text{Angle}/\omega = 45/2 = 23 \text{ (s)}$$

该位置向下风方向的漂移量为

$$\Delta X_{45} = \text{Wind} \cdot T_{45} = 10.29 \times 23 \approx 237 \text{ (m)}$$

同样的方法，可以计算得到飞机在 90°、135° 和 180° 位置时的下风漂移量。这样，逆风 20 kt 下的航迹与保护区即可以确定。同样，可以确定顺风情况下整个转弯航迹以及保护区。

进一步，基于保守考虑，以逆风情况下最内侧的保护区边界和顺风情况下最外侧的保护区边界，构成一个比 900 m 半宽更大的保护区，将落入保护区中的障碍物垂直投影至静风航迹上，并以投影点的飞行距离来确定水平飞行距离，进而进行转弯梯度修正。这是一个转弯飞行障碍物处理的可接受的方法。

CAAC AC-121-FS-2014-123 提出的航迹控制点的方法，也是转弯中获取稳定地面航迹的一种可行方法。以 45° 间隔提供的航迹控制点，给飞行员在风场中飞行时，修正地面航迹提供了很好的参考。

随着 RNP AR 飞行程序运行的推广，固定半径转弯（Radius to Fix，RF）航段作为 AR 飞行程序中转弯的唯一方法，通过自动控制系统而不是人工飞行，确保在飞机的能力范围内，实现有风情况下的精确转弯地面航迹，给性能分析中的障碍物确定带来了便利，同时也确保了飞行安全。

4.4.5 障碍物问题

1. 离场航迹与障碍物

只有一发失效的飞行航迹确定后，障碍物才可能确定。

规章要求，一发失效飞行，必须满足起飞飞行航迹的越障要求。对于一个具体的机场，必须首先考虑一发失效沿标准仪表离场程序飞行时，满足规章的越障要求。通常一条跑道有多个离场航迹，可以按不同的离场分别确定障碍物，进而分别计算各自的起飞分析表。然而，为简化运行，在性能差异可接受时，往往只选用最临界航迹（相对地形最高的航迹）来确定障碍物，将计算出来的起飞分析表用于所有的离场。关于这方面进一步的细节将在下一章讲授。

2. 跑道坡度对障碍物的影响

除了转弯飞行使障碍物增加以外，实际中还常常遇到跑道带坡度时障碍物高度的修正问题，如图 4.39 所示。性能软件可以接受的障碍物格式一般为两种：相对松刹车点（Brake Release Point，BRP）以及离地端跑道头（Departure End of Runway，DER）的水平距离和高。使用不同的障碍物基准点，将导致障碍物水平距离和高发生变化，特别是当跑道坡度不为零时。

在使用性能软件时需特别注意这一情况，确保性能软件是否具有对障碍物数据进行自动转换的功能。

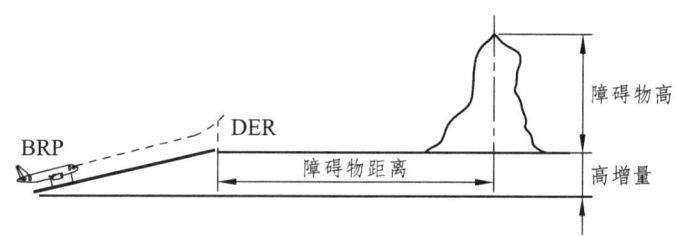

图 4.39 跑道坡度对障碍物高的影响

3. 障碍物遮蔽原则

一般而言，性能软件均会限制能处理的最大障碍物数量。例如：PEP/TLO 可最多处理 30 个障碍物，而 PEP/OFP 可最多处理 20 个障碍物。因此，通过所有可用障碍物评估后，得到位于保护区内需要考虑的障碍物清单。需要对这些障碍物进行筛选，以满足性能软件的数量要求，或提高性能软件的计算效率。

根据前面学习的性能知识，特别是起飞飞行航迹阶段的性能要求，可使用如下通用原则进行障碍物筛选。

（1）去除被高度遮蔽的障碍物。如果先前飞越的障碍物高于后续飞越的障碍物，则后续较低的障碍物可以去掉。例如，图 4.40 中 3、4 号障碍物低于 2 号障碍物，6 号障碍物低于 5 号障碍物，则 3、4、6 号障碍物可以去除。

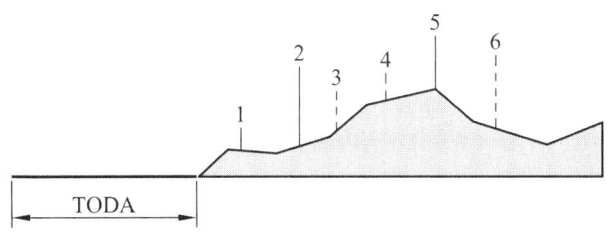

图 4.40　使用高度遮蔽原则筛选障碍物

（2）去除被梯度遮蔽的障碍物。由于起飞飞行航迹第 1 段梯度一般较低，不建议对跑道头附近的障碍物使用这一原则，而只对 TODA + 3000 m 后的障碍物进行这样处理。如图 4.41 所示，4 号障碍物可以去除，因为 3、4 号障碍物相对梯度 $a\%$ 小于 4、5 号障碍物相对梯度 $b\%$。

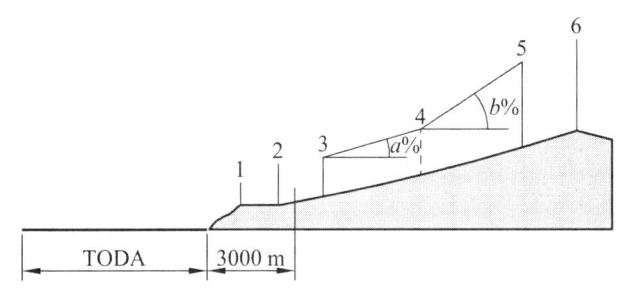

图 4.41　使用前后相对梯度遮蔽原则筛选障碍物

（3）去除相对梯度 1.2% 以下的障碍物。同样，这一原则只适用于 TODA + 3000 m 后的障碍物。如图 4.42 所示，4 号障碍物相对于 3 号障碍物的梯度 $a\% < 1.2\%$，因此 4 号障碍物可以被移除。特别的，最后一个障碍物不适用此原则。

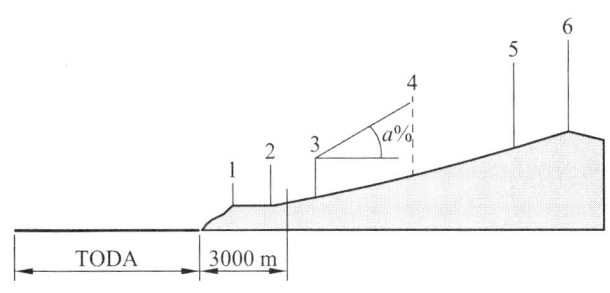

图 4.42　使用相对梯度小于 1.2% 原则筛选障碍物

4. 障碍物修正高

综合使用以上原则，我们可以确定本章前面起飞分析中使用的示例机场 03 跑道障碍物。最终确定的障碍物清单如表 4.6 所示，该清单障碍物对应的飞行航迹的确定过程将在第 6 章中讲授。

表 4.6 ZPPP 03 跑道起飞分析使用障碍物（DER 1 895 m）

①	②	③	④	⑤	⑥	⑦	⑧
编号	名称	海拔/m	DER 高/m	修正高/m	修正高/ft	DER 距离/m	梯度/%
1	AIP15-24 锥形物	1897.6	2.7	2.7	9	200	1.35
2	AIP15-13 建筑群	1907.9	13.0	13.0	43	700	1.86
3	AIP15-23 锥形物	1923.5	28.6	28.6	94	1260	2.27
4	AIP15-30 锥形物	1932.2	37.3	37.3	122	1560	2.39
5	AIP15-25 树	1935.5	40.6	40.6	133	1700	2.39
6	AIP15-18 树	1984.5	89.6	89.6	294	3770	2.14
7	山顶	2051.0	156.0	174.3	572	7836	2.19
8	山顶	2105.0	210.0	235.1	771	9198	2.52
9	山顶	2152.0	257.0	290.5	953	10 854	2.64

该障碍物清单中，前 6 个为起飞直线段障碍物，后 3 个为随后的转弯飞行区障碍物，这 3 个障碍物进行了转弯梯度损失的高修正。

表 4.6 中障碍物已经去除了对性能没有影响的障碍物，各列的含义解释如下：

① 障碍物编号。

② 障碍物名称，前 6 个障碍物源自 AIP 中提供的机场 15 km 范围内障碍物，后 3 个为地图作业确定。

③ 障碍物海拔高度。

④ 障碍物相对 DER 的高。

⑤ 障碍物相对 DER 的修正高（m）= ④ + 转弯修正 + 15 m 树高，转弯修正为转弯梯度损失乘以转弯飞行距离。转弯梯度损失取 0.5%，该值为 737-700/7B24 飞机在一发失效，TOGA 推力，起落架收，静风，OAT 22.5 ℃，17° 坡度，164 KIAS 条件下计算得到。

⑥ 障碍物相对 DER 的修正高（ft）。

⑦ 障碍物在飞行航迹上投影点距 DER 的水平距离。

⑧ 障碍物相对 DER 的梯度。

第 5 章　离场程序性能分析

本章介绍标准仪表离场程序的基本知识、航迹计算性能软件的基本使用方法、标准仪表离场程序的全发与一发失效性能验证等。

5.1　标准仪表离场程序

标准仪表离场程序（Standard Instrument Departure Procedure，SID）是飞机从机场特定跑道起飞后，飞离机场区域加入航路的预定飞行路径。对于特定的跑道，可能公布一个以上的 SID，一般每个 SID 对应不同的出航方向。飞行员根据目的地机场方向、飞机满足 SID 的限制能力，来申请使用具体的 SID，最后在起飞前由空中交通管制人员（ATC）决定。

5.1.1　SID 简介

SID 可分为两类，如果路径定义基于地基导航台，如 NDB、LOC、VOR、DME 等，则称为传统离场程序；如果路径基于经纬度航路点定义，则称为 PBN 离场程序。PBN 离场程序进一步分为 RNAV 和 RNP 两大类，包括离场程序在内的飞行程序，在各国出版的航空资料汇编（Aeronautical Information Publication，AIP）中公布，以 28 天为周期的频率进行更新。另外，国际上一些著名的公司，也汇编出版极具影响力的航空资料，如美国的 Jeppesen、欧洲的 Lido 等。

仪表飞行程序的设计规范是 ICAO DOC 8168，包括我国在内的全世界绝大部分国家和地区的机场均是按照这个规范来进行飞行程序设计的。美国等少数国家和地区使用美国的规范 TERPS。ICAO DOC 8168 和美国的 TERPS 只存在小量的差异。

按 ICAO DOC 8168 规范制作的 SID，是按特定参数和要求设计的，这些参数和要求考虑了大部分民用飞机在全发情况下的飞机性能能力。但在具体飞行程序设计中，则和飞机的性能没有关系。

根据 ICAO DOC 8168 规范要求，在 SID 的设计中，引入障碍物鉴别面（Obstacle Identification Surface，OIS）概念。OIS 从离地端跑道头（Departure End of Runway，DER）上空 16 ft 开始，沿离场航迹向上直线延伸。缺省的 OIS 梯度为 2.5%，如果没有障碍物穿透这个 OIS，则离场程序的爬升梯度为 OIS 梯度加上 0.8%，即 3.3%。如果有障碍物穿透梯度 2.5% 的 OIS，则 OIS 梯度为实际障碍物梯度，离场程序的爬升梯度按 OIS 梯度加 0.8% 确定。如图 5.1 中障碍物梯度为 3.7%，则程序梯度为障碍物梯度加 0.8% 等于 4.5%。这个 0.8% 梯度裕度称为最小超障余度（Minimum Obstacle Clearance，MOC）。

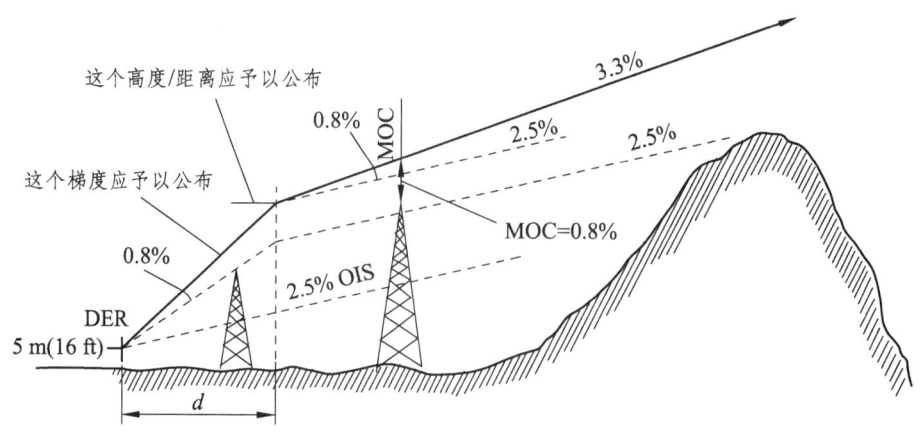

图 5.1 SID 障碍物鉴别面 OIS 与程序爬升梯度

超过缺省值 3.3% 的爬升梯度应在 SID 中公布。同时，还应公布一个高度，在这个高度以后可以恢复 3.3% 的缺省爬升梯度。如图 5.1 所示。

这个垂直越障标准一直持续到航路阶段。

SID 的障碍物保护区则较为复杂，取决于离场方式与导航规范。不同的离场，如转弯或直线离场，保护区的形状有所不同。传统离场程序保护区和 PBN 离场程序保护区也不相同。

对于传统直线离场，是从起飞离地端跑道头 DER 算起的。起始半宽为 150 m，然后以 15° 的角度沿起飞航迹两侧向外扩张。如果沿航迹适当位置有导航台，如 VOR、NDB 等，则在导航台处的保护区半宽减小到特定值。如 VOR 台处的保护区半宽为 1 NM，NDB 台处的保护区半宽为 1.25 NM 等。从该导航台开始，保护区半宽以 7.8° 的角度沿起飞航迹前后两侧向外扩张，直至与航迹上其他保护区相交，如图 5.2 所示。

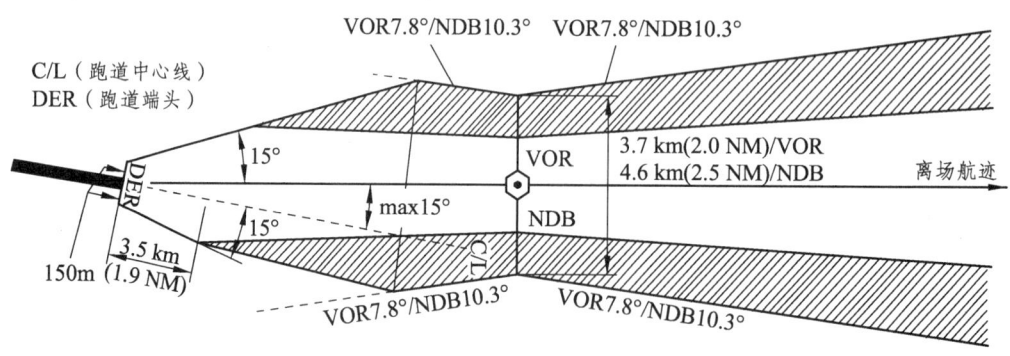

图 5.2 有航迹引导的离场程序保护区

对于 PBN 离场，根据程序使用的导航规范的不同，保护区一般为不同宽度的等距保护区。

在地形复杂机场和高原机场，SID 的限制主要体现在三个方面：最低爬升梯度限制、特定地点处的最低高度限制、速度与最大转弯半径限制等。

例如：前一章给出的昆明巫家坝机场 03 跑道离场程序，对于在 D3.5KMG 转弯的所有离场，要求起飞后直到 D3.5KMG 转弯前的爬升梯度为 5%，过该点的高度为 2200 m。对于在 D4.4 KMG 转弯的所有离场，要求起飞后直到 D4.4 KMG 转弯前的爬升梯度为 5%，过该点的高度为 2300 m。之后没有梯度要求，说明梯度要求为缺省值 3.3%。

产生离场程序梯度限制、高度限制、速度与最大转弯半径限制的主要原因是越障要求。例如上述离场程序 5% 的梯度要求，说明该飞行段的障碍物，相对跑道头（DER）的梯度可能达到了 4.2%。在没有高地形的机场或离场程序上，爬升梯度限制往往是由其他原因导致的，如禁飞区以及减少噪声排放等。

在民航类院校和课程中，"飞行程序设计"这门课专门讲授 ICAO DOC 8168 规范和各类飞行程序的具体设计方法。飞行程序由专门的具有资质的机构和人员进行设计，并由局方批准，通过 AIP 公布。

这种通过 AIP 公布的程序称为公有程序。与之对应，未公布的程序称为私有程序，如下一章将要介绍的 EOSID 以及大多数的 RNP AR 程序等。

5.1.2　SID 与飞行性能

飞行程序是按照 ICAO DOC 8168 的规范进行设计的，虽然这个规范的参数制定是考虑了大多数飞机的全发性能能力，但依据这个规范的飞行程序设计过程和飞机性能是没有任何关系的。从 ICAO DOC 8168 的观点来看，飞机在使用离场程序时，必须满足离场程序的各种限制与要求，才能保证安全越障。如不满足，是不能使用这个离场程序的。这种满足的验证，不是由程序设计者，而是由程序使用者——运营人来确保的。

离场程序要求的梯度面，是一个最低梯度面。它是一个几何梯度面，是不随气象条件而变化的向上延伸的直线。任何情况下，飞机的航迹不能向下穿透，这样才能称为满足程序梯度要求，如图 5.3 所示。

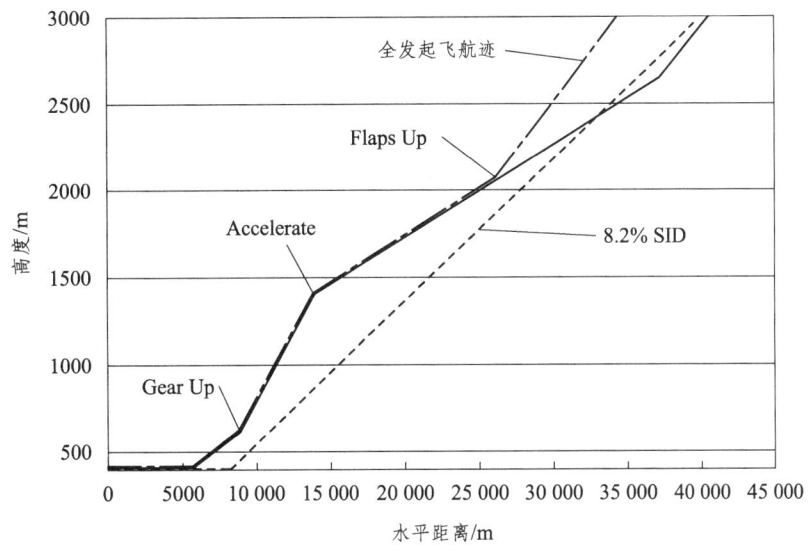

图 5.3　典型全发爬升航迹——不能向下穿透程序梯度面

然而，真实飞机起飞离场爬升时，是按照恒定表速飞行的，其间飞机需要从 TOGA 推力减小到爬升推力 MCL，飞机的形态需要从起飞形态加速过渡到干净形态。保持等表速爬升，随高度增加，飞机的真空速增加，飞机的上升角逐渐减小，轨迹逐渐变得平缓，其上升航迹不是一条直线。而且飞机的上升航迹受重量、速度、气象条件的影响较大，不同机型的垂直航迹剖面由于性能的差异也存在较大的差别。

飞机起飞通常分为全发和一发失效两种情况。全发起飞时，飞机的加速和收构型是在上升的同时进行的，但垂直分速相对较小。一发失效起飞，飞机总能量较低，一般不具备同时上升和加速的能力，而只能平飞加速和收构型。因此，评估飞机实际航迹是否向下穿透离场程序梯度面，就是一项复杂的工作。

从飞机性能上来说，典型的现代运输类双发飞机在全发起飞时，收构型前的初始爬升段，爬升梯度可以轻易达到 13% 以上。但是，一发失效起飞时，收构型前的初始爬升段，爬升梯度可能会低至 3% 以下。从离场程序来说，离场程序的最低梯度为 3.3%，在很多山区机场，SID 公布的程序梯度可能达到 5%，甚至更高，但 8% 以上的程序梯度则是少见的。因此，可以看出，全发起飞时，飞机的爬升能力满足要求最高的 SID 程序梯度一般都不是问题，但一发失效起飞时，大部分情况下，可能飞机的爬升梯度达不到最低的离场程序梯度要求。

因此，起飞中的关键问题是一发失效起飞的安全问题。现有的规章体系要求必须考虑这种情况下的起飞安全。

一发失效起飞，可以满足两个不同的标准。从 ICAO DOS 8168 的观点来看，一发失效起飞总航迹需要满足 SID 的要求，且不能向下穿透程序梯度面；从 121 部运行规章的观点来看，一发失效起飞需满足净航迹 35/50 ft 越障。这两个标准是各自独立的标准，它们的垂直越障与水平保护区标准均不相同。121 部运行规章（一发失效）所考虑的障碍物范围要比 ICAO DOS 8168 SID（全发工作）考虑的障碍物范围小得多。图 5.4 给出了巫加坝机场 03 号跑道 SID 与一发失效所要求的保护区范围对比。

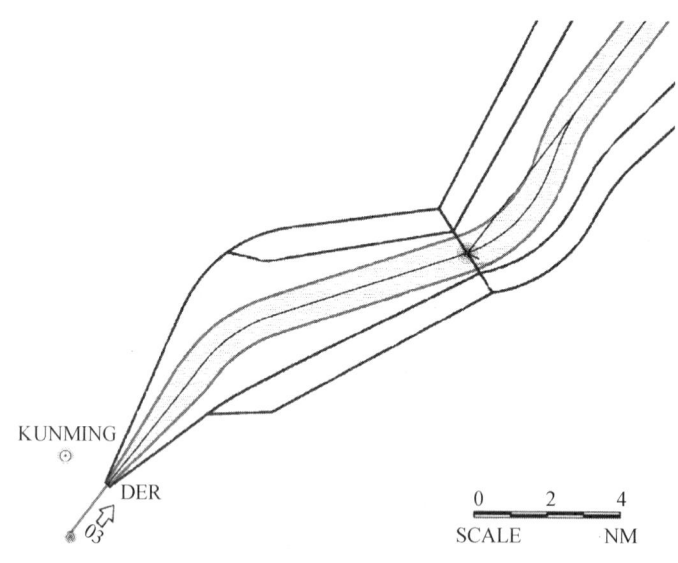

图 5.4　某机场 03 号跑道 SID 与 EOSID 保护区比较

一发失效情况下，总航迹满足 ICAO DOS 8168 SID 程序要求并不意味着净航迹会自动满足 121 运行规章的越障要求，反之亦然。一发失效起飞满足这两个标准之一即可。

大部分情况下，一发失效总航迹要满足离场程序要求，会导致更为严重的减载；而净航迹满足 121 部要求更为容易。因此，实际运行中，一发失效是按照 121 部运行规章要求，沿 SID 航迹满足净航迹越障标准进行验证的。

航空公司在计算起飞分析表确定起飞限重时，需要考虑沿离场程序上的障碍物。

这些障碍物包括 A 型图中公布的障碍物（10 km 范围内）和沿离场航迹上的近、中距障碍物，一般覆盖起飞飞行航迹的 1、2、3 段，飞行距离在 10～30 km 量级范围。因此，按这些障碍物计算的起飞分析表，以表中数据起飞，可以确保一发失效时，净航迹按规章要求飞越这些障碍物。这是起飞分析表计算软件必须确保的。这种处理方式对于大部分普通机场都是适用和安全的。

但是，如果起飞航迹上在更远范围存在起飞分析表没有纳入考虑的高大障碍物，上述这种处理方法就无法确保飞机在一发失效时能否安全飞越这些远距障碍物。在中国西部的很多山区、高原机场，修建于河谷和山腰中，净空条件差，在沿离场航迹飞行距离 80 km、120 km，甚至长达 200 km 量级的距离上，存在着越来越高的地形，给性能分析工作带来严峻的挑战。

对于这些机场，理论上来说，只要把远距障碍物全部纳入起飞分析表计算，就能同样确保一发失效的起飞安全。但是，起飞分析表计算软件并不是万能的。例如：转弯分析确定转弯后障碍物的增加，是针对特定坡度、真空速进行的，而实际上以起飞分析表上每个数据格起飞，对应的转弯坡度和真空速可能都不同。所以，离场程序转弯越多，后续的障碍物高度数据误差就越大。再例如：虽然部分制造商起飞分析表计算软件提供了第 4 段越障的分析能力，在有些制造商性能软件，如空客，只提供了 1、2、3 段越障的分析能力，这样的性能软件，是无法直接用起飞分析表计算软件处理远距障碍物的，否则只会得到很差的性能结果。就算是软件解决了上面这些问题，由于远距障碍物常常超出了起飞飞行航迹的范围，飞机已经是处于航路阶段，一直使用起飞飞行航迹的越障规则去处理远距障碍物，同样也会导致很差的性能结果。

对于这些复杂机场，一般使用的性能验证原则是：近、中距障碍物使用起飞分析表计算的方法进行，远距障碍物则使用总航迹、净航迹直接计算相结合，并按照组合规则的原则，进行性能越障判定。

需要指出的是，计算起飞分析表使用的是飞机的审定性能数据，而远距障碍物判定所用的总航迹数据，为非审定数据。目前，除波音、空客外，其他制造商机型在这方面提供的数据完整性并不理想，有的甚至没有，因此，这些机型在复杂机场的性能分析工作常常无法达成，或只能进行非常粗略的分析，导致这类机型无法在复杂机场运行或经济性很差。

5.1.3　性能验证的标准与规章

飞机沿 SID 以及其他应急程序飞行，在 V_{EF} 出现临界发动机失效条件下，必须确保从 35 ft 开始的净航迹满足运行规章的越障裕度要求，直至起飞飞行航迹结束。

实际运行中，对于近、中距障碍物，将其纳入计算起飞分析表计算，即可确保飞机飞越这些障碍物时，达到规章要求的越障裕度。对于更远距离障碍物，则可通过计算一发失效总航迹，进一步计算整个净航迹，通过净航迹与障碍物的高度比较，来判定规章符合性，如图 5.5 所示。

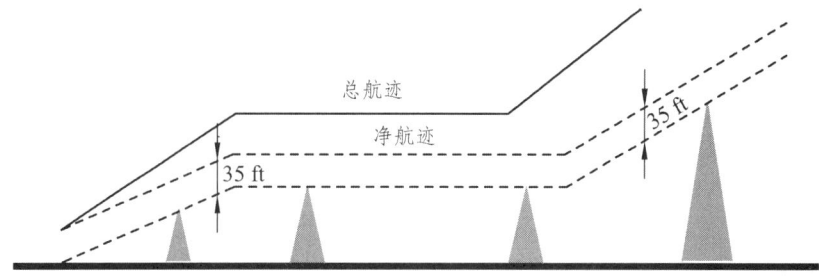

图 5.5 第 3 段净航迹是第 4 段净航迹的基础

目前,在包括波音、空客在内的制造商性能软件中,均只输出标准 2 段且直线离场情况下的第 3 段净航迹长度。一旦偏离这个条件,就没有第 3 段净航迹数据输出,进而无法确定第 4 段净航迹。在实际复杂机场运行中,经常需要在延伸 2 段、第 3 段转弯及其多段组合情况下,计算第 3 段净航迹。

规章要求(CCAR 25.111):从高于起飞表面 400 ft 开始,总航迹上每个点的可用爬升梯度不得小于 1.2%(双发),这个可用爬升梯度可以被转换为加速能力。由于净航迹的可用爬升梯度比总航迹低 0.8%(双发),净航迹第 3 段的长度要比总航迹的更长。

随着飞行距离越来越远,一发失效总航迹与净航迹垂直差越来越大。一般在第 4 段的某个时刻,这个垂直差可超过全发航路越障要求。在这种情况下,一般保持全发越障标准。

ICAO DOC 8168 要求的全发航路越障为:航路阶段 IFR 飞行,主区的 MOC 为 300 m(1000 ft),在山区,MOC 应根据地形标高增加。当地形标高在 900 m(3000 ft)到 1500 m(5000 ft)之间时,MOC 应为 450 m(1476 ft);当地形标高大于 1500 m(5000 ft)时,MOC 应为 600 m(1969 ft)。

5.2 SID 的全发性能验证

首先需要验证全发情况下,飞机是否具有满足 SID 要求的能力。这可以通过判定总航迹是否向下穿透程序梯度面来进行。

如同前面已经指出的那样,通常情况下,飞机的全发性能足以满足最高标准的离场程序要求。所以这个验证一般均能通过。

5.2.1 全发梯度性能表格

所有运输类机型的全发起飞离场飞行过程是相似的。图 5.6 为波音双发机型典型全发起飞过程。

飞机全发起飞的垂直飞行剖面一般是,飞机滑进跑道后,松刹车 TOGA 推力开始加速滑跑,至跑道表面高 35 ft 时,达到速度 $V_2 + \Delta V$。这个 ΔV 不同机型有所不同,一般为 10~25 kt。保持该表速爬升至减推高(Reduction Height),将推力从 TOGA 调至爬升推力 CLB。在 CLB 推力下,继续保持 $V_2 + \Delta V$ 爬升至加速高(Acceleration Height),开始按规定的收襟翼计划,在爬升的同时加速分段收形态至干净构型,然后加速至 250 kt。之后继续保持 250 kt 爬升至 10 000 ft,之后一般加速至更大的速度后等表速爬升。在等表速爬升时,马赫数逐渐增加,当增加至规定值,保持等马赫数爬升直至巡航高度。

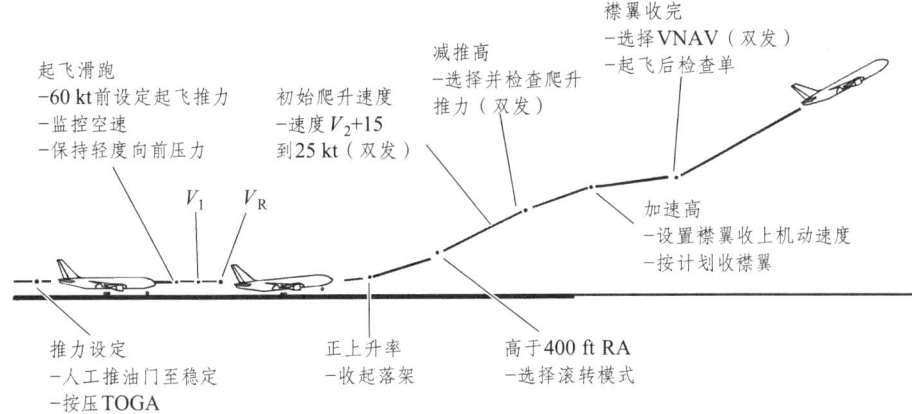

图 5.6　波音双发机型典型全发起飞过程

减推高和加速高可能采用相同值或不同值，由公司运行策略决定。为简便操作程序，在确定全发减推高和加速高时，一般可考虑该机型在所有运行机场的一发失效最低改平高，取一个最高值加以统一，实际一般取 1000～3000 ft。

民用运输机按这一程序飞出的垂直剖面常常由若干段组成，从离地点或 35 ft 点开始，每一段的爬升梯度均不相同。特别的，飞机按等表速爬升的垂直飞行剖面不是一条直线。图 5.7 给出了 A319-112 飞机按这一爬升程序的爬升剖面。

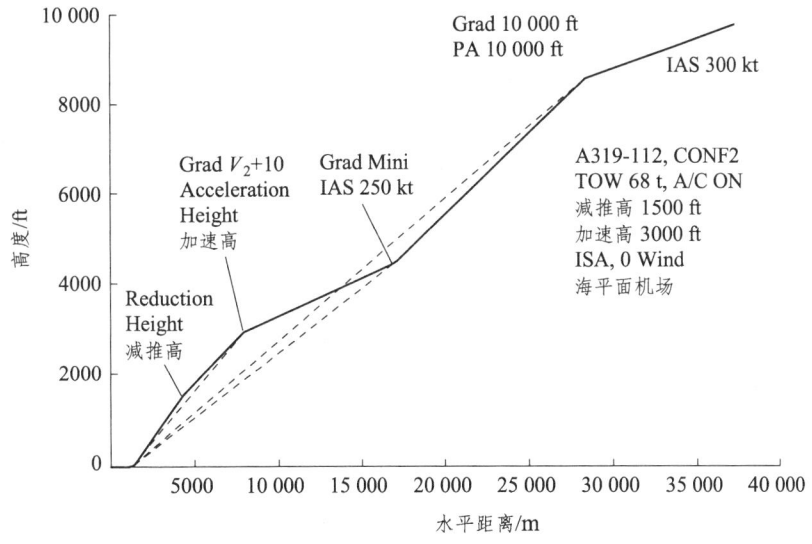

图 5.7　空客机型全发起飞三个点对应的梯度值

在这个爬升剖面上，空客 PEP/TLO 性能软件可以计算其中三个点的爬升梯度，分别是加速高点爬升梯度（Grad V_2+10）、收完构型并加速至 250 kt 点爬升梯度（Grad Mini）、以 250 kt 爬升至 10 000 ft 点的梯度。

图 5.8 为 PEP 软件 TLO 模块的全发梯度计算界面。给定重量范围、温度范围和数据的有效高度范围，可以计算该机型在三个点处的全发爬升梯度。该表计算时按保守的原则处理，以 $V_2=1.13V_S$ 计算，适用于 8000 ft 以内的任何机场，图 5.9 为计算结果。该表可用于快速判断飞机全发爬升梯度是否满足 SID 的梯度要求。

图 5.8 空客 PEP/TLO 计算全发爬升梯度软件界面

AECG GENERIC TABLE

A319-112 - AD112E01	35.0.0 19-Mar-21	TOGA
AIR COND. On Anti-icing Off Thr Red / Acc Height = 1500 FT / 3000 FT Acceleration to 250 KT		Valid for airports from 0 to 4000 ft

All engines climb gradient (%) - Airport Pressure altitude = 0 ft

WEIGHT 1000 KG	ISA deviation (DEG C)								
	ISA-10			ISA			ISA+10		
	V2+10	MIN Gra	10000ft	V2+10	MIN Gra	10000ft	V2+10	MIN Gra	10000ft
52	23.05%	13.34%	14.85%	22.97%	13.30%	14.80%	22.84%	13.23%	14.72%
54	21.70%	12.65%	14.15%	21.62%	12.61%	14.09%	21.50%	12.55%	14.02%
56	20.44%	12.01%	13.49%	20.37%	11.97%	13.44%	20.25%	11.91%	13.37%
58	19.26%	11.41%	12.87%	19.19%	11.37%	12.82%	19.08%	11.31%	12.76%
60	18.15%	10.84%	12.29%	18.08%	10.80%	12.24%	17.98%	10.74%	12.18%
62	17.12%	10.30%	11.74%	17.05%	10.26%	11.69%	16.95%	10.20%	11.63%
64	16.15%	9.79%	11.22%	16.08%	9.75%	11.18%	15.98%	9.70%	11.12%
66	15.24%	9.31%	10.73%	15.17%	9.28%	10.69%	15.07%	9.22%	10.63%
68	14.38%	8.86%	10.26%	14.32%	8.83%	10.22%	14.23%	8.77%	10.17%
70	13.58%	8.43%	9.82%	13.52%	8.40%	9.78%	13.43%	8.35%	9.73%

Gradient correction per 1000 ft of Airport Pressure altitude

WEIGHT 1000 KG	ISA deviation (DEG C)								
	ISA-10			ISA			ISA+10		
	V2+10	MIN Gra	10000ft	V2+10	MIN Gra	10000ft	V2+10	MIN Gra	10000ft
52	-0.69%	-0.52%	-0.57%	-0.69%	-0.51%	-0.57%	-0.67%	-0.50%	-0.56%
54	-0.68%	-0.50%	-0.55%	-0.67%	-0.50%	-0.55%	-0.66%	-0.49%	-0.54%
56	-0.66%	-0.49%	-0.53%	-0.66%	-0.48%	-0.53%	-0.64%	-0.47%	-0.52%
58	-0.64%	-0.47%	-0.51%	-0.64%	-0.47%	-0.51%	-0.62%	-0.46%	-0.50%
60	-0.62%	-0.45%	-0.50%	-0.62%	-0.45%	-0.50%	-0.60%	-0.44%	-0.49%
62	-0.60%	-0.43%	-0.48%	-0.60%	-0.43%	-0.48%	-0.58%	-0.42%	-0.47%
64	-0.58%	-0.42%	-0.46%	-0.58%	-0.42%	-0.46%	-0.57%	-0.41%	-0.45%
66	-0.56%	-0.40%	-0.45%	-0.56%	-0.40%	-0.45%	-0.55%	-0.39%	-0.44%
68	-0.55%	-0.39%	-0.44%	-0.54%	-0.39%	-0.43%	-0.53%	-0.38%	-0.43%
70	…………	…………	…………	…………	…………	…………	…………	…………	…………

Gradient correction for different target height (from the gradient value at 10000 ft)

6000 ft	7000 ft	8000 ft	9000 ft	10000 ft
-0.49 %	-0.25 %	-0.10 %	-0.02 %	0.00 %

图 5.9 空客 PEP/TLO 计算的 A319-112 全发爬升梯度表

下面举例说明其用法。

【例 5.1】 某机场 PA 1000 ft，实际起飞重量 ATOW = 68 t，ISA 大气，离场程序要求保持 5% 梯度至 6000 ft QNH 高度。检查全发性能是否满足该离场程序的梯度要求。

解：查图 5.9，海平面机场全发起飞，在 68 t、ISA 条件下，飞机飞至加速高、干净构型且达到 250 kt 点，以及 10 000 ft 时的爬升梯度分别为 14.32%、8.83%、10.22%。

起飞机场 PA 1000 ft 的修正量分别为 − 0.54%、− 0.39%、− 0.43%。

因此，从 PA 1000 ft 机场起飞，三个点的全发梯度分别为

$$14.32\% - 0.54\% = 13.78\%$$
$$8.83\% - 0.39\% = 8.44\%$$
$$10.22\% - 0.43\% = 9.79\%$$

进一步，爬升至 6000 ft QNH 高度时的梯度修正为 − 0.49%，因此，至 6000 ft QNH 高度处的梯度为

$$9.79\% - 0.49\% = 9.3\%$$

按照飞机梯度不向下穿透程序梯度的原则，使用干净构型且达到 250 kt 点的最小梯度 8.44% 和程序梯度 5% 做比较，前者大于后者。因此该机在题目条件下，满足 SID 的梯度要求。

波音机型可通过 BCOP 软件计算特定重量、构型、推力、温度、转弯坡度下的爬升梯度或垂直分速大小，可用于判定飞机是否满足 SID 的要求。

图 5.10 和图 5.11 分别给出了计算结果，覆盖两种情况：TOGA/Flap1 和 MCL/Flap0。

```
       AIRCRAFT:   737-700        THRUST SETTING:  TKO       BANK  ANGLE:  0.
         ENGINE:   CFM56-7B-24K   AIR COND PACKS:  AUTO(ON)  ENGINES INOP:  0
    TEMPERATURE:   ISA +  0. C    FLAP  POSITION:  1         ANTI-ICE BLDS: OFF

                                        GRADIENT - (%)

         SPEED:    140.000 CAS               ALTITUDE(FT)
                        0.       1000.     2000.     3000.     4000.     5000.     6000.
         WGT(KG)
         52000.        26.24     25.44     24.65     23.88     23.11     22.37     21.57
         54000.        24.69     23.93     23.17     22.44     21.71     21.00     20.23
         56000.        23.24     22.52     21.79     21.10     20.40     19.72     18.99
         58000.        21.88     21.19     20.50     19.83     19.16     18.51     17.81
         60000.        20.61     19.94     19.28     18.64     18.00     17.37     16.70
         62000.        19.40     18.76     18.13     17.51     16.89     16.29     15.65
         64000.        18.26     17.65     17.03     16.44     15.84     15.26     14.64
         66000.        17.17     16.58     15.99     15.42     14.84     14.28     13.68
         68000.        16.14     15.57     15.00     14.45     13.90     13.36     12.78
         70000.        15.16     14.61     14.06     13.53     12.99     12.46     11.90

         SPEED:    160.000 CAS               ALTITUDE(FT)
                        0.       1000.     2000.     3000.     4000.     5000.     6000.
         WGT(KG)
         52000.        25.89     25.14     24.40     23.66     22.92     22.22     21.46
         54000.        24.55     23.83     23.12     22.41     21.71     21.03     20.31
         56000.        23.26     22.57     21.90     21.21     20.54     19.89     19.20
         58000.        22.06     21.41     20.76     20.11     19.46     18.84     18.18
         60000.        20.94     20.31     19.69     19.06     18.44     17.85     17.21
         62000.        19.88     19.27     18.67     18.07     17.47     16.90     16.28
         64000.        18.87     18.29     17.71     17.13     16.55     16.00     15.40
         66000.        17.91     17.35     16.79     16.23     15.67     15.14     14.57
         68000.        17.01     16.47     15.93     15.39     14.85     14.33     13.78
         70000.        16.15     15.63     15.11     14.58     14.06     13.56     13.03
```

SPEED:	180.000 CAS		ALTITUDE(FT)				
	0.	1000.	2000.	3000.	4000.	5000.	6000.
WGT(KG)							
52000.	24.79	24.09	23.39	22.67	21.95	21.28	20.55
54000.	23.62	22.95	22.28	21.58	20.90	20.26	19.56
56000.	22.50	21.86	21.21	20.55	19.89	19.27	18.60
58000.	21.45	20.83	20.21	19.58	18.95	18.35	17.71
60000.	20.47	19.88	19.29	18.68	18.07	17.50	16.88
62000.	19.55	18.97	18.40	17.81	17.22	16.67	16.07
64000.	18.65	18.10	17.55	16.98	16.42	15.89	15.31
66000.	17.82	17.29	16.76	16.21	15.66	15.15	14.59
68000.	17.04	16.52	16.01	15.47	14.95	14.45	13.91
70000.	16.27	15.77	15.27	14.76	14.25	13.77	13.24

图 5.10 B737-700 全发爬升梯度（BCOP TOGA/Flap1）

```
AIRCRAFT:     737-700           THRUST SETTING: MCLT      BANK ANGLE: 0.
ENGINE:       CFM56-7B-24K      AIR COND PACKS: AUTO(ON)  ENGINES INOP: 0
TEMPERATURE:  ISA + 0. C        FLAP POSITION: 0          ANTI-ICE BLDS: OFF
                                GRADIENT - (%)
```

SPEED:	180.000 CAS		ALTITUDE(FT)				
	2000.	3000.	4000.	5000.	6000.	7000.	8000.
WGT(KG)							
52000.	23.22	22.42	21.63	20.85	20.06	19.37	18.90
54000.	22.04	21.28	20.52	19.78	19.03	18.36	17.91
56000.	20.94	20.20	19.48	18.77	18.05	17.40	16.98
58000.	19.91	19.20	18.51	17.82	17.13	16.51	16.10
60000.	18.93	18.25	17.59	16.93	16.26	15.67	15.28
62000.	18.01	17.36	16.71	16.08	15.43	14.86	14.48
64000.	17.14	16.51	15.89	15.28	14.66	14.10	13.74
66000.	16.30	15.70	15.10	14.50	13.91	13.37	13.02
68000.	15.51	14.93	14.34	13.77	13.19	12.68	12.33
70000.	14.75	14.19	13.63	13.07	12.51	12.01	11.68

SPEED:	200.000 CAS		ALTITUDE(FT)				
	2000.	3000.	4000.	5000.	6000.	7000.	8000.
WGT(KG)							
52000.	22.17	21.37	20.61	19.88	19.18	18.54	18.04
54000.	21.10	20.34	19.61	18.91	18.24	17.63	17.15
56000.	20.11	19.37	18.67	18.00	17.36	16.77	16.31
58000.	19.18	18.47	17.80	17.16	16.54	15.98	15.54
60000.	18.30	17.63	16.98	16.36	15.76	15.22	14.80
62000.	17.48	16.83	16.21	15.61	15.04	14.52	14.11
64000.	16.71	16.08	15.47	14.90	14.34	13.84	13.44
66000.	15.97	15.37	14.78	14.23	13.69	13.21	12.82
68000.	15.27	14.69	14.12	13.59	13.07	12.59	12.22
70000.	14.61	14.04	13.50	12.98	12.47	12.02	11.66

SPEED:	220.000 CAS		ALTITUDE(FT)				
	2000.	3000.	4000.	5000.	6000.	7000.	8000.
WGT(KG)							
52000.	20.71	20.01	19.35	18.72	18.12	17.55	17.00
54000.	19.75	19.08	18.44	17.84	17.26	16.72	16.19
56000.	18.86	18.21	17.60	17.02	16.47	15.95	15.44
58000.	18.01	17.39	16.81	16.25	15.72	15.22	14.73
60000.	17.23	16.63	16.07	15.53	15.02	14.54	14.07
62000.	16.49	15.91	15.37	14.85	14.36	13.89	13.44
64000.	15.79	15.24	14.71	14.21	13.74	13.29	12.85
66000.	15.14	14.60	14.09	13.61	13.15	12.71	12.29
68000.	14.51	13.99	13.50	13.03	12.59	12.17	11.76
70000.	13.93	13.42	12.94	12.49	12.06	11.65	11.25

图 5.11 B737-700 全发爬升梯度（BCOP MCL/Flap0）

更为复杂的全发性能验证可以通过计算全发航迹垂直剖面的方式进行。下面通过性能航迹软件，首先学习全发沿 SID 的航迹计算方式，对这种方法进行逐步学习。

航迹计算需要使用制造商提供的航迹计算性能软件。波音机型为 BCOP 软件，空客机型为 PEP/OFP 模块。

这种软件内部使用飞机经试飞验证的气动力数据和发动机数据，根据飞行动力学方程，计算飞机在特定大气条件下和飞机构型下，一发失效和全发下的三维飞行航迹。由于软件核心数据的商业机密问题和适航的法律责任问题，除制造商外的任何第三方是无权提供这类软件的。

航迹计算性能软件是通过详细设置飞行过程每一步的起点与结束条件，按水平剖面和垂直剖面的形式，分别输入软件，最终可计算得到描述三维航迹的数据表，这个数据表一般以 1 s 为计算步距，给出了整个航迹的参数时间历程。

5.2.2 波音全发航迹剖面计算

图 5.12 为波音机型全发起飞的典型垂直剖面划分。BCOP 在计算这个全发剖面时，是从松刹车点开始的（即图上的 S0 段）。各段的 BCOP 软件输入界面如图 5.13～图 5.18 所示。

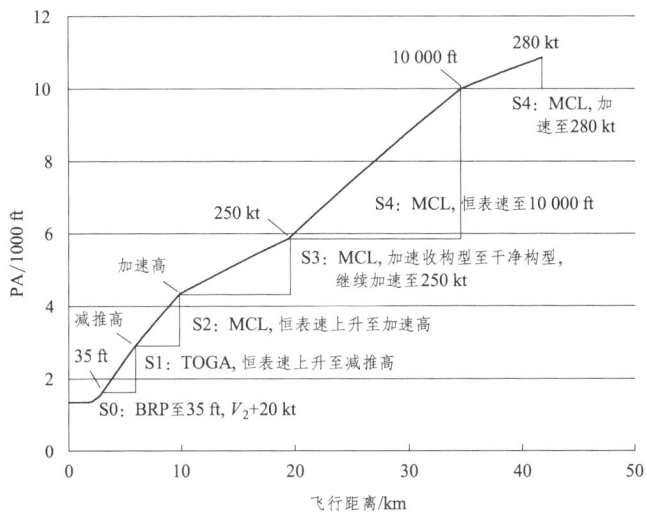

图 5.12　波音机型全发起飞典型爬升剖面

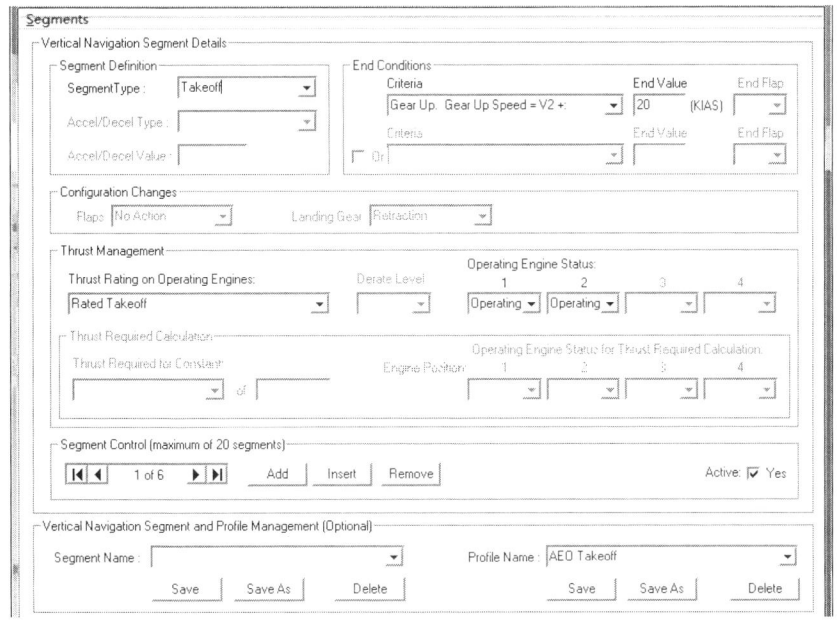

图 5.13　S0：TOGA，松刹车至 35 ft，$V_2 + 20$ kt，收起落架

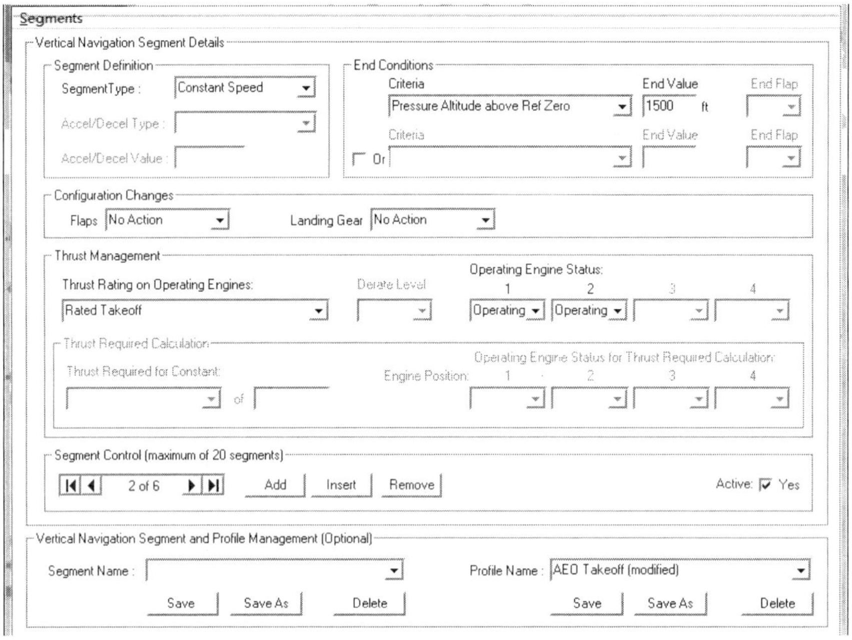

图 5.14　S1：TOGA，恒表速至减推高

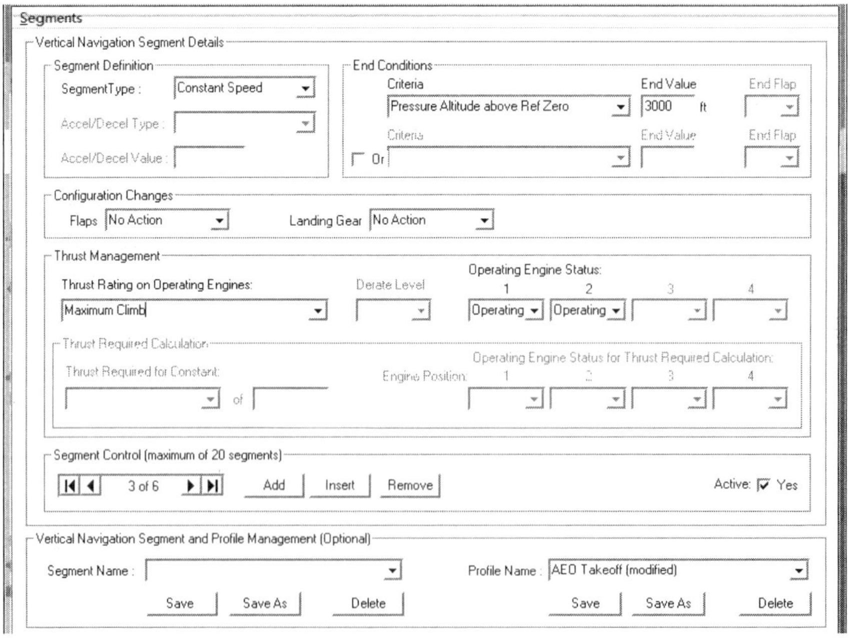

图 5.15　S2：MCL，恒表速至加速高

第 5 章 离场程序性能分析

图 5.16　S3：MCL，45% 能量比加速收构型至干净构型，然后继续加速至 250 kt

图 5.17　S4：MCL，恒表速至 10 000 ft

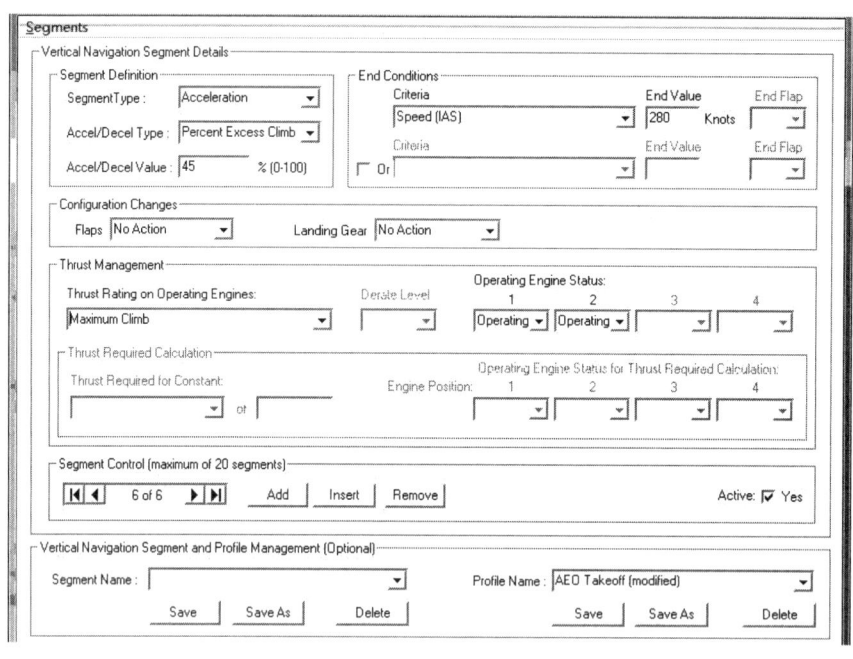

图 5.18 S5：MCL，45% 能量比加速至 280 kt

图 5.19 给出了其计算结果（局部）以及计算给出的全部参数。对于 BOCP，基本每秒一个计算点，每个计算点可包含 72 个参数。

```
                    INITIAL CONDITION SET:

    Airframe:       737-700          Airport      : ZUCK         Gross Weight   : 69399   (KG)
    Engine  :       CFM56-7B-24K     Runway       : 20R (199?)   Flap Position  : 1
    Database:       3724K            Temperature  : 32.0 (C)     Gear Position  : Extended
    Version :       3724K/1.04       Wind         : 0   (KT)/0?  AC Bleed       : Auto (On)
    Dated   :       27-MAR-2010      Altitude     : 1348 (FT)    AI Bleed       : Off
    CG      :       FWD              Assumed T    : N/A  (C)

                    VERTICAL PROFILE - AEO Takeoff
```

Segment	Segment Type	Acc/Dec Type	End Condition	Flap	Gear	Thrust
1	Takeoff	N/A	Gear Up. V2 + 20	N/A	RET	TKO
2	Constant Speed	N/A	1500. ft Press Alt above Ref0	N/A	N/A	TKO
3	Constant Speed	N/A	3000. ft Press Alt above Ref0	N/A	N/A	MCLT
4	Acceleration	45% Excess Clb	250. IAS	RET	N/A	MCLT
5	Constant Speed	N/A	10000. ft Press Alt (MSL)	N/A	N/A	MCLT
6	Acceleration	45% Excess Clb	280. IAS	N/A	N/A	MCLT

```
                    HORIZONTAL PROFILE - 20R Straight Out
```

Segment	Segment Type	Segment End
1	Fly 199? Heading	End at Press Alt 18000 ft (MSL)

```
                               FLIGHT PATH DATA
```

Time (SEC)	Delta Geometric Height (FT)	Geometric Height (MSL) (FT)	Pressure Altitude (MSL) (FT)	Ground Track Distance (M)	Magnetic Heading (DEG)	Indicated Airspeed (KT)	True Airspeed (KT)	Stall Speed Margin	Flight Path Grad (%)	Static Air Temp (C)	Gross Weight (KG)
0	0	1348	1349	0	199	0	0	9E+20	9E+20	32	69399
.39	0	1348	1349	.2	199	9.2	2	9E+20	9E+20	32	69398
.79	0	1348	1349	.81	199	11	4	9E+20	9E+20	32	69397
1.19	0	1348	1349	1.83	199	12.8	6	9E+20	9E+20	32	69396
1.59	0	1348	1349	3.27	199	14.6	8	9E+20	9E+20	32	69395

……

33.06	0	1348	1349	1283.47	199	134.5	142	9E+20	9E+20	32	69336
33.64	0	1348	1349	1325.96	199	136.3	144	9E+20	9E+20	32	69335
34.22	0	1348	1349	1369.39	199	138.1	146	9E+20	9E+20	32	69334
34.81	0	1348	1349	1413.8	199	139.9	148	9E+20	9E+20	32	69333
35.4	0	1348	1349	1459.18	199	141.7	150	9E+20	9E+20	32	69333
36	0	1348	1349	1505.58	199	143.5	152	9E+20	9E+20	32	69332
36.07	0	1348	1349	1511.29	199	143.7	152.24	9E+20	9E+20	32	69331
39.22	0	1348	1349	1765.88	199	152.7	162.37	9E+20	9E+20	32	69328
43.06	35	1383	1382	2095.75	199	162.1	171.17	1.242	7.43	32	69309
44	55	1404	1400	2178.24	199	162.9	172.08	1.245	7.44	31.9	69307
45	77	1425	1421	2266.64	199	163.7	173.04	1.252	7.43	31.9	69305
46	98	1447	1441	2355.54	199	164.6	174	1.258	7.42	31.8	69303
47	120	1469	1461	2444.93	199	165.5	174.96	1.265	7.4	31.8	69301
48	142	1490	1482	2534.81	199	166.3	175.92	1.271	7.39	31.8	69298
49	164	1512	1502	2625.19	199	167.2	176.88	1.278	7.38	31.7	69296
50	186	1534	1523	2716.07	199	168.1	177.85	1.284	7.36	31.7	69294
50.22	191	1539	1527	2735.99	199	168.3	178.06	1.286	7.35	31.7	69294
50.22	191	1539	1527	2735.99	199	168.3	178.06	1.291	14.53	31.7	69294
51	225	1573	1559	2806.86	199	168.3	178.14	1.291	14.52	31.6	69292
52	268	1616	1599	2897.57	199	168.3	178.25	1.291	14.5	31.5	69290
53	311	1659	1640	2988.33	199	168.3	178.35	1.29	14.48	31.5	69288
54	354	1703	1680	3079.15	199	168.3	178.46	1.29	14.46	31.4	69286
55	397	1746	1720	3170.02	199	168.3	178.56	1.29	14.44	31.3	69284
56	440	1789	1761	3260.95	199	168.3	178.67	1.29	14.42	31.2	69282
57	483	1832	1801	3351.94	199	168.3	178.78	1.29	14.4	31.1	69280
58	526	1875	1841	3442.98	199	168.3	178.88	1.29	14.38	31.1	69277
59	569	1918	1881	3534.09	199	168.3	178.99	1.29	14.36	31	69275
60	612	1961	1921	3625.24	199	168.3	179.09	1.29	14.34	30.9	69273
61	655	2004	1962	3716.46	199	168.3	179.2	1.29	14.32	30.8	69271
62	698	2047	2002	3807.73	199	168.3	179.31	1.29	14.31	30.7	69269
63	741	2089	2042	3899.05	199	168.3	179.41	1.29	14.29	30.7	69267
64	784	2132	2082	3990.44	199	168.3	179.52	1.289	14.27	30.6	69265

图 5.19 波音 BCOP 全发起飞航迹计算结果（局部）

5.2.3 空客全发航迹剖面计算

图 5.20 为空客机型全发起飞的典型垂直剖面划分。OFP 在计算这个全发剖面时，是从松刹车点开始的（即图上的 S0 段）。OFP 在处理加速收构型段时，需要对各段（S3、S4、S5、S6）分别处理，并在特殊情况下，避免速度超过 V_{FE}。输入界面的"Operating Speed"按钮可查阅 V_{FE} 及绿点速度等，如图 5.21 所示。各段的 OFP 软件输入界面分别如图 5.22 ~ 图 5.30 所示。

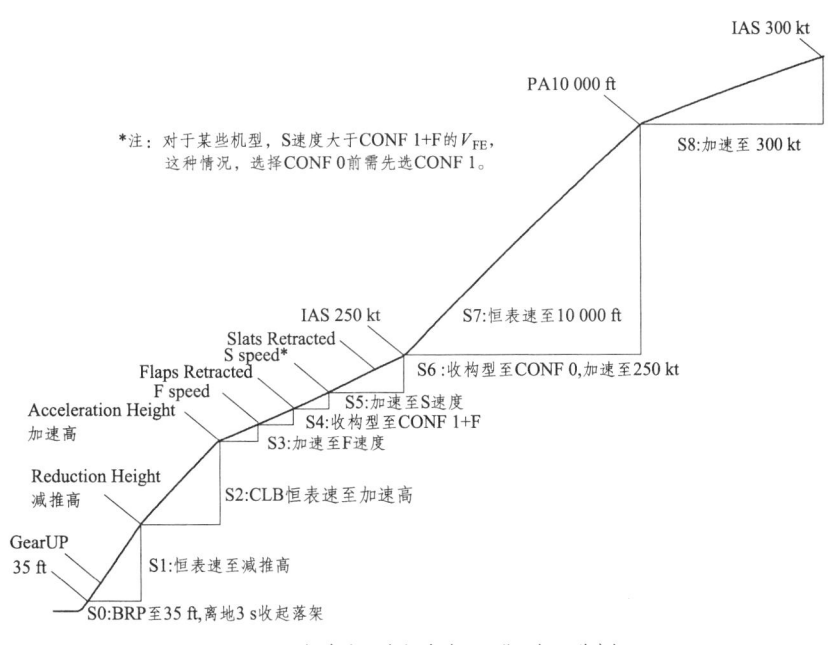

图 5.20 空客机型全发起飞典型爬升剖面

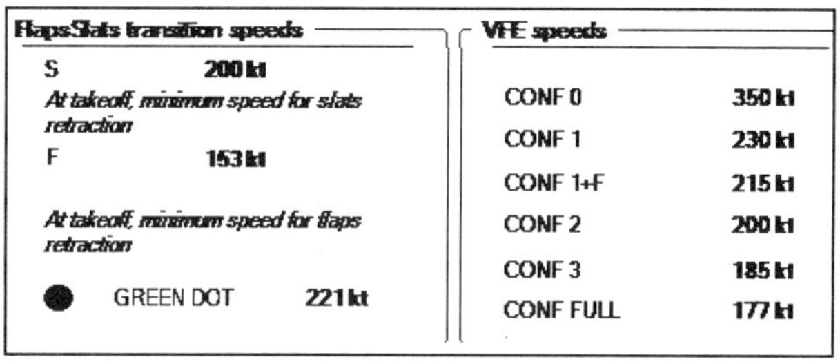

图 5.21 通过"Operating Speed"按钮可查阅 V_{FE} 及绿点速度

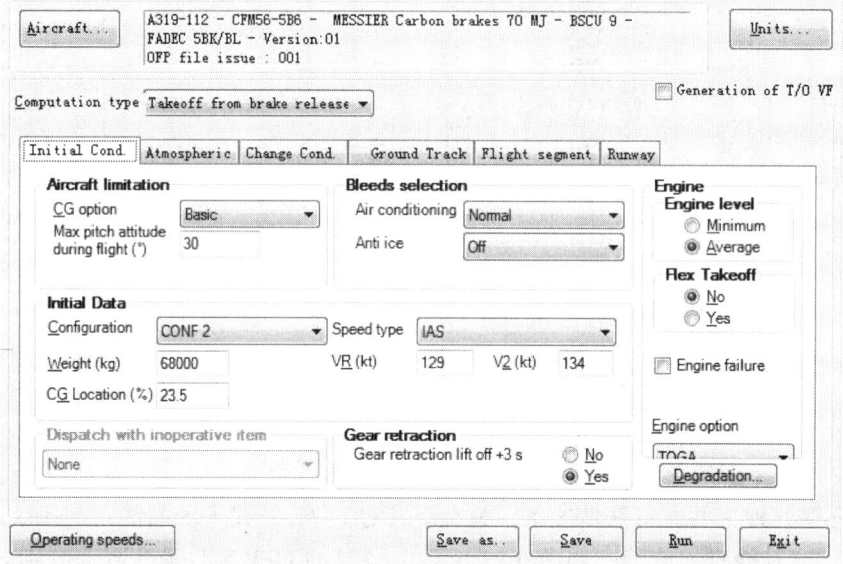

图 5.22 S0：TOGA，松刹车至 35 ft，全发，离地 3 s 自动收起落架

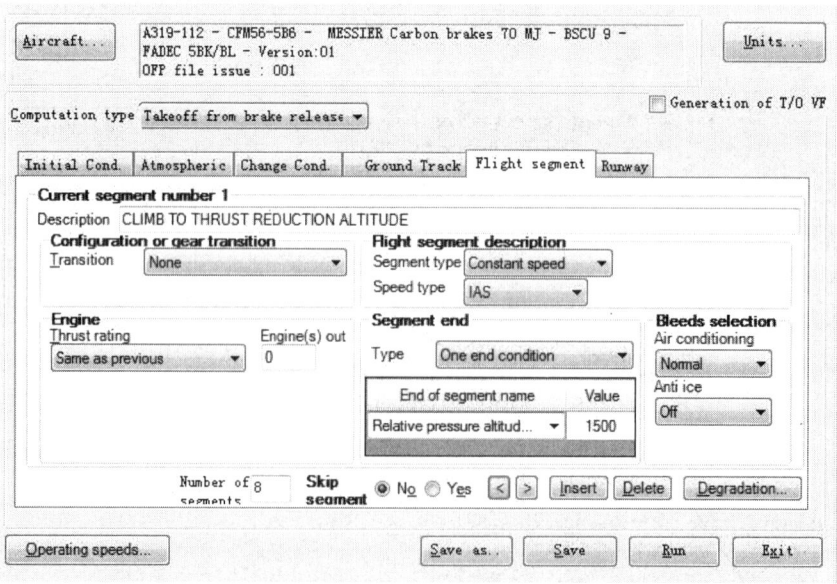

图 5.23 S1：TOGA，恒表速至减推高，设定减推高数值

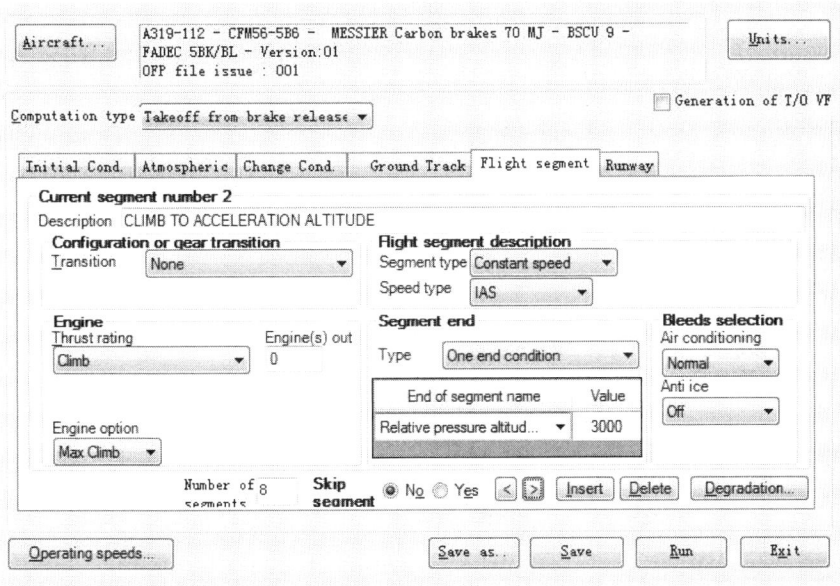

图 5.24　S2：MCL，恒表速至加速高，设定加速高数值

图 5.25　S3：MCL，能量分享加速至 F 速度

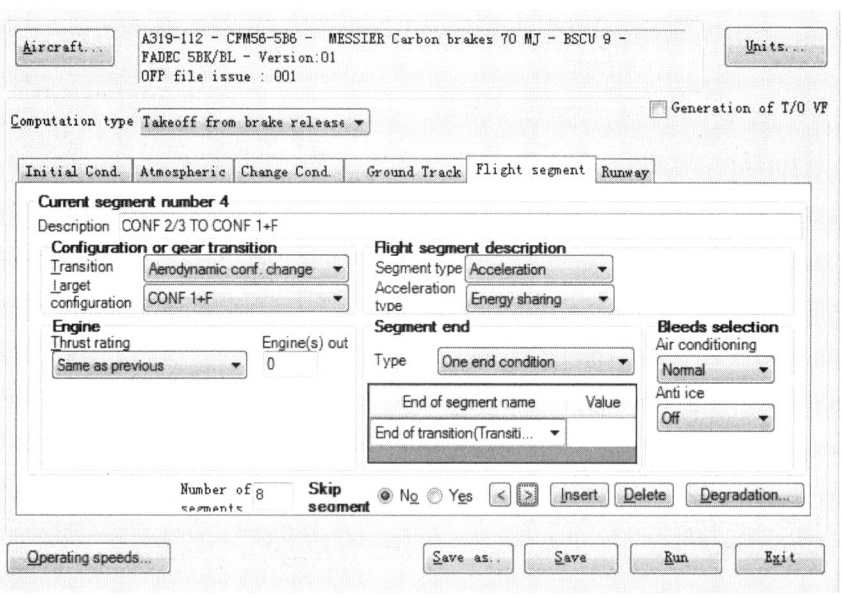

图 5.26　S4：MCL，构型变换至 CONF 1+F，能量分享加速，结束于构型变换完毕

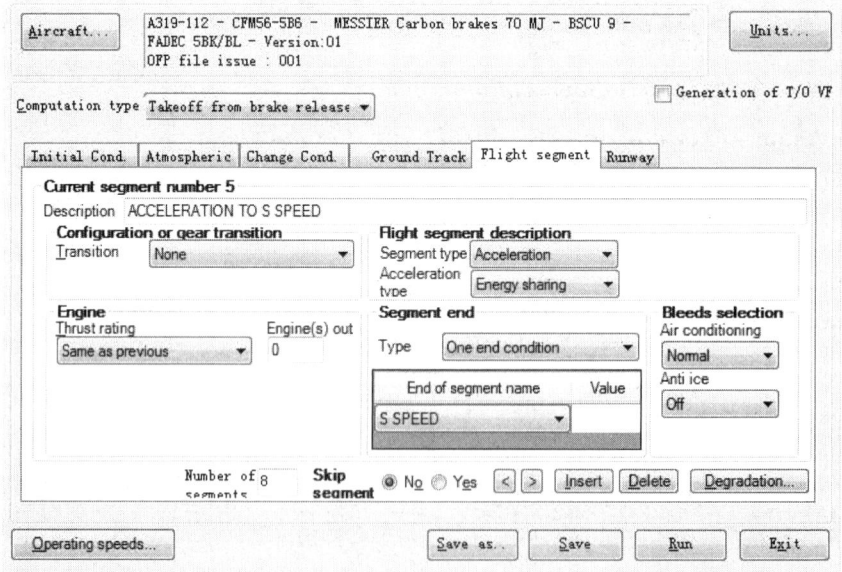

图 5.27　S5：MCL，能量分享加速至 S 速度（或 Auto RET Speed）

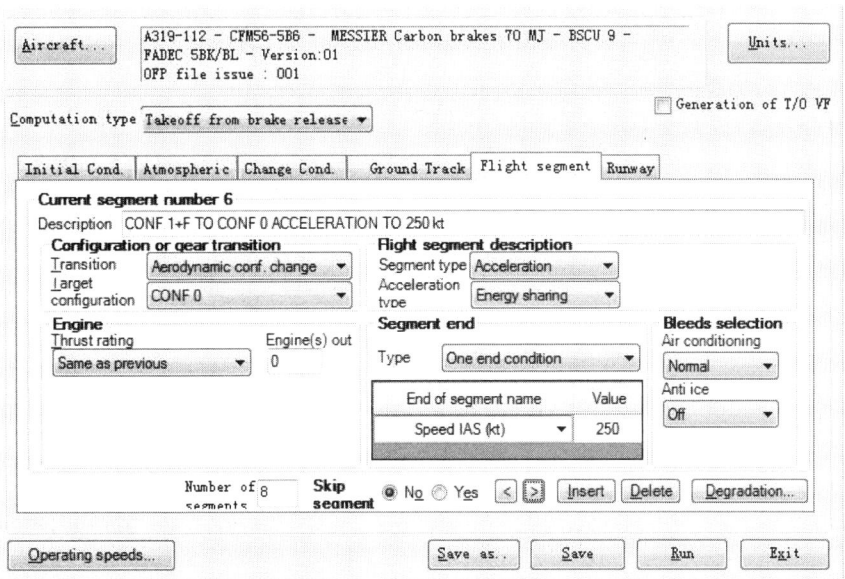

图 5.28　S6：MCL，构型变换至 CONF 0，能量分享加速，结束于 250 kt 表速

图 5.29　S7：MCL，恒表速至 10 000 ft

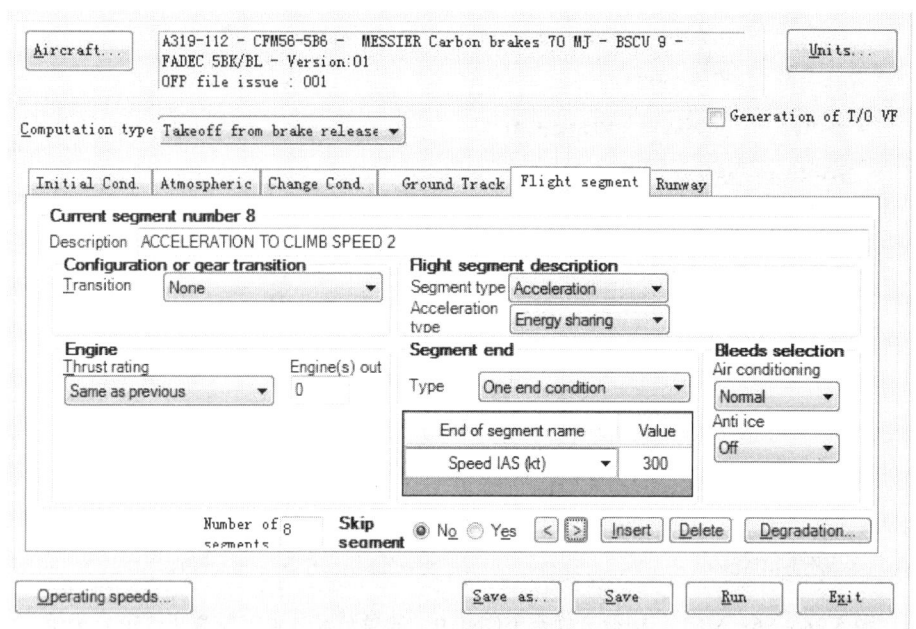

图 5.30 S8：MCL，能量分享加速至 300 kt

图 5.31 给出了其计算结果（局部）以及计算给出的全部参数。对于 OFP，基本每秒一个计算点，每个计算点可包含 22 个参数。

通过这样的计算结果，可以使用其他软件进行后期处理，进一步绘出航迹的平面图，基于标称航迹，可计算得到 121 部一发失效保护区以及航迹的垂直剖面图。

在此基础上，可判定飞机总航迹是否满足 SID 程序要求。

5.3 SID 的一发失效性能验证

对于一个机场，在全发性能验证完毕后，重要的是进行一发失效沿 SID 航迹飞行的净航迹越障验证。

大部分普通机场，沿 SID 航迹，只存在近、中距范围内的障碍物，通过将这些障碍物纳入起飞分析表计算，即可确保 V_1 前一发失效，飞机在这些障碍物上空的越障裕度满足运行规章要求。对于起飞分析表没有考虑的远距障碍物，必须进行额外的性能验证。一般使用航迹计算性能软件，计算沿 SID 飞行的整个一发失效总航迹，进而计算净航迹，来进行越障判定。

远距越障性能验证首先应满足：沿整个 SID 的一发失效净航迹满足 121 部的越障要求；进而，当一发失效总航迹与净航迹垂直差超过 ICAO DOS 8168 全发航路越障标准后，使用 ICAO DOS 8168 越障标准进行判定。如果不能满足，应考虑减小起飞重量。如果减载严重，应考虑重新设计一条离场轨迹，专供一发失效情况下使用，即后面要学习的起飞一发失效应急程序（EOSID）。在复杂地形的山区机场和高原机场，常常需要进行这种性能验证工作。

第 5 章　离场程序性能分析

Event	Time SEC	X M	Y M	Height FT	Zp(Std) FT	Zp(QNH) FT	Gr dist M	Mach	V CAS KT	V IAS KT	V TAS KT	VZp FT/MN	AeroGrad %	Pitch DEG	AOA DEG	Bank DEG	MagHead DEG	Weight KG	Lift DAN	Drag DAN	TotThrust DAN	N1 %
SG00	0	0	0	0	1348	1348	0	0	0	0	0	0	0.0	0.1	0.1	0	199	68000	0	0	3620	29
	1	1	0	0	1348	1348	0	0.002	1	1	1	0	0.0	0.1	0.1	0	199	67999	1	0	4753	33
	2	1	0	0	1348	1348	1	0.004	2	2	3	0	0.0	0.1	0.1	0	199	67999	10	1	8107	46
	3	3	0	0	1348	1348	3	0.008	4	4	5	0	0.0	0.1	0.1	0	199	67997	42	5	12136	60
	4	7	0	0	1348	1348	7	0.014	9	7	9	0	0.0	0.1	0.1	0	199	67996	125	14	16094	75
	5	13	0	0	1348	1348	13	0.022	14	10	14	0	0.0	0.1	0.1	0	199	67994	292	32	19480	88
	6	22	0	0	1348	1348	22	0.03	19	15	20	0	0.0	0.1	0.1	0	199	67991	555	60	19302	88
	7	33	0	0	1348	1348	33	0.038	25	20	25	0	0.0	0.1	0.1	0	199	67989	895	97	18946	87
	8	48	0	0	1348	1348	48	0.046	30	25	30	0	0.0	0.1	0.1	0	199	67987	1308	142	18778	87
	9	65	0	0	1348	1348	65	0.054	35	30	35	0	0.0	0.1	0.1	0	199	67985	1794	195	18650	87
	10	84	0	0	1348	1348	84	0.062	40	35	41	0	0.0	0.1	0.1	0	199	67983	2351	256	18560	87
	11	106	0	0	1348	1348	106	0.069	45	40	46	0	0.0	0.1	0.1	0	199	67981	2978	324	18472	87
	12	131	0	0	1348	1348	131	0.077	50	45	51	0	0.0	0.1	0.1	0	199	67979	3671	400	18385	87
	13	159	0	0	1348	1348	159	0.085	55	50	56	0	0.0	0.1	0.1	0	199	67977	4431	482	18300	88
	14	189	0	0	1348	1348	189	0.092	60	55	61	0	0.0	0.1	0.1	0	199	67975	5253	572	18216	88
	15	221	0	0	1348	1348	221	0.1	64	60	66	0	0.0	0.1	0.1	0	199	67973	6136	668	18134	88
	16	256	0	0	1348	1348	256	0.107	69	64	71	0	0.0	0.1	0.1	0	199	67971	7076	771	18015	88
	17	294	0	0	1348	1348	294	0.114	74	69	75	0	0.0	0.1	0.1	0	199	67969	8070	879	17896	88
	18	334	0	0	1348	1348	334	0.122	78	74	80	0	0.0	0.1	0.1	0	199	67966	9114	993	17780	88
	19	376	0	0	1348	1348	376	0.129	83	78	85	0	0.0	0.1	0.1	0	199	67964	10205	1112	17667	88
	20	421	0	0	1348	1348	421	0.136	88	83	89	0	0.0	0.1	0.1	0	199	67962	11342	1236	17556	88
	21	468	0	0	1348	1348	468	0.143	92	87	94	0	0.0	0.1	0.1	0	199	67960	12521	1365	17448	88
	22	517	0	0	1348	1348	517	0.149	96	91	98	0	0.0	0.1	0.1	0	199	67958	13739	1498	17341	88
	23	569	0	0	1348	1348	569	0.156	101	96	103	0	0.0	0.1	0.1	0	199	67956	14996	1635	17264	88
	24	623	0	0	1348	1348	623	0.163	105	100	107	0	0.0	0.1	0.1	0	199	67954	16289	1776	17191	88
	25	679	0	0	1348	1348	679	0.169	109	104	111	0	0.0	0.1	0.1	0	199	67952	17616	1922	17120	88
	26	738	0	0	1348	1348	738	0.176	113	108	116	0	0.0	0.1	0.1	0	199	67949	18975	2070	17050	88
	27	798	0	0	1348	1348	798	0.182	117	112	120	0	0.0	0.1	0.1	0	199	67947	20363	2222	16981	88
	28	861	0	0	1348	1348	861	0.188	121	116	124	0	0.0	0.1	0.1	0	199	67945	21777	2378	16913	88
	29	926	0	0	1348	1348	926	0.194	125	120	128	0	0.0	0.1	0.1	0	199	67943	23215	2535	16847	88
VR	30	993	0	0	1348	1348	993	0.2	129	124	132	0	0.0	0.1	0.1	0	199	67941	24675	2696	16782	88
	30.32	1014	0	0	1348	1348	1014	0.202	131	128	133	0	0.0	0.6	0.6	0	199	67940	25140	2747	16765	88
	30.82	1049	0	0	1348	1348	1049	0.205	132	129	135	0	0.0	2.4	2.4	0	199	67939	27823	2860	16740	88
	31.32	1084	0	0	1348	1348	1084	0.208	134	131	137	0	0.0	6.2	6.2	0	199	67938	35709	3121	16715	88
	31.82	1119	0	0	1348	1348	1119	0.211	136	133	139	0	0.0	6.2	6.2	0	199	67937	50903	3965	16690	88
VLOF	32.23	1149	0	0	1348	1348	1149	0.213	138	135	140	0	0.0	9.4	9.4	0	199	67936	62317	5055	16672	88
	32.73	1185	0	4	1349	1352	1185	0.216	139	136	142	179	1.2	13.2	12.5	0	199	67935	73378	6707	17005	88
	33.23	1221	0	9	1357	1352	1221	0.217	140	139	143	497	3.4	17.1	15.1	0	199	67934	81849	8267	16983	88
	33.73	1258	0	17	1365	1358	1258	0.218	141	140	144	808	5.6	18.0	14.8	0	199	67933	81394	8269	16969	88
	34.23	1295	0	27	1375	1365	1295	0.219	141	141	144	1072	7.4	18.0	13.8	0	199	67932	78439	7889	16957	88
	34.73	1332	0	35	1383	1375	1332	0.22	142	141	145	1292	8.9	18.0	12.9	0	199	67931	75588	7580	16947	88
35FT S	35.1	1360	0	63	1384	1384	1360	0.22	142	141	145	1431	9.8	18.0	12.4	0	199	67930	73706	7399	16941	88
	36.1	1434	0	96	1411	1411	1434	0.22	142	142	145	1873	12.9	20.2	11.0	0	199	67928	75686	7460	16935	88
	37.1	1508	0	131	1444	1447	1508	0.22	142	142	145	2095	14.4	19.2	10.1	0	199	67925	68598	6589	16926	88
	38.1	1581	0	169	1480	1480	1581	0.22	142	142	145	2201	15.2	18.7	9.7	0	199	67923	64826	6170	16917	88
	39.1	1655	0	206	1517	1519	1655	0.22	142	142	145	2253	15.5	18.5	9.7	0	199	67921	63084	5959	16907	88
	40.1	1729	0	206	1555	1555	1729	0.221	142	142	145	2279	15.7	18.4	9.5	0	199	67919	62259	5849	16897	88

图 5.31　空客 OFP 全发起飞航迹计算结果（局部）

前面学习了波音、空客全发航迹计算软件的基本使用方法。下面将学习如何构建一发失效总航迹与净航迹，以及如何使用 121 规章要求或 ICAO DOS 8168 程序标准进行越障判定。

5.3.1 机场数据

下面使用波音、空客的性能软件计算，将以重庆江北机场 20R 跑道为例进行介绍。

重庆江北机场（ZUCK）现有 4 条平行跑道，20R 跑道在最西侧，也常称为一跑道。其具体数据为：标高 411 m/1348 ft，不考虑跑道坡度，跑道长度 3200 m；磁差 2°W，跑道磁航向 199°MAG，月平均最高气温 32℃。

重庆江北机场位于城市的东北侧，属浅丘陵地形，净空较好，跑道南侧地形低于跑道标高，20R 跑道没有设计起飞一发失效应急程序。按无障碍物条件计算起飞分析表。

使用的 20R SID UNRIX-11D 为传统离场程序，起飞后向南离场。程序图如图 5.32 所示。在长生桥 VOR 前后和向南沿 179°航迹的飞行段有较高的地形障碍物。

5.3.2 波音一发失效航迹剖面计算

在一发失效情况下，飞机的飞行剖面如同前一章讲授的起飞飞行航迹 4 个段的描述。通过在 BCOP 各界面设置各段详细的起止点信息，可计算得到类似于全发起飞的飞行数据。需要指出的是：对于 V_{EF} 一发失效起飞的情况，BCOP 只能从 35 ft 点开始计算。35 ft 前的数据，需要依赖起飞分析软件 BPS 的计算结果。因此，需要设置 V_{EF} 一发失效起飞至 35 ft 点的参数，包括跑道头 BRP 端的经纬度坐标、一发失效起飞距离、起始点 35 ft 处的高、起始点 35 ft 处的速度、磁航向等。

起飞分析点计算主要参数如下：

B737-700/CFM56-7B24，Flap1，A/C AUTO，A/I OFF，32 ℃，静风，QNH1013.25，干道面，MTOW 69 399 kg（结构限重），$V_1/V_R/V_2$ =142/144/148 kt，改进爬升速度增量 0 units，一发失效最低/最高改平高 = 400/965 ft，一发失效 TOD_{N-1} = 2415 m，对中距离 10 m。计算航迹时使用几何高 900 ft 改平。

图 5.33 ~ 图 5.37 为 B737-700 在重庆机场 20R 跑道一发失效起飞的 BCOP 设置界面与剖面航迹计算结果图。不同于全发，一发失效第 4 段保持干净构型和 V_{REF40} + 70 kt 爬升。

5.3.3 空客一发失效航迹剖面计算

在一发失效情况下，如同前面学习的起飞飞行航迹 4 个段的描述。

通过在 OFP 各界面设置各段详细的起止点信息，可计算得到类似于全发起飞的飞行数据。需要指出的是：OFP 可直接从 BRP 开始计算整个一发失效起飞飞行航迹，在设置 V_R/V_2 的同时，需要设置 V_{EF}。部分数据依赖起飞分析软件 TLO 的计算结果。

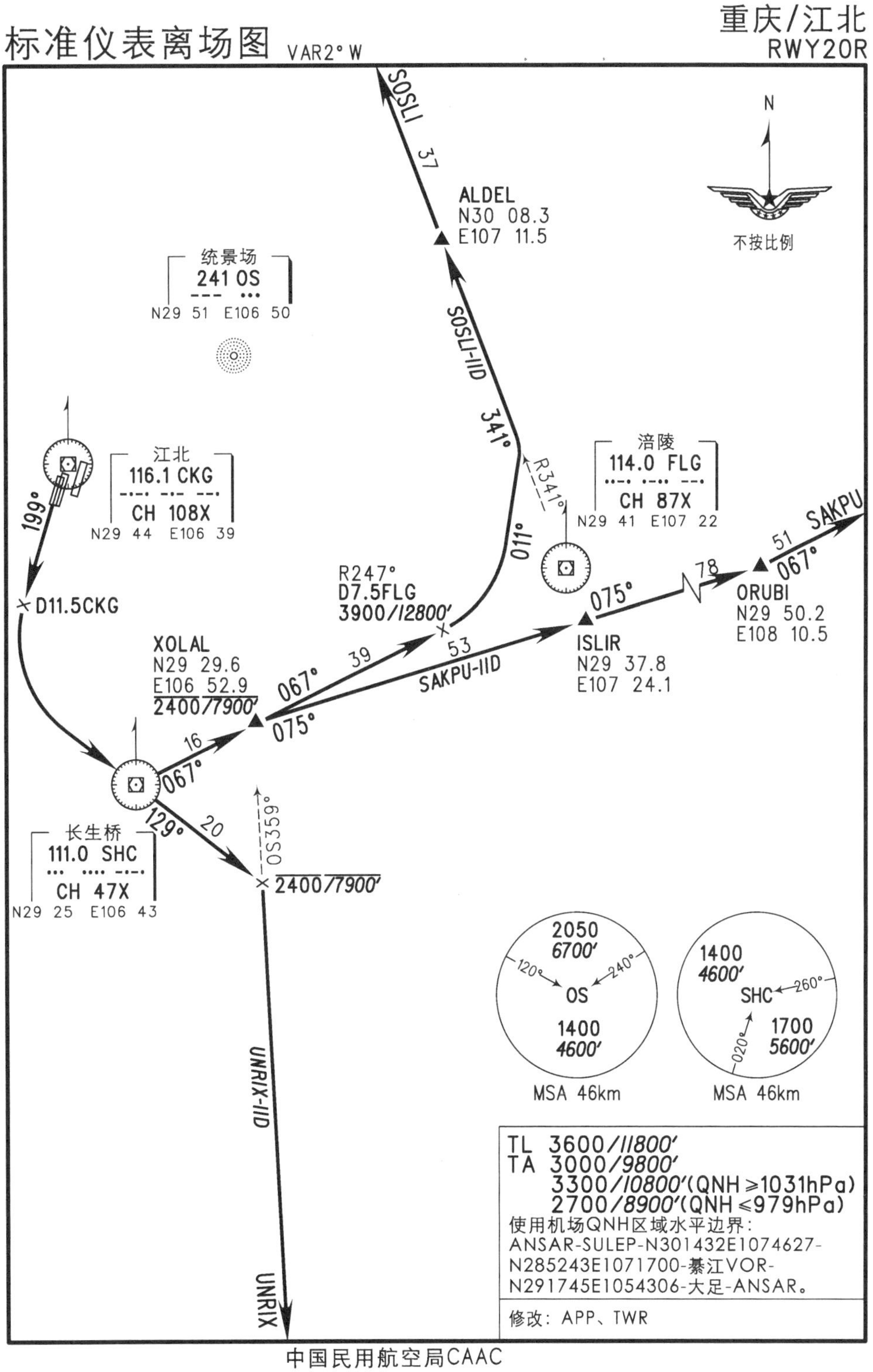

图 5.32 重庆江北机场 20R 跑道 UNRIX-11D 传统离场程序

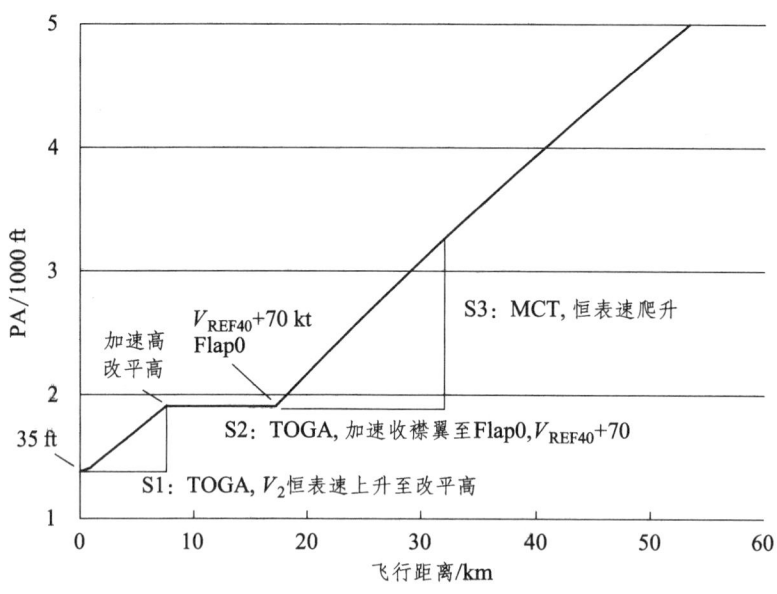

图 5.33 B737-700 一发失效 BCOP 剖面航迹

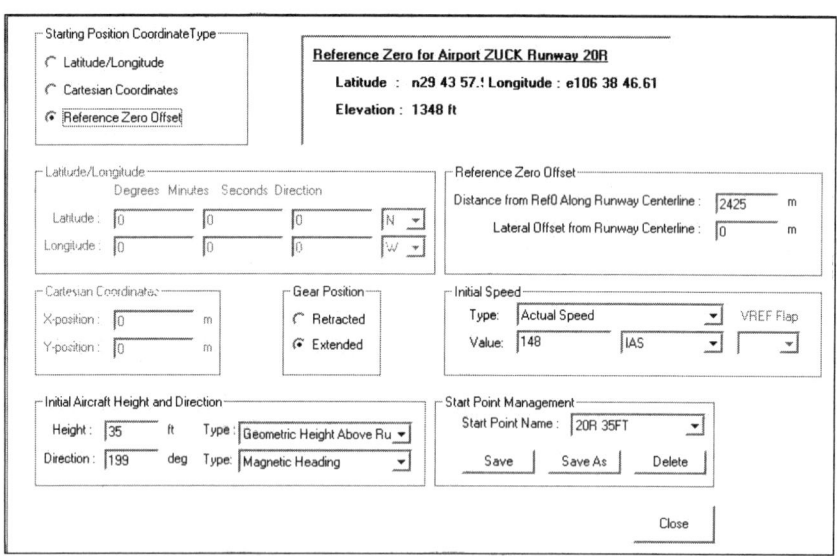

图 5.34 S0：BCOP 设置起始点

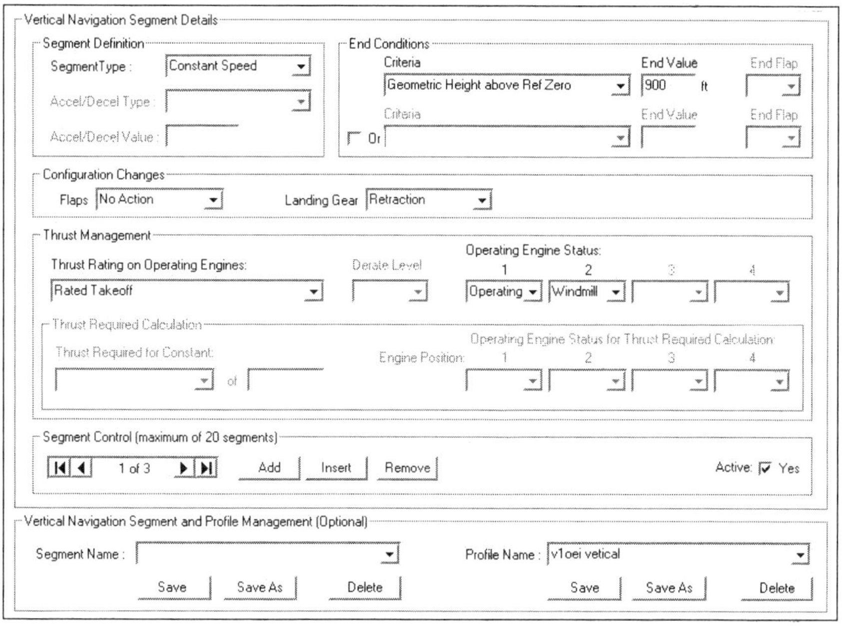

图 5.35 S1：BCOP V_2 恒表速爬升至改平高

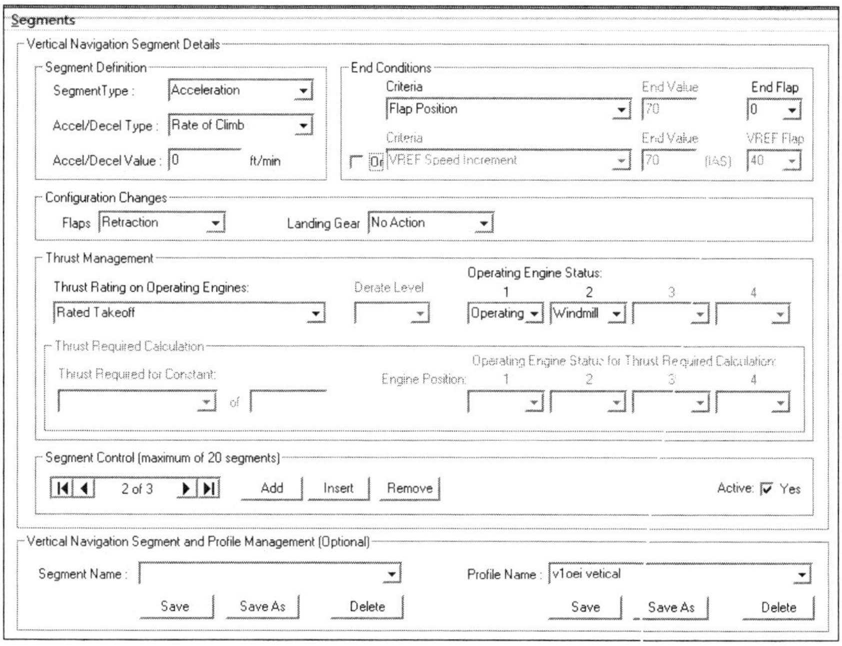

图 5.36 S2：BCOP 平飞加速收构型至 Flap0，V_{REF40} + 70 kt

图 5.37 S3：BCOP MCT 恒表速上升

起飞分析点计算主要参数如下：

A319-112/CFM56-5B6，CONF1 + F，A/C ON，A/I OFF，32 ℃，静风，QNH1013.25，干道面，MTOW 70 000 kg（结构限重），$V_1/V_R/V_2 = 135/137/142$ kt，$V_{EF} = 134$ kt，一发失效最低/最高改平高 $= 400/2007$ ft，一发失效 $TOD_{N-1} = 2302$ m，对中距离 12 m。计算航迹时使用几何高 900 ft 改平。

图 5.38 ~ 图 5.43 为 A319-112 在重庆机场 20R 跑道一发失效起飞的 OFP 设置界面与剖面航迹计算结果图。在平飞加速段，特殊情况下同样需要注意不能超过 V_{EF}。不同于全发，空客机型一发失效第 4 段保持干净构型和绿点速度爬升。

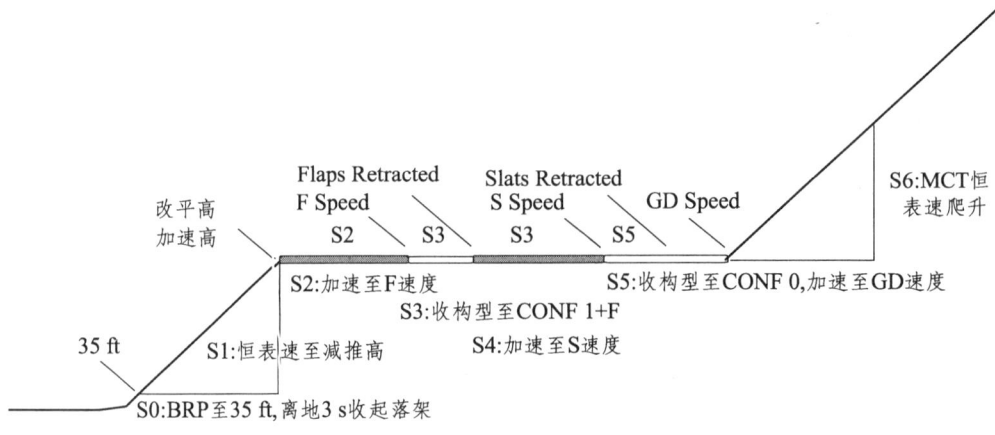

图 5.38 空客机型一发失效起飞典型爬升剖面

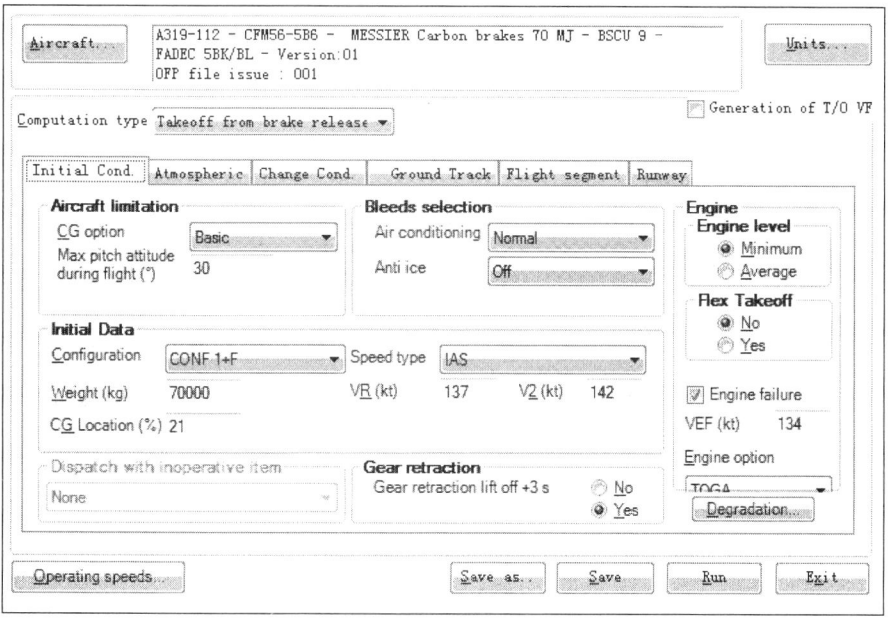

图 5.39　S0：TOGA，OFP 初始条件设置

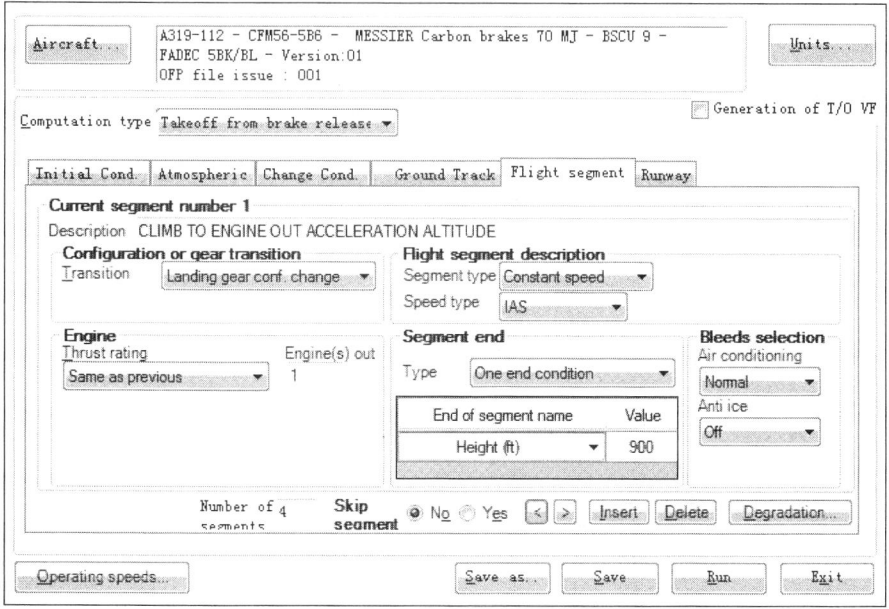

图 5.40　S1：TOGA，OFP 恒表速爬升至加速高

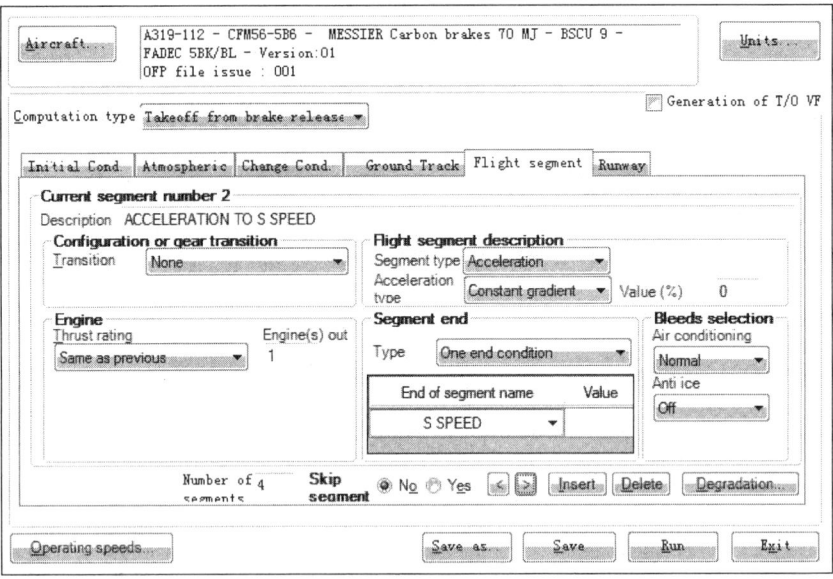

图 5.41　S2：TOGA，OFP 水平加速至 S 速度

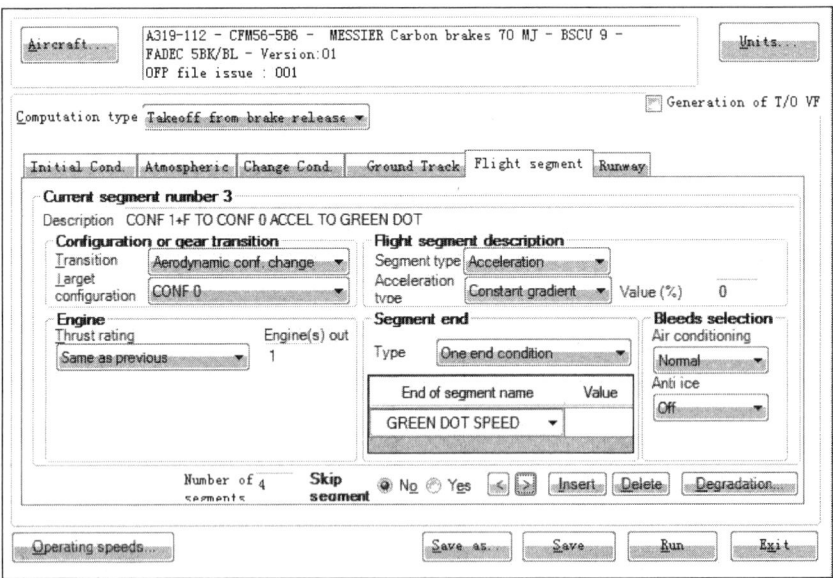

图 5.42　S3：TOGA，OFP 收襟翼至 CONF 0 并加速至绿点速度

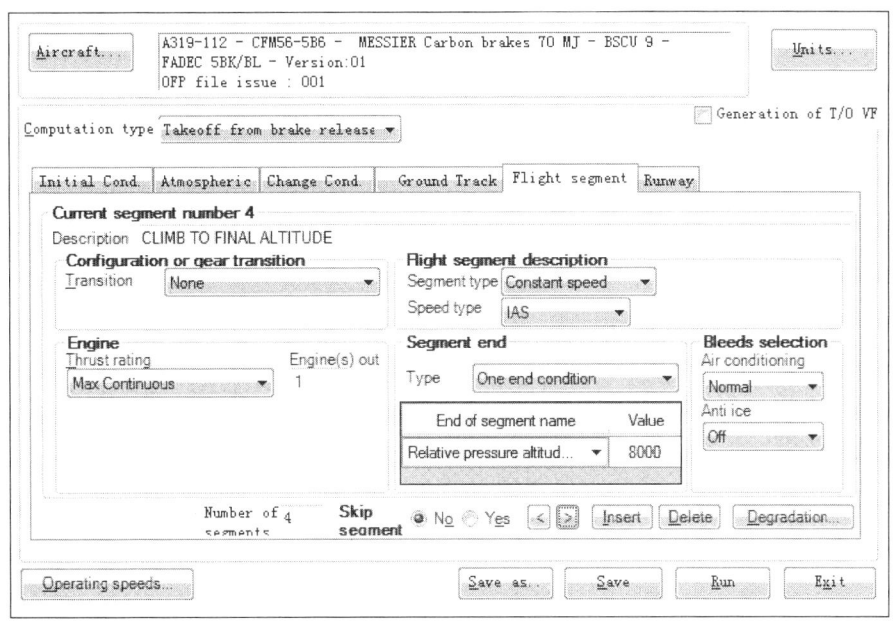

图 5.43　S4：MCT，OFP 恒表速爬升

5.3.4　SID 航迹的平面描述

为进行航迹性能计算，除前面学习的剖面参数设置以外，我们还需要学习性能软件关于 SID 平面参数的设置与描述知识。

地球上任意一点均可使用经纬度组成的坐标描述，这样的坐标是基于地理坐标系统进行描述的，不同的地理坐标系统（如北京 54 坐标、WGS84 坐标）上，相同的经纬度对应的物理地点是不同的。在包括民航航空资料汇编（AIP）、飞机内部导航定位中使用的坐标系均为 WGS84。

地球的真北（旋转轴位置）和磁北（磁极位置）不同，两者的角度差称为磁差。磁差在地球各地均不相同，且随时间而缓慢变化。如果磁北在真北的东面，叫作东磁差，记以 E 字或 + 号；反之，叫作西磁差，记以 W 字或 – 号。即：

$$真北（True\ North）+ 磁差（Magnetic\ Variation）= 磁北（Magnetic\ North）$$

从北极沿顺时针方向到飞机纵轴前方线的夹角称为航向（Heading），从北极沿顺时针方向到飞机地面轨迹线的夹角称为航迹（Track）。

常用的地面导航台分为无向性无线电信标（Non Directional Beacon，NDB）和甚高频全向信标（Very high frequency Omnidirectional Range，VOR）。NDB 台与飞机上的 ADF 接收机相结合，可以指示电台相对于飞机的方位（Bearing）。每个 NDB 台有一个名字和识别码，其工作频率在 LF 或 MF 波段，适合低高度导航，接受范围为 15～75 NM。VOR 台不同于 NDB 台，它向各个方向发射的信号相位是不同的，飞机上的 VOR 接收机能够区别这种不同，判断出自己在那一根径向线（Radials）上。VOR 通常与测距仪（Distance Measuring Equipment，DME）同址安装，在提供给飞行器方位、径向线信息的同时，还能提供飞行器到导航台的距离（斜距）信息。每个 VOR 台有一个名字和识别码，其工作频率在 VHF 波段，适合低、高高度导航，接受范围为 25～130 NM。图 5.44 为飞行程序上的定位点。

图 5.44 飞行程序上的定位点（从左往右：VOR、NDB、Waypoint）

传统飞行程序使用地基导航台进行定位与描述；PBN 飞行程序则主要使用星基导航（Global Navigation Satellite System，GNSS），使用由经纬度组成的航路点来定位和描述。GNSS 目前的主流是美国的 GPS，同时中国的北斗也正在发挥越来越大的作用。最低四颗卫星可提供空间定位，最低五颗卫星可提供接收机自主完好性监控（Receiver Autonomous Integrity Monitoring，RAIM），实现卫星故障判断的冗余功能。

航路点可进一步分为飞越和旁切两种类型，前者是必须飞越，后者则不必飞越（见图 5.45）。

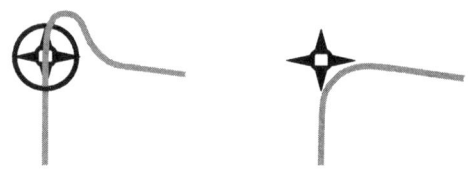

图 5.45 飞越航路点（导航台）与旁切航路点（导航台）

飞越航路点与旁切航路点相比，前者对不同性能的飞机会导致不同的航迹，后者对不同性能的飞机导致的航迹差异就较小。旁切飞行模式是使用较多的一种飞行模式，在最大坡度限制给出后，飞行管理系统（FMS）会自动确定何时开始进入、退出转弯以切入下一航段。

地基导航最终将让位于卫星导航 GNSS，作为其备份存在。

飞行程序的水平航迹可使用 ARINC-424 标准进行描述，装备于飞行管理系统（FMS）中的导航数据库。飞行性能软件中的使用的描述方法有别于 ARINC-424 标准。

在航迹计算性能软件中，须事先输入导航台/航路点的经纬度坐标。目前，波音、空客航迹计算性能软件对 NDB、VOR、Waypoint 三种定位源均是无区别对待的。即在实际计算时，可以把 NDB 航路点看成 VOR，按切入径向线的方式进行定位与引导。这给计算带来了很多便利。

对平面航迹的描述，需要明确告知性能软件每个航段的起始条件和结束条件。

起始条件一般使用如下方式进行描述：

- 飞行航向（Fly Heading）：需指定一个航向。
- 飞行航迹向台（Fly Track to Navaid）：需指定导航台/航路点以及径向线角度。
- 飞行航迹背台（Fly Track from Navaid）：需指定导航台/航路点以及径向线角度。
- 直飞导航台（Fly Direct to Navaid）：需指定导航台/航路点。
- 飞 DME 弧（Fly DME arc around Navaid）：需指定导航台/航路点以及 DME 距离。

结束条件一般使用如下方式进行描述：

- 在某个点结束（No Turn at ...），这个点包括在台（at Navaid）、在 DME 距离（at DME）、在高度（at Altitude）、在径向线（at Radials）。
- 在某个点转向新航向（Turn to new Heading at ...），开始转弯的点包括在台（at Navaid）、在 DME 距离（at DME）、在高度（at Altitude）、在径向线（at Radials），需指定新航向角、坡度限制。
- 在某个点转向新导航台（Turn to new Navaid at ...），开始转弯的点包括在台（at Navaid）、在 DME 距离（at DME）、在高度（at Altitude）、在径向线（at Radials），需指定新导航台、坡度限制。
- 在某个点切入新航迹（Intercept new Navaid Track at ...），开始转弯的点包括在台（at Navaid）、在 DME 距离（at DME）、在高度（at Altitude）、在径向线（at Radials），需指定新导航台、径向线角度和坡度限制。
- 自行切入新航迹（Intercept new Navaid Track），开始转弯的点由软件/FMS 自动确定，需指定新导航台、径向线角度和坡度限制。

特别需要注意的是，实际飞机的飞行航迹受限于飞机的性能能力。如飞机不可能由一个飞行段直接转向下一飞行段，而是需要转弯进行过渡；转弯中超出最大坡度能力的飞行飞机也是无法实现的；坡度、速度决定了转弯半径，在大速度下转弯，常常由于需要大的半径而无法切入下一航段等。如果输入的条件超过了飞机的性能能力，计算将终止，无法得到希望的结果。这是初学者普遍面临的问题。

例如，图 5.46 所示的某飞行程序水平航迹，可以用性能软件的如下语句进行描述。

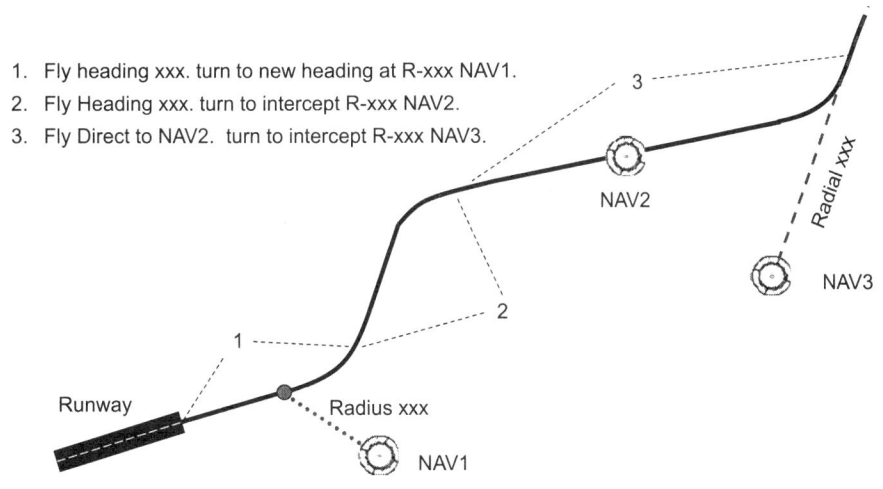

图 5.46　水平航迹的性能软件描述方法

下面以波音、空客的航迹计算性能软件为例，结合重庆江北机场 20R SID UNRIX-11D 来进行学习。

该 SID 没有近距障碍物，因此按无障碍物计算分析表分析。然后检查 SID 航迹上的三处远距障碍物是否满足越障要求。这三个远距障碍物的数据如表 5.1 所示。

表 5.1　20R SID UNRIX-11D 三个待检查的远距障碍物

障碍物	海拔高度	相对 DER 高（+15 m 树高）	相对 DER 飞行距离	相对 DER 梯度
山头	563 m/1847 ft	167 m/548 ft	20 377 m	0.82%
山头	600 m/1968 ft	204 m/669 ft	41 863 m	0.49%
山头	1111 m/3644 ft	715 m/2345 ft	66 757 m	1.07%

按前面的性能软件水平航迹描述，20R 跑道 UNRIX-11D 传统离场航迹可分为 4 段。从离地端跑道头开始，每一段的开始和结束条件如图 5.47 所示。性能软件在飞机的性能能力范围内，达到了某段的结束条件，则该段计算结束。下一段则从上一段的结束条件开始，整个过程必须自然连贯。

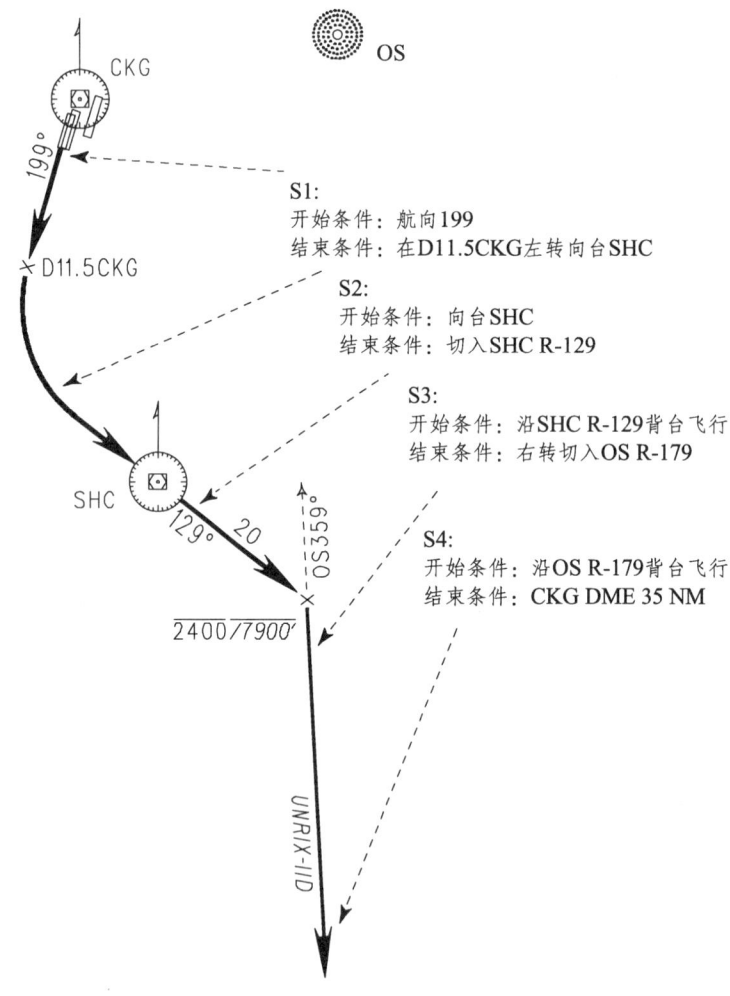

图 5.47　20R SID UNRIX-11D 水平航迹描述

该 SID 航迹与周边的地形示意如图 5.48 所示，其上标出了需要检查的三个远距障碍物位置及其标高，标高数据可在 1∶50 000 或 1∶100 000 地图上得到。

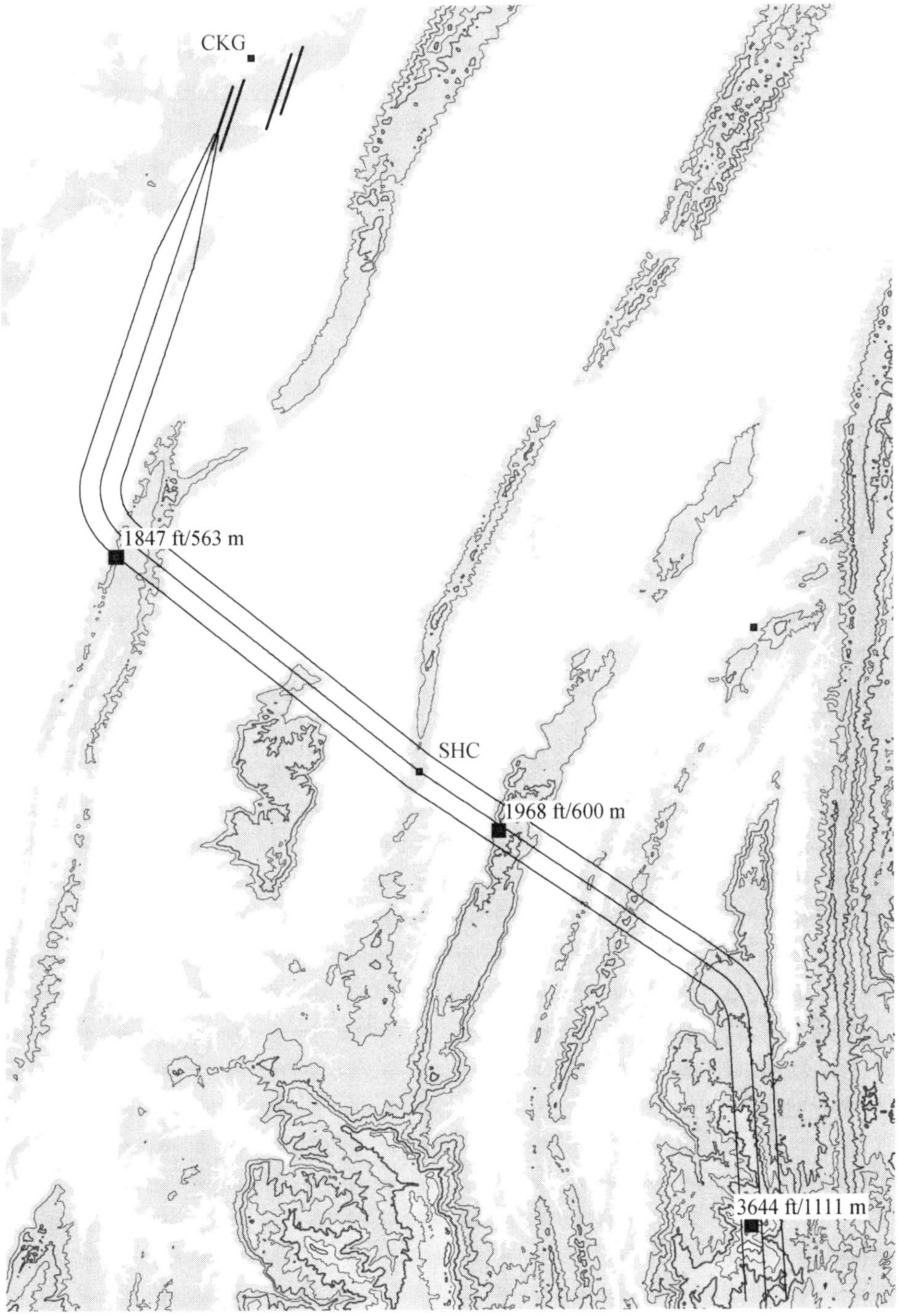

第 5 章 离场程序性能分析

图 5.48 20R SID UNRIX-11D 水平航迹与周边地形及其三个检查障碍物

5.3.5 波音航迹平面计算

在一发失效情况下，20R 跑道 UNRIX-11D 传统离场水平航迹可分为 4 段。从离地端跑道头开始，每一段的开始和结束条件在 BCOP 中的设置界面如图 5.49～图 5.52 所示。

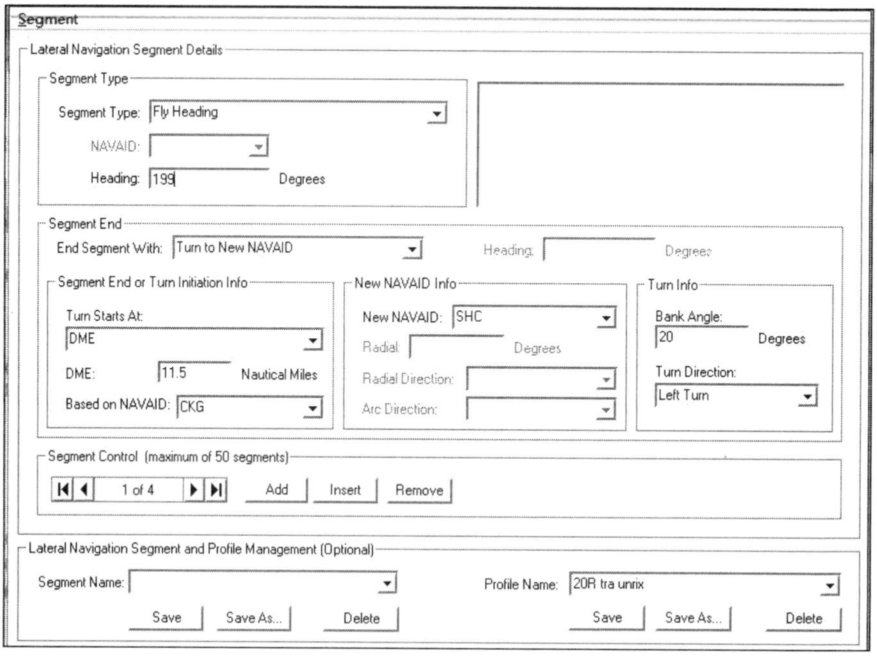

图 5.49　B737-700 BCOP 20R URNIX-11D 水平航迹 S1

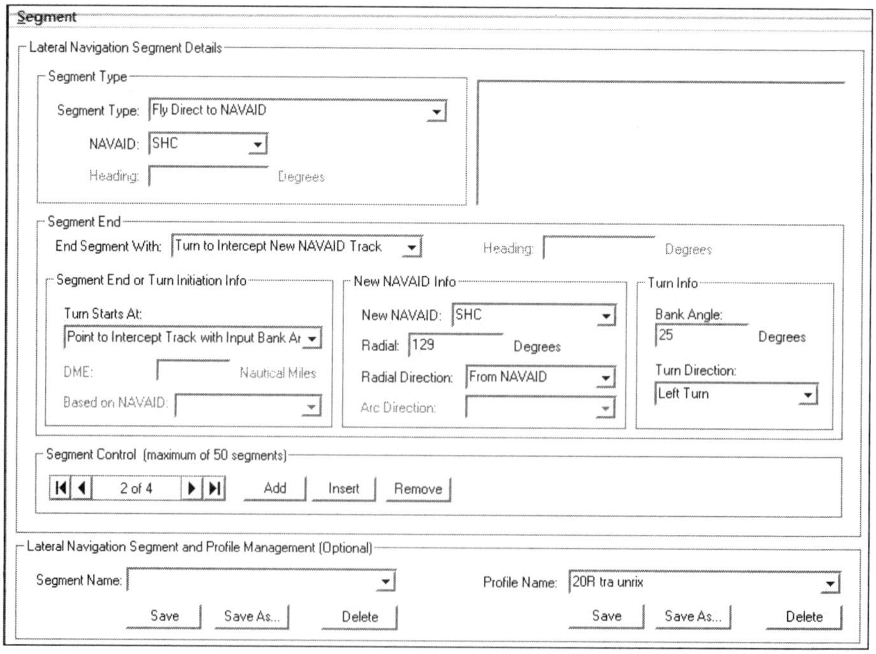

图 5.50　B737-700 BCOP 20R URNIX-11D 水平航迹 S2

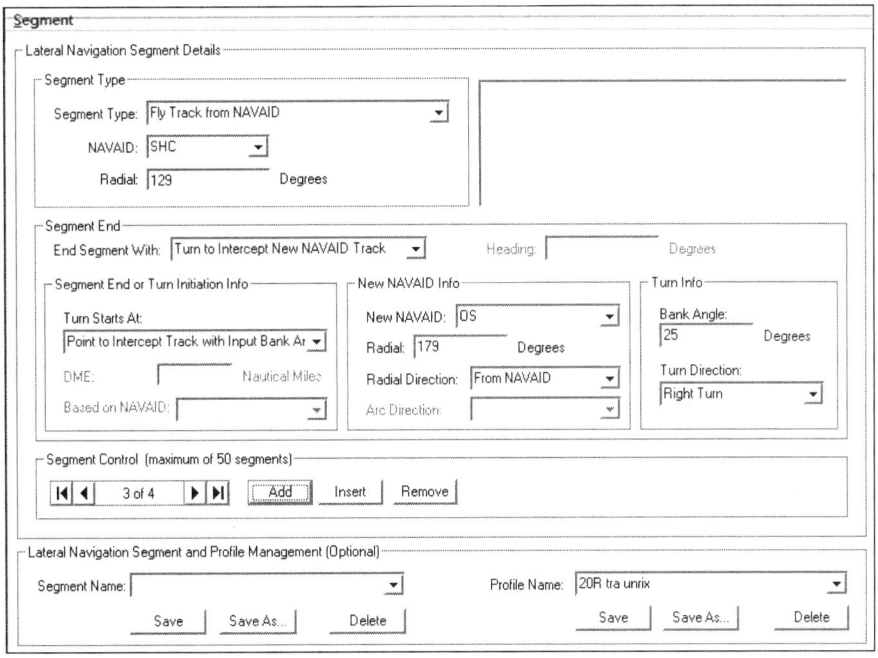

图 5.51 B737-700 BCOP 20R URNIX-11D 水平航迹 S3

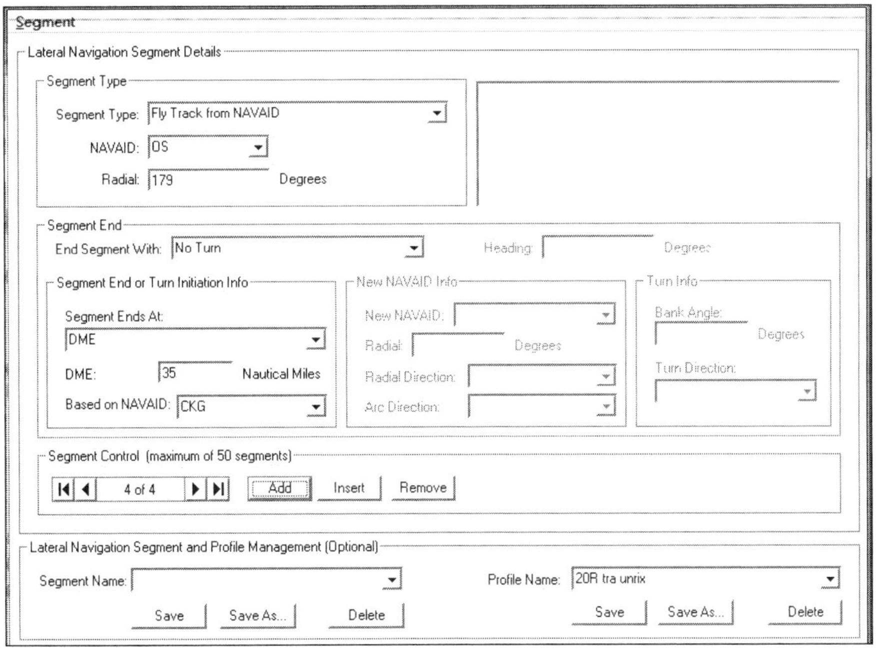

图 5.52 B737-700 BCOP 20R URNIX-11D 水平航迹 S4

结合前面介绍的垂直剖面设置一起，可计算飞机在这个垂直与水平剖面组合情况下的三维飞行航迹。

表 5.2 和表 5.3 给出了这个三维航迹中，飞行至若干关键点的数据。根据 8168 或 121 规章，总航迹越障裕度（MOC）需大于 1000 ft，净航迹越障裕度需大于 35/50 ft，满足之一即

可。可以看出，在 V_{EF} 临界发动时失效、32 ℃ 温度条件下，飞机沿 20R SID URNIX-11D 离场，在三个检查障碍物上空，飞机均满足越障要求。

紧接着进一步计算了在其他条件不变，使用月平均最低气温 4 ℃ 下的检查结果，同样可以看出，飞机沿 20R SID URNIX-11D 离场，在三个检查障碍物上空，飞机均满足越障要求。和高温相比，低温情况下，飞机在三个障碍物上空的越障裕度都增大了。

表 5.2　B737-700 20R URNIX-11D 离场剖面关键点参数（32 ℃ 气温）

关键点	飞行距离/km	总几何高度/ft	总气压高度/ft	净几何高度/ft	总航迹越障裕度/ft	净航迹越障裕度/ft
35 ft	0	1383	1381	1383		
第 2 段结束	11 487	2248	2190	2155		
障碍物 1：1897 ft	21 152	2248	2190	2155	351	258 √
第 3 段结束（总）	22 188	2248	2190	2155		
第 3 段结束（净）	26 780	2722	2633	2155		
障碍物 2：2018 ft	42 659	4267	4077	3615	2249 √	1597 √
障碍物 3：3694 ft	67 516	6344	6016	5539	2650 √	1845 √

表 5.3　B737-700 20R URNIX-11D 离场剖面关键点参数（4 ℃ 气温）

关键点	飞行距离/km	总几何高度/ft	总气压高度/ft	净几何高度/ft	总航迹越障裕度/ft	净航迹越障裕度/ft
35 ft	0	1383	1384	1383		
第 2 段结束	9177	2248	2275	2175		
第 3 段结束（总）	18 039	2248	2275	2175		
第 3 段结束（净）	20 463	2534	2569	2175		
障碍物 1：1897 ft	21 152	2616	2654	2253	719	356 √
障碍物 2：2018 ft	42 659	5203	5320	4673	3185 √	2655 √
障碍物 3：3694 ft	67 516	7724	7920	7025	4030 √	3331 √

在 32 ℃ 温度下计算得到的整个一发失效起飞飞行航迹剖面如图 5.53 所示。图上同时给出了几何总航迹高度、几何净航迹高度、气压高度和三个障碍物高度。

需要注意的是，5 min TOGA 推力的 B737-700，在 32 ℃ 温度下的改平高范围为 400～965 ft，可以看出，如果使用较低的改平高，将无法确保障碍物 1 满足越障要求。因此本例中，使用了接近最大改平高的 900 ft 作为改平高来进行航迹计算。

至此，可以看出：B737-700 飞机在 V_{EF} 一发失效情况下，沿 20R 跑道 UNRIX-11D 的整个飞行，均满足规章要求。这个结论是在以结构限重起飞情况下达成的，因此，20R 跑道不需设计起飞一发失效应急程序。

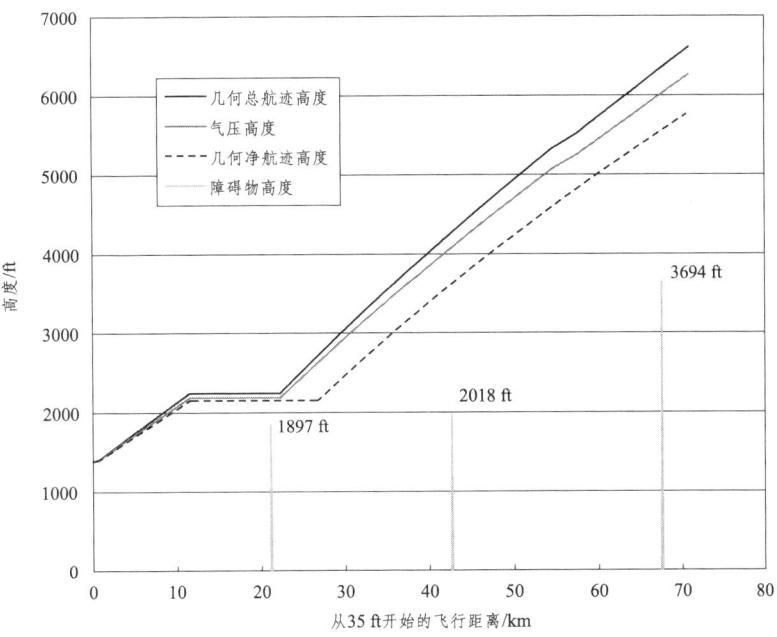

图 5.53　B737-700 20R URNIX-11D 离场剖面（32 ℃）

5.3.6　空客航迹平面计算

在一发失效情况下，20R 跑道 UNRIX-11D 传统离场水平航迹可分为 4 段。从离地端跑道头开始，每一段的开始和结束条件在 OFP 中的设置界面如图 5.54～图 5.57 所示。

结合前面介绍的垂直剖面设置一起，可计算飞机在这个垂直与水平剖面组合情况下的三维飞行航迹。

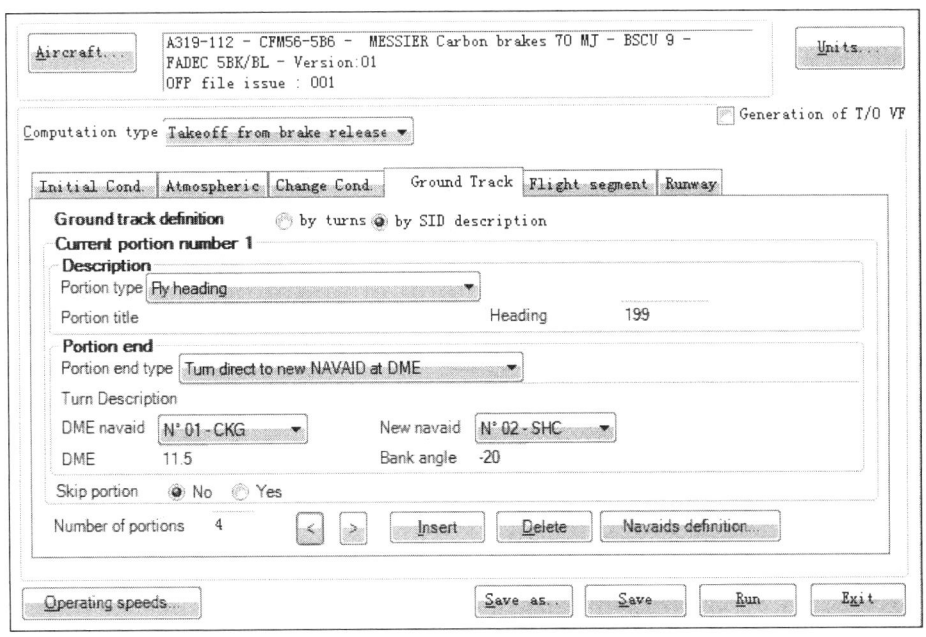

图 5.54　S1：20R UNRIX OFP 水平航迹设置

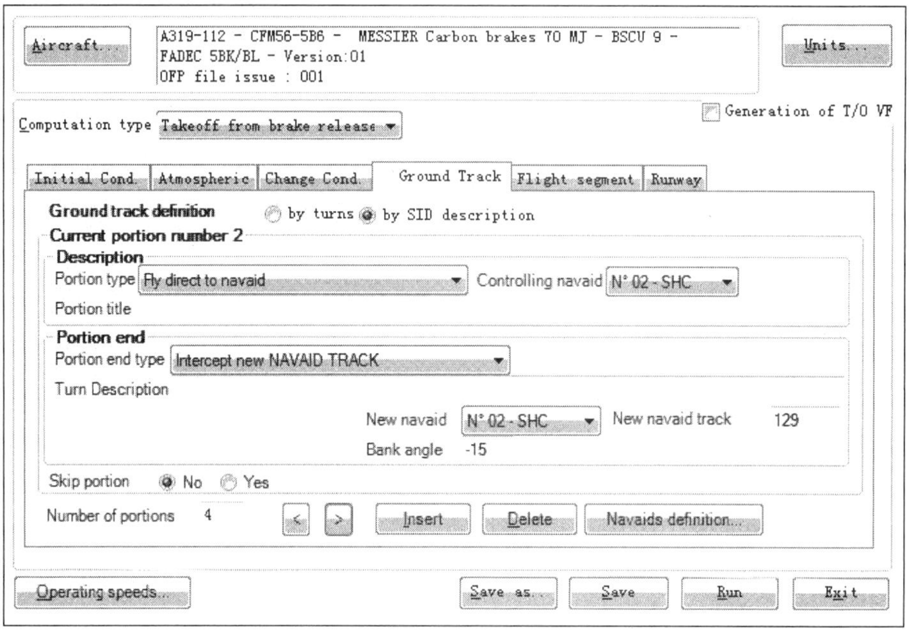

图 5.55 S2：20R UNRIX OFP 水平航迹设置

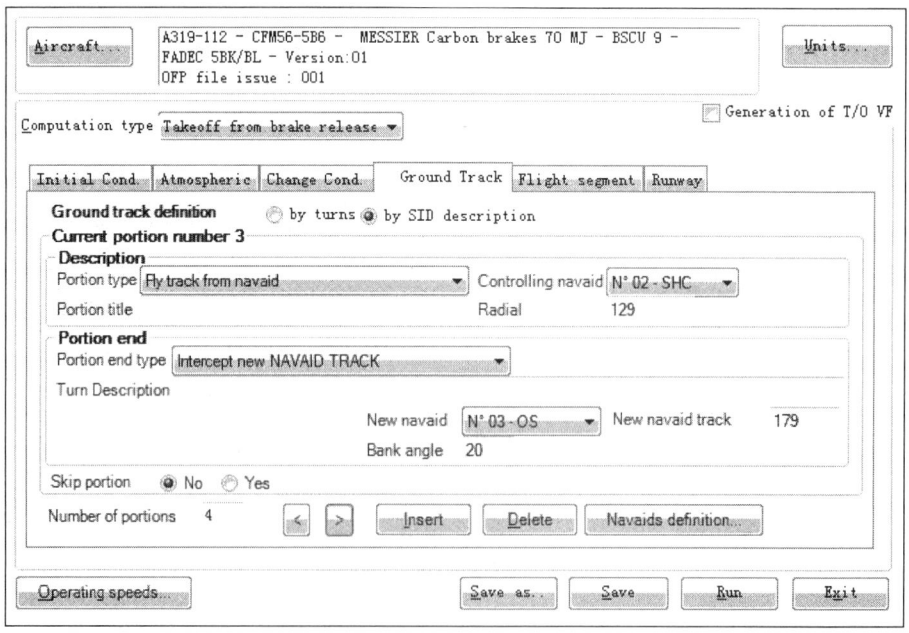

图 5.56 S3：20R UNRIX OFP 水平航迹设置

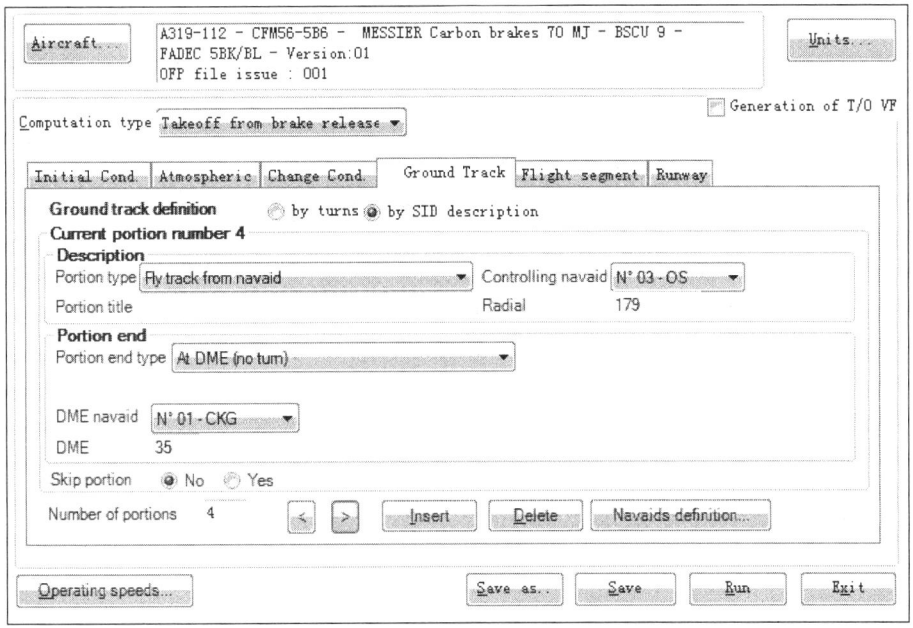

图 5.57 S4：20R UNRIX OFP 水平航迹设置

表 5.4 和表 5.5 给出了这个三维航迹中，飞行至若干关键点的数据。根据 8168 或 121 规章，总航迹越障裕度需大于 1000 ft，净航迹越障裕度需大于 35/50 ft，满足之一即可。可以看出，在 V_{EF} 临界发动机失效、32 ℃ 温度条件下，飞机沿 20R SID URNIX-11D 离场，在三个检查障碍物上空，飞机均满足越障要求。

表 5.4　A319-112 20R URNIX-11D 离场剖面关键点参数（32 ℃ 气温）

关键点	飞行距离 /km	总几何高度 /ft	总气压高度 /ft	净几何高度 /ft	总航迹越 障裕度/ft	净航迹越 障裕度/ft
35 ft	2152	1383	1381	1383		
第 2 段结束	13 461	2248	2191	2157		
障碍物 1：1897 ft	23 565	2248	2191	2157	351	260 √
第 3 段结束（总）	26 013	2248	2191	2157		
障碍物 2：2018 ft	45 051	4162	3973		2144 √	
障碍物 3：3694 ft	69 945	6376	6040		2682 √	

表 5.5　A319-112 20R URNIX-11D 离场剖面关键点参数（4 ℃ 气温）

关键点	飞行距离 /km	总几何高度 /ft	总气压高度 /ft	净几何高度 /ft	总航迹越 障裕度/ft	净航迹越 障裕度/ft
35ft	1935	1383	1384	1383		
第 2 段结束	13 170	2248	2277	2158		
障碍物 1：1897 ft	23 565	2248	2277	2158	351	261 √
第 3 段结束（总）	24 481	2248	2277	2158		
障碍物 2：2018 ft	45 051	4677	4780		2659 √	
障碍物 3：3694 ft	69 945	7288	7467		3594 √	

紧接着进一步计算了在其他条件不变，使用月平均最低气温 4 ℃ 下的检查结果，同样可以看出，飞机沿 20R SID URNIX-11D 离场，在三个检查障碍物上空，飞机均满足越障要求。和高温相比，低温情况下，飞机在三个障碍物上空的越障裕度都增大了。

至此，可以看出：A319-112 飞机在 V_{EF} 一发失效情况下，沿 20R 跑道 UNRIX-11D 的整个飞行，均满足规章要求。这个结论是在以结构限重起飞情况下达成的，因此，20R 跑道不需设计起飞一发失效应急程序。

第 6 章 起飞一发失效应急程序

本章介绍起飞一发失效应急程序（Engine Out SID，EOSID）的基本知识、设计原则、性能验证方法等知识。涉及 EOSID 的性能分析工作可以说是目前运行性能分析中最为复杂的工作，不但飞行性能水平要求高，还需要具备宽广的民航运行知识和经验。本章对这一工作进行原则性和概要性介绍，其内容和前面章节是密切联系，紧密不可分的。

6.1 背　景

第 5 章介绍了针对机场 SID 的性能分析工作，其目的是要确保在 V_{EF} 一发失效、飞机沿 SID 飞行时，能够满足规章标准要求。这是确保起飞中飞行安全的重要步骤。如果不能满足，应考虑减小起飞重量直至满足。但如果减载严重，就应考虑重新设计一条离场轨迹，即 EOSID，专供一发失效起飞时离场使用，以避免减载或少减载。

之所以可以重新设计一条 EOSID 离场轨迹，根本原因在于一发失效的 EOSID 保护区较 SID 的保护区窄得多。在那些山区机场，由于地形的限制，常常伴随着较大的 SID 梯度。而使用较窄的保护区，则可在低洼地形区域或山沟区域，寻找一条爬升梯度更低的航迹，进行更长距离的爬升。对爬升梯度的降低，则可实现不减载或少减载的目的。

飞机的性能在这条 EOSID 航迹上，仍然满足 8168 总航迹越障要求或 121 净航迹越障要求。这种起飞一发失效应急离场程序简称 EOSID（Engine Out SID）或 EODP（Engine Out Departure Procedure）。

EOSID 不但考虑了 V_{EF} 一发失效下起飞的规章符合性，还考虑了在 SID 上任意一点出现一发失效时的规章符合性。因此，它为整个 SID 飞行提供了经验证的一发失效飞行预案，同时也为着陆一发失效复飞提供参考，确保起飞、复飞中一发失效情况下的飞行安全。因此，制定起飞一发失效应急程序，不但有经济性上的巨大价值，还有安全性上的巨大价值。在山区、高原机场，这种应急程序的制定和评估尤其必要。

起飞一发失效应急程序，通过使用比标准离场程序范围更小的保护区，和有别于标准离场程序的飞行轨迹路线，降低起飞所需的爬升梯度，从而提高飞机的障碍物限重。或充分利用飞机停车前全发飞行时所获得的高度，以减少中、远距离处障碍物限制，从而提高飞机的障碍物限重。

可以看出，首先，需要验证飞机在 V_{EF} 一发失效情况下具有按 SID 飞行的能力。如果具有这个能力，且导致的飞机起飞重量减载可以接受，则不需要制定起飞一发失效应急程序。这些机场，在全发和一发失效情况下起飞，均按 SID 线路飞行，起飞时按该 SID 航迹障碍物计算起飞分析表，确定起飞限重和起飞速度。

如果满足 SID 要求的起飞限重过低而无法接受时，就需要考虑单独设计一条航迹有别于 SID 的起飞一发失效应急程序。通常，在 V_{EF} 一发失效的继续起飞具有最低的爬升能力，因此，这种情况下飞机将按 EOSID 航迹飞行。在 V_1 以后出现一发失效，则可以充分利用全发累积的高度优势，在 SID 航迹上确定一个决策点。在这点以后出现发动机失效，飞机将具有沿 SID 程序飞行的能力。对于设计有 EOSID 的机场或跑道，起飞分析表是按 EOSID 航迹上的障碍物进行计算的。

由于飞机的性能不同，爬升能力不同，航空公司为一种机型制作的起飞一发失效应急程序不一定具有通用性。即 EOSID 是和具体飞机的性能绑定的。通过性能验证的机型，一般会列于 EOSID 程序图下方。没有经过性能验证的其他机型，是不能使用该 EOSID 的。但是，性能相近的机型，通过验证的可能性也大。因此，EOSID 的水平航迹对于其他机型和运营人，还是具有巨大的参考价值。

需制定起飞一发失效应急程序的机场可分为两类，具体为：

（1）第一类机场：民航局出于安全考虑而公布的机场。航空公司必须为此类机场制作 EOSID，除非通过计算分析，采用减少起飞重量的办法满足运行安全要求。如民航局《特殊机场的分类标准及运行要求》咨询通告中所列的需制作起飞一发失效应急程序的机场。

（2）第二类机场：航空公司出于效益考虑而选定的机场。并非所有的航空公司都需要为在该类机场运行的机型制作 EOSID，在这类机场制作 EOSID 的主要目的是获得更大的起飞重量。

飞机起飞后出现一发失效，应以下列三种方式之一继续安全飞行：返场着陆；上升至等待高度或扇区安全高度；上升至航线最低安全高度飞往备降机场。

设计起飞一发失效应急程序要求具备较扎实的飞机性能知识，特别是对性能软件具有熟练使用技能。对于那些性能软件不全的制造商机型，特别是缺乏全发与一发失效航迹计算性能软件的机型，设计 EOSID 将变得异常困难。局方要求：没有飞机性能人员的公司，不能通过外包来完成 EOSID 的制定。另外，设计 EOSID 也需要具有飞行程序、飞行技术与标准操纵程序、导航技术、签派程序等民航专业知识，以及地图与测绘学、专用 CAD/GIS 类软件使用等知识与技能。

总之，制定起飞一发失效应急程序，对于保证飞行安全、增加经济效益、提高航空公司运行的规章符合性，具有重要意义。

EOSID 属于应急程序，其优先度在所有正常程序之上。

第 4 章 4.1.3 节给出了昆明巫家坝机场 03 跑道标准仪表离场程序，该 SID 存在 5%的程序爬升梯度要求。说明该跑道北侧的障碍物梯度面达到了 4.2%。

为避免减载或少减载，某运营人针对该 03 跑道传统 SID 设计的起飞一发失效应急程序和对应的起飞分析表如图 6.1 和图 6.2 所示。该 EOSID 存在一个决策点：D3.5KMG。当发动机在 V_{EF} 至 D3.5KMG 间一发失效，则按 EOSID 路线飞行；D3.5KMG 后一发失效，则按 SID 路线飞行。配套的起飞分析表考虑了该 EOSID 航迹上的 9 个障碍物。

起飞一发失效应急程序图　　　　　　VAR1°W　　　　　　昆明/巫家坝机场
　　　　　　　　　　　　　　　　　　　　　　　　　　　　　ZPPP/RWY 03

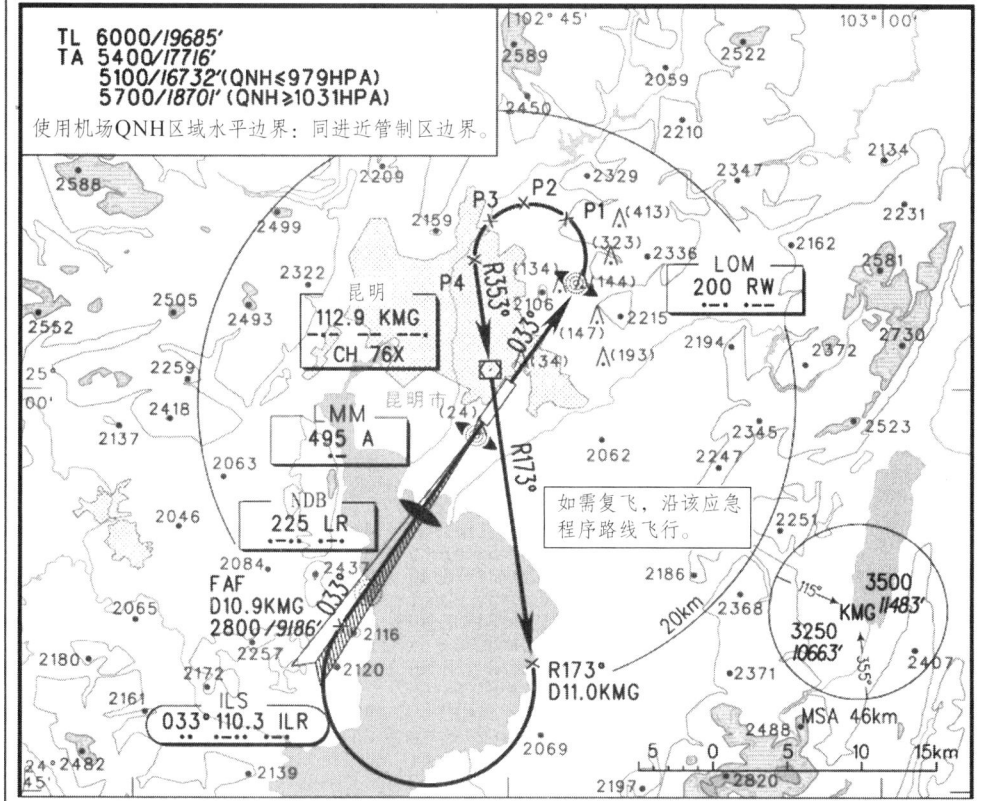

应急程序描述：
V_1 至决策点（D3.5KMG）前一发失效：
（1）沿跑道方向爬升至D4.0KMG。左转切入R-353KMG径向线返场，转弯中使用如下航迹
控制点修正航迹：P1：D6.2/R-027 KMG；P2：D6.3/R-012 KMG；P3：D5.5/R-001 KMG；
P4：D4.1/R-353 KMG。
（2）切入R-353后平飞加速，若在本场着陆，则加入03跑道进近程序着陆。若需复飞，须按
本应急程序线路飞行。若不在本场着陆，可沿本应急程序路线返场后，重新加入03跑道各SID
方向出航。
决策点后一发失效：执行标准仪表离场程序出航。

此程序仅限于××航空股份有限公司以下机型：B737-700/CFM56-7B22、B737-700/CFM56-7B24、
B737-800/CFM56-7B24、B737-800/CFM56-7B26、A319-111、A319-131、A319-115、A320-214、
A321-213、A330-232。

图6.1　ZPPP 03 跑道传统起飞一发失效应急程序

```
ELEVATION     6217 FT                                        RUNWAY 03         ZPPP
*** FLAPS 01 ***     AIR COND AUTO    ANTI-ICE OFF          Wujiaba
V1 I/C OPT. STD2ND 5MIN                                     Kunming
737-700      CFM56-7B24        B24                          DATED 21-APR-2021
*A* INDICATES OAT OUTSIDE ENVIRONMENTAL ENVELOPE
 OAT   CLIMB        WIND COMPONENT IN KNOTS (MINUS DENOTES TAILWIND)
  C    100KG        -10              0              10               20

  44A   517    466*/17-17-21    476*/19-19-22   477*/19-19-23   478*/19-19-23
                503**44-47-51   517**47-50-53   522**48-51-54   527**49-52-55
  42    527    474*/17-18-22    485*/20-20-24   486*/20-20-24   487*/20-20-24
                511**45-48-52   526**48-51-55   531**49-52-56   536**50-53-57
  40    537    483*/18-19-23    495*/21-21-25   496*/21-21-25   497*/21-21-25
                521**45-48-52   536**50-53-56   541**51-53-57   546**52-54-58
  38    547    492*/20-20-24    505*/22-22-26   506*/22-22-26   507*/23-23-27
                530**46-49-53   546**51-54-58   551**52-55-59   556**53-56-60
  36    558    501*/21-21-26    515*/24-24-28   516*/24-24-28   518*/24-24-28
                540**46-49-54   556**53-55-59   561**54-56-60   566**55-57-61
  34    569    511*/22-23-27    525*/24-25-29   527*/25-25-29   528*/25-25-29
                549**47-50-54   566**54-57-61   571**55-58-62   577**56-59-63
  32    580    520*/23-24-28    535*/25-26-30   538*/26-26-31   539*/27-27-31
                558**47-51-55   576**54-57-61   581**56-59-63   587**57-60-64
  30    592    530*/24-25-30    546*/26-27-32   549*/28-28-32   550*/28-28-32
                568**48-52-56   587**55-57-62   592**56-59-64   598**59-62-66
  28    603    540*/25-26-31    556*/28-28-33   560*/29-29-34   562*/29-29-34
                578**48-52-57   598**55-58-63   604**58-61-65   609**60-63-68
  26    615    551*/26-27-32    566*/29-30-34   572*/30-31-35   573*/31-31-35
                588**49-53-58   608**56-59-64   614**58-61-65   620**59-62-67
  24    626    560*/27-29-34    576*/30-31-36   582*/31-32-36   584*/32-32-37
                598**49-54-59   618**56-60-64   624**59-62-66   630**61-64-69
  20    652    582*/30-31-36    599*/32-34-38   604*/33-34-39   609*/35-35-40
                619**50-55-60   640**58-61-66   647**60-63-68   654**63-65-70
  15    667    595*/31-33-38    612*/34-35-40   617*/35-36-41   622*/37-37-41
                632**51-56-62   653**59-62-67   660**61-64-69   667**64-67-72
  10    667    595*/31-33-38    612*/34-35-40   618*/35-36-41   623*/37-37-42
                634**52-57-63   655**60-63-68   662**62-66-71   669**64-67-72
   5    668    596*/31-33-38    613*/34-35-40   619*/35-36-41   623*/37-37-42
                635**53-58-64   657**61-64-69   664**63-66-72   670**66-69-74
   0    669    597*/32-33-38    614*/34-35-40   620*/35-36-41   623*/37-37-42
                637**55-59-64   659**62-65-70   665**64-67-72   672**66-69-74
  -5    670    597*/32-33-38    615*/34-35-41   621*/35-36-41   623*/37-37-42
                639**56-60-66   660**63-67-72   667**66-69-74   673**68-72-77

MAX BRAKE RELEASE WT MUST NOT EXCEED MAX CERT TAKEOFF WT OF        69399 KG
MINIMUM FLAP RETRACTION HEIGHT IS  1330 FT
LIMIT CODE IS F=FIELD, T=TIRE SPEED, B=BRAKE ENERGY, V=VMCG,
       *=OBSTACLE/LEVEL-OFF, **=IMPROVED CLIMB
TORA IS  3400 M , TODA IS   3460 M , ASDA IS   3460 M
RUNWAY SLOPES ARE  0.14 PERCENT FOR TODA  AND   0.14 PERCENT FOR ASDA
LINE-UP DISTANCES:     10 M FOR TODA,    22 M FOR ASDA    OBS FROM LO-FT/M
RUNWAY     HT   DIST   OFFSET    HT   DIST   OFFSET    HT   DIST   OFFSET
  03        9    200     0       43    700     0       94   1260    0
          122   1560     0      133   1700     0      294   3770    0
          572   7836     0      771   9198     0      953  10854    0
ENG-OUT PROCEDURE:
  Use RWY03 EOSID in case of an engine failure.
```

图 6.2 ZPPP 03 跑道传统起飞—发失效应急程序配套起飞分析表

与 AIP 中公布的正常飞行程序一样，根据导航源与规范的不同，EOSID 可分为传统 EOSID 和 PBN EOSID。传统 EOSID 使用地基导航台进行定位与航迹引导；PBN EOSID 则主要使用星基航路点进行定位与航迹引导。PBN EOSID 可和正常 SID 一样，装载进 FMS 中的导航数据库中，以实现一发失效后的自动飞行。这两类 EOSID 是分别和各自的传统与 PBN 飞行程序对应的。图 6.3 和图 6.4 为某机场的 PBN 离场程序与配套的 PBN EOSID。

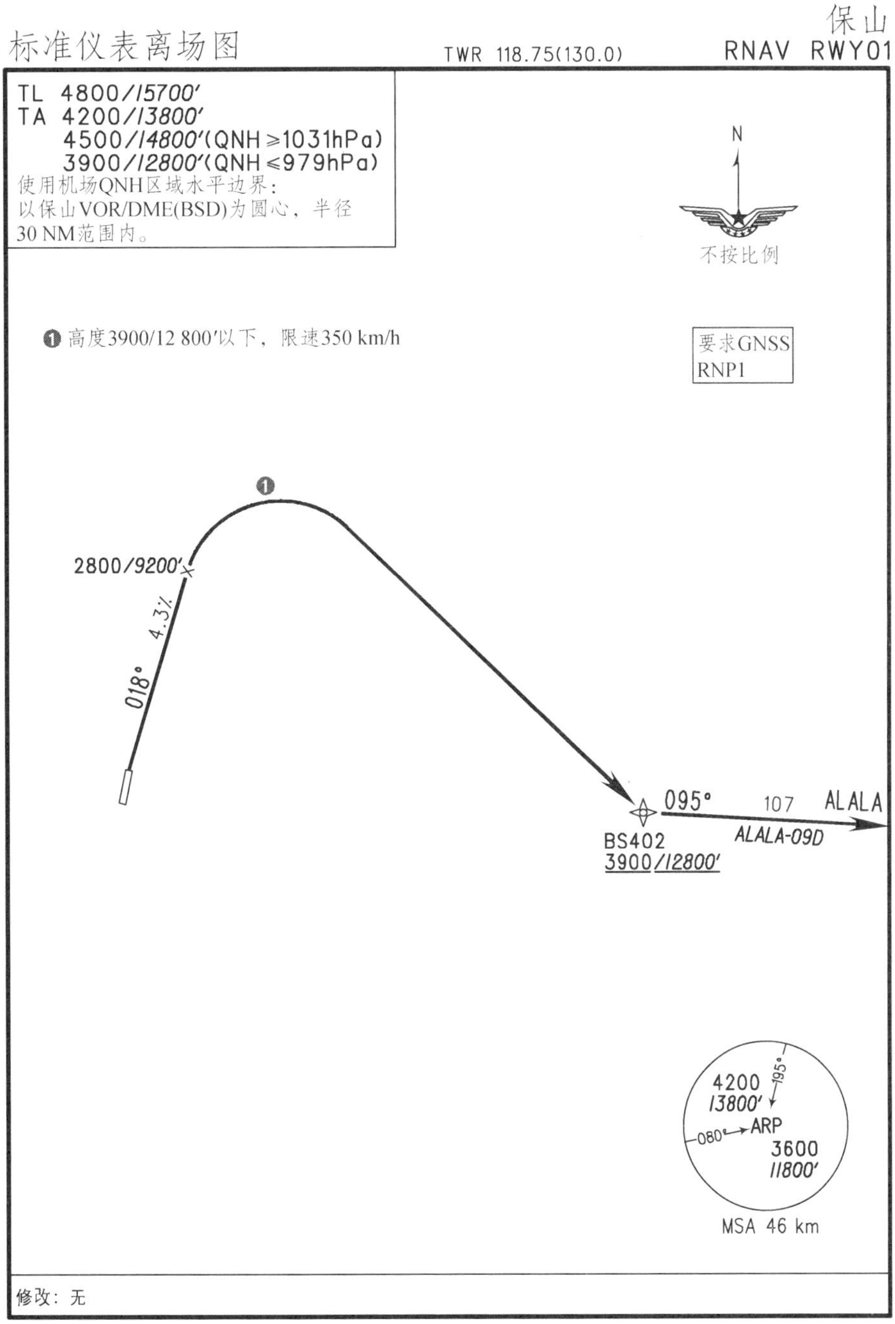

图 6.3 保山机场 01 跑道 PBN 离场程序

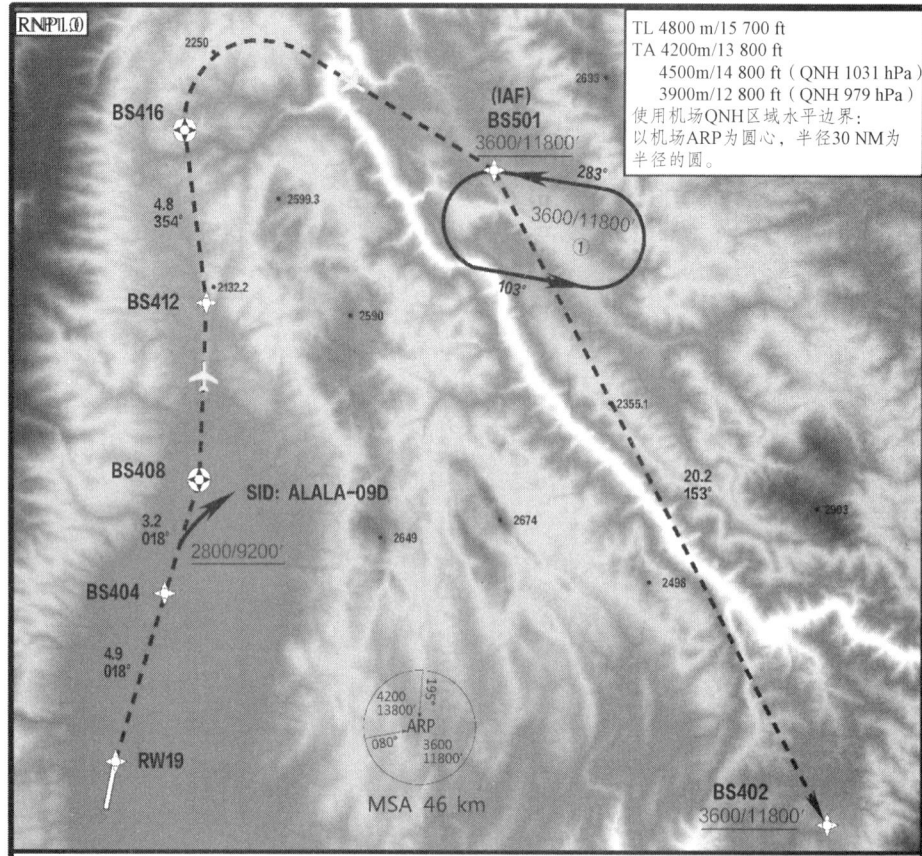

图 6.4　保山机场 01 跑道 PBN EOSID

6.2　标准、规范与资料

6.2.1　法规性文件

国际民用航空组织标准：

- 国际民用航空组织 ICAO DOC 8168《空中航行服务程序 – 航空器运行》；

- 国际民用航空组织附件六《航空器运行》，第五章，飞机性能使用限制。

中国民航局规章与标准：
- 中国民用航空规章 CCAR-121 部，《大型飞机公共航空运输承运人运行合格审定规则》；
- 中国民用航空规章 CCAR-25 部，《运输类飞机适航标准》；
- 中国民用航空局飞行标准司咨询通告，AC-121FS-006《飞机航线运营应进行的飞机性能分析》；
- 中国民用航空局飞行标准司咨询通告，AC-121-FS-2014-123《飞机起飞一发失效应急程序和一发失效复飞应急程序制作规范》；
- 中国民用航空局飞行标准司咨询通告，AC-121-FS-17R2《航空承运人特殊机场的分类标准及运行要求》。

其他可以借鉴的规章与标准：
- 欧洲联合适航要求 CS-25、EU-OPS 1；
- 美国联邦航空规章 FAR 25、121；
- 美国联邦航空局咨询通告 AC 120-91 Airport Obstacle Analysis；
- 加拿大运输部咨询通告 AC 700-016 Compliance with Regulations and Standards for Engine-Inoperative Obstacle Avoidance；
- 澳大利亚民航安全局 CAAP 235-4 (0) Guidelines for the Consideration and Design of: Engine Out SID (EOSID) and Engine Out Missed Approach Procedures。

6.2.2 航空资料与地图

制定起飞一发失效应急程序需要使用公布的 AIP 资料。在国内，一般使用民航局空管局出版的 AIP/NAIP；在国外运行时，则可使用机场所在国民航局发布的 AIP，以及第三方公司如 Jeppesen、Lido 汇编的航空资料。

需要从 AIP 中收集的数据一般包括：

机场概况：机场 ARP 坐标、标高、磁差；公布的可用起飞滑跑距离（TORA）、可用起飞距离（TODA）、可用加速停止距离（ASDA）、可用着陆距离（LDA）；跑道两端头的标高、跑道道面等级号（PCN）、跑道真方位、磁方位等。

导航设施：机场周围的导航台，包括 VOR/DME、NDB 等经纬度坐标和频率等。

气象数据：主要包括机场统计温度和 QNH，重点是月平均最高、最低气温值。起飞一发失效应急程序超障分析需进行两种检查：高温检查（使用月平均最高气温）和低温检查（使用月平均最低气温）。

各跑道的飞行程序：重点是离场程序、进近程序，以及机场最低运行标准数据。PBN 飞行程序还包括飞行程序上航路点的经纬度坐标，各点的高度限制，以及 RNP AR 程序 RF 航段的转弯半径与转弯圆心坐标等。

障碍物数据：AIP 中公布的 A 型图，以及 15 km、50 km 范围内障碍物是必须考虑的可靠障碍物，但仅靠这些数据是不够的。另外，AIP 中公布的障碍物范围往往也不足以支持 EOSID 的设计，还需要使用官方出版的纸张地形图。

官方出版的纸张地形图给出了大范围内的实际测量地形数据，包括等高线和山峰高程数据，是目前起飞一发失效应急程序设计中，障碍物的主要数据源。原则上使用 1∶100 000 比例的地图，在地形变化较大的地区，应辅以 1∶50 000 地图进行检查。纸张地形图存在的问题是，制作年代一般较早，常常可能是数十年前测量的结果，且更新很慢；只是地貌的描述，一般没有人工建筑物。另外一个必须注意的问题是，国内官方地形图不少均基于北京 54 坐标系，即 1954 年北京大地坐标系，和民航国际标准使用的 WGS-84 坐标系相比，同一经纬度点可能存在上百米的水平漂移。较新的 2000 坐标系，即国家大地坐标系 CGCS2000 和 WGS84 的差别就很小了。

通常将纸张地形图进行高分辨率扫描，可能需要使用专用软件进行拼接与裁剪，然后在计算机中使用专用软件（如 AutoCAD 或 ArcGIS 软件）进行航迹叠加，才能方便地对局部进行放大与缩小，进行距离与方位的测量等地图作业。

检查障碍物时既需考虑增加的人工障碍物，也需考虑机场修建时处理的地形障碍物。如果几种数据源存在较大差异，且难以确认障碍物数据的准确性时，应该进行现场考察，由具有测绘资质的单位或人员进行人工测量。

除了使用传统的纸质地形图外，也可以使用数字地图的形式进行。常用的数字地形图以 DEM（Digital Elevation Model）或矢量等高线的 AutoCAD DWG 格式出现。其方便性和多用途性大大超越了传统纸张格式的地形图。国际上在 EOSID、RNP AR 程序设计中，使用基于 WGS-84 坐标系的数字地形图开始变得越来越普遍。

为了便于展示与分析，还可使用高分辨率卫星照片作为起飞一发失效应急程序的底图，卫星照片也可用来辨认部分障碍物，识别地形地貌。类似于 Google Earth 这样的虚拟三维环境也是三维程序展示的很好平台。

美国 FAA AC 120-91 资讯通告明确指出，运营人应使用分析时可用的、最好的、最精确的障碍物数据，数据源不需得到 FAA 批准。运营人应意识到，单一数据源可能不足以包含性能分析所需的信息。

6.2.3 飞机性能数据

起飞一发失效应急程序需要进行大量的性能计算，基本上主要依赖于制造商性能软件，同时也参考飞机的各种运行手册。

需要使用的性能软件分两类：一类是飞机起飞分析表计算的性能软件，通过起飞分析表计算和起飞分析点计算，可全面了解以起飞分析表各数据格起飞的背后性能数据，并为航迹计算提供初始数据；另一类是航迹计算性能软件，计算全发与一发失效三维航迹，是 EOSID 设计中必不可少的定量工具。没有航迹计算性能软件，复杂机场的 EOSID 是几乎不可能完成的工作。

波音的这两类性能软件分别为 BPS 和 BCOP；空客的则为 TLO 和 OFP。这两大制造商的这些性能软件功能基本近似。

除性能软件外，还需使用和参考的由制造商发布的运行相关手册还包括飞机飞行手册（AFM）、机组操作手册（FCOM）、飞行性能与计划手册（FPPM，仅波音）、飞行机组训练手册（FCTM）等。

对于其他制造商的运输类机型,往往可能只提供有计算起飞分析表的性能软件,该软件可能还不支持点计算。另外,还普遍缺乏航迹计算性能软件。配套的手册可能只有 AFM 和 FCOM。手册数据一般只有一发失效的总航迹、净航迹数据,缺少全发性能数据,导致这些机型的 EOSID 设计存在极大的困难。直接的后果就是用户航空公司在复杂机场起飞时,无法在符合规章要求的前提下提高起飞性能,使运行经济性严重受损。

6.3 应急程序航迹的确定

在前面学习中,如果沿 SID 航迹飞行,满足性能验证导致的起飞重量减载过大,就需考虑设计一条有别于 SID 的 EOSID 航迹。因此,EOSID 设计的第一步是确定一条合适的应急程序航迹。如果没有现成的航迹作参考,它往往是整个应急程序设计中工作量最大的一部分。

首次设计 EOSID 航迹的时候,需要对诸多问题进行考虑,需要具有宽广的知识面和较多的设计经验。本节就这一问题进行简单的、原则性的讨论。

6.3.1 地形、障碍物和航迹指引

首先需要寻找一个较为低洼的地形,飞机起飞后在这个区域飞行,具有较低的爬升梯度要求。

需要对机场周边地形进行概貌性的了解。测量山沟、山谷的宽度,地形增加的幅度;确定飞机在山谷、盆地上空是否具有足够的空间以转弯返场。对于新建机场,性能分析单位往往还需要和飞行程序设计单位一起,对导航台的位置进行反复优化。

初步航迹的确定一般是从 SID 航迹开始。一发失效起飞后,最初需要保持跑道方向,沿 SID 飞行,在 SID 的某一点,EOSID 航迹开始偏离 SID,沿更为低洼的地形飞行。这一点称为决策点。

进行初步航迹设计时,设计者如对典型机型的性能能力有量化的了解,则可有助于航迹的快速确定与优化,减小后续工作量。例如,对于转弯,在典型 V_2 速度下、以 15° 坡度转弯的半径大小、典型飞机起飞飞行航迹爬升梯度大小、第三段净航迹的长度等量化性能,均有助于航迹的初步快速确定。

对于传统 EOSID,确定航迹时必须考虑导航指引。确定沿航迹飞行时是否具有地基导航台的信号接收能力。只要可能,航迹应可接受导航台信号,使飞机能够维持预定的地面航迹飞行。例如,沿 VOR 径向线、NDB 方位、DME 弧飞行等。由于一发失效飞机爬升能力严重降低,在山沟、低洼地形区域飞行时,导航信号往往容易受到地形遮蔽,形成信号盲区。导航信号是否受到地形遮蔽,需要结合地形和性能进行综合评估。

例如:昆明巫家坝机场周边地形如图 6.5 所示。城市在跑道的西北方向;机场所处地,在南北方向存在 35 km、东西方向存在 16 km 左右的开阔空间,导航信号也不存在地形遮蔽。EOSID 在这个区域进行转弯和爬升,应是一个较好的解决方案。

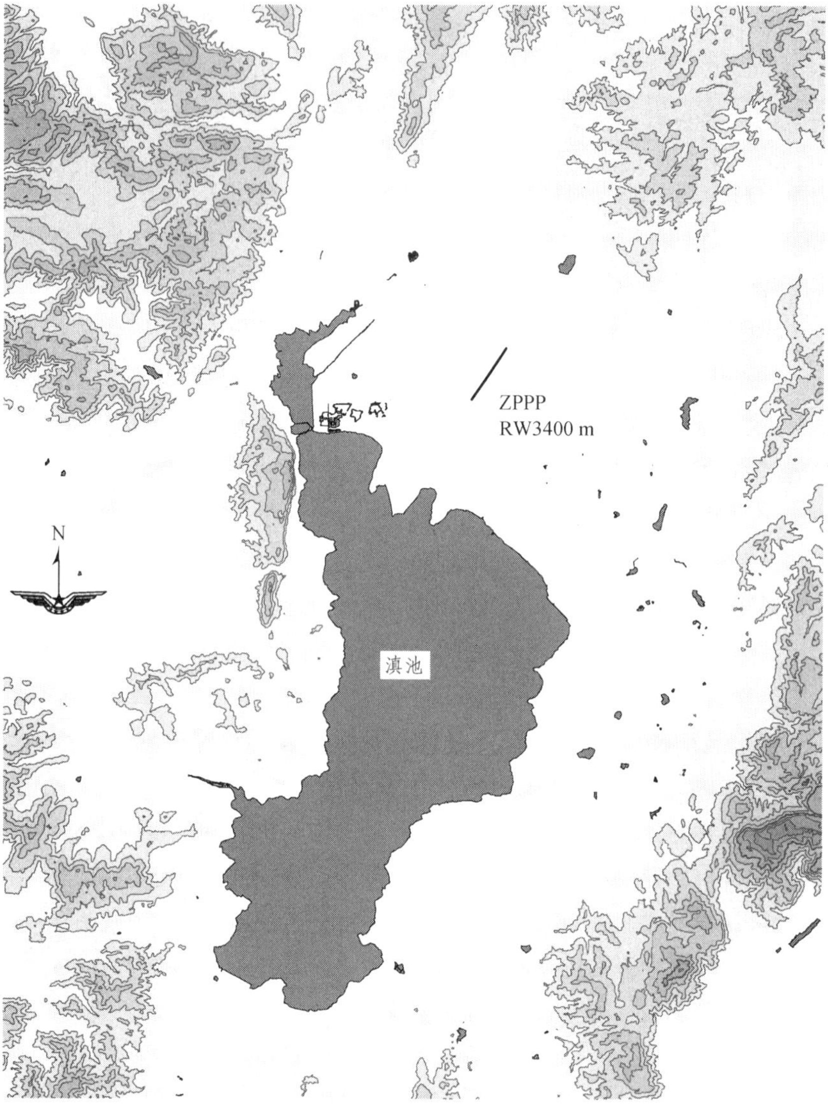

图 6.5 ZPPP 巫家坝机场周边地形示意（100 m 等高距）

对于主要使用星基导航的 PBN EOSID，航迹引导和卫星信号地形遮蔽的问题一般会变得简单得多。与传统 EOSID 航迹受限于地基导航台位置与数量相比，PBN EOSID 航迹可灵活设置航路点位置与数量，而几乎不用考虑地形的限制。其航迹的设计空间更大、设计方案也更自由灵活，更多的是为了满足性能的限制。

为避开障碍物，EOSID 常常需要进行转弯。从性能角度而言，最早的转弯点可在离地高 50 ft 后，一般而言，建议过跑道头后再实施转弯。在开始转弯点的选择上，应优选具有确定性地面航迹的定点转弯方式。如某 DME 距离、某穿越径向线/方位角度点、某导航台上空、特定地标上空（VFR）等，都是很好的方法。需要指出的是，对于飞行程序中较为普遍使用的定高转弯，在 EOSID 设计中需要慎用。定高转弯对不同性能的飞机，转弯点的位置可能相差较大，导致航迹的不确定性增加。如果不可避免，应根据性能、气象条件，评估最早可能的转弯点和最迟可能的转弯点，以这两种极限情况为边界，确定一发失效保护区范围。但这样做往往失去了一发失效保护区较窄的特点，可能给航迹选择带来困难。

EOSID 航迹设计的一个重要原则是设计一条确定性的地面水平航迹，这条水平航迹尽量不受风的影响（可为飞行员修正）、机载设备的影响（不受导航源、飞机自动飞行系统的影响）、飞机性能的影响（不同性能的飞机飞出的航迹差异不会太大）等。

例如：飞机自动飞行对风的修正能力普遍好于手工飞行；具有 RF 能力的飞机可以各种条件下飞出几乎不变的转弯航迹；人工飞行中，沿 DME 弧飞行的地面航迹稳定性好于其他普通转弯方式等。

尽量设计确定的 EOSID 水平航迹，可将不同飞机的性能影响尽量控制在垂直航迹的不同方面，以确保应急程序设计时考虑障碍物的可靠性和程序的普适性。这一特点在 RNP AR EOSID 设计上尤其明显，如图 6.6 所示。RNP AR EOSID 通过仅使用直线段（TF 航段）和等半径转弯段（RF 航段）及其组合来构建航迹，不同性能的机型可实现极高的航迹重合度，从而在保护区很窄的情况下，仍然可以提供和较宽保护区的其他飞行程序同样的安全水平。

在实际飞行中，从一个飞行阶段进入下一个飞行阶段不可能瞬间完成，即存在过渡阶段。过渡阶段的长短由飞行员的操纵动作、自动飞行控制系统的能力、飞机性能能力等多项因素来决定。应考虑过渡问题，给出提前量，以保证应急程序的合理性和可操作性。

EOSID 设计时，应避免触发 EGPWS/TAWS 近地警告。如果不可避免，应提醒机组，警告可能发生的地点和警告的类型。

应对 EOSID 可能存在的高风险航段，应进行识别和评估。例如：近地警告、关键性障碍物、性能限制、天气限制等。选择远离关键障碍物的航迹，或设计一个等待程序爬升至航路安全高度等，是减小风险水平的一些可行措施。

最后，必须考虑 EOSID 航迹的飞行员可接受性。飞行员从经验出发，对飞行程序的可飞性进行自身视角的评估。其评估结果往往具有较高价值。如果一个飞行程序航迹被不少飞行员所诟病，往往是这一阶段考虑的问题不够全面，或者只从工程角度出发考虑的结果。这也是应该避免的。

6.3.2 转弯半径与坡度

飞机等表速爬升，真空速是逐渐增大的。只有恒定真空速下的固定坡度转弯，才能实现不变的转弯半径。在起飞飞行航迹的第 1、2、4 段，飞机一般是保持等表速爬升，这种情况下进行转弯飞行，真空速对半径的影响一般还较小，是 EOSID 转弯设计的优选飞行段。在第 3 段，飞机开始收构型加速，如果这时规划飞机转弯，想要维持等半径转弯导致的坡度变化就比较大，或在等坡度转弯下的半径变化就比较大，给飞行员的人工操纵飞行带来困难，可能导致更大的航迹不确定性。第 3 段中转弯，还将导致平飞加速段飞机用于加速的总能量降低，使得对应的净航迹增加，不利于第 4 段的越障。这个效果和使用延伸 2 段的效果是相似的。

转弯半径与坡度和速度的关系可用下式确定：

$$R = \frac{V_{TAS}^2}{g \cdot \tan \gamma}$$

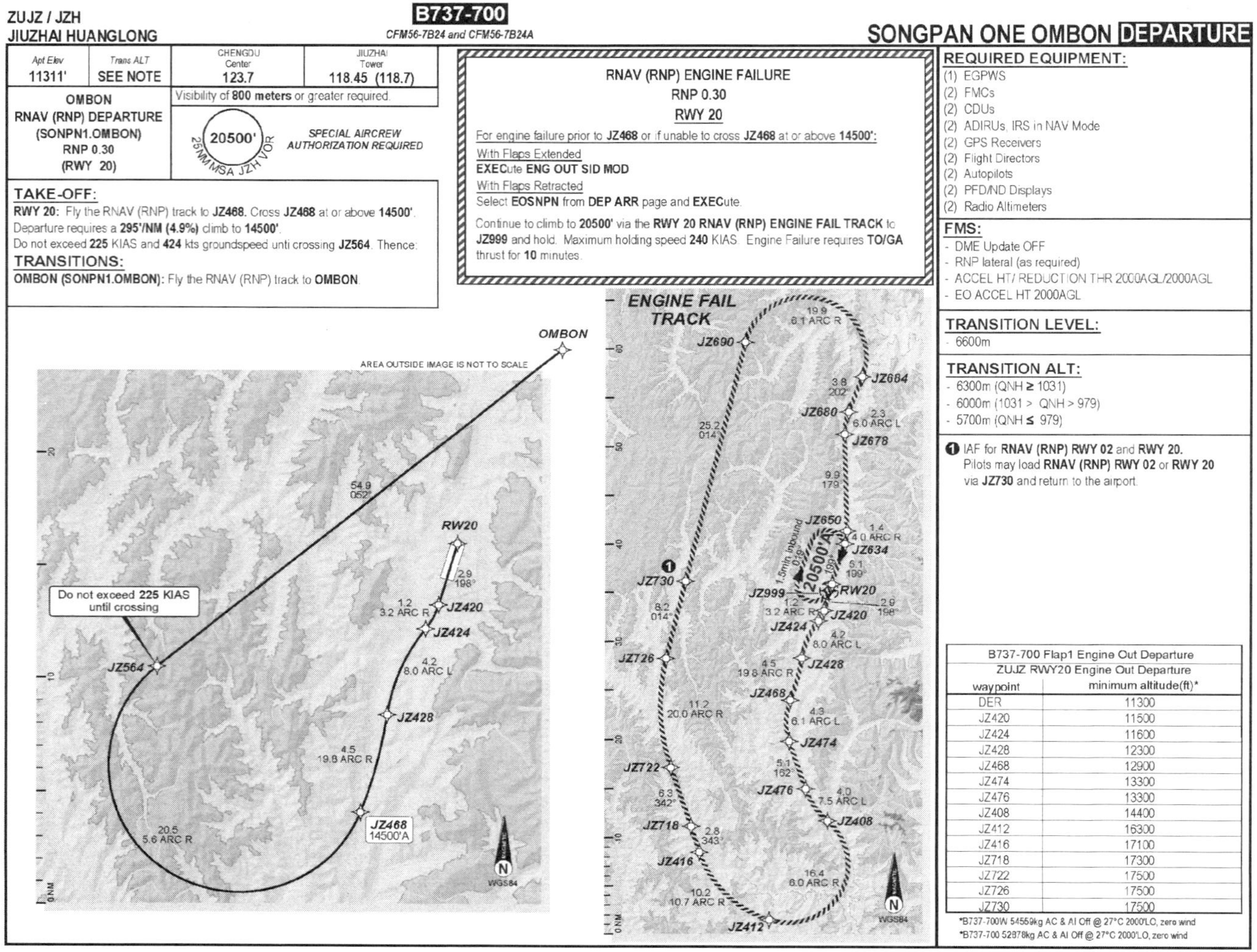

waypoint	minimum altitude(ft)*
DER	11300
JZ420	11500
JZ424	11600
JZ428	12300
JZ468	12900
JZ474	13300
JZ476	13300
JZ408	14400
JZ412	16300
JZ416	17100
JZ718	17300
JZ722	17500
JZ726	17500
JZ730	17500

B737-700 Flap1 Engine Out Departure, ZUJZ RWY20 Engine Out Departure

*B737-700W 54559kg AC & AI Off @ 27°C 2000'LO, zero wind
*B737-700 52878kg AC & AI Off @ 27°C 2000'LO, zero wind

图 6.6　九寨/黄龙机场 20 跑道 RNP AR SID（下）/EOSID（上）

式中，R 为转弯半径（m）；V_{TAS} 为飞机真速（m/s）；g 为重力加速度（9.806 65 m/s²）；γ 为坡度角。

对真空速影响最大的因素是温度、高度和重量。温度增加，TAS 增加；重量增加，TAS 增加。一般而言，起飞分析表中，同一风速列的不同温度下，MTOW、V_2 均不相同，相同坡度下的转弯半径也不相同。程序设计者要考虑这些由于转弯半径不同而导致的保护区边界变化。

同样，当 EOSID 计划适用于公司机队中不同的机型时，不同机型的性能差异通常更大一些，基于某一机型的转弯分析结果不一定适用于其他机型。所以，在确定转弯梯度减小引起的障碍物修正高增加以及确定转弯半径与保护区边界时，更需要以保守的原则进行。

上述转弯半径的计算公式实际上只适用于无侧滑的协调转弯。全发情况下的转弯均要求为协调转弯。但一发失效情况下，由于推力的不对称，为保持直线飞行，理论上需向工作发一侧蹬舵。一般制造商建议的操作方式是保持驾驶盘中立位的前提下，配平方向舵飞行。这种情况下飞机带有一定的侧滑，导致飞机无法实现上述理论公式计算的半径。

对于恒定坡度转弯，向失效发动机侧转弯将导致半径小于理论值，向工作发动机侧转弯将导致半径大于理论值；对于恒定半径转弯，向失效发动机侧转弯将要求较少的坡度，向工作发动机侧转弯将要求较多的坡度，如图 6.7 所示。

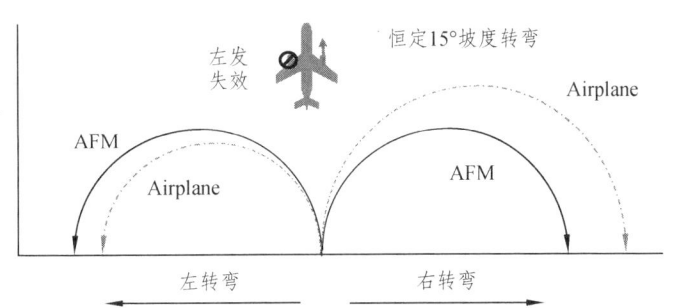

图 6.7　一发失效下非协调转弯使左右转弯半径存在差异

为考虑这种情况，转弯保护区需要适当扩大。一种可行的方法是：分别计算左右不同发动机失效下的最小半径和最大半径，以航迹左右 900 m 半宽为边界，使用最内侧的保护区和最外侧的保护区作为转弯区域保护区，而以协调转弯的航迹作为中心航迹。

起飞时一般是逆风方向，在进行转弯时，会面临侧风的影响。在直线飞行中，飞行员修正风保持相同的地面航迹一般较易。但在侧风情况下转弯时，如果不是按照 DME 弧飞行，飞行员人工保持地面航迹飞行就较为困难。因此，为考虑转弯飞行中风的影响，一般也需要增加转弯飞行保护区，如图 6.8 所示。

增加转弯保护区的方法可以借鉴发动机停车对转弯半径的影响中使用的方法。

2014 年，中国民航局发布的咨询通告 CAAC AC-121-FS-2014-123"飞机起飞一发失效应急程序和一发失效复飞应急程序制作规范"中要求：

对于除沿跑道中线延长线起飞的直线航段和有航迹引导的航段以外的其他航段，应按以下方法之一考虑风及飞行技术误差对标称航迹的影响。

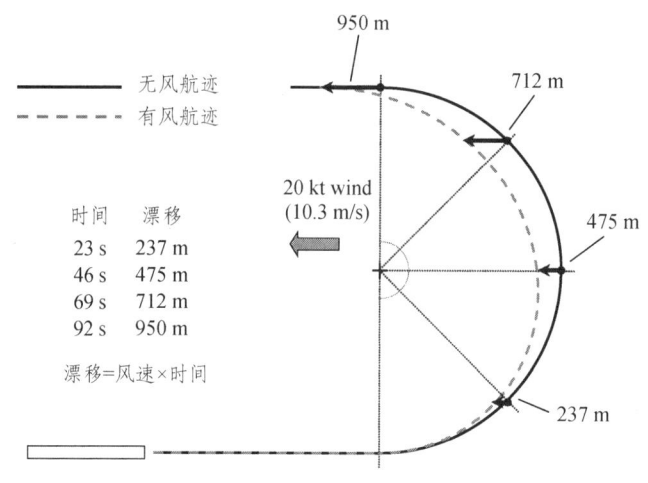

图 6.8　风对转弯航迹的影响

（1）给出航迹控制点的信息，以供机组检查标称航迹使用。

航迹控制点：对于传统导航方式，该点的位置可用 VOR、DME、NDB 及其有效组合表示（供控制航迹时参考，并不要求精确飞越）。对于直线航段，航迹控制点为直线航段的起始和结束点；对于转弯航段，航迹控制点为从转弯点开始，航迹每变化不大于 45° 角度时所对应的点。

航迹控制点必须在程序图中标明，达到这一要求，可以在转弯以及无引导的航段使用 900 m 等距保护区半宽。

（2）如无完整航迹控制点，应使用如下方式增加保护区范围，超过 900 m 半宽的额外外扩区域称为扩展保护区。

扩展保护区按下列方法确定：

对于转弯航段，从转弯开始点开始，在 900 m 半宽保护区基础上，保护区边界以 12.5% 的扩张率对称扩展至取得航迹引导的一点，此后以 25% 的收缩率恢复至正常 900 m 半宽保护区。

对于直线航段，从起始点开始，在 900 m 半宽保护区基础上，保护区边界以 12.5% 的扩张率对称扩展至取得航迹引导的一点，此后以 25% 的收缩率恢复至正常 900 m 半宽保护区。

（3）对于应急程序航迹，如能提供相应的径向线方位或 DME 弧保护，以限制航迹范围，则位于径向线容差或 DME 弧容差以外、扩展保护区内的障碍物可以不考虑。

在净空条件较差机场设计传统 EOSID，使用航迹控制点是个较好的方案。在这些机场，使用扩展保护区往往导致应急程序设计的困难或获得的性能收益降低。但是，对于一发失效沿传统 SID 的性能验证工作中，扩展保护区的使用可能更显其价值。

实际中常常遇到给定转弯半径和坡度限制下，确定飞机的最大速度问题。可用下例加以说明。

【例 6.1】　已知转弯半径 2266 m，转弯坡度 15°，机场压力高度 915 m，跑道长度 2000 m，OAT 为 20 ℃。试确定该转弯条件下限制的最大速度。

解：根据转弯半径的公式，可以得到

$$V_{\text{TAS}} = \sqrt{R \cdot g \cdot \tan \gamma}$$

使用转换系数 1.943 84 将速度从米/秒转换为海里/时（kt），得到

$$V_{\text{TAS}} = 1.943\,84\sqrt{2266 \times 9.806\,65 \times \tan 15} = 150 \text{ (kt)}$$

由机场压力高度 915 m 查标准大气表，可得密度比 $\delta = 0.8962$，由 OAT 20 °C 可得温度比 $\theta = 1.017$，从而进一步得到压强比 σ：

$$\sigma = \delta/\theta = 0.8962/1.017 = 0.8812$$

根据第 1 章介绍的公式可将真空速转换为表速。

$$V_{\text{IAS}} = V_{\text{TAS}} \cdot \sqrt{\sigma} = 150 \times \sqrt{0.8812} = 141 \text{ (kt)}$$

因此，根据地形条件限制的转弯飞行时，限制了飞机的最大飞行速度，从而限制了飞机的最大起飞重量，这一最大起飞重量可称为转弯半径限重。

也可以使用通用的图 4.2 来确定这一问题。从纵坐标转弯半径 7500 ft（2266 m）和横坐标 15° 坡度两个数据，可确定对应的 TAS 为 150 kt。

6.3.3 失速裕度与坡度能力

运输类飞机，一发失效下以最小的 $V_{2\min}$ 飞行，具有 30° 的坡度能力，即最大允许使用 15°，同时还保留有 15° 的坡度裕度。飞行速度增加，飞机的坡度能力也增加。在最低的 $V_{2\min}$ +15 kt 时，飞机具有 40° 的坡度能力，即最大使用 25° 坡度转弯，同时还保留 15° 的坡度裕量。最小的 V_2 为 1g 失速速度的 1.13 倍。这取决于起飞分析的优化原则，通过正常查表途径获取的 V_2，只可能比最小的 V_2 大。对于波音飞机，如果使用改进爬升对 V_2 进行优化，则在 V_2 下飞机具备超过 30° 的坡度能力；对于空客飞机，大部分起飞分析对 V_2 使用全程优化，坡度能力也可能超过 30°。

坡度能力决定了飞机在 EOSID 设计中，可以使用多大的坡度进行转弯飞行，以避开关键障碍物。有些机场可能地形受限，只允许较小的转弯半径，只有使用较大的转弯坡度才能实现。原则上，将转弯坡度限制在 15° 角内，是优选方案，便于飞行员操纵和旅客舒适性。一发失效后使用超过 15° 的坡度，需进行失速裕度评估，确保飞机具有不低于最小 V_2 对应的失速裕度，还需报局方批准。

转弯飞行将导致失速速度增加，使失速裕度减小，坡度能力减小。为保持不低于 V_2 直线飞行时的失速裕度（即保持至少 15° 的坡度裕度），就需要增大飞行速度，如 V_2 +10 kt、V_2 +20 kt。

EOSID 设计中，在已知失速速度/抖杆速度的情况下，经常需要确定，以某一速度飞行时对应的坡度能力。下面对此进行分析。

以失速速度做直线飞行，满足：

$$W = L = C_{\text{LS}} \cdot \frac{1}{2}\rho V_{\text{S}}^2 \cdot S$$

以速度 V 做最大坡度 γ 的转弯飞行，飞机失速/抖动，满足：

$$W = L \cdot \cos\gamma = C_{\text{LS}} \cdot \frac{1}{2}\rho V^2 \cdot S \cdot \cos\gamma$$

因此：

$$C_{\text{LS}} = \frac{2W}{\rho V_S^2 \cdot S} = \frac{2W}{\rho V^2 \cdot S \cdot \cos\gamma}$$

最后得到，产生失速/抖动的最大坡度为

$$\cos\gamma = V_S^2 / V^2$$

下面通过实例说明。

【例 6.2】 已知 B757-200 飞机 MTOW = 100 t（220 462 lb），襟翼 Flap20，A/C OFF，起落架收。试确定飞机以 140 KIAS 速度和 20° 坡度转弯飞行的坡度能力。

解：通过抖杆速度随重量和构型变化图（见图 6.9），使用 TOW 220 462 lb 和 Flap20/Gear UP 构型，可以确定该条件下的抖杆速度为 125 KEAS，为简单起见，认为 EAS = IAS。

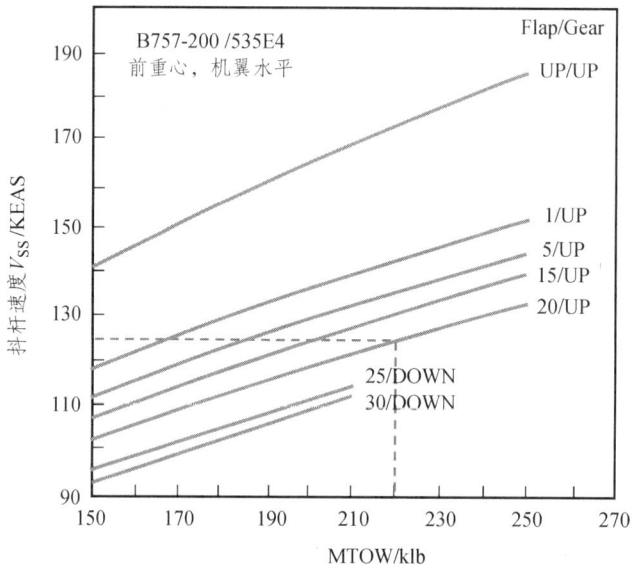

图 6.9 B757-200 抖杆速度随重量和构型变化

因此，以抖杆升力系数和 140 kt 飞行的最大坡度为

$$\cos\gamma = 125^2 / 140^2 = 0.797\,194$$

$$\gamma = 37.1°$$

因此，在 140 kt 速度下以 20° 坡度转弯时，飞机有 17.1° 的坡度裕度，达到了以最小 V_2 飞行时的坡度裕度。

除了增大 V_2 以增加坡度能力以外，还可以通过在转弯前使用空中加速的方式，增大坡度能力。

例如：波音在设计拉萨/贡嘎机场传统 EOSID 时，由于地形的限制，为在加速收构型前使用 30° 的坡度转弯返场，起飞后规划了空中加速段，经过 30 s、1.19 NM 的空中加速，从 V_2 加速至 V_2+15，才得以实现 30° 坡度返场。图 6.10 给出了这个 EOSID 航迹和其他相关信息。

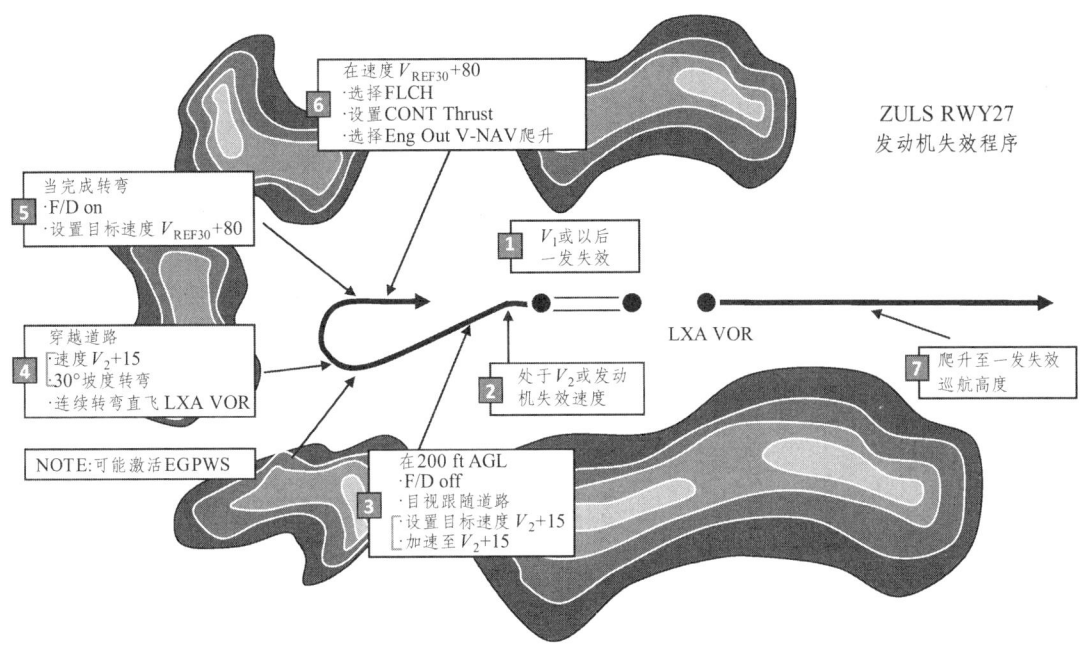

图 6.10 波音在拉萨机场使用的空中加速技术以实现 30° 坡度转弯返场

最后需要指出的是，在导航性能较差的地区和复杂地形机场，客观条件可能导致制定出的一发失效应急程序过于复杂。随着技术的进步和程序的改进，可以使用现代科技手段，如区域导航（RNAV）和所需导航性能（RNP）来制定起飞—发失效应急程序，来避免这一问题。当然，前提是航空公司已获得这两种导航的批准。

6.4 一发失效性能验证

6.4.1 航迹、障碍物、性能的迭代优化

初步航迹确定后，须进行地图作业，在地图上绘制一发失效保护区，确定保护区内以及边界处需考虑的近、中距障碍物。逐一进行评估后，确定其沿航迹相对离地端跑道头（DER）的水平距离和高。

将这些障碍物带入起飞分析表性能软件进行起飞性能表计算和点计算，确定 MTOW、起飞速度等性能数据。以这些性能数据为基础，进行一发失效总航迹及相关参数的性能计算。这个性能软件计算航迹一般比初步确定的航迹要更为真实，基于这一航迹重新确定保护区、障碍物数据，再次进行起飞分析计算和航迹计算。

航迹的确定过程是地图作业、性能计算、障碍物数据修正、越障检查等工作不断重复迭代的过程。每次迭代，障碍物、性能数据往往都会发生变化，需要重复若干次，数据基本稳定后，EOSID 航迹才能得到基本确定。

每次重复迭代，需增加纸张地图作业的精细度。除了考虑山头外，还应仔细观察等高线，以保守的原则，按等高线的较高者确定障碍物。除此之外，还需考虑人工建筑物，根据地貌，除非确定为光秃地形（如岩石、沙漠等），否则应考虑最多 15 m 的树高修正。

所有考虑的障碍物,应按垂直于航迹的方向,投影至标称航迹上,以确定距 DER 的水平飞行距离。

最终确定的 03 跑道 EOSID 航迹中,在第一个左转弯区间的地形障碍物分布如图 6.11 所示。根据障碍物筛选原则,转弯区需要纳入起飞分析表计算的近距障碍物有三个,均分布在转弯保护区外侧边界附近。在图上已用方形图标特别标出,即图 6.2 波音起飞分析表表尾的后三个障碍物。

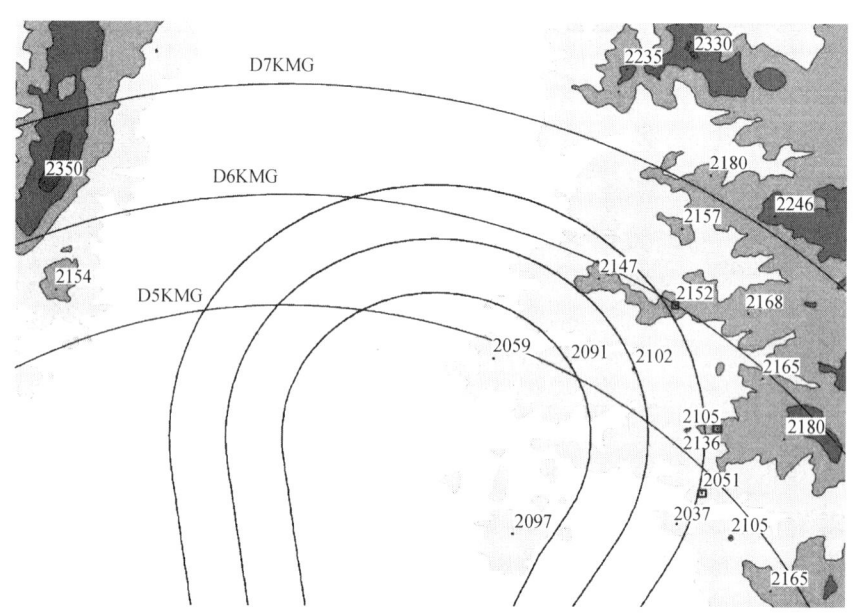

图 6.11　03 跑道 EOSID 在第一个左转弯区域的航迹保护区与障碍物分布

在初始直线爬升段,需要考虑的障碍物全部在 AIP 中公布,为 ARP 15 km 范围内的 5 个障碍物,具体信息见第 4 章 4.4.5 节。这些障碍物的平面分布如图 6.12 所示。

V_{EF} 一发失效沿 EOSID 航迹飞行的性能验证和前一章学习的沿 SID 航迹的一发失效性能验证并没有本质的不同。一般而言,近、中距障碍物可通过带入起飞分析表计算来进行验证,中、远距障碍物可通过计算整个一发失效总航迹、净航迹的方式进行验证。

第 4 章 4.1 节给出了该机场 03 跑道的必要信息。本章图 6.1、图 6.2 分别给出了最终的传统 EOSID 程序图以及配套的起飞分析表(附障碍物信息)。EOSID 航迹障碍物清单列于 4.4.5 节。这个障碍物清单及其修正高是在 EOSID 航迹与性能数据迭代稳定后最终确定的。

性能检查包括月平均最高气温、最低气温下的性能检查。

6.4.2　波音 B737-700 性能检查

使用最极限情况进行计算,包括 V_1 优化、改进爬升,这种策略可得到最大的 MTOW,对应的 V_2 也偏大。

首先按 5 min TOGA 时限,以标准 2 段进行计算。

在月平均最高气温 24 ℃、静风、A/C ON 下的起飞分析点计算结果数据如下:

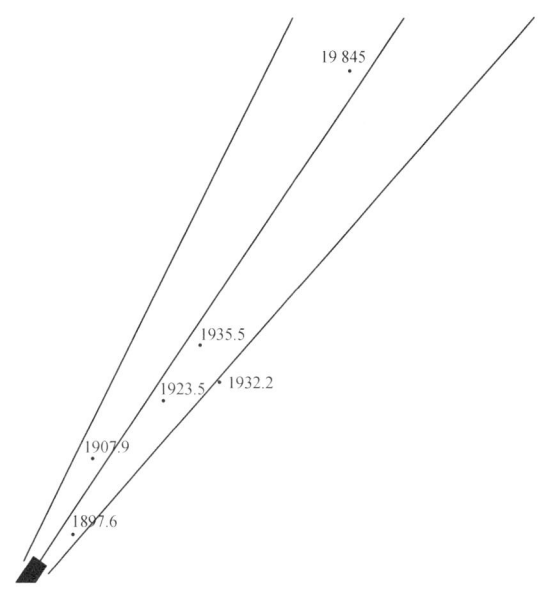

图 6.12　03 跑道 EOSID 跑道初始直线爬升段障碍物

MTOW = 61 800 kg，$V_1/V_R/V_2 = 156/160/164$ kt，一发失效 TOD = 3340 m，对中距离 10 m，最低几何改平高 1290 ft，最大几何改平高 1953 ft。第 2/4 段总梯度 = 3.6%/3.1%。

使用 BCOP 计算 V_{EF} 发动机失效时，沿 EOSID 飞行的三维航迹。

通过初步的试算可知：以 V_2 飞行，最初的失速速度比为 1.288，对应的坡度能力是 52°，爬升梯度 3.0%。

从 D4.0KMG 开始的转弯中，如果按起飞分析表最低改平高 1330 ft 改平，即飞越起飞分析表最后一个障碍物后改平。虽能确保安全飞越转弯区障碍物，但由于在转弯中平飞增速，真空速逐渐增大，转弯段的坡度从最初的 16.2° 逐渐增加到最后的 23.5°。其间飞机的坡度能力从最初的 52°，逐步减小到 50°。这种方案也是可以的。

但考虑到转弯区飞行员的可飞性，以及避免转弯结束时靠近西侧的高地形区域，最终方案决定转弯区保持 V_2 恒表速飞行，直到切入 R-353 再实施改平加速。按这一策略，飞机在转弯区的真空速从最初的 188 kt，随高度增加，逐步增加到结束时的 192 kt，对应的坡度则从最初的 16.2° 增加到 16.8°。转弯半径从最初的 3310 m 减小到结束时的 3296 m，坡度能力在转弯中可以一直维持 52°。这是一种更易于飞行员接受的方案。

在整个转弯区保持 V_2 恒表速飞行，在切入 R-353 时再改平加速，要求的改平几何高达到了 2010 ft，对于 5 min TOGA 时限的 B737-700 来说，这一要求的改平高超过了标准 2 段最大改平高 1953 ft。

考虑到该 EOSID 没有需要在第 4 段飞越的高大远距障碍物，因此使用延伸 2 段重新计算起飞限重。

经过检查起飞分析表，使用延伸 2 段模式，其他条件相同，起飞分析表的所有关键数据没有发生变化。

因此，本案例中，使用 V_2 恒表速转弯，转弯结束再实施改平加速的策略是可行的，尽管此时的改平高可能超过 5 min TOGA 时限对应的标准 2 段最大改平高。实际飞行中，通过

TOGA 计时，一发失效情况下，达到 TOGA 时限后，再改为 MCT 推力，符合飞行员的标准操纵程序（SOP）。因此超过标准 2 段最大改平高改平在本案中是可行的。

对于全机推重比较低的少数机型，使用延伸 2 段计算起飞分析表，可能出现非障碍物导致的减载，这是为了满足 400 ft 以上每点的可用爬升梯度必须大于 1.2%（双发）规章要求导致的。这种情况下，需要按新的较小重量重新计算起飞航迹。

计算得到的 03 跑道 737-700 垂直剖面如图 6.13 所示。进一步分析可知，在计算起飞分析表的 9 个障碍物中，越障裕度最低的是：第 2、3、4、5 号障碍物。最后一个障碍物主要是影响起飞分析表中的改平高。

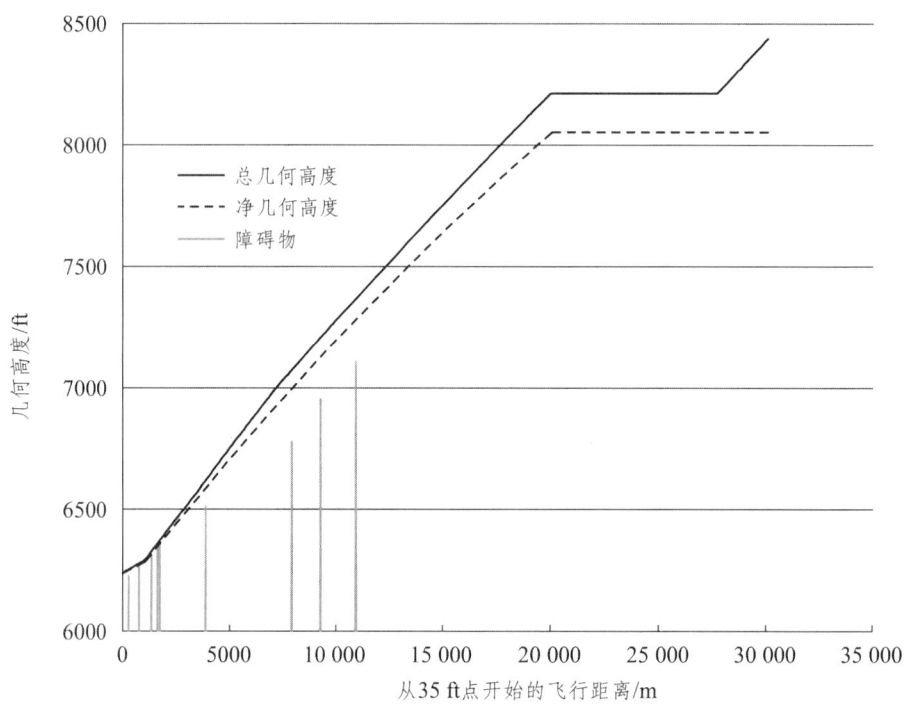

图 6.13　737-700 沿 03 跑道 EOSID 在 3 段前的飞行剖面（OAT 24 ℃）

需要指出的是：起飞分析表计算使用的是审定数据，对于具体障碍物的净航迹越障裕度，起飞分析表软件计算结果优先于航迹软件计算结果。

03 跑道 EOSID 在改平中及以后的航迹保护区中没有高大的障碍物。在机场南侧的转弯返场中，切入跑道方向时靠近西山高地形区域，存在 2148 m 高度的山头，需要安全飞越。南侧的第二个转弯区域中，地形与航迹及保护区的相对位置和分布如图 6.14 所示。

通过航迹计算可知：B737-700 沿 03 跑道 EOSID 飞行，在航迹上若干关键点处的总高度和净高度列入表 6.1。可以看出，飞机在第一个左转弯结束向台，改平加速时，几何净高度已达到 8053 ft（2455 m），已经具备安全飞越 2440 m 以下地形的能力。因此，在机场南侧第二个右转弯结束时，完全有能力安全飞越 2148 m 的地形障碍物。

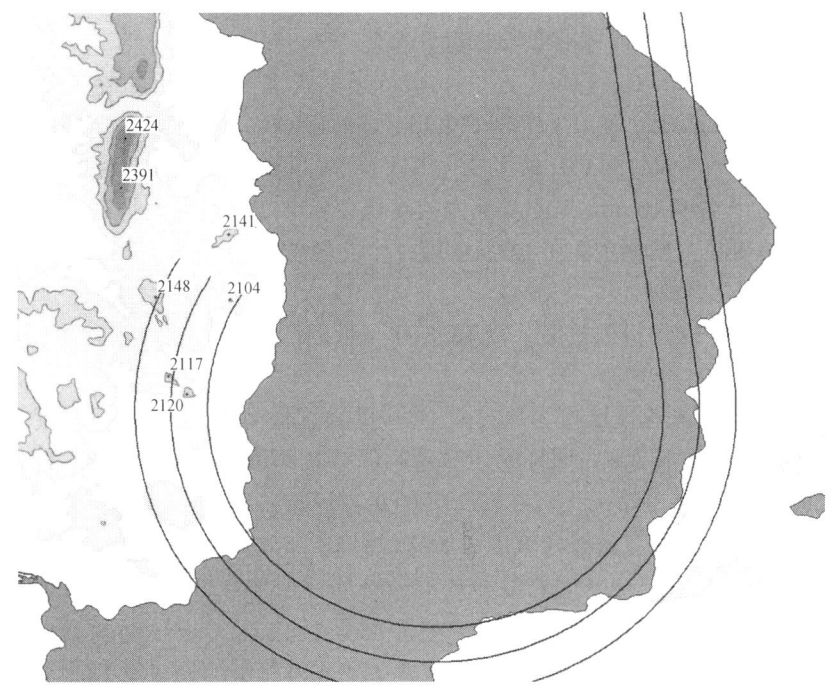

图 6.14　03 跑道 EOSID 在南侧的第二个转弯中的地形分布

表 6.1　B737-700 03 跑道 EOSID 飞行剖面关键点参数（24 ℃ 气温）

关键点	飞行距离/m	总几何高度/ft	总气压高度/ft	净几何高度/ft	总航迹越障裕度/ft	净航迹越障裕度/ft
35 ft	0	6238	6236	6238		
第 2 段结束	20 002	8213	8069	8053		
过 KMG 台	26 598	8213	8069	8053		
第 3 段结束（总）	27 721	8213	8069	8053		
第 3 段结束（净）	30 045	8437	8277	8053		
D11KMG	46 938	9976	9703			
切入 33° 航迹返场	71 858	11 833	11 424			

若 EOSID 返场加入 03 跑道 ILS 进近。从进近图（见图 4.3）可知：IAF（过 KMG 台）高度要求为 3100 m/10 170 ft，FAF（D10.9KMG，切入 33° 航迹）高度要求为 2800 m/9186 ft。虽然实际一发失效返场过 KMG 台的高度低于 IAF 高度，但飞机完全具备在 FAF 前加入 ILS 进近的高度条件。

因此，可以看出：V_{EF} 一发失效，B737-700 飞机有能力沿设计的 EOSID 航迹飞行，满足越障要求，且能够加入 03 跑道 ILS 进近。

6.4.3　空客 A319-112 性能检查

使用最极限情况进行计算，包括 V_1、V_2 全程优化，这种策略可得到最大的 MTOW，对应的 V_2 也偏大。

按 10 min TOGA 时限，以标准 2 段进行计算。

在月平均最高气温 24 ℃、静风、A/C Normal 下的起飞分析点计算结果数据如下：MTOW = 65 700 kg，$V_{EF}/V_1/V_R/V_2$ =153/154/154/159 kt，一发失效 TOD = 2879 m，对中距离 12 m，最低几何改平高 1343 ft，最大几何改平高 3878 ft。第 2/4 段总梯度 = 3.55%/2.31%。

可以看出，由于空客 10 min TOGA 推力的使用，标准 2 段最大改平高比 5 min 的波音机型高出近一倍，使得在本案例中，在 EOSID 第一个左转弯返场时，再进行平飞加速的策略不再受到性能中的改平高限制。

使用 OFP 计算 V_{EF} 发动机失效时，沿 EOSID 飞行的三维航迹。

通过航迹计算可知：

以 V_2 飞行，最初的失速速度比为 1.335，对应的坡度能力是 55°，爬升梯度 3.5%。

从 D4.0KMG 开始的转弯中，同样采用转弯区保持 V_2 恒表速飞行的方案，直到切入 R-353 再实施改平加速。按这一策略，飞机在转弯区的真空速从最初的 181 kt，随高度增加，逐步增加到结束时的 185 kt，所需的转弯坡度可始终维持在 15°左右。

虽然 A319-112 和 B737-700 的重量和 V_2 有所不同，但计算出来的整个 EOSID 水平航迹几乎完全相同。

在整个转弯区保持 V_2 恒表速飞行，在切入 R-353 时再改平加速，要求的改平几何高达到了 2130 ft，低于 10 min TOGA 时限的标准 2 段最大改平高 3878 ft。

A319-112 沿 03 跑道 EOSID 飞行，在航迹上若干关键点处的总高度和净高度列入表 6.2 所示。可以看出，飞机在第一个左转弯结束向台，改平加速时，几何净高度已达到 8180 ft（2494 m），已经具备安全飞越 2479 m 以下地形的能力。因此，在机场南侧第二个右转弯结束时，完全有能力安全飞越 2148 m 的地形障碍物。

表 6.2　A319-112 03 跑道 EOSID 飞行剖面关键点参数（24 ℃ 气温）

关键点	飞行距离/m	总几何高度/ft	总气压高度/ft	净几何高度/ft	总航迹越障裕度/ft	净航迹越障裕度/ft
35 ft	0	6238	6236	6238		
第 2 段结束	20 895	8347	8202	8180		
过 KMG 台	27 172	8347	8202	8180		
第 3 段结束（总）	31 583	8347	8202	8180		
第 3 段结束（净）	34 266	8571	8411	8180		
D11KMG	47 517	9677	9439			
切入 33°航迹返场	73 012	11 417	11 059			

若 EOSID 返场加入 03 跑道 ILS 进近。从进近图（见图 4.3）可知：IAF（过 KMG 台）高度要求为 3100 m/10 170 ft，FAF（D10.9KMG，切入 33°航迹）高度要求为 2800 m/9186 ft。虽然实际一发失效返场过 KMG 台的高度低于 IAF 高度，但飞机完全具备在 FAF 前加入 ILS 进近的高度条件。

因此，可以看出：V_1 一发失效，A319-112 飞机有能力沿设计的 EOSID 航迹飞行，满足越障要求，且能够加入 03 跑道 ILS 进近。

6.5 决策点与全发性能验证

6.5.1 概念与要求

上一节验证了飞机在 V_{EF} 出现发动机失效，飞机具备按照 EOSID 飞行的能力，满足越障且能加入进近。

实际起飞中，发动机可能在沿 SID 飞行的任何一点出现失效。如果发动机失效出现在 V_1 后、SID 航迹上的某一点，飞行安全的情况又有什么不同？在失效点前是全发飞行，积累的高度能够让飞机沿 SID 安全飞行吗？

因此，在应急程序的制定中，常常还需要在 SID 航迹中确定一个决策点（Diversion Point，DP），以考虑飞机在该点后出现一发失效，可以充分利用全发性能情况下已经取得的高度优势，具有按 SID 航迹安全飞行的能力。在该点之前出现一发失效，没有能力沿 SID 安全飞行，则按 EOSID 航迹飞行。

实际做 SID/EOSID 不同路线的决策的时机应出现在决策点前，因此，决策点的含义实际上是航迹分岔点或行动点。

决策点位置的初步确定通常使用反推的思路进行。可以从 SID 航迹上确定一个对性能限制最大的关键点，从该点开始，按一发失效的性能，往回画出一发失效的飞行轨迹，然后和全发情况下的起飞轨迹相交，交点处即为理论上的决策点，如图 6.15 所示。

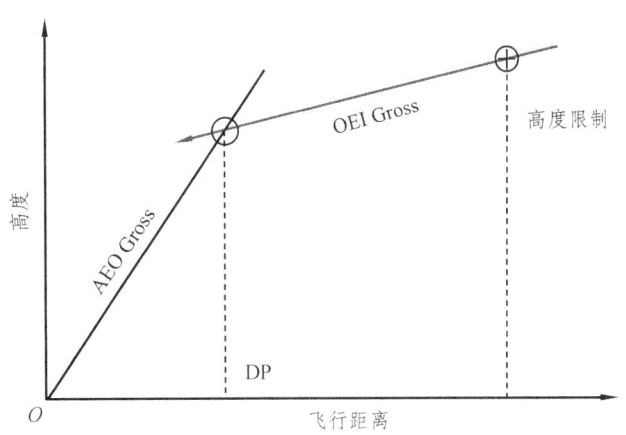

图 6.15 决策点 DP 位置的初步确定原则

决策点优选以确定性地面位置形式给出，如 DME 距离、某台上空、穿越某径向线等。在按这些方法确定位置点时，须考虑导航定位的精度问题，尽量使用垂直穿越或接近垂直的角度穿越 VOR 径向线和 DME 弧，以获得明确的机载仪表指示和精确的空间定位。

如果决策点是给定的高度值，则达到该高度值的时机在不同的情况下存在很大的变数，如有可能，应予以避免。

决策点应给飞行员留出足够的操纵以及反应时间，以执行改航动作。

在决策点，飞机应满足两个方面的能力：沿 EOSID 安全飞行的能力，以及沿 SID 安全飞行的能力。在决策点沿 EOSID 飞行，在各点的垂直越障裕度肯定超过 V_{EF} 一发失效沿 EOSID 飞行对应的越障裕度，主要是对转弯飞行的能力进行补充检查。在决策点沿 SID 飞行，一般是性能检查的重点。

对于复杂地形机场，如果一个决策点不能满足这种要求，可能会使用两个及以上的决策点，如图 6.16 和图 6.17 所示。决策点越多，则导致的应急飞行程序就越复杂。设计者需要在性能结果和程序复杂度之间进行综合平衡。

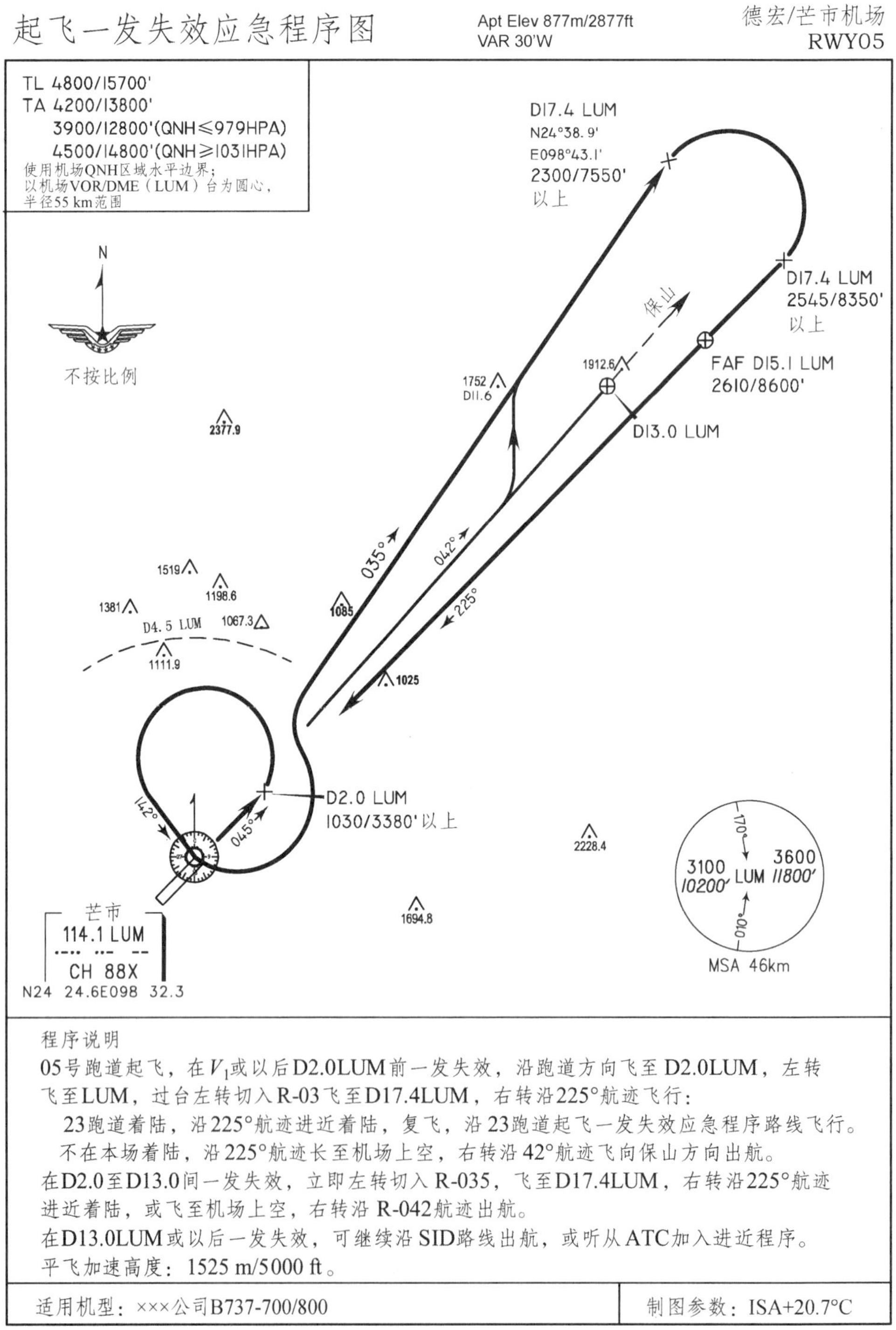

图 6.16 使用 2 个决策点的 EOSID 样例（一）

图 6.17 使用 2 个决策点的 EOSID 样例（二）

从离地 35 ft 点开始的起飞飞行航迹及其净航迹是 V_{EF} 一发失效起飞对应的概念，在 25 部规章中给出；进一步在 121 部规章中，要求这个净航迹应以 35/50 ft 越障。对于发动机在 V_1 后的其他点失效，规章并没有给出这种情况下的"净航迹"概念，也没有明确的对应越障标准。

实际运行中，常常使用相关规章标准的组合加以进行。即：满足程序高度要求；满足 ICAO DOC 8168 MOC 越障标准要求；从一发失效点开始，由总航迹减 0.8%（双发）梯度差得到的净航迹满足 121 运行规章越障要求等。

6.5.2 波音 B737-700 性能检查

以前面 6.4 节同样的条件，使用计算全发至决策点 D3.5KMG 一发失效，沿向北 DAD0L 方向离场的航迹。其他计算条件如下：

全发起飞，改进爬升速度增量 20 单位，起飞初始爬升速度 V_2+20 kt，恒表速至 1500 ft 场面高，收 TOGA 至 MCL，45% 能量比加速爬升收构型至干净形态，然后在继续加速至 250 kt 过程中到达 D3.5KMG，此点一发失效。油门 MCT，保持当前恒表速（210 KIAS）一直爬升至 D41.8KMG。

该离场程序在 D14KMG 和 D41.8KMG 处有高度要求，一般应为这两处附近有高地形存在。

通过地图作业，在 D14.0KMG 之前的高地形中，最高点山头 1 在 D12.856KMG（23 809 m）处，山头标高（含树高 15 m）2414 m/7915 ft，沿 SID 航迹从 BRP 至该山头的飞行距离为 29 096 m。

通过地图作业，在 D41.8KMG 之前的高地形中，最高点山头 2 在 D40.364KMG（74 754 m）处，山头标高（含树高 15 m）2962 m/9715 ft，沿 SID 航迹从 BRP 至该山头的飞行距离为 80 329 m。

通过 BCOP 计算，在沿 SID 向北 DAD0L 航迹上若干关键点处的飞行数据列入表 6.3。因此，可以看出：B737-700 在决策点 D3.5KMG 一发失效，沿 SID 向北 DAD0L 出航的飞行中，均满足程序最低高度或 MOC 越障要求。

表 6.3　B737-700 03 跑道 SID DAD0L 向北出航关键点参数（24 °C 气温）

关键点	飞行距离/m	总几何高度/ft	总气压高度/ft	程序要求高度/ft	总航迹越障裕度/ft
35 ft	2862	6250	6248		
D3.5KMG	9612	8330	8177	7218 √	
D4.4KMG	11 322	8493	8329	7546 √	
切入 R-015KMG	23 885	9553	9312		
山头 1：7915 ft	29 096	9995	9721		2080 > MOC2000 √
D14.0KMG	31 289	10 181	9893	10 170 √	
山头 2：9715 ft	80 329	13 769	13 214		4054 > MOC2000 √
D41.8KMG	82 767	13 927	13 361	17 060	

这个航迹剖面与障碍物的相对关系如图 6.18 所示。

同样的方法，可以计算月平均最低气温下的决策点一发失效沿 SID 飞行的整个剖面，并进行相应的越障检查。本处不再赘述。

6.5.3 空客 A319-112 性能检查

以前面 6.4 节同样的条件，使用计算全发至决策点 D3.5KMG 一发失效，沿向北 DAD0L 方向离场的航迹。其他计算条件如下：

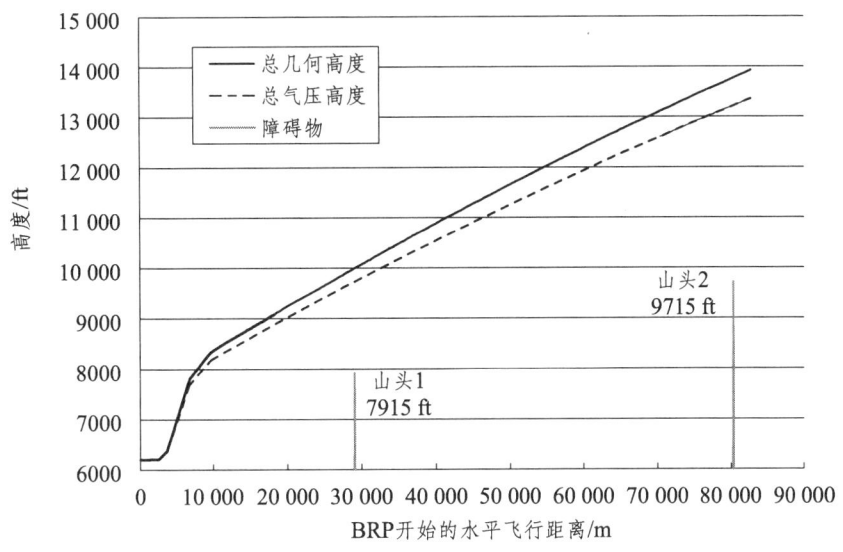

图 6.18　B737-700 03 跑道全发至 D3.5KMG 一发失效剖面与障碍物

全发起飞，起飞初始爬升速度 V_2+10 kt，恒表速至 1500 ft 场面高，收 TOGA 至 MCL，能量分享加速爬升至 D3.5KMG（此时比 S 速度稍大），此点一发失效。油门 MCT，然后能量分享继续加速收构型至干净构型，继而加速至绿点速度，保持该表速一直爬升至 D41.8KMG。

该离场程序在 D14KMG 和 D41.8KMG 处有高度要求，一般应为这两处附近有高地形存在。

通过地图作业，在 D14.0KMG 之前的高地形中，最高点山头 1 在 D12.856KMG（23 809 m）处，山头标高（含树高 15 m）2414 m/7915 ft，沿 SID 航迹从 BRP 至该山头的飞行距离为 29 094 m。

通过地图作业，在 D41.8KMG 之前的高地形中，最高点山头 2 在 D40.364KMG（74 754 m）处，山头标高（含树高 15 m）2962 m/9715 ft，沿 SID 航迹从 BRP 至该山头的飞行距离为 80 327 m。

通过 OFP 计算，在沿 SID 向北 DAD0L 航迹上若干关键点处的飞行数据列入表 6.4。因此，可以看出：A319-112 在决策点 D3.5KMG 一发失效，沿 SID 向北 DAD0L 出航的飞行中，均满足程序最低高度或 MOC 越障要求。

表 6.4　A319-112 03 跑道 SID DAD0L 向北出航关键点参数（24 度气温）

关键点	飞行距离/m	总几何高度/ft	总气压高度/ft	程序要求高度/ft	总航迹越障裕度/ft
35 ft	2415	6250	6248		
D3.5KMG	9622	8249	8111	7218 √	
D4.4KMG	11 337	8293	8155	7546 √	
切入 R-015KMG	24 383	9011	8818		
山头 1：7915 ft	29 094	9400	9182		1485 > MOC700 √
D14.0KMG	31 319	9578	9348	10 170	
山头 2：9715 ft	80 327	13 006	12 535		3291 > MOC2000 √
D41.8KMG	82 796	13 150	12 671	17 060	

这个航迹剖面与障碍物的相对关系如图 6.19 所示。

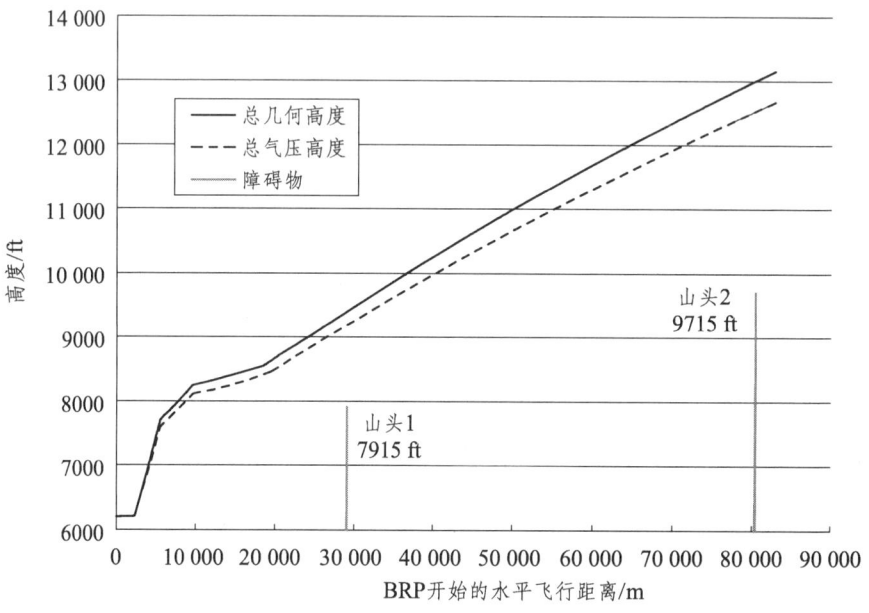

图 6.19　A319-112 03 跑道全发至 D3.5KMG 一发失效剖面与障碍物

同样的方法，可以计算月平均最低气温下的决策点一发失效沿 SID 飞行的整个剖面，并进行相应的越障检查。本处不再赘述。

6.6　EOSID 结束点

25 部定义了起飞飞行航迹（TOFP）的结束条件，即：达到起飞表面 1500 ft，或完成从起飞到航路构型的转换，取较高者。这个定义对很多复杂机场是远远不够的。因此，实际运行中，EOSID 的结束点是一个较为复杂的问题。

EOSID 程序的结束点要考虑整个起飞爬升过程的飞行安全，直到所有障碍物越障完毕。对于净空条件复杂的机场，其结束点可能远远超过场面高 1500 ft 的最低点。

一般可以考虑以下几个方面之一：

- 最低扇区高度（Minimum Sector Altitude，MSA）或最低航路安全高度（Minimum Enroute Altitude，MEA）之上。MSA 给出了机场某导航台为中心，半径 46 km（25 NM）范围内，按扇区划分的最低飞行高度，提供 1000 ft（平原地区）/2000 ft（山区地区）的超障裕度保护。MEA 是在所示航段上，能够满足越障要求和保证导航信号覆盖的最低公布高度，MEA 能够提供至少 1000 ft 的超障裕度。需要指出的是，在复杂地形机场，对于 EOSID 来说，MSA 的半径可能是远远不够的。
- 到达一个点，从那以后，航路越障要求得以满足。本书第 7 章将详述一发失效航路越障要求。简而言之，这个要求是：在起飞飞行航迹结束后的航路上升阶段，总航迹减去 1.1%（双发）梯度差得到的航路净航迹，在随后所有地形上空 1000 ft 处有正梯度。也即是说，在起飞飞行航迹的结束点，即航路上升的起点处，总航迹能够至少达到 1000 ft 越障。
- 到达一个点，从那以后，总航迹满足 8168 航路 MOC 越障要求。
- 到达一个点，从那以后，可以开始加入进近程序，以返回起飞机场，或达到出航条件，飞往其他起飞备降机场。

6.7 应急程序的完成

起飞一发失效应急程序制作后，要在公司内部征求飞行员的意见。一般还应在全飞模拟机（Full Flight Simulator，FFS）上对起飞一发失效应急程序进行模拟试飞，以检验应急程序的易理解性、高度能力、可操作性以及容错能力。应尽可能避免触发近地警告系统，如触发且难以通过修改应急程序解决时，必须进行安全评估。

如起飞一发失效应急程序导致起飞最低标准（能见度和云底高）与公布的标准离场程序不同，则应予以注明。起飞一发失效应急程序中应该标识清楚关键障碍物和地形的相关信息，其路径设计应该尽量避免进入限制区、危险区或禁区。

如设计的起飞一发失效应急程序只考虑了本场着陆，则起飞最低标准不应低于适用跑道的着陆最低标准。

设计的起飞一发失效应急程序应力争简单明了，易于操作，尽量减少飞行员额外的工作负荷，避免不必要的文字描述，如多个转弯、使用条件说明、导航设施的选择及调频等。但一些关键限制（如坡度、速度等）应清晰体现。在程序书写的用词上，应清晰、简洁和准确，并符合行业习惯和标准。下面的文字给出了一些范例。

- 沿跑道方向爬升（Climb on Runway Heading）。当使用磁航向爬升时，可用：沿磁航向 MH332 爬升（Climb on magnetic heading MH332）。
- 当以 VOR 径向线定位转弯点时，可用：当飞越 XXX VOR R-188 时左转，坡度 15°（Upon crossing XXX VOR R-188, turn LEFT, 15° bank）。
- 当以 NDB 方位定位转弯点时，可用：当飞越 XXX NDB 096° 方位时右转，坡度 15°（Upon crossing 096° bearing from XXX NDB, turn RIGHT, 15° bank）。
- 当以 DME 距离定位转弯点时，可用：在 D4.7 XXX 右转，坡度 15°（At D4.7 XXX, turn RIGHT, 15° bank）。
- 当使用切入一词时，暗指转弯中进行调整以达到某一结果，可用：转弯爬升向台切入 XXX VOR R-350°（Intercept and climb INBOUND via XXX VOR R-350°）。

EOSID 程序书写时，必须知道，飞行员在人工转弯飞行时的主要参照参数是坡度，因此，应尽可能标出坡度大小。

EOSID 常常相伴一个特定的起飞分析表，该起飞分析表一般应注明：本程序针对××起飞一发失效应急程序。在实际运行中，按该表进行 MTOW 和起飞速度的确定，就能确保起飞一发失效时，飞机具有按 EOSID 飞行的能力。

EOSID 还应给出最低的改平加速高，特别是当应急程序要求的改平高高于起飞分析表改平高时，更应明确指出。

如某些起飞一发失效应急程序导致起飞最低标准（能见度和云底高）与公布的标准离场程序不同，则予以注明。起飞一发失效应急程序中应该标识清楚关键障碍物和地形的相关信息。如有可能，应急程序应用彩色等高线分色渲染或以地形图形式发布。

对于复杂的 EOSID，可能需要为机组提供特定的训练。复杂 EOSID 包括：起飞后的立即转弯、多个转弯、或转弯中要求较大的坡度变化，以及程序中存在速度限制、特定构型限制、改平高限制、远距障碍物越障限制，或任何其他独特的运行要求。

第 7 章 航路飘降分析

为保证飞行安全，121 部运行规章要求：在从起飞飞行航迹结束至进近开始前的航路飞行阶段，飞机能在一发失效的情况下安全越障。

2001 年，中国民航局飞行标准司发布了涉及这一问题的咨询通告 AC-121FS-006 "飞机航线运营应进行的飞机性能分析"，对其内容进行了较为详细的阐述。航空公司在开辟新的航线前，需要进行航线分析，以满足这一咨询通告的要求。

航线分析（Route Analysis）的主体是飘降分析（Drift Down Analysis）和供氧分析（Oxygen Analysis）。飘降分析确保航路中发生发动机失效时，飞机能以规定的裕度安全越障；供氧分析确保航路中发生座舱失压时，在紧急下降的过程中飞机机载氧气系统能够满足旅客的氧气需求。航线分析对于普通平原航线可能是不需要的，但对于山区高原航路，航线分析是飞行安全的基础和前提，是航线开辟前一项必不可少的工作。航线分析的两个方面都属于飞行性能问题，其工作由航空公司的性能工程师完成。

本章将对航线分析中的飘降分析进行阐述。

7.1 下降模式

正常飞行状态下，飞机根据性能水平和 ATC 要求，基于某种优化准则，确定开始下降点 TOD 和下降速度剖面，优化准则通常有最小燃油下降、最短时间下降和最小成本下降，最后在预定机场着陆。而航路非正常情况下的下降模式，则是在基于安全的原则下，根据不同的故障条件，采用不同程序策略，而达到不同的下降要求。表 7.1 给出了这些下降模式的不同要求和准则。

表 7.1 正常下降与非正常下降

下降模式	要 求	速 度
正常航路下降模式		
最小燃油	下降燃油最小	CI = 0
最短时间	下降时间最短	CI = max
最小成本	燃油和时间成本之和最小	CI = K
非正常下降模式		
一发失效飘降	最低下降率	最大升阻比速度
座舱释压紧急下降	最大下降率	M_{MO}/V_{MO}

不同的下降模式导致了不同的下降轨迹。图 7.1 给出了三种下降情况的轨迹对比。

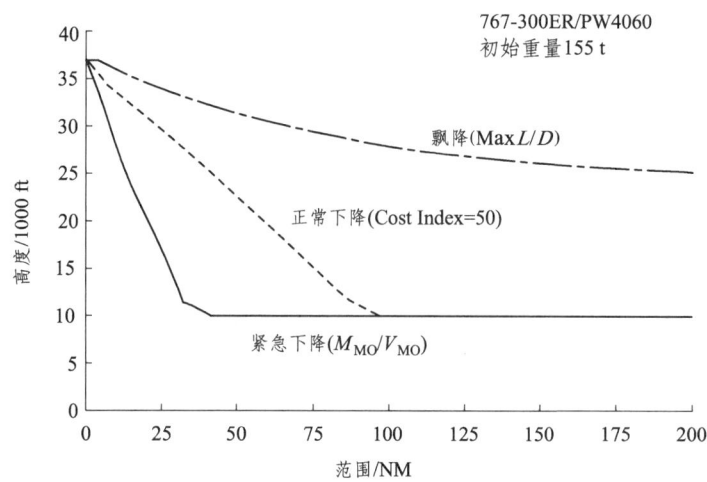

图 7.1　不同下降速度对应不同的下降轨迹

在飞行中一发失效后，发动机推力没有能力使飞机维持在原高度巡航，需要从原来的巡航高度降低到一个较低的高度的下降过程称为飘降（Drift Down）。典型飘降程序包括航路中一发失效后，工作发改为最大连续推力 MCT，保持平飞减速到飘降速度，然后保持飘降速度等表速下降，直到飞机自动改平。

飘降的目的在于，在高度损失最小的前提下，飞越最大的距离。为达到这一目的，应最大限度地利用飞机的空气动力性能，使用最大升阻比速度可实现这一要求。最大升阻比速度（空客称作绿点速度）是随重量而变化的，随着飘降过程的继续，燃油的消耗使飞机重量减小，飞机最大升阻比速度（IAS）也减小。随着高度的降低，空气密度增加，发动机推力逐渐增加，飞机的下降角逐渐减小，直到飞机自动转为平飞。

在飘降结束后，可以使用不同的速度策略。如果前方继续存在限制性障碍物，要求飞机保持最大的高度飞行，则可在改平后继续使用最大升阻比速度。这种速度策略下，随着飞行的继续，飞机重量减轻，飞机高度将逐渐缓慢上升，如图 7.2 中的 A 所示。

第二种速度策略是，在改平后保持等高飞行，如图 7.2 中的 B 所示。这种情况下，在油门不变的情况下，由于重量的逐渐减小，飞机会逐步加速。至一发失效远航速度（EO LRC 速度）后保持该速度等高飞行。在发动机保持 MCT 状态下，加速至 EO LRC 的时间较长，一般为 30 ~ 90 min，这取决于飞机重量和大气条件。

如果前方障碍物不构成限制因素，则可牺牲一定的高度，采用立即下降至较低高度并加速至 EO LRC 的速度策略，如图 7.2 中的 C 所示。

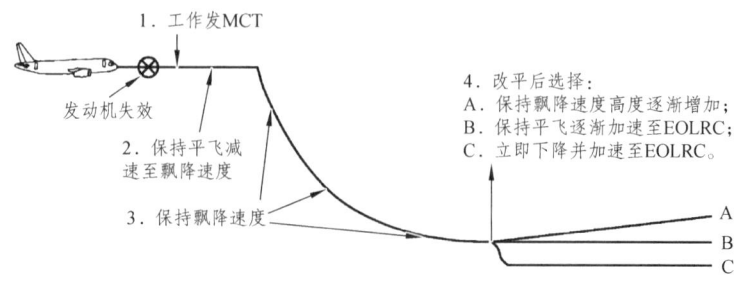

图 7.2　飘降改平后的速度策略及其对应的剖面

7.2 飞机的一发失效性能

民航运输类飞机，特别是双发飞机，全发性能与一发失效后的性能相差较大。

7.2.1 飞机的最大高度

民航运输类飞机在全发情况下的最大高度是下列三个高度中的最小者：

1. 发动机推力限制高度

这是发动机推力等级大小限制的最大高度。它是下面两个高度中的较小者：

爬升升限（Climb Ceiling），以最大爬升推力（MCLT）爬升，达到 300 FPM 剩余爬升率对应的最大高度。

最大巡航高度（Maximum Cruise Altitude），以最大巡航推力（MCRT）平飞，具有 100 FPM 剩余爬升率，所能保持的最大高度。

2. 抖动升限（Buffet Ceiling）

这是飞机的空气动力性能限制的最大高度。

随着飞机平飞高度的增加，由最小速度和最大速度构成的平飞速度范围缩小。在低速端，大迎角下，机翼上表面产生气体分离，不稳定的分离点在某一范围内来回快速波动，引起流线和压力分布的波动，导致升力的位置和大小发生变化，产生低速抖动。在高速端，高空巡航时，随马赫数增加，机翼上表面存在超音速区，开始出现激波。由于激波的位置不稳定，导致升力大小震荡变化，产生类似于低速飞行的抖动现象，称为高速抖动。民用运输类飞机一般使用 1.3g 的抖动裕度，确定低速抖动和高度抖动的速度边界。其含义是在这两个速度边界时，飞机压 40°坡度即会出现高速或低速抖动现象。当高度增加到某一高度时，1.3g 的抖动裕度对应的低速抖动和高度抖动边界重合，可将平飞速度范围缩小到零，这一高度称为抖动升限。

3. 最大审定高度（Maximum Certified Altitude）

这是飞机座舱强度限制的最大高度。

现代运输类民用飞机均是增加式座舱，25 部适航审定规章要求，巡航状态座舱内气压对应的高度（称为座舱高度）不得超过 8000 ft。飞行高度越高，座舱内外的压差越大。因此，由强度限制的最大座舱压差，限制了最大审定高度的大小。

例如：B737-700 的最大审定高度为 41 000 ft，记录于该机型的飞行手册（AFM）中，任何情况不得违反。

上面三个高度中，发动机推力限制高度和抖动升限是随重量而变的，而最大审定高度和重量无关。

在发动机失效情况下，飞机不能维持全发飞行时候的高度。在飘降结束后，飞机能够稳定飞行的高度一般只受发动机推力限制。空气动力和座舱强度一般不再构成限制因素。其中有两个概念：

一发失效改平后，以飘降速度（Drift down Speed）飞行，飞机的阻力最小，可飞行的高度达到最大，该高度常称飘降升限（Drift Down Ceiling）。大于该速度或小于该速度时，飞机的高度都要降低。由于低于飘降速度的小速度一侧，是速度不稳定区，一般均禁止有意进入，所以能够使用的只有高于飘降速度的大速度一侧。在性能分析中，一个典型的速度是远程巡航（Long Range Cruise，LRC）速度，该速度大于飘降速度。以一发失效 LRC 速度飞行，对应的最大高度常称为一发失效的 LRC 升限（LRC Ceiling）。一发失效 LRC 升限是低于飘降升限的。一发失效 LRC 升限和飘降升限主要取决于飞机重量。

性能软件可以计算特定外部条件下的三个全发最大高度的大小。图 7.3 给出了 BPS 计算的 B737-700/7B24 飞机这三个高度随重量的变化关系。

```
737-700                              CFM56-7B24/26                CONFIG 06              REPORT VERSION = 3.10
UNITS FOR INPUT VARIABLES:           UNITS FOR ALTITUDE ARE: FT   UNITS FOR RATE OF CLIMB ARE: FPM
-----------------------              UNITS FOR WEIGHT ARE: KG     UNITS FOR TEMPERATURE ARE: C
SPEED SELECTED = LRC                 VREF INCREMENT VALUE =  0.00 ALTCAP POWER SETTING = CRS
DO OPTIMUM ALT/WGT = 282724 KG       RATE OF CLIMB DECREMENT = 100.0   VMO/MMO LIMIT = YES    INCLUDE APU FUEL FLOW:NO
-----------------------------------------------------------------------------------------------

737-700         (2)   CFM56-7B24/26   CONFIG06     LRC     RATE OF CLIMB DECREMENT   100.0 FPM

              OPTIMUM   MAX CRS    THRUST LIMIT PRESS ALT (FT)     PRESSURE ALTITUDE FT
WEIGHT        ALTITUDE  ISA-10C    ISA +0C   ISA+10C   ISA+20C     MANEUVER CAPABILITY'G'(BANK ANGLE)
(1000 KG)     (FT)                                                 1.30 G

  70          33925     37571      37452     37334     35183       37916
  68          34539     38123      38005     37884     35837       38519
  66          35167     38692      38575     38451     36436       39140
  64          35810     39279      39161     39034     37094       39781
  62          36471     39883      39763     39632     37670       40441
  60          37154     40506      40384     40250     38265       41000
  58          37859     41000      41000     40886     38878       41000
  56          38589     41000      41000     41000     39503       41000
  54          39346     41000      41000     41000     40148       41000
  52          40131     41000      41000     41000     40816       41000
  50          40947     41000      41000     41000     41000       41000
```

图 7.3　B737-700 飞机全发最大高度

7.2.2　一发失效后的性能变化

一发失效后飞机的飘降升限或优化高度严重降低，特别是对于双发飞机，降幅基本达到原来的一半左右。这是因为，一方面推力减小（双发飞机推力减小一半）；另一方面，发动机风车状态和为保持航向的舵面偏转修正均导致额外阻力的增加，两者综合的结果，使飞机的飞行高度大大降低。

例如，对于 B737-700/7B24 飞机，ISA 大气条件，全发工作，重量为 60 t 时的 LRC 优化高度为 37 154 ft。而同样重量下，一发失效飘降总改平高度为 26 000 ft（见图 7.4），一发失效飘降净改平高度为 18 000 ft（见图 7.5 ~ 图 7.7）。

ENGINE INOP
MAX CONTINUOUS THRUST

Driftdown Speed/Level Off Altitude
100 ft/min residual rate of climb

WEIGHT (1000 KG)		OPTIMUM DRIFTDOWN SPEED (KIAS)	LEVEL OFF ALTITUDE (FT)		
START DRIFTDOWN	LEVEL OFF		ISA + 10°C & BELOW	ISA + 15°C	ISA + 20°C
80	76	261	17300	15800	13600
75	72	254	19400	18000	16200
70	67	246	21600	20300	18600
65	62	237	23800	22500	21100
60	57	228	26000	24900	23700
55	53	219	28300	27300	26200
50	48	209	30500	29700	28600
45	43	198	32700	31900	31000
40	38	187	35000	34300	33400
35	33	175	37600	36900	36100

Includes APU fuel burn.

图 7.4　B737-700/7B24 一发失效飘降速度与改平高度（FCOM）

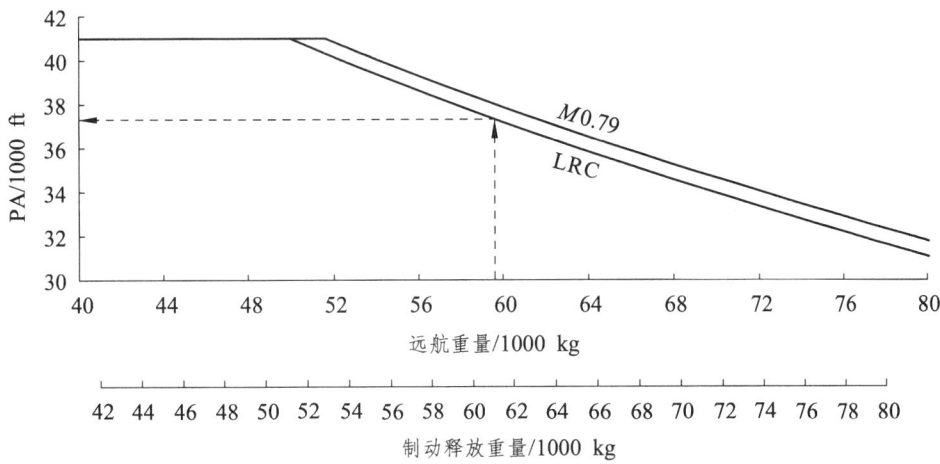

图 7.5　B737-700/7B24 飞机全发 LRC 优化高度随重量的变化

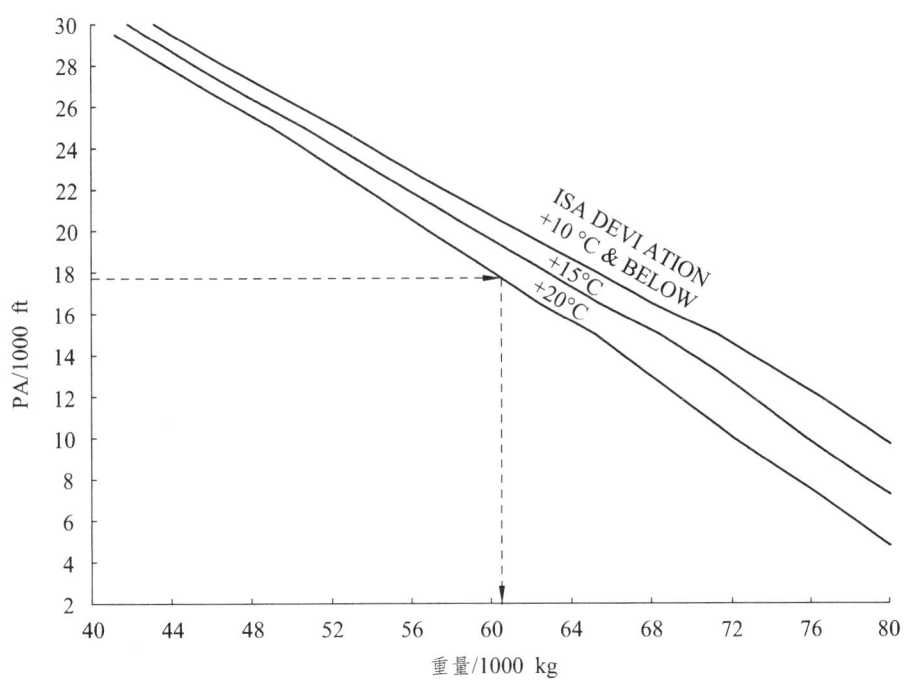

图 7.6　B737-700/7B24 飞机一发失效飘降净改平高度随重量的变化

对于四发飞机而言，一发失效对性能的影响相比双发飞机而言要小得多。因此，使用双发飞机在山区高原航线飞行，一发失效后飞机的性能降低对其越障能力是一个严峻的考验。

一发失效后的巡航性能也变差。表现在海里耗油率的增加和航程的缩短。

例如，B757-200 型飞机，全发工作，LRC 优化高度 36 700 ft 巡航，海里耗油量为 15.431 lb/NM，对应真速 457 kt。一发失效情况下，LRC 优化高度 23 000 ft 巡航，海里耗油量为 19.062 lb/NM，对应真速 388 kt。可见，在相同巡航重量和可用油量前提下，一发失效后航程仅为全发航程的 81%。

造成这种现象的主要原因是工作发油门偏高，低空油耗大，以及失效发动机和修正不对称推力差所带来的附加阻力等。

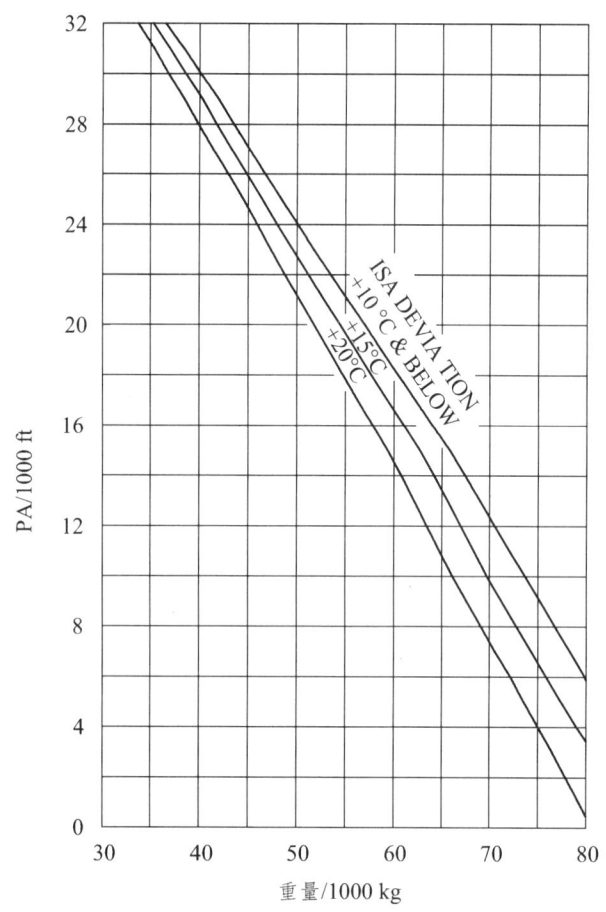

图 7.7　B737-700/7B24 型飞机一发失效 LRC 净改平净高度随重量的变化

7.2.3　不同下降策略对性能的影响

一发失效后的下降飞行中,不同的下降速度策略将导致不同的下降轨迹和不同的越障能力。在所有下降轨迹中,以飘降速度(升阻比最大速度)下降得到的轨迹最高,越障能力最好。偏离这一速度,都将导致改平高度降低。

图 7.8 给出了 B737-700 飞机在不同速度下的飘降轨迹剖面。可见,以飘降速度为界,更大的下降速度导致更低的改平高度和更小的下降改平时间。

一发失效后的下降飞行中,采用不同的速度策略,还将导致在同样时间内飞越不同距离。其中,以飘降速度下降,在相同的时间内飞机飞越的距离最小。它是以牺牲单位时间航程为代价换取飞行高度的。

以较大的 LRC 速度飞行航程较远,但以改平后飞行高度较低为代价。以更大的 350 KIAS 速度下降也保持这一趋势,图 7.9 给出了 B737-700 飞机在不同的速度策略下,飞机在 1 h 内所能飞越的距离范围。

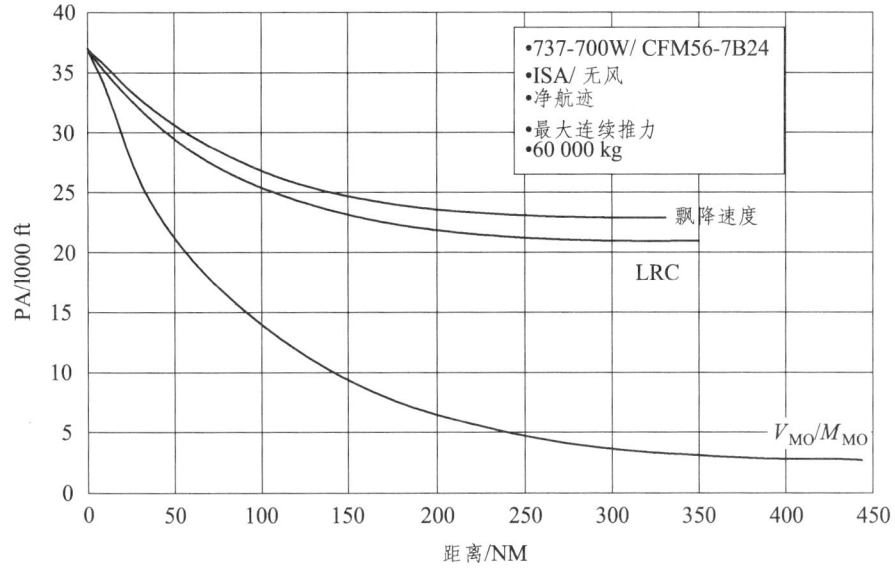

图 7.8　一发失效后不同速度下降策略对改平高度的影响

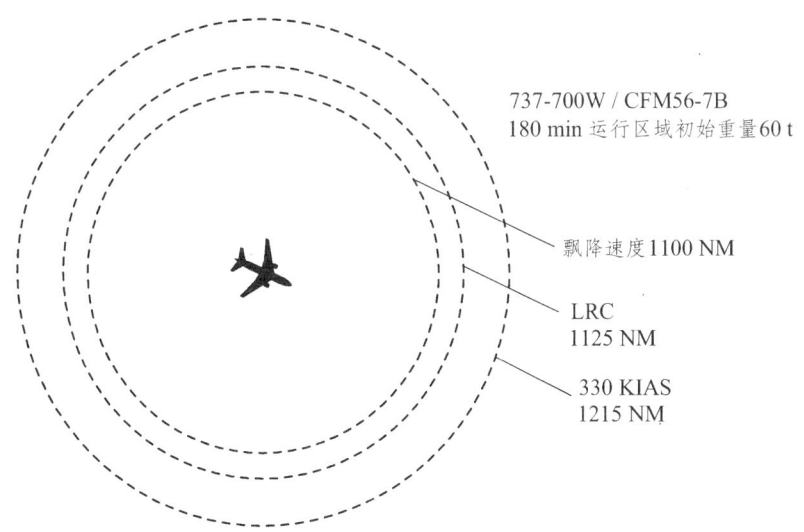

图 7.9　一发失效后不同速度下降策略对改航半径的影响

这种同样时间内飞越不同距离的问题,将决定航路备降机场的选择范围和该航路是否属于 ETOPS 运营的问题。对于后者,规章对飞机和运营人均有更高的要求。

7.3　规章要求

下面对航路一发失效的规章要求进行系统地论述。

7.3.1　相关定义

1. 所需导航性能

对于每个运行的空域,均要求一个最低可接受的导航精度。国际民航组织文件 ICAO DOC

7030 和 DOC 9613 中所需导航性能（Required Navigation Performance，RNP）表述为：飞机实际位置与预定位置的最大偏离距离（以海里表示），飞机在至少 95% 的飞行时间内不超过这一距离，即容差等级（Containment Level）。

例如，"RNP 5"表示飞机在 95% 的飞行时间内处于距预定位置 5 NM 距离范围；在 99.999% 的飞行时间内处于距预定位置 10 NM 距离范围内。

2. 航路备降机场的选择

在航路分析中，航路备降机场的选择涉及两个近似的概念：可用备降机场（Adequate Airfield）和适用备降机场（Suitable Airfield）。

满足以下条件的机场被称为可用备降机场：在预期的时间该机场必须可用，并装备有必需的支援设施（如 ATC、灯光、通信、气象预报、导航设施等），其中至少有一套仪表进近下降程序可用。

满足以下条件的机场被称为适用备降机场：满足可用备降机场条件，并且在预期使用时间，实际或预报的气象条件，或两者组合，满足正常运行要求。

3. 航路总航迹与净航迹

为了保证在飘降过程中能安全越过航路地形障碍，对于所有航路分析计算，FAR 121.191/EU-OPS 1.500 要求：只能使用净航迹来进行越障判定，且要考虑温度、风以及空调、防冰的影响。一发/双发失效净航迹是由总航迹减去规章规定的梯度减小量而得到的，总航迹由工作发使用最大连续推力（MCT）而确定。

FAR/CS 25.123 规定的净航迹与总航迹的梯度差见表 7.2。

表 7.2 航路阶段总、净航迹梯度差（工作发 MCT）

机　型	四发飞机	三发飞机	二发飞机
一发停车	1.6%	1.4%	1.1%
二发停车	0.5%	0.3%	—

使用飞机的净性能而不是总性能来进行越障分析可以提供额外的安全裕度。图 7.10 给出了 B737-700/7B24 飞机在两个重量下的总航迹与净航迹的数值对比。可以看出，B737-700 双发飞机，在较小重量（50 t）下的总航迹与净航迹改平高度相差 4790 ft，在较大重量（70 t）下的总航迹与净航迹改平高度相差 6040 ft。

4. 低速与高速极曲线

性能软件在计算航路性能时，常常面临两个可用数据集的概念：低速极曲线与高速极曲线。低速极曲线是 25 部审定航路性能数据的基础，飘降性能应使用低速极曲线数据集，基于这一数据集的飘降总航迹、净航迹剖面记录于 AFM 中。而高速极曲线则用于计算航路运行数据，它是非审定数据，用于 FCOM 中的其他航路数据计算。这两个数据集及其区别如图 7.11 所示。

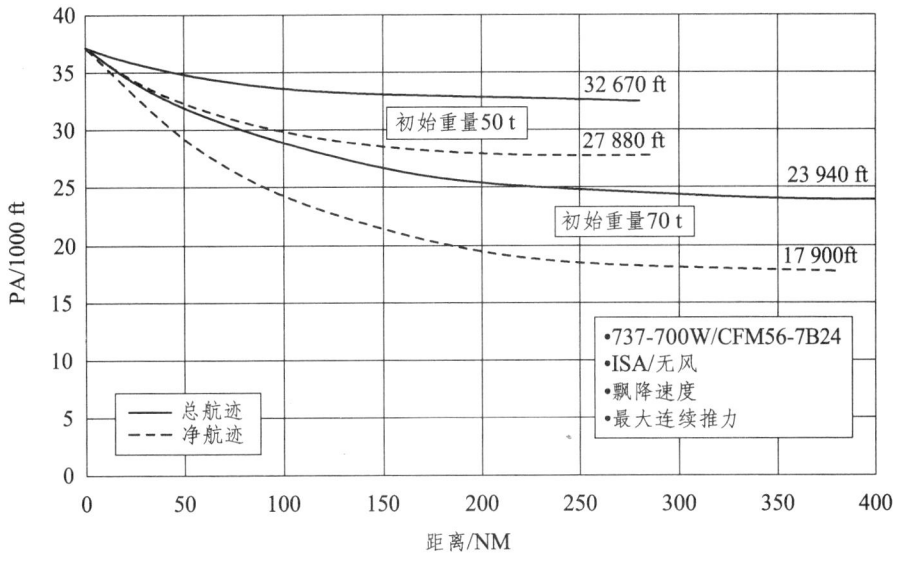

图 7.10 飞机的总航迹与净航迹的数值对比

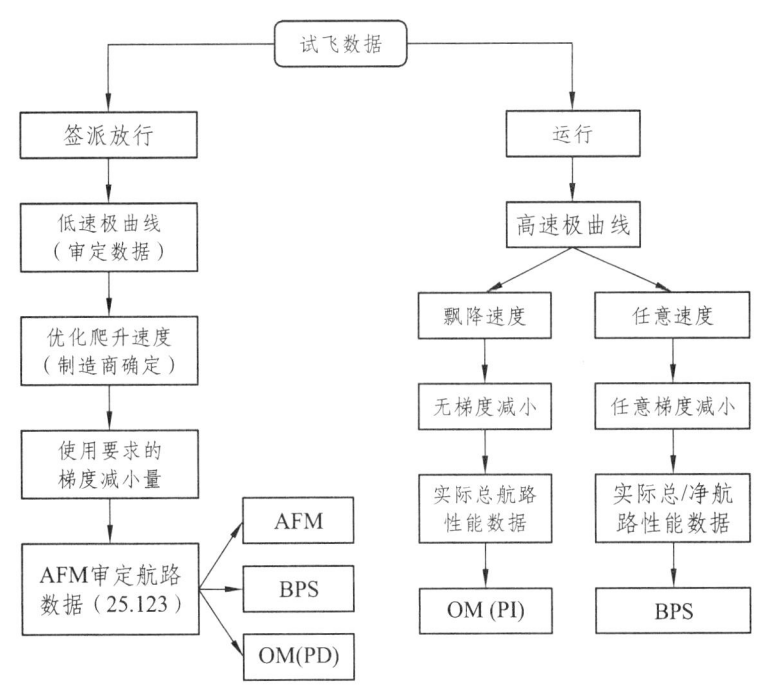

图 7.11 航路性能计算的两个数据集及其区别

这两个数据集会产生有区别的飘降航迹,在临界情况下可能对最终结果有所影响,图 7.12 给出了两个不同数据集计算得到的飘降总航迹与净航迹。

在目前的规章中,涉及航路发动机失效后的越障问题主要有 CS、FAR、CCAR 和 ICAO 附件条款,它们之间的要求是一致和近似的,只有一些小的差别。表 7.3 给出了这些规章和要求中的相应条款目录。

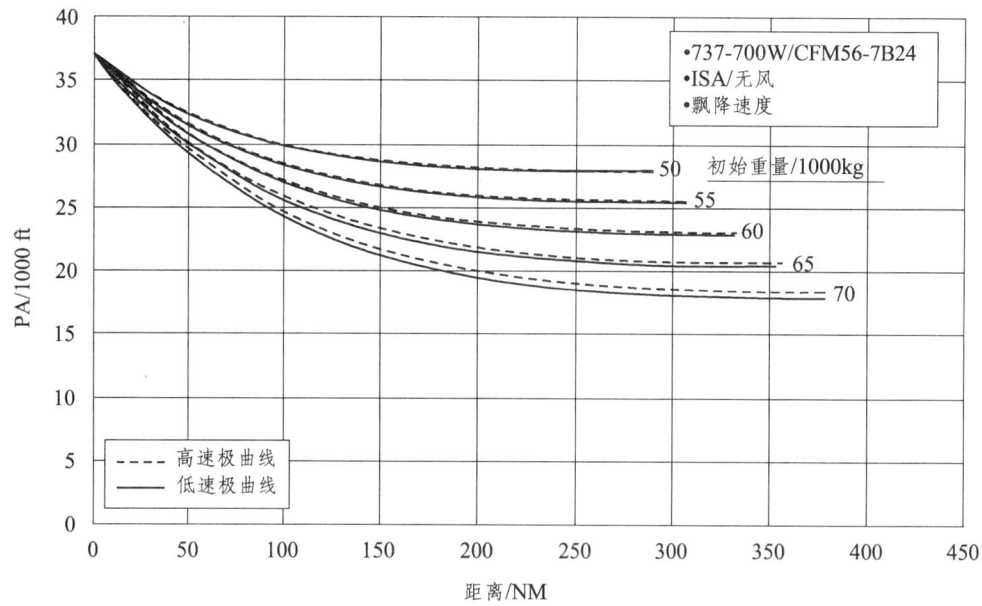

图 7.12 低速与高速极曲线计算的飘降航迹区别

表 7.3 航路发动机失效运行限制的相关规章条款

FAR	
25.123	En route flight paths
121.191	Airplanes: Turbine engine powered; En route limitations: One engine inoperative
121.193	Airplanes: Turbine engine powered; En route limitations: To engine inoperative
European Union （EU） Requirements	
25.123	En route flight paths
EU-OPS 1.500	En route：One engine inoperative
EU-OPS 1.505	En route：Aeroplanes with three or more engines，two engines inoperative
中国民用航空规章 CCAR	
121.191	涡轮发动机飞机的航路限制：一台发动机不工作
121.193	三台或者三台以上涡轮发动机飞机的航路限制：两台发动机不工作
ICAO Annex 6，Part 1，Attachment C	
4.1	One power unit inoperative
4.2	Two power units inoperative（applicable only to aeroplanes with four power units）

下面分一发失效和双发失效两种情况，分别对这些条款进行说明。

7.3.2 一发失效

FAR 121.191/ EU-OPS 1.500 / CCAR 121.191 涡轮动力的运输类飞机：一发失效航路限制。

涡轮发动机驱动的飞机不得超过某一重量起飞，在该重量下考虑到正常的燃油、滑油消耗和航路上预计的环境温度，根据经批准的该飞机飞行手册确定的一台发动机不工作时的航路净飞行轨迹数据，应当能够符合下列两项要求之一：

（1）在预定航迹两侧特定宽度范围内的所有地形和障碍物上空至少 1000 ft 的高度上有正梯度，并且在发动机失效后着陆机场上空 1500 ft 的高度上有正梯度。

（2）飞机由巡航高度继续飞到着陆机场的净飞行轨迹能以至少 2000 ft 的裕度垂直超越预定航迹两侧特定宽度范围内所有地形和障碍物，并且在发动机失效后着陆机场上空 1500 ft 的高度上有正梯度。

就第（2）项而言，假定：

- 发动机在航路上最临界的一点失效。
- 飞机在发动机失效点之后飞越临界障碍物，该失效点距临界障碍物的距离不小于距最近的经批准的无线电导航定位点的距离，除非局方为充分保障运行安全批准了一个不同的程序。
- 使用经批准的方法以考虑不利风的影响。
- 如果合格证持有人证明机组人员进行了恰当的训练，并且采取了其他安全措施，能保证程序的安全性，则允许应急放油。
- 在签派放行单中指定了备降机场且该备降机场符合规定的最低气象条件，并且发动机失效后的燃油和滑油消耗，与飞机飞行手册中经批准的净飞行轨迹数据所给定的消耗相同。

对上述条款的进一步理解可解释如下。

一发失效净航迹必须满足以下两种情况之一：

第一种情况，可称为 1000 ft 越障条件。要求在包括航路上升、航路巡航和航路下降的整个航路飞行阶段，飞机在任一点一发失效后的净航迹在障碍物 1000 ft 上空有正梯度。在这里，零梯度和任何正梯度均是可以接受的数值。假设：使用预期航路温度，使用正常燃油和滑油消耗。图 7.13 对这一要求进行了图示说明。

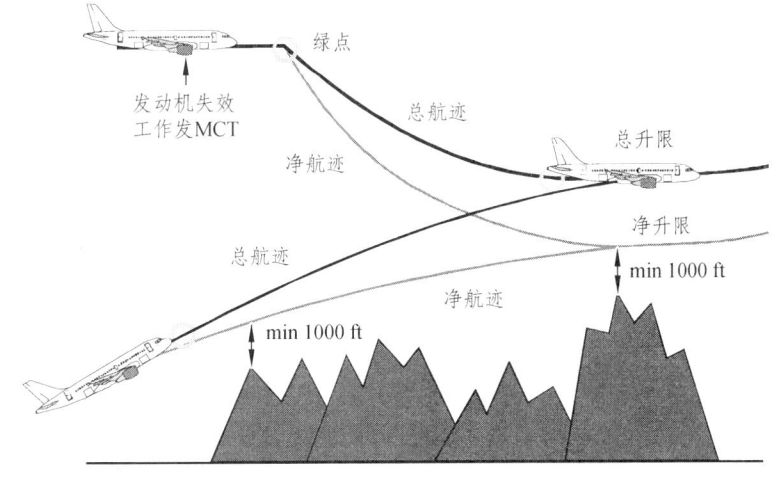

图 7.13　FAR 121.191 条款的 1000 ft 越障要求

需要指出的是：1000 ft 越障条件是从航路爬升段（Enroute Climb）就开始的。起飞飞行航迹（Take off Flight Path）结束后，即开始航路爬升段。在航路爬升段出现一发失效，由于这时高度较低，推力足以维持飞机继续爬升。航路爬升段的起点可理解为：从某点开始，在那点之后，飞机爬升总航迹高于所有障碍物 1000 ft，飞机爬升净航迹高于所有障碍物 1000 ft。航路爬升段的这一要求也被称为飘升分析（Drift Up Analysis）。

在平飞巡航段，随燃油的消耗，飞机重量逐渐减小。飞机一发失效能够自动改平的飘降升限取决于重量。开始平飞巡航（TOC）时，飞机重量大，对应的飘降净升限低；随着巡航的继续，对应的飘降净升限逐步增加。因此，平飞巡航段，满足1000 ft规则的最高地形是可以逐渐增加的，在每个地形上空 1000 ft 净航迹均至少保持平飞状态（正梯度）。图 7.14 给出了这一概念。

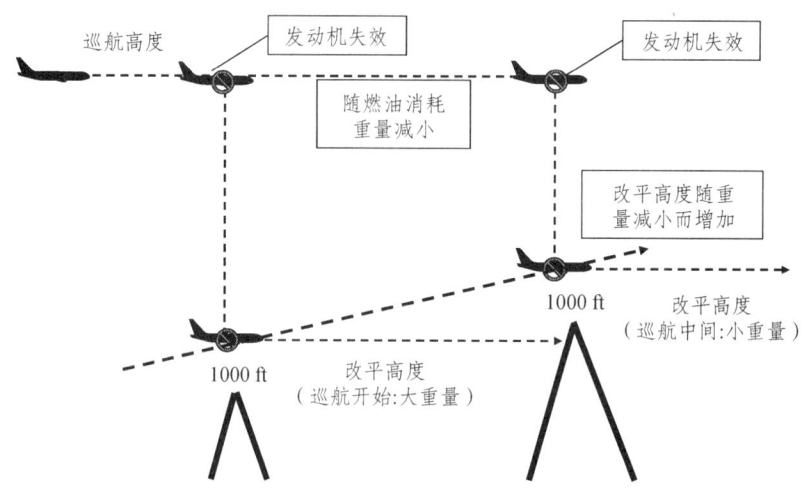

图 7.14　巡航阶段满足 1000 ft 越障要求：地形可以逐渐增加

如果 1000 ft 规则不能满足，说明地形超过了图 7.14 所给出的逐渐增加的最高航路地形。则需按第二种情况，可称为 2000 ft 越障条件进行分析。该条件只限于平飞巡航段。要求飞机从巡航中一发失效点开始到备降机场上空的整个飘降净航迹以 2000 ft 越障（注意不是正梯度）。假设：发动机在航路最临界点失效；使用预期航路温度；考虑不利风；使用正常燃油和滑油消耗；考虑导航精度，见图 7.15。

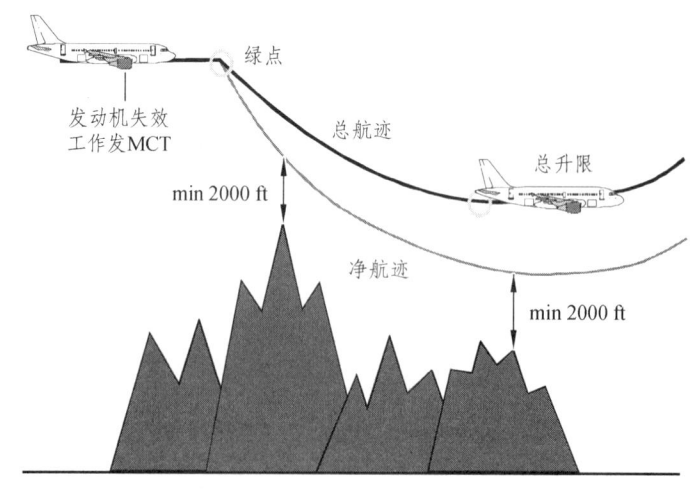

图 7.15　FAR 121.191 条款的 2000 ft 越障要求

2000 ft 越障条件常常可以比 1000 ft 越障条件承受更高的航路地形，使得飞机在 1000 ft 规则不能满足的条件下，得以继续在该航线运行。

例如：在图 7.16 所示情况下，虚线是航路不同点处发动机失效后的净航迹，如果航路上有 A、B、C 三个障碍物，净航迹在它们上空 1000 ft 均满足正梯度的条件，则满足 1000 ft 规则。但如果航路上还存在更高的障碍物 D，此时要满足 1000 ft 规则，只有在起飞时减重才能实现。但如果通过进一步的飘降分析，证明 D 满足 2000 ft 规则，则这种情况仍然满足航路越障要求。

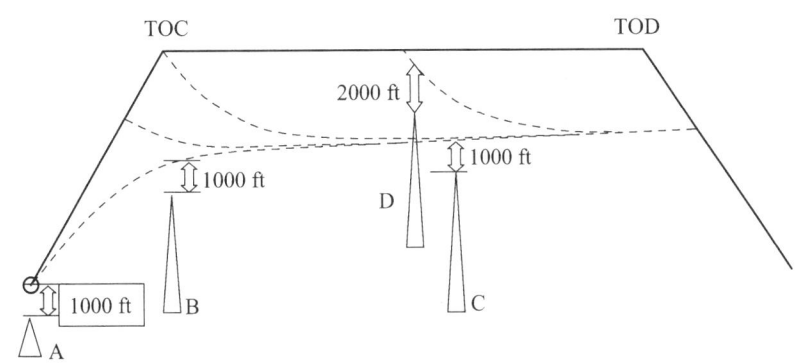

图 7.16　两种越障规则的适用情况对比

相比 1000 ft 规则，2000 ft 规则可承受更高的航路地形，但带来的后果就是分析过程的复杂化，满足 2000 ft 规则还会导致航路临界点的出现，使得一发失效飘降程序变得复杂。关于临界点的概念，后面会进一步学习。

飘降中的燃油消耗使飞机重量减小，从而使飞机的性能提高。EU-OPS 明确要求，性能图表中计入的这种重量变化不能超过实际燃油消耗的 80%（ACJ 25.123），这一限制已经体现在性能图表/性能软件的制作过程中。

满足特定要求时，可以使用空中应急放油。如果飞机具有空中应急放油能力，并且在飞行手册中有相应的程序时，可以考虑空中放油导致的重量减小。应急放油应在飘降开始的时候进行，具有这种能力的飞机一般提供两套不同的性能图表，分别对应放油和不放油的情况。

对于两种越障规则情况，均要求飞机一发失效后在预定着陆机场（航路备降机场）上空 1500 ft 高处，净航迹具有正梯度，如图 7.17 所示。这一要求确保了飞机在备降机场上空开始进近机动时有足够的性能裕度。

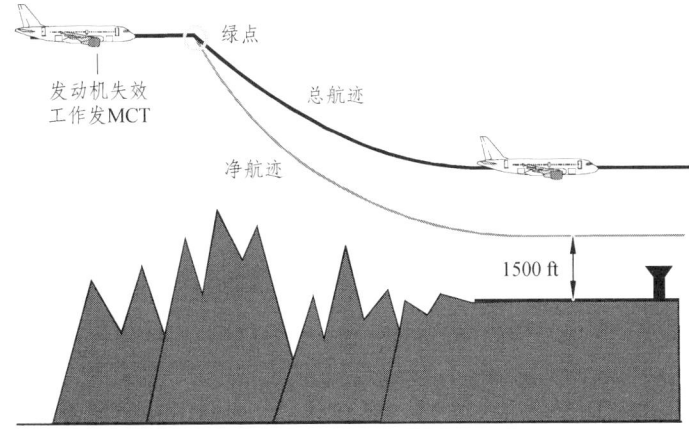

图 7.17　两种越障规则对备降机场上空 1500 ft 处的净航迹要求

通常情况下，这一要求不构成航路越障的限制因素，但是在特定情况下它也可能成为限制因素。对于重量较大的重型飞机，从低海拔地区起飞，备降于高海拔地区的航路备降机场，就属于这种情况。例如，飞机从低海拔的洛杉矶沿太平洋上空飞往南美地区，中途备降于高海拔的墨西哥城（标高 7350 ft）。

7.3.3 双发失效

FAR121.193/EU-OPS 1.505/CCAR 121.193 涡轮动力的运输类飞机：双发失效航路限制。三台或三台以上涡轮发动机驱动飞机的航路运行应当符合下列两项要求之一：

（1）预定航迹上任何一点到适用备降机场（Suitable Aerodrome）的飞行时间，不超过全发工作、标准大气和静风情况下，以 LRC 巡航速度飞行 90 min。

（2）根据 AFM 中航路上两台发动机不工作的净飞行轨迹数据，其重量允许该飞机从假定两台发动机同时失效的地点，飞到符合要求的机场，在这段飞行中考虑到沿该航路的预计环境温度，其净飞行轨迹在垂直方向上至少高出预定航迹两侧特定宽度范围内所有地形和障碍物 2000 ft。

就（2）项而言，假定：

- 两台发动机在航路上最临界点失效。
- 发动机失效后在预定着陆的机场上空 1500 ft 处，净飞行轨迹具有正梯度。
- 如果合格证持有人证明，机组人员进行了恰当的训练，并且采取了其他预防措施，能保证程序的安全性，则可以批准使用应急放油。
- 在两台发动机失效的那一点，该飞机重量包含有足够的燃油，使其能继续飞到机场上空至少 1500 ft 的高度，此后还能以巡航功率飞行 15 min。
- 发动机失效后燃油和滑油的消耗与飞机飞行手册中净飞行轨迹数据所给定的消耗相同。

对上述条款的进一步的理解可解释如下：

第一种情况，可称为 90 min 规则，要求预定航路上任何一点距适用备降机场的距离不超过 90 min 的飞行时间（全发 LRC 巡航），如果这一条件满足，则不需要进行双发失效飘降分析。

如果第一条不能满足，则需在不满足这个条件的那段航路上，进行双发失效飘降分析，可称为 2000 ft 越障规则。要求飞机从假设的双发同时失效点开始到备降机场上空的飘降净航迹以 2000 ft 越障，同时，要求飞机在双发失效后，在预定着陆机场上空 1500 ft 高处，净航迹具有正梯度。假设：

- 两台发动机在航路最临界点失效（EU-OPS 1 和 ICAO 附件 6 明确表示在超出 90 min 飞行距离的那段航路上，FAR 则没有明确表示）。
- 使用净航迹。
- 使用预期航路温度，考虑不利风。
- 使用正常燃油和滑油消耗。
- 满足特定要求时，可以使用空中应急放油。
- 在两台发动机失效的那一点，该飞机重量包含有足够的燃油，使其能继续飞到机场上空至少 1500 ft 的高度，此后还能以巡航功率飞行 15 min。

例如，对于四发 B747-400 型飞机，在伦敦飞往新加坡的航路上，选定 9 个可用航路备降机场。如果起飞前的天气预报表明，9个备降机场均满足天气要求，则航路上任何一点距这9个适用航路备降机场均在90 min全发正常巡航飞行时间距离内。因此，该航线不需要考虑双发飘降，只需满足一发失效越障要求即可，如图7.18（上）所示。

图 7.18　B747-400飞机新加坡-伦敦航线和航路备降机场

但是，如果航路上的两个机场不满足天气条件，或临时关闭（如 Kerman 和 Tabriz 机场），又无其他机场可以代替时，则出现一段航路在 90 min 飞行距离之外。这种情况下，对于距备降机场 90 min 飞行距离之外的那段航路，就需要进行双发飘降分析，而在圆环覆盖范围内的其他飞行段只需要考虑一发失效情况即可，如图 7.18（下）所示。

如果三发和四发飞机不能满足这些条款，或飞机制造厂商没有提供双发失效性能数据时，则这些飞机的运行航路必须限制在 90 min 规则距离范围内，同时，必须满足一发失效越障要求。

7.3.4　飘降分析保护区

美国联邦航空规章（FAR121.191）要求：必须考虑预定航迹两侧各 5 法定英里（4.34 NM）范围内的障碍物。此外附加规定：当飞机距最近的无线电导航定位点的距离比飞机距关键障碍物的距离远时，需获得"不同程序"的批准。

欧盟规章 EU-OPS 1.500 要求：必须考虑预定航迹两侧各 9.3 km（5 NM）范围内的障碍物，如果导航精度不能满足 95% 的容差等级（Containment Level），宽度需增至 18.5 km（10 NM）。95%容差等级通常可在下述情况下达到：飞机导航系统在 2 h 内得到更新，或飞机使用 GPS 导航源。

中国民用航空规章 CCAR121.191 要求：必须考虑预定航迹两侧各 25 km 范围的地形和障碍物。

国际民航组织建议条款则与 FAR 要求相同。

图 7.19 对这几种不同的障碍物宽度范围进行了图示说明。

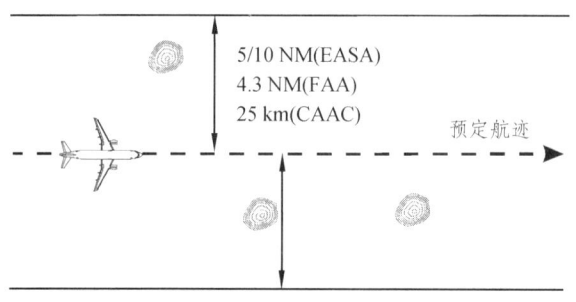

图 7.19　航路越障分析中规章要求考虑的障碍物范围

7.3.5　延程飞行（ETOPS）问题

EU-OPS 1.245/FAR121.161，AC120-42A 要求：除非得到特别批准（即 ETOPS 批准），双发飞机不能在航路任意点距可用备降机场（Adequate Airfield）距离超过一发失效巡航速度飞行 1 h 的航段上运营，称之为双发飞机的 60 min 规则（见图 7.20）。因此，在双发飞机一发失效后的飘降分析中，应确定飞机从失效点开始到目的地机场或航路备降机场的距离不超过 60 min 规则，否则，应申请进行 ETOPS 批准。

对于非 ETOPS 运行，不考虑一发故障和增压失效同时发生的情况，即分别计算一发故障的飘降问题和全发工作增压失效的氧气问题。对于 ETOPS 运行，必须考虑：

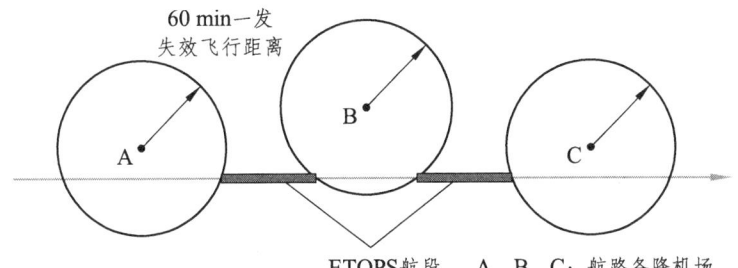

图 7.20 双发飞机一发失效后的 FAR 60 分钟改航半径要求

（1）一发故障和增压失效同时发生的情况。
（2）全发、工作增压失效的情况。
改航油量是两种情况中多的一个。

7.4 飘降分析的内容

7.4.1 飘降分析的步骤

1000 ft 越障规则的判定相对简单，因此，飘降分析的主要内容是使用 2000 ft 越障规则进行一发失效航路越障判定，确定航路临界点，其最终结果是确定一发失效飘降应急程序，提供给运行使用。下面对这个分析判定过程进行细节学习。

根据规章要求，在具体的航路越障性能分析中，可以首先考虑满足条件一，当条件一不能满足，或满足这一条件将导致较大的重量减小时，再根据条件二进行细节的飘降分析（见图 7.21）。

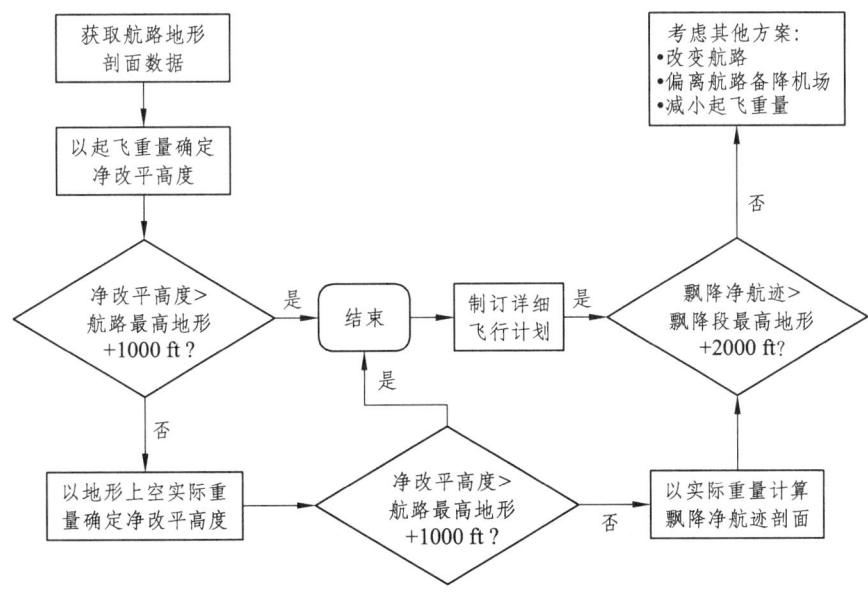

图 7.21 飘降分析流程

条件一：1000 ft 越障要求。
（1）净航迹对航路所有障碍物，必须至少以 1000 ft 越障，而且在该点必须具有正梯度。

（2）在预定着陆的机场上空 1500 ft 处必须具有正梯度。

确定方法：

- 使用纸张地形图或电子地形资料，按规章要求的保护区范围确定地形剖面。
- 从飞机飞行手册（AFM）或性能软件中，以较大的保守重量（如起飞重量）确定飘降净改平高度。
- 飘降净改平高度高于最高障碍物 + 1000 ft，则确保了一发失效后对整个航路的越障要求；若不满足，可进一步使用高地形障碍物附近的实际重量，再次进行判断。若还不满足，则需根据条件二进行细节的飘降分析。

条件二：2000 ft 越障要求。

（1）从巡航高度下降并飞至预定着陆机场的净航迹至少以 2000 ft 越障。

（2）在预定着陆的机场上空 1500 ft 处必须具有正梯度。

确定方法：

- 首先确定航路上的临界点（Critical Point，CP）。临界点是飞机在该点一发失效，然后开始飘降程序，飘降净航迹越障关键障碍物 2000 ft，临界点一般在关键限制性障碍物附近，飞机在每个临界点的重量为可以预期的最大值。临界点可以是：

不可返回点（No Return Point，NRP）：超过该点不能返回，否则不能保证满足越障裕度要求。

继续点（Continuing Point，CP）：超过该点可以继续飞行，并满足越障裕度要求。

- 确定规章要求保护区宽度范围内的实际地形变化。以横坐标为水平距离，纵坐标为高度将其绘出。
- 从飞机飞行手册（AFM）或性能软件中，根据保守的初始重量，确定返航飘降净航迹和继续飞行飘降净航迹，将其绘在实际地形图中，使净航迹对关键障碍物越障裕度为 2000 ft。

其结果可分为以下两种情况：

（1）若"不可返回点"A 在"继续点"B 之后（见图 7.22）：

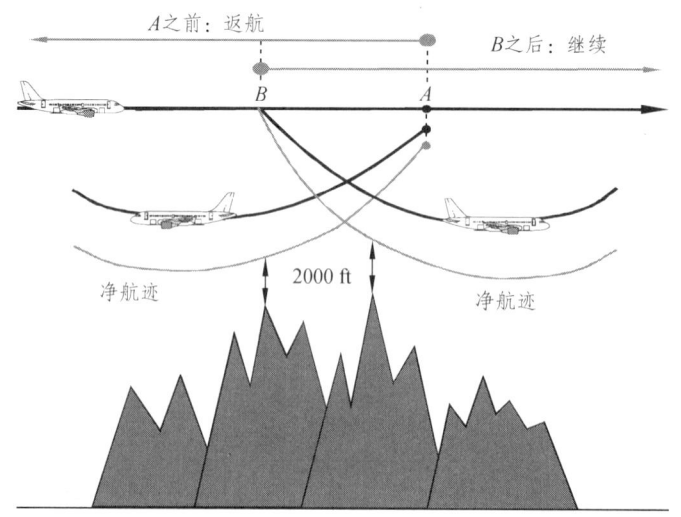

图 7.22　飘降分析中不可返回点 A 在继续点 B 之后

- 在 A 点前停车，飞机只能返回；

- 在 B 点后停车，飞机只能继续；
- 在 A、B 之间，既可返回，也可继续。

（2）若"不可返回点" A 在"继续点" B 之前（见图 7.23）：

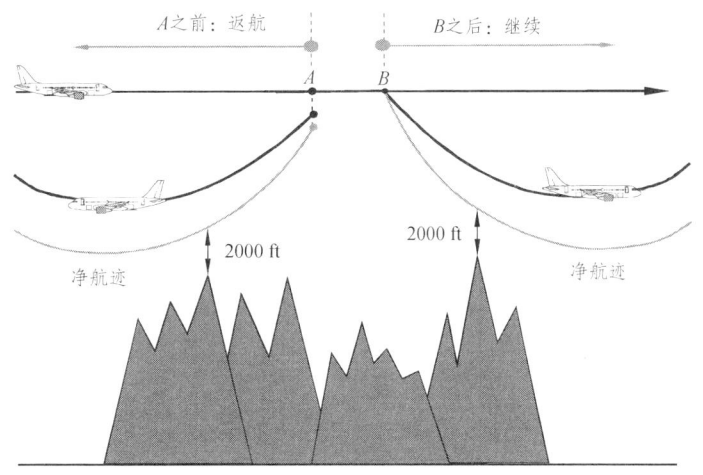

图 7.23　飘降分析中不可返回点 A 在继续点 B 之前

- 在 A 点前停车，飞机只能返回；
- 在 B 点后停车，飞机只能继续；
- 在 A、B 之间停车，如有办法（如偏离航路改航备降）并确保越障裕度，否则只有减小起飞重量或改变航路。

7.4.2　飘降航迹的确定

提供飘降净航迹是 25 部的要求，它使用低速极曲线数据集，在 AFM 以及数字化的 AFM 计算软件中提供。另外，波音机型在飞行性能与计划手册（FPPM）中也提供曲线化的飘降净航迹数据。

图 7.24 给出了 B737-700/7B24 机型 FPPM 中提供的飘降净轨迹曲线。这种图一般有几张，每张对应不同的初始巡航高度（如 39 000、35 000、31 000、27 000 ft）。使用时需注意，飘降净轨迹曲线上标注的重量是修正空调、防冰、温度偏差之后的当量重量（Equivalent Weight）。得到当量重量后，可确定飘降到任一气压高度时，由一发故障算起的时间、飞过的地面距离、消耗的油量。由一发故障时的实际重量减去消耗的油量就得到飘降到该点的飞机重量。

实际运行中，广泛使用性能软件直接计算飘降总、净航迹。波音机型为 INFLT 模块（由 BPS 自动调用），空客机型为 PEP/FM 模块。这些性能计算软件可以直接计算任何速度、高度、大气情况下发动机失效的飘降总轨迹和净轨迹，并同时计算气压高度对应的几何高度，便于直接和地形剖面（几何高度）叠加，进行越障判定对比，这大大减轻了大量传统的手工查图计算作业。

图 7.25 和图 7.26 分别为波音软件 BPS/INFLT 对 B737-700/7B24 机型以最大升阻比速度下降所做的一个飘降轨迹计算样例。其中高度一栏可以是总高度，也可以是净高度，取决于软件是否设置梯度减小量。图 7.26 使用了 1.1% 的梯度减小量，高度为净高度。

Driftdown Profiles Net Flight Path
35000 FT to 37000 FT

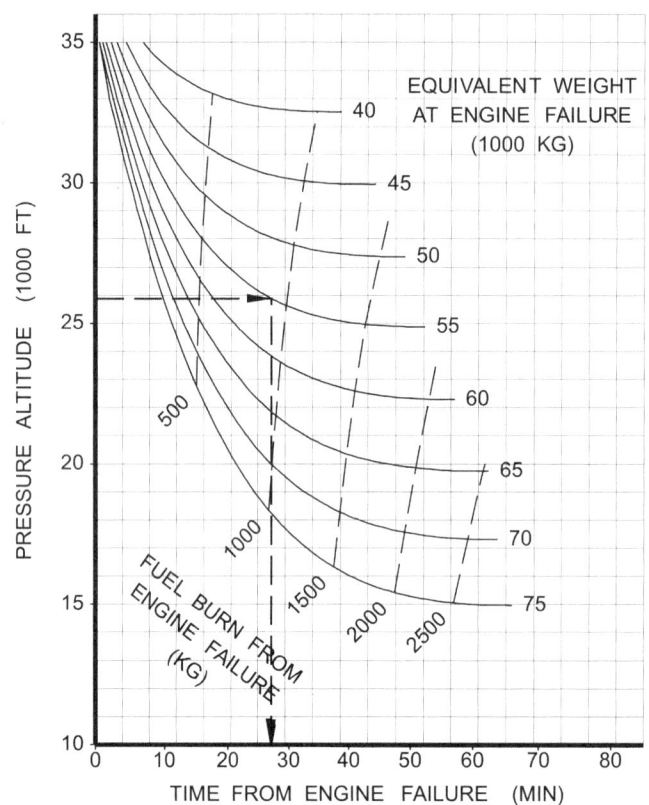
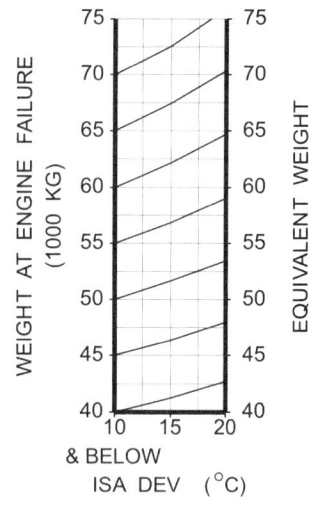
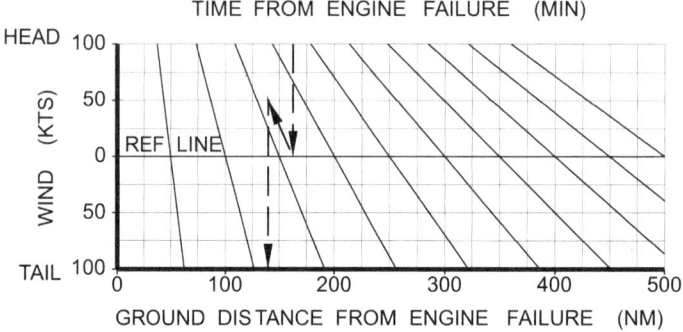

图 7.24 B737-700/7B24 飞机飘降净轨迹曲线

```
737-700                    CFM56-7B24/26                CONFIG 08           REPORT VERSION = 3.10

UNITS FOR INPUT VARIABLES:    UNITS FOR ALTITUDE ARE: FT      UNITS FOR RATE OF CLIMB ARE: FPM
                              UNITS FOR WEIGHT ARE: KG        UNITS FOR TEMPERATURE ARE: C
    POWER SETTINGS:
DECELERATION = CNT            DO DECELERATION:  YES           INITIAL SPEED    =  LRC
  DRIFTDOWN  = CNT            DO CRUISE:        YES           DRIFTDOWN SPEED  =  MAXLOD
     CRUISE  = CNT            CLIMBING CRUISE:  YES           CRUISE SPEED     =  MAXLOD
GRADIENT DECREMENT =  1.10%   CRUISE CUTOFF  =  1000.00 NM    VREF INCREMENT   =  0.00
VMO/MMO LIMIT = YES           INCLUDE APU FUEL FLOW: NO
OPTION TABLES USED:  NONE
-----------------------------------------------------------------------------------------------
   ID NO.              CONFIG08    DRIFTDOWN DATA FOR 737-700       (1) CFM56-7B24/26  ENGINES
DRIFTDOWN SPEED = MAXLOD                  GRADIENT DECREMENT = 0.0110       ISA +0 DEG C

PRESSURE    GEOMETRIC                ELAPSED   FUEL    WEIGHT          IND.           STILL AIR   RATE OF
ALTITUDE    ALTITUDE    WIND   RANGE  TIME   BURNED     KG      TAS    MACH    IAS     RANGE     CLIMB

35000.      35059.      0.0    0.0   0.+ 0.0    0.    70000.   453.   0.787   267.      0.0        0.
34000.      34055.      0.0   14.8   0.+ 2.2   59.    69941.   388.   0.670   229.     14.8    -1070.
```

第 7 章 航路飘降分析

33000.	33052.	0.0	20.9	0.+ 3.1	86.	69914.	381.	0.655	229.	20.9	-1015.
32000.	32049.	0.0	27.3	0.+ 4.1	115.	69884.	374.	0.639	228.	27.3	-926.
31000.	31046.	0.0	34.2	0.+ 5.3	149.	69851.	367.	0.625	228.	34.2	-868.
30000.	30043.	0.0	41.5	0.+ 6.5	186.	69814.	360.	0.610	227.	41.5	-796.
29000.	29040.	0.0	49.2	0.+ 7.8	228.	69772.	353.	0.597	227.	49.2	-724.
28000.	28038.	0.0	57.6	0.+ 9.2	275.	69725.	347.	0.583	226.	57.6	-671.
27000.	27035.	0.0	66.6	0.+10.8	328.	69672.	340.	0.570	226.	66.6	-606.
26000.	26032.	0.0	76.4	0.+12.5	388.	69612.	334.	0.557	225.	76.4	-539.
25000.	25030.	0.0	87.3	0.+14.5	459.	69541.	331.	0.550	227.	87.3	-499.
24059.	24087.	0.0	98.4	0.+16.5	533.	69467.	332.	0.550	231.	98.4	-441.
23247.	23273.	0.0	109.5	0.+18.5	608.	69392.	330.	0.544	233.	109.5	-380.
22532.	22557.	0.0	120.4	0.+20.5	685.	69315.	326.	0.535	232.	120.4	-333.
21904.	21927.	0.0	131.2	0.+22.5	763.	69237.	322.	0.528	232.	131.2	-292.
21391.	21413.	0.0	141.5	0.+24.5	842.	69158.	307.	0.503	223.	141.5	-240.
20940.	20961.	0.0	151.7	0.+26.5	922.	69078.	306.	0.500	224.	151.7	-190.
20584.	20604.	0.0	161.9	0.+28.5	1002.	68998.	306.	0.500	225.	161.9	-166.
20272.	20292.	0.0	172.1	0.+30.5	1083.	68916.	307.	0.500	227.	172.1	-145.
20002.	20021.	0.0	182.3	0.+32.5	1165.	68835.	307.	0.500	228.	182.3	-126.
19767.	19786.	0.0	192.6	0.+34.5	1248.	68752.	307.	0.500	229.	192.6	-109.
19565.	19583.	0.0	202.8	0.+36.5	1331.	68669.	308.	0.500	230.	202.8	-94.
19320.	19338.	0.0	213.1	0.+38.5	1414.	68586.	307.	0.498	230.	213.1	-113.
19109.	19126.	0.0	223.3	0.+40.5	1498.	68502.	305.	0.495	230.	223.3	-98.
18927.	18944.	0.0	233.4	0.+42.5	1583.	68417.	304.	0.493	230.	233.4	-84.
18771.	18788.	0.0	243.5	0.+44.5	1668.	68332.	303.	0.491	229.	243.5	-72.
18637.	18654.	0.0	253.6	0.+46.5	1753.	68247.	302.	0.489	229.	253.6	-69.
18524.	18540.	0.0	263.7	0.+48.5	1838.	68162.	302.	0.488	229.	263.7	-52.
18428.	18444.	0.0	273.7	0.+50.5	1924.	68076.	301.	0.487	229.	273.7	-44.
18348.	18364.	0.0	283.7	0.+52.5	2010.	67990.	300.	0.486	229.	283.7	-36.
18282.	18298.	0.0	293.7	0.+54.5	2096.	67904.	300.	0.485	228.	293.7	-30.
18229.	18245.	0.0	303.7	0.+56.5	2182.	67818.	299.	0.484	228.	303.7	-24.
18186.	18202.	0.0	313.7	0.+58.5	2268.	67732.	299.	0.483	228.	313.7	-19.
18153.	18169.	0.0	323.7	1.+ 0.5	2355.	67645.	299.	0.482	228.	323.7	-14.
18129.	18145.	0.0	333.6	1.+ 2.5	2441.	67559.	298.	0.482	228.	333.6	-10.
18113.	18129.	0.0	343.5	1.+ 4.5	2528.	67472.	298.	0.481	228.	343.5	-6.
18103.	18119.	0.0	353.5	1.+ 6.5	2614.	67386.	298.	0.481	228.	353.5	-3.
18100.	18115.	0.0	363.4	1.+ 8.5	2701.	67299.	297.	0.481	227.	363.4	0.
18099.	18115.	0.0	373.3	1.+10.5	2787.	67213.	297.	0.480	227.	373.3	2.
18210.	18226.	0.0	432.7	1.+22.5	3306.	66694.	297.	0.480	226.	432.7	11.
18374.	18391.	0.0	492.0	1.+34.5	3822.	66178.	296.	0.479	226.	492.0	17.
18594.	18611.	0.0	551.2	1.+46.5	4335.	65665.	296.	0.480	225.	551.2	20.
18835.	18852.	0.0	610.5	1.+58.5	4844.	65156.	296.	0.480	224.	610.5	21.
19088.	19106.	0.0	669.8	2.+10.5	5351.	64649.	296.	0.481	223.	669.8	21.
19344.	19362.	0.0	729.1	2.+22.5	5853.	64147.	297.	0.481	222.	729.1	22.
19601.	19620.	0.0	788.4	2.+34.5	6352.	63648.	297.	0.482	221.	788.4	21.
19858.	19877.	0.0	847.8	2.+46.5	6848.	63152.	297.	0.483	220.	847.8	22.
20116.	20135.	0.0	907.1	2.+58.5	7340.	62660.	297.	0.484	220.	907.1	21.
20369.	20389.	0.0	966.5	3.+10.5	7829.	62171.	297.	0.484	219.	966.5	21.
20512.	20532.	0.0	1000.0	3.+17.3	8103.	61897.	297.	0.485	218.	1000.0	21.

图 7.25 波音性能软件 BPS（INFLT）飘降计算结果（净航迹）

```
737-700                         CFM56-7B24/26                      CONFIG 08  REPORT VERSION = 3.10
UNITS FOR INPUT VARIABLES:      UNITS FOR ALTITUDE ARE: FT         UNITS FOR RATE OF CLIMB ARE: FPM
--------------------------      UNITS FOR WEIGHT ARE: KG           UNITS FOR TEMPERATURE ARE: C
   POWER SETTINGS:
DECELERATION = CNT              DO DECELERATION:  YES              INITIAL SPEED   =  LRC
   DRIFTDOWN = CNT              DO CRUISE:        YES              DRIFTDOWN SPEED =  MAXLOD
      CRUISE = CNT              CLIMBING CRUISE:  YES              CRUISE SPEED    =  MAXLOD
GRADIENT DECREMENT =  0.00%     CRUISE CUTOFF =  1000.00 NM        VREF INCREMENT  =  0.00
VMO/MMO LIMIT = YES             INCLUDE APU FUEL FLOW: NO
OPTION TABLES USED:  NONE
-----------------------------------------------------------------------------------------------------
ID NO.            CONFIG08  DRIFTDOWN DATA FOR 737-700         (1) CFM56-7B24/26    ENGINES
DRIFTDOWN SPEED =  MAXLOD                  GRADIENT DECREMENT = 0.0000   ISA +0 DEG C
```

PRESSURE ALTITUDE	GEOMETRIC ALTITUDE	WIND	RANGE	ELAPSED TIME	FUEL BURNED	WEIGHT KG	TAS	IND. MACH	IAS	STILL AIR RANGE	RATE OF CLIMB
35000.	35059.	0.0	0.0	0.+ 0.0	0.	70000.	453.	0.787	267.	0.0	0.
34000.	34055.	0.0	23.9	0.+ 3.5	96.	69904.	388.	0.670	229.	23.9	-659.
33000.	33052.	0.0	34.5	0.+ 5.1	142.	69858.	381.	0.654	229.	34.5	-590.
32000.	32049.	0.0	45.8	0.+ 6.9	194.	69806.	373.	0.639	228.	45.8	-525.
31000.	31062.	0.0	58.1	0.+ 8.9	254.	69746.	366.	0.625	227.	58.1	-459.
30154.	30197.	0.0	70.2	0.+10.9	316.	69684.	360.	0.612	227.	70.2	-403.
29398.	29440.	0.0	82.1	0.+12.9	379.	69621.	355.	0.601	226.	82.1	-352.
28736.	28776.	0.0	93.9	0.+14.9	444.	69556.	351.	0.592	226.	93.9	-312.
28126.	28163.	0.0	105.5	0.+16.9	509.	69491.	347.	0.584	226.	105.5	-278.
27584.	27620.	0.0	117.0	0.+18.9	576.	69424.	343.	0.577	225.	117.0	-255.
27104.	27139.	0.0	128.4	0.+20.9	644.	69356.	340.	0.570	225.	128.4	-226.
26679.	26713.	0.0	139.7	0.+22.9	712.	69288.	337.	0.565	225.	139.7	-199.
26304.	26337.	0.0	150.9	0.+24.9	782.	69218.	335.	0.560	225.	150.9	-175.
25974.	26007.	0.0	162.1	0.+26.9	851.	69149.	333.	0.555	224.	162.1	-154.
25685.	25717.	0.0	173.1	0.+28.9	922.	69078.	331.	0.552	225.	173.1	-135.
25391.	25422.	0.0	184.1	0.+30.9	993.	69007.	331.	0.550	225.	184.1	-142.
25126.	25157.	0.0	195.2	0.+32.9	1065.	68935.	331.	0.550	226.	195.2	-122.

24899.	24929.	0.0	206.2	0. +34.9	1138.	68862.	331.	0.550	227.	206.2	-106.
24702.	24731.	0.0	217.2	0. +36.9	1211.	68789.	331.	0.550	228.	217.2	-92.
24531.	24560.	0.0	228.3	0. +38.9	1284.	68716.	332.	0.550	229.	228.3	-79.
24384.	24413.	0.0	239.3	0. +40.9	1358.	68642.	332.	0.550	230.	239.3	-68.
24258.	24287.	0.0	250.4	0. +42.9	1432.	68568.	332.	0.550	230.	250.4	-58.
24151.	24179.	0.0	261.5	0. +44.9	1507.	68493.	332.	0.550	231.	261.5	-49.
24064.	24092.	0.0	272.6	0. +46.9	1581.	68419.	332.	0.550	231.	272.6	-35.
24002.	24029.	0.0	283.6	0. +48.9	1656.	68344.	332.	0.549	231.	283.6	-28.
23949.	23977.	0.0	294.7	0. +50.9	1731.	68269.	331.	0.548	231.	294.7	-24.
23905.	23933.	0.0	305.7	0. +52.9	1805.	68195.	331.	0.547	231.	305.7	-19.
23870.	23898.	0.0	316.7	0. +54.9	1880.	68120.	330.	0.546	231.	316.7	-15.
23843.	23870.	0.0	327.7	0. +56.9	1955.	68045.	330.	0.546	230.	327.7	-12.
23822.	23849.	0.0	338.7	0. +58.9	2030.	67970.	330.	0.545	230.	338.7	-9.
23807.	23834.	0.0	349.7	1. + 0.9	2105.	67895.	329.	0.545	230.	349.7	-6.
23797.	23824.	0.0	360.7	1. + 2.9	2181.	67819.	329.	0.544	230.	360.7	-4.
23792.	23819.	0.0	371.6	1. + 4.9	2256.	67744.	329.	0.544	230.	371.6	-1.
23791.	23818.	0.0	382.6	1. + 6.9	2331.	67669.	329.	0.543	230.	382.6	1.
23865.	23892.	0.0	448.2	1. +18.9	2781.	67219.	328.	0.542	229.	448.2	8.
23999.	24026.	0.0	513.8	1. +30.9	3230.	66770.	328.	0.542	228.	513.8	12.
24164.	24192.	0.0	579.4	1. +42.9	3676.	66324.	328.	0.542	227.	579.4	15.
24347.	24375.	0.0	644.9	1. +54.9	4120.	65880.	327.	0.543	227.	644.9	16.
24544.	24572.	0.0	710.4	2. + 6.9	4562.	65438.	328.	0.543	226.	710.4	17.
24747.	24776.	0.0	775.9	2. +18.9	5002.	64998.	328.	0.544	225.	775.9	17.
24952.	24982.	0.0	841.5	2. +30.9	5439.	64561.	328.	0.544	225.	841.5	17.
25156.	25186.	0.0	907.0	2. +42.9	5873.	64127.	328.	0.545	224.	907.0	16.
25349.	25380.	0.0	972.6	2. +54.9	6304.	63696.	328.	0.545	223.	972.6	16.
25429.	25460.	0.0	1000.0	2. +60.0	6484.	63516.	328.	0.546	223.	1000.0	16.

图 7.26 波音性能软件 BPS（INFLT）飘降计算结果（总航迹）

图 7.27 给出了 BPS/INFLT 计算飘降轨迹时的两个主要软件界面及其参数设置，其中最重要的是选择一发失效干净构型的低速极曲线数据集。对于改平后的计算，可设定改平后的速度和计算结束点。本例中，改平后计算至 1000 NM 飞行距离，并继续保持最大升阻比速度飞行，因此，改平后随着重量的减小，高度是逐渐增加的。

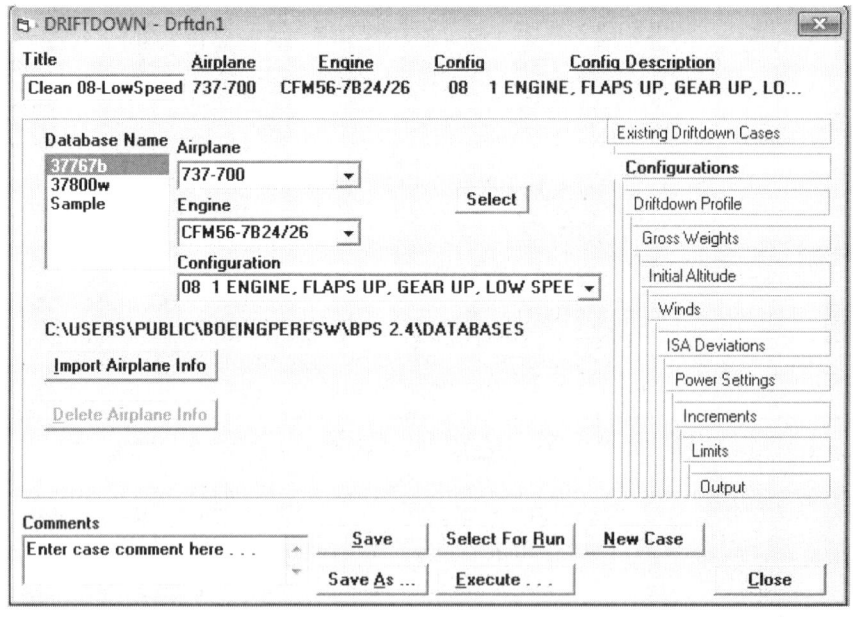

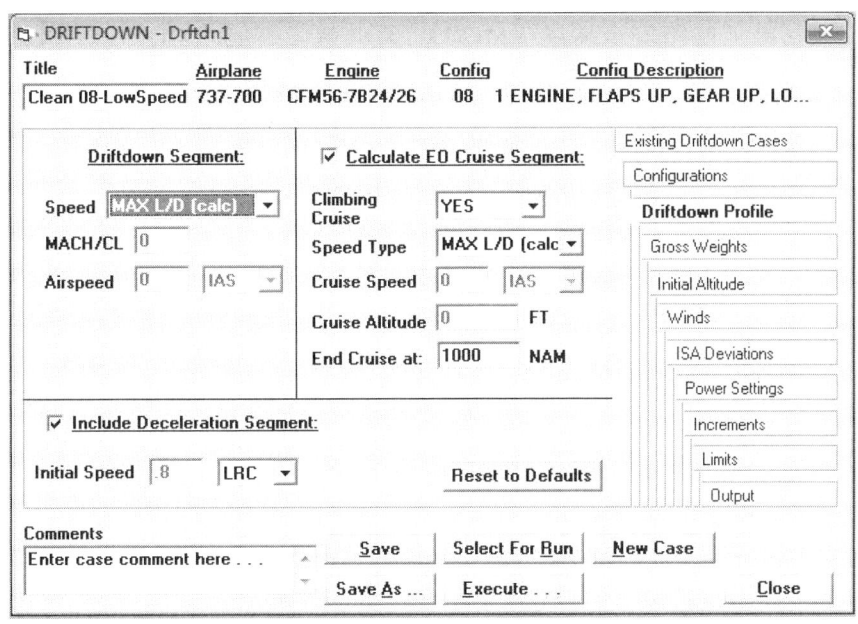

图 7.27　波音性能软件 BPS（INFLT）飘降计算界面

空客飘降航迹计算由 PEP/FM 模块进行，该模块只计算飘降净航迹。图 7.28 为 A319，在 70 t 初始重量，35 000 ft 初始高度，ISA 大气，静风条件下的计算飘降净航迹曲线。

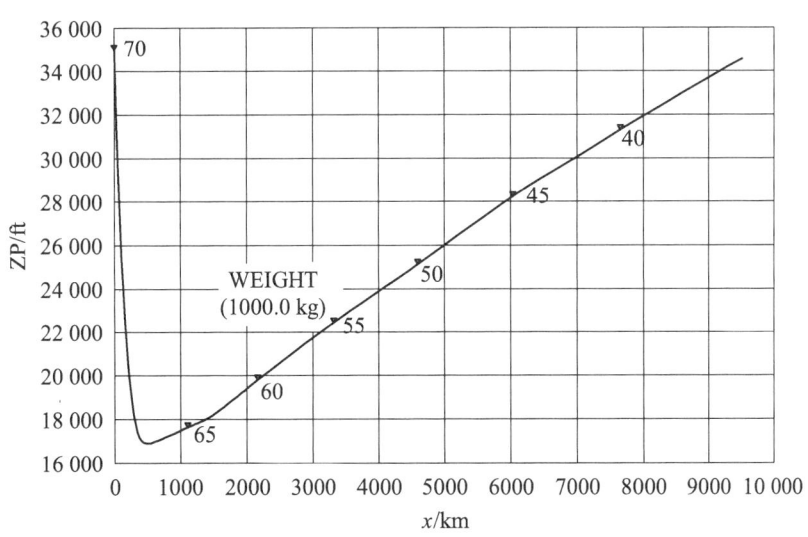

图 7.28　空客性能软件 PEP/FM 飘降计算结果（净航迹）

7.4.3　航路地形数据的确定

航路地形数据的来源有多种，每种方法的精度和工作量各不相同。

1. 航图最低公布高度

最简便的方法为使用公布的航空资料数据。航图（见图 7.29）中提供了多种最低飞行高度数据，包括最低航路安全高度（MEA）、最低越障高度（MOCA）、最低偏航高度（MORA）。

最低航路安全高度（Minimum Enroute Altitude，MEA）：是在所示航段上，能够满足越障要求和保证导航信号覆盖的最低公布高度。5000 ft MSL 以下，MEA 提供 1000 ft 的越障裕度；5000 ~ 10 000 ft MSL 之间，MEA 提供 2000 ft 的越障裕度；10 000 ft 以上，MEA 提供障碍物高度的 10% 再加 1000 ft，即超过 2000 ft 的越障裕度。

最低越障高度（Minimum Obstruction Clearance Altitude，MOCA）：是航路两侧特定宽度范围内，能够满足越障要求的最低公布高度。5000 ft MSL 以下，MOCA 提供 1000 ft 的越障裕度；5000 ft MSL 以上，MOCA 提供 2000 ft 的越障裕度。

一般而言，MOCA 不保证导航信号覆盖，而 MEA 在所示航段上能够保证导航信号的覆盖。在 Jeppesen 航图上，MOCA 只在距导航台 22 NM 范围内提供导航信号覆盖。MEA 一般比 MOCA 高，只有在紧急情况下，飞机才可下降至 MOCA。

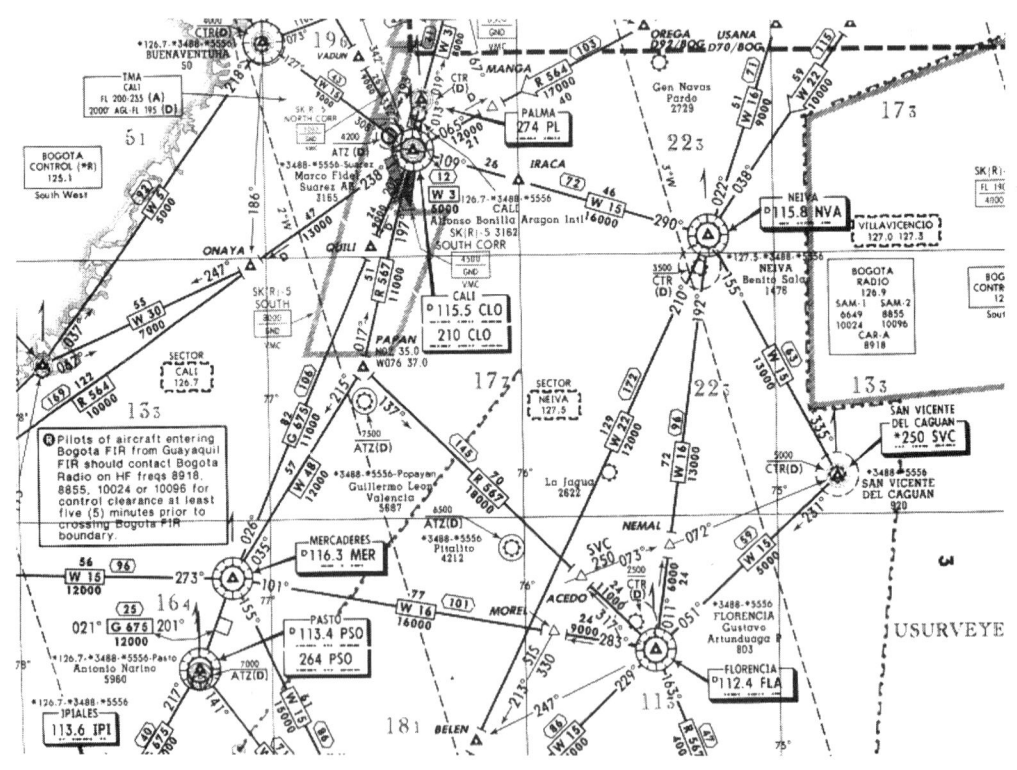

图 7.29　Jeppesen 低空航路图（局部）

最低偏航高度（Minimum Off Route Altitude，MORA）：分为航路 MORA（Route MORA）和网格 MORA（Grid MORA）两种。在 Jeppesen 航图上，航路 MORA 是航段中心线各 10 NM 范围内（不管航路宽度）满足越障要求的最低高度。网格 MORA 是所示经纬度网格范围内满足越障要求的最低高度。MORA 提供的越障裕度和 MOCA 相同。同 MOCA 一样，MORA 也不保证导航信号的覆盖。

确定这些最低飞行高度后，将飞机一发失效净升限与这些最低飞行高度做比较，如果满足要求，则不需要进行细节的飘降分析。

使用公布的最低飞行高度的好处是工作量小，其来源可靠而且基本上总是可以得到，不需要详细的航路实际地形剖面。但其不利之处也是明显的：由于最低飞行高度常常比较保守，特别是在那些不具有可靠实际地形数据的地区，保守量通常较大，使得越障分析的结果使飞行性能损失较大，表现在航路越障限重较低。图 7.30 为 CAAC 高空航路图。

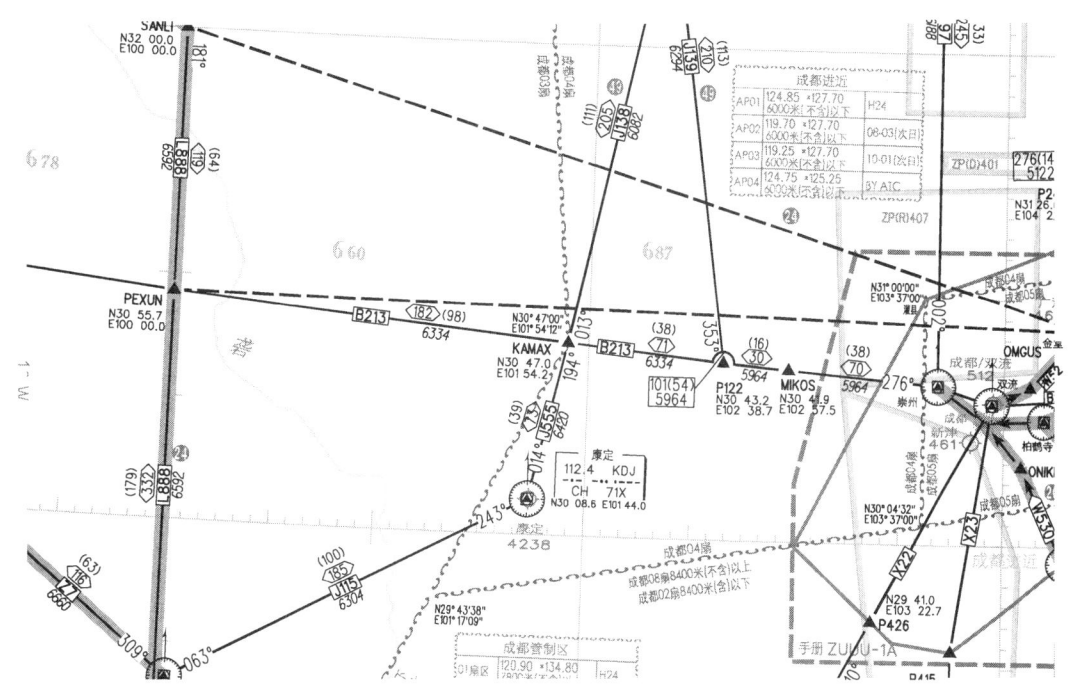

图 7.30　CAAC 高空航路图（局部）

2. 纸张地形图

各国官方出版的 1∶1 000 000 纸张地形图是常用的地形数据来源，如图 7.31 所示。手工地图作业程序一般为：首先在地图上画出规章要求的预定航路宽度范围，再将分析的航路分为若干段，在每一段中仔细观察等高线和山峰的高程，再作比较和判断，得到该段的最大高程值。段分得越长，工作量就越小，但结果就越粗糙。这种手工分析的结果最后得到的是阶梯状的地形剖面曲线。

这种方法是目前实际运行中普遍使用的方法。这是一个耗时、周期较长的工作，且结果中可能包含人为错误。

3. 数字地形图

随着技术的发展，使用计算机数字化地图进行航路特定宽度范围内实际地形剖面确定日益显得可行。这将使传统的基于手工地图作业的、耗时巨大的工作，变得异常简易和方便，只要数字地图数据本身足够精确，则航路地形就足够精确。

常见的网格间距 30 m 的数字高程模型（DEM），以及由国家测绘局编制的 1∶250 000 数字地形均是较好的数字地形来源。

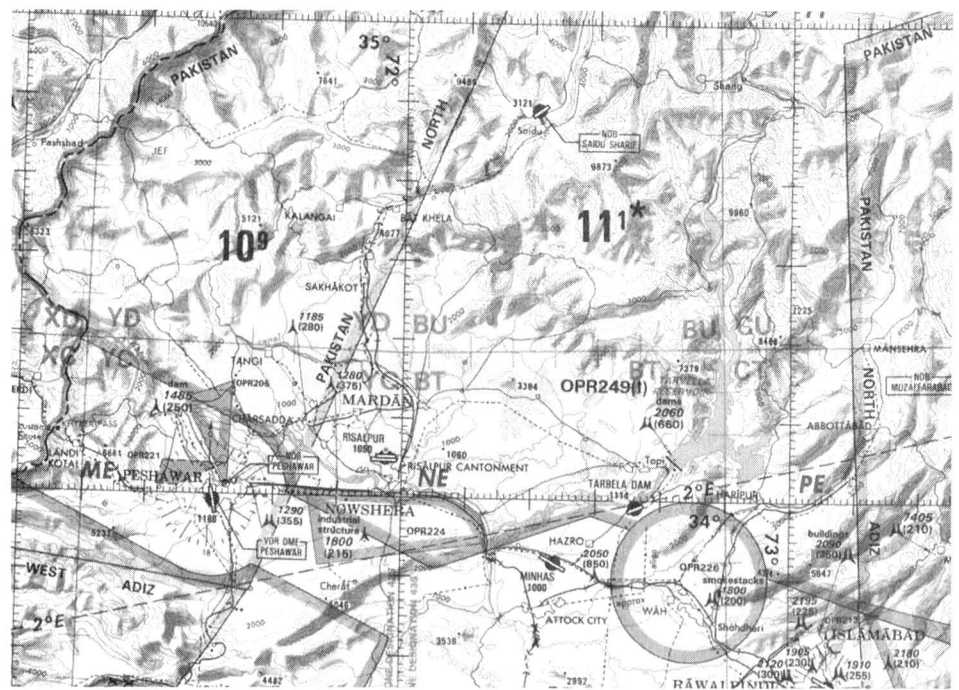

图 7.31　1 : 1 000 000 纸张地形图（局部）

Jeppesen 公司的 FliteStar 软件是一个飞行计划制作软件，其中可以包含数字化地形（数据需要额外购买）。图 7.32 为 FliteStar 输出的某航路特定宽度范围内的实际地形剖面。

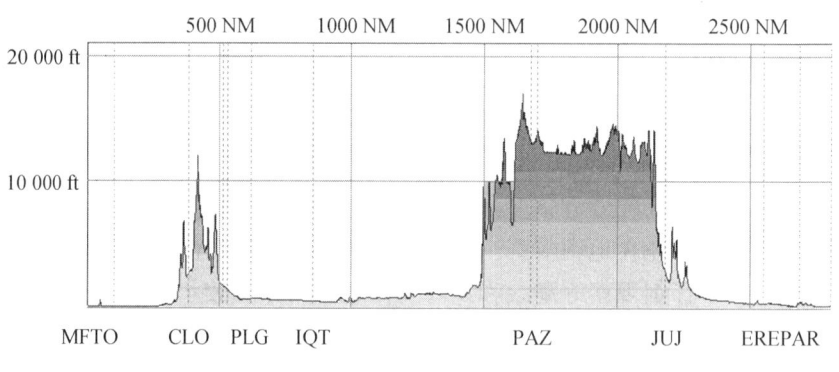

图 7.32　Jeppesen FliteStar 软件提供的航路地形剖面

7.4.4　气象数据问题

对于气象数据的考虑，主要是风速和温度偏差。一般情况下，应基于保守的原则来处理这一问题。但如果使用气象记录中的极限值，也是不必要的。

实际运行中普遍使用 85% 可靠性的风速与气温，或使用 ISA + 15 的气温也是可以接受的方案。

85% 可靠性的风速（气温）：在指定的时间（季或年）内，风速（气温）不大于该值的概率为 85%。例如，假设一年中对某一航线的风测量了 1000 次，测量结果见表 7.4。从表中可以看出：逆风不大于 95 kt 的次数为 500 次，即概率为 50%，所以 50%可靠性年风为 95 kt 逆风。同理，85%、95%、100%可靠性年风分别为 140、150、170、180 kt。

表 7.4　某年内航路风速统计结果

次数	300	150	50	50	150	100	50	50	50	40	10
逆风/kt	70	90	95	96	100	120	140	141	150	170	180

85%可靠性的风速值与气温，可以通过全球或国内气象服务部门得到。国际上有不少专业航空气象服务公司以收费的形式来提供此项服务。

7.4.5　飘降剖面与地形剖面的比较

确定飘降净航迹剖面和航路地形剖面后，需要将两个剖面曲线在同一坐标上进行比较。在满足 2000 ft 规则的前提下，确定航路临界点及其经纬度，并最终制定飘降应急程序。

空客 TIP（Training Interface for Performance）软件，可以帮助进行这项工作。TIP 可输入 PEP 软件计算的飘降航迹，通过手工录入的地形剖面，从而实现两条剖面曲线的对比。在对比中，可通过平移飘降曲线，寻找并确定临界点，从而减少大量手工作业。图 7.33 为 TIP 软件用于飘降分析的界面。

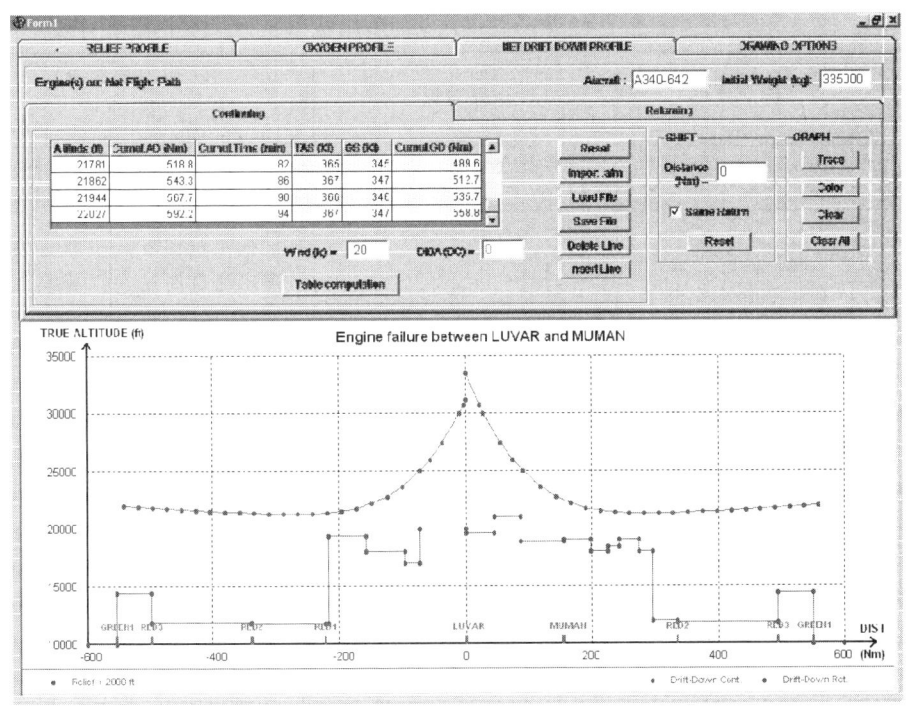

图 7.33　空客 TIP 软件中用于飘降分析的界面

需要指出的是：在寻找临界点的过程中，如果飘降曲线平移量过大，需要考虑重新计算飘降航迹曲线，以考虑重量的变化。

7.5 其他需要考虑的事项

7.5.1 飘降中下降速度的选择

一发失效飘降中,最大升阻比速度可以产生最大的改平高度。实际上,除非特别提及,飞机飞行手册上的数据假设使用这一速度,但最大升阻比速度也是一个非常慢的巡航速度。例如,对于 B757-200 型飞机,该速度约为 $M\,0.575$。

对于喷气飞机而言,最大升阻比速度是平飞两个速度范围的划分点。小于最大升阻比速度,飞机不具有速度稳定性,在受扰后飞机速度容易自动减小或增大。在第二速度范围内飞行的速度不稳定性问题,可能导致飞机即使在自动控制系统正常工作的情况下,在数分钟内使飞机速度减小至失速速度。

一般而言,如果航路越障不是限制,在飘降中倾向于使用更大的速度,以和航空公司自己的运行策略保持一致,减小飞至备降机场的时间。当然,如果发动机失效点至备降机场的飞行属于 ETOPS,则飘降段速度必须使用定义 ETOPS 范围的改航速度,然后使用这一速度下的高度能力进行飘降分析。有些航空公司则倾向于在非 ETOPS 航段也使用 ETOPS 改航速度,以简化飞行计划。

例如,对于空客机型,手册推荐的一发失效策略有三种类型:标准策略、越障策略和固定速度策略,如表 7.5 所示。

表 7.5 空客一发失效后的不同策略

策　略	标准策略	越障策略	固定速度策略	
			320 kt	V_{MO}
下降至升限	$M0.78/300$ kt MCT	绿点速度 MCT	$M0.78/320$ kt MCT	$M0.80/350$ kt MCT
改平后巡航	LRC 升限 LRC 速度 (根据图表确定)	尚未越障:维持绿点速度/MCT; 已经越障:改回标准策略	根据性能图表确定巡航高度	根据性能图表确定巡航高度
下降至着陆	慢车/$M0.78/300$ kt/250 kt			

当空中一发失效而航路上没有有限制性障碍物时,采用"标准策略"。该策略保证了最远的航程,不过是以牺牲下降率和下降后高度为代价的。当飞行中一发失效而航路上有障碍物限制时,采用"障碍物策略"(飘降),以保持可能的最高高度。该策略保证了最低的下降率和最高的下降后高度,不过是以牺牲航程为代价的。"固定速度策略"提供了两个速度方案,推荐在 ETOPS 运营中使用。

7.5.2 返航转弯问题

规章并没有要求对飘降分析中实施的返航转弯提出任何特别要求。在返航实施的 180°转弯飞行中,即便使用很低的速度,实际航迹也极易超出规章要求考虑的航路保护区半宽范围。但由于改航转弯一般发生在高空,一般情况下不会出现较为临界的越障问题。

转弯半径只取决于转弯速度和坡度,和机型无关。表 7.6 给出了在 37 000 ft 高度上,ISA 大气条件下,不同转弯坡度对应的转弯半径和轨迹宽度。

表 7.6 不同转弯坡度对应的转弯半径和轨迹宽度（FL370）

速度 $M\,0.78 = 240$ KIAS $= 430$ KTAS		
坡度/(°)	转弯半径 R/ft	轨迹宽度 $2R$/NM
15	62 000	20.4
25	36 000	11.9
35	24 000	7.9
速度 $M\,0.55 = 175$ KIAS $= 300$ KTAS		
坡度/(°)	转弯半径 R/ft	轨迹宽度 $2R$/NM
15	34 000	11.2
25	20 000	6.6
35	13 000	4.2

飘降分析返航时需要考虑转弯中使用最大坡度和返航中的轨迹保护区宽度，使用的最大坡度一般从 15°到 25°，以在机动时保持足够的抖动裕度。实际飞行中，如果高原航线上出现一发失效、飞机失火或座舱释压故障，机组常常避免因机动飞行或大速度等对飞机强度造成的过大额外负荷，在处理应急程序、返航或改航时机组工作也非常繁忙，因此，转弯中给出足够的裕度是必需的。另外，返航转弯后的轨迹可能平行于原航路但带有偏移，或直接飞回原航路。

一般情况下，可以考虑的障碍物半宽范围为四倍转弯半径，如果不能满足这个增大范围后的越障要求，再考虑较小的障碍物半宽范围，然后对每个转弯临界点进行单独分析。有的航空公司也使用水滴型的返航转弯程序，如图 7.34 所示。

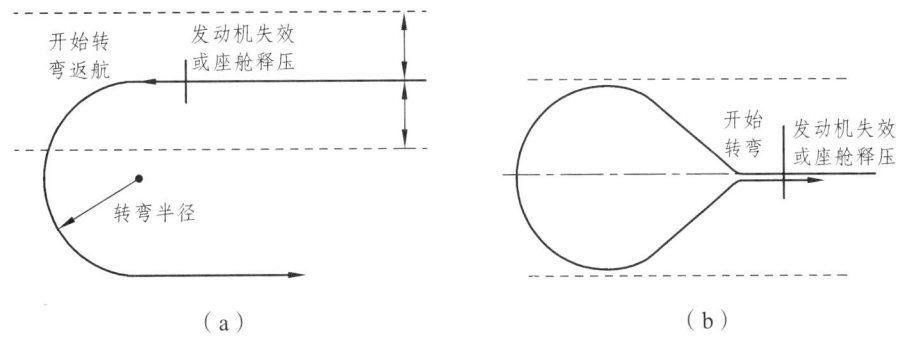

图 7.34 两种返航转弯轨迹

转弯返航飞行中，由于飞机带坡度，会导致高度出现额外损失，对此规章没有给出明确的考虑要求，AFM 中的性能数据也不考虑这一点。

对于这种影响，图 7.35 给出了对比算例结果。假设 B757-200/RB211-535E4 机型，重量介于中等至轻度之间，失效前以全发 LRC 速度巡航，航路发动机失效后减速至最大升阻比速度并在 1 min 后开始返航转弯，转弯中飞机真空速保持不变。计算结果表明，转弯引起的高度下降主要发生在高空，这对最终的改平高度影响很小。

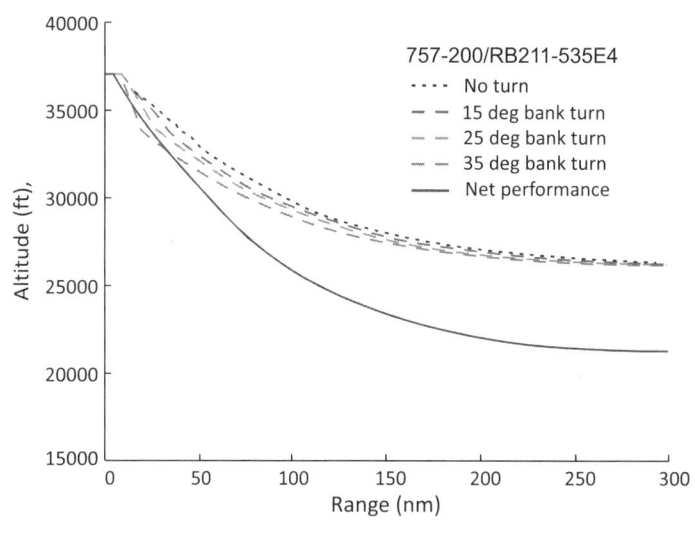

图 7.35　返航转弯对改平高度的影响

7.5.3　偏离航路改航问题

满足一发失效越障要求的另一种方法，是使用偏离原预定航路的逃逸改航策略。如果原预定航路平行于山脉的走向，则可以使用 90° 的改航策略，在较短距离内脱离高地形区域。在现代机载导航系统支持下，通过直接定义航路段，例如，使用经纬度点定义的航路点，可以很容易地实现这一目的。这种方式使得定义逃逸改航路线时具有极大的灵活性。确定逃逸改航路线时必须注意航路上所有的点、改平高度以及飘降剖面，以确保其满足越障要求。

然而，在青藏高原，由于地空通信和地基导航一般均存在很大的限制，另外，大面积的高原地形也限制了使用逃逸改航策略来进行应急程序的确定。只有在高原的边界地带，并且其他条件合适时，才考虑这一策略。

如果飘降分析和偏离航路的改航策略都不能满足相关要求，就需要考虑减载或重新确定航路。重新确定一条新的航路一般意味着航程有所增加，因此必须综合考虑。

7.6　航路越障分析算例

下面以波音 B737-700 机型算例，对南美高原航线巴拿马城（Panama City）到布宜诺斯艾利斯（Buenos Aires）进行飘降分析，如图 7.36 所示。

南美航线是除青藏高原、中亚高原外的典型高原区域，具有南北走向相对窄长的高原地形。

从巴拿马城到布宜诺斯艾利斯的预定航线两侧各 5 mile 范围内的地形变化如图 7.37 所示，主要分为两个高地形区域。为简单起见，不考虑气压高度到几何高度的转换问题。

检查步骤主要分为三步进行：

第一步，1000 ft 越障规则。以起飞总重确定一发失效净改平高度，若对整个航路障碍物满足越障要求，则分析结束，否则进入下一步。

图 7.36　巴拿马城到布宜诺斯艾利斯航线

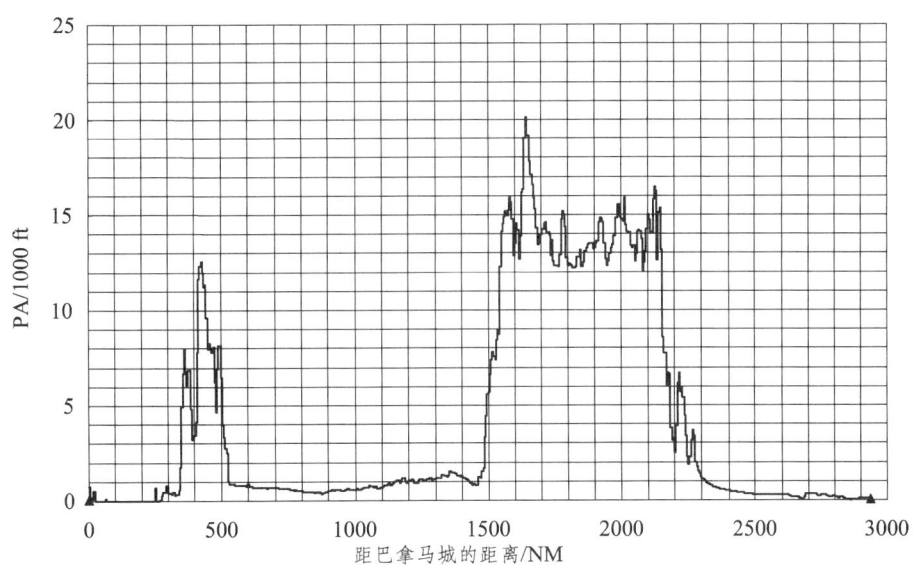

图 7.37　巴拿马城到布宜诺斯艾利斯航线的地形变化

第二步，1000 ft 越障规则。以进入山区的实际航路重量确定一发失效净改平高度，若对整个航路障碍物满足越障要求，则分析结束，否则进入下一步。

第三步，2000 ft 越障规则。以关键障碍物处的实际重量检查一发失效飘降剖面。若满足越障要求，则分析结束，否则考虑减载或改变航路。

7.6.1　以起飞重量检查 1000 ft 越障规则

B737-700 机型，使用 70 t 结构限重进行分析，ISA 大气条件，航路风速为零。

以 TOW = 70 t 查飘降净改平高度，为 15 500 ft，高于第一段高地形区域地形 + 1000 ft，此段满足规章要求。但飘降净改平高度低于第二段高地形区域，不满足规章要求（见图 7.38）。因此需要进行第二步，以实际航路重量确定一发失效净改平高度，来进行第二段高地形区域的越障分析。

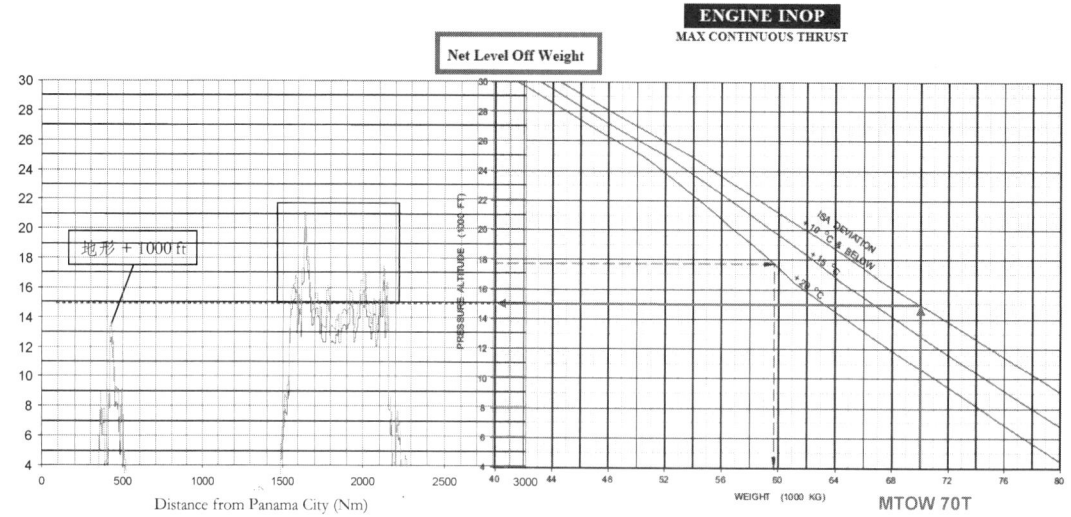

图 7.38　以 TOW 检查 1 000 ft 越障规则

由于航路燃油的消耗，实际航路重量将比起飞重量低，从而得到一个较高的飘降净改平高度。

7.6.2　以实际航路重量检查 1000 ft 越障规则

飞机在第二个高地形的实际航路重量 = TOW − 上升段油量 − 上升顶点 TOD 巡航至第二个高地形的油量。

以 TOW = 70 t 为松刹车重量，巡航高度 35 000 ft，查上升性能表（见图 7.39）可得到上升段燃油为 1700 kg，上升段水平距离为 112 NM。

则 TOD 点处的飞机重量为：70 000 − 1700 = 68 300（kg）。

已知起飞机场至第二段高地形的航路距离为 1400 NM，则从 TOD 点巡航至该障碍物的距离为：1400 − 112 = 1288（NM）。

以 TOD 点至第二段高地形区域的近似平均重量 65 t 和巡航高度 35 000 ft 查 LRC 巡航性能表（见图 7.40），得到该重量下单台发动机的燃油流量为 1190 kg/h，真空速为 448 kt。

因此，从 TOD 点至第二个高地形区域的巡航油耗可近似计算为

$$\begin{aligned}
\text{巡航油耗} &= \text{单台发动机燃油流量} \times \text{发动机台数} \times \text{巡航时间} \\
&= \text{单台发动机燃油流量} \times \text{发动机台数} \times \text{巡航距离}/\text{真空速} \\
&= 1190 \times 2 \times 1288/448 \\
&= 6843 \text{（kg）}
\end{aligned}$$

280/.78 Enroute Climb
ISA & Below

PRESSURE ALTITUDE (FT)	UNITS MIN/KG NM/KTAS	\multicolumn{10}{c}{BRAKE RELEASE WEIGHT (1000 KG)}									
		80	75	70	65	60	55	50	45	40	35	30
41000	TIME/FUEL					23/1750	19/1500	16/1300	14/1150	12/1000	10/850	9/700
	DIST/SPD					143/408	117/405	99/403	85/401	73/399	62/398	53/397
40000	TIME/FUEL				25/1950	21/1650	18/1400	15/1250	13/1100	12/950	10/850	8/700
	DIST/SPD				158/409	126/404	107/401	92/400	80/398	69/397	59/396	50/394
39000	TIME/FUEL			28/2200	22/1800	19/1550	17/1350	14/1200	13/1050	11/950	10/800	8/700
	DIST/SPD			180/410	137/403	115/400	99/398	86/397	75/395	65/394	56/393	47/391
38000	TIME/FUEL			24/1950	20/1700	18/1500	16/1350	14/1200	12/1050	11/900	9/800	8/650
	DIST/SPD			148/402	123/399	106/397	92/395	81/394	71/392	61/391	53/390	44/389
37000	TIME/FUEL		26/2150	22/1850	19/1650	17/1450	15/1300	13/1150	12/1000	10/900	9/750	7/650
	DIST/SPD		160/402	132/398	113/396	99/393	87/392	76/390	67/390	58/389	50/387	42/386
36000	TIME/FUEL	28/2350	24/2000	20/1750	18/1550	16/1400	14/1250	13/1100	11/1000	10/850	8/750	7/650
	DIST/SPD	175/402	141/396	121/394	105/392	92/390	81/389	72/388	63/387	55/386	47/385	40/383
35000	TIME/FUEL	25/2200	22/1900	19/1700	17/1500	15/1350	14/1200	12/1100	11/950	9/850	8/750	7/600
	DIST/SPD	152/396	129/392	112/390	99/388	87/387	77/386	68/385	60/384	52/383	45/382	38/380
34000	TIME/FUEL	24/2050	21/1850	18/1650	16/1500	15/1300	13/1200	12/1050	10/950	9/800	8/700	7/600
	DIST/SPD	138/391	119/388	105/386	93/385	82/384	73/383	64/382	57/381	49/380	43/378	36/377
33000	TIME/FUEL	22/2000	20/1750	17/1600	16/1450	14/1300	12/1150	11/1050	10/900	9/800	7/700	6/600
	DIST/SPD	127/386	111/384	98/383	87/381	78/380	69/379	61/378	54/378	47/377	40/376	34/374
32000	TIME/FUEL	21/1900	18/1700	17/1550	15/1400	13/1250	12/1100	11/1000	9/900	8/800	7/650	6/600
	DIST/SPD	117/381	103/379	91/378	81/377	72/376	64/375	57/374	50/374	44/373	38/372	32/370
31000	TIME/FUEL	19/1800	17/1600	16/1450	14/1350	13/1200	11/1050	10/950	9/850	8/750	7/650	6/550
	DIST/SPD	106/375	94/374	84/373	75/372	67/371	60/370	53/370	47/369	41/368	35/367	30/365
30000	TIME/FUEL	18/1700	16/1550	15/1400	13/1300	12/1150	11/1050	10/900	9/800	8/700	6/650	6/550
	DIST/SPD	97/370	87/369	77/368	69/367	62/367	55/366	49/365	44/364	38/364	33/362	28/361
29000	TIME/FUEL	17/1650	15/1500	14/1350	13/1250	11/1100	10/1000	9/900	8/800	7/700	6/600	5/500
	DIST/SPD	89/366	80/365	71/364	64/363	58/362	51/362	46/361	41/360	35/359	31/358	26/356
28000	TIME/FUEL	16/1550	14/1450	13/1300	12/1200	11/1050	10/950	9/850	8/750	7/650	6/600	5/500
	DIST/SPD	82/361	74/360	66/359	59/359	53/358	48/357	43/357	38/356	33/355	28/354	24/352
27000	TIME/FUEL	15/1500	14/1350	12/1250	11/1150	10/1050	9/900	8/850	7/750	6/650	6/550	5/500
	DIST/SPD	76/357	68/356	61/355	55/355	50/354	44/353	40/353	35/352	31/351	26/350	22/348
26000	TIME/FUEL	14/1450	13/1300	12/1200	11/1100	10/1000	9/900	8/800	7/700	6/650	5/550	5/450
	DIST/SPD	70/352	63/352	57/351	51/351	46/350	41/350	37/349	33/348	29/347	25/346	21/344
25000	TIME/FUEL	13/1350	12/1250	11/1150	10/1050	9/950	8/850	7/750	7/700	6/600	5/550	4/450
	DIST/SPD	64/348	58/348	52/347	47/347	43/346	38/346	34/345	30/344	27/343	23/342	19/340

图 7.39 B737-700 机型上升性能表

Long Range Cruise Table
35000 FT to 30000 FT

PRESS ALT (1000 FT) (STD TAT)		\multicolumn{11}{c}{WEIGHT (1000 KG)}										
		80	75	70	65	60	55	50	45	40	35	30
35 (-31)	%N1	94.3	90.8	88.5	86.6	85.0	83.3	81.4	79.2	76.6	73.9	70.8
	MAX TAT	-17	-8	-1								
	KIAS	267	268	267	263	259	254	247	236	223	211	197
	MACH	.787	.791	.787	.777	.765	.752	.732	.702	.667	.634	.595
	FF/ENG	1560	1410	1291	1190	1105	1029	948	859	777	693	612
	KTAS	454	456	453	448	441	434	422	404	384	365	343
34 (-29)	%N1	91.8	89.4	87.5	85.9	84.3	82.7	80.7	78.3	75.9	73.3	70.0
	MAX TAT	-9	-2	4								
	KIAS	274	274	271	267	262	257	248	235	224	212	197
	MACH	.790	.789	.781	.770	.758	.744	.719	.686	.655	.622	.582
	FF/ENG	1514	1390	1282	1193	1113	1038	951	857	780	698	615
	KTAS	458	457	452	446	439	431	417	397	379	360	337
33 (-28)	%N1	90.3	88.4	86.8	85.3	83.7	82.0	80.0	77.6	75.2	72.6	69.3
	MAX TAT	-3	4	9								
	KIAS	280	278	274	270	265	258	248	236	224	213	197
	MACH	.790	.784	.774	.763	.751	.733	.705	.673	.643	.611	.569
	FF/ENG	1492	1378	1283	1200	1124	1042	952	859	783	703	618
	KTAS	459	456	450	444	437	426	410	391	374	356	331
32 (-26)	%N1	89.2	87.6	86.1	84.6	83.1	81.3	79.2	76.9	74.6	71.8	68.4
	MAX TAT	2	8									
	KIAS	285	282	278	273	268	259	248	236	225	213	197
	MACH	.786	.778	.767	.756	.742	.720	.690	.661	.632	.599	.556
	FF/ENG	1475	1375	1288	1209	1132	1045	951	861	787	707	620
	KTAS	459	454	448	442	434	421	403	386	369	350	325
31 (-25)	%N1	88.3	86.9	85.4	84.0	82.4	80.6	78.4	76.2	73.9	71.1	67.6
	MAX TAT	7	11									
	KIAS	289	285	281	277	270	260	248	237	226	213	196
	MACH	.780	.771	.760	.749	.731	.706	.676	.649	.621	.586	.544
	FF/ENG	1468	1378	1296	1220	1137	1046	951	863	793	711	621
	KTAS	458	452	446	440	429	414	397	381	364	344	319

图 7.40 B737-700 机型巡航性能表——确定巡航燃油

最后得到飞机在第二个高地形的实际航路重量:

$$70\ 000 - 1700 - 6843 = 61\ 457\ (\text{kg})$$

以 62 000 kg 重量查飘降净改平高度表，可知飘降净改平高度为 19 600 ft，不能满足第二个高地形区域的 1000 ft 障碍要求（见图 7.41）。因此，需要检查 2000 ft 越障规则，以实际航路重量进行飘降分析。

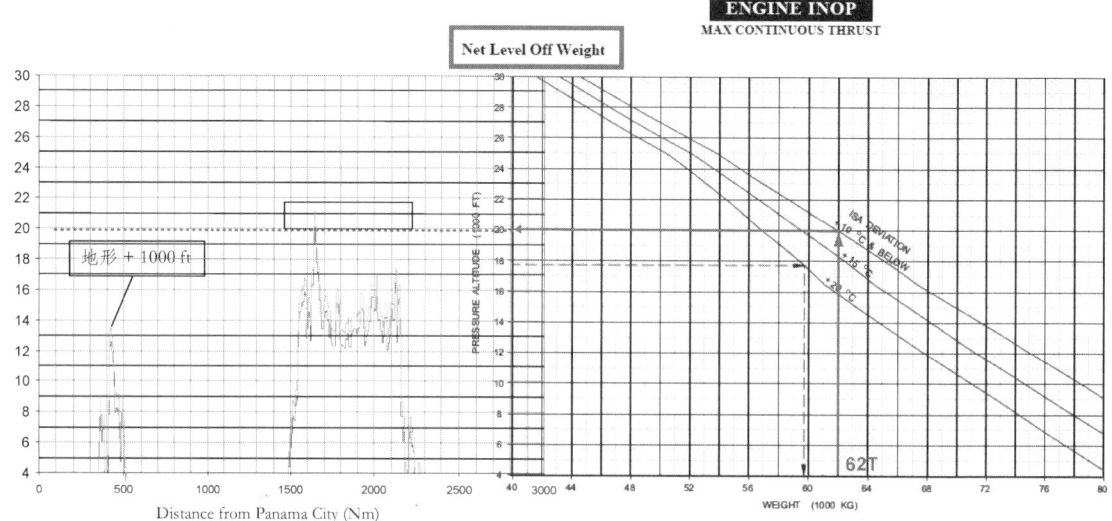

图 7.41 以实际重量进行 1000 ft 越障检查（第二个高地形）

7.6.3 以实际重量检查 2000 ft 越障规则

以 62 000 kg 重量、ISA、静风条件，通过 AFM/性能软件得到飘降净航迹曲线。在航路地形剖面图上，沿航路前后，分别画出向两个方向飘降的净轨迹，确保净航迹以 2000 ft 越障，从而在最高地形附近，确定两个临界点：继续点 CP 和不可返航点 NRP，及其对应的经纬度坐标。飞机从这两个位置飘降，刚好满足净轨迹以 2000 ft 越障的规章要求。

得到的结果是：NRP 在 CP 的前方。因此，确定以下飘降策略：超过继续点 CP 发动机失效，则向前飘降；不到 NRP 发动机失效，则向返航方向飘降；两点之间发动机失效，向两个方向飘降均能满足规章越障要求，如图 7.42 所示。

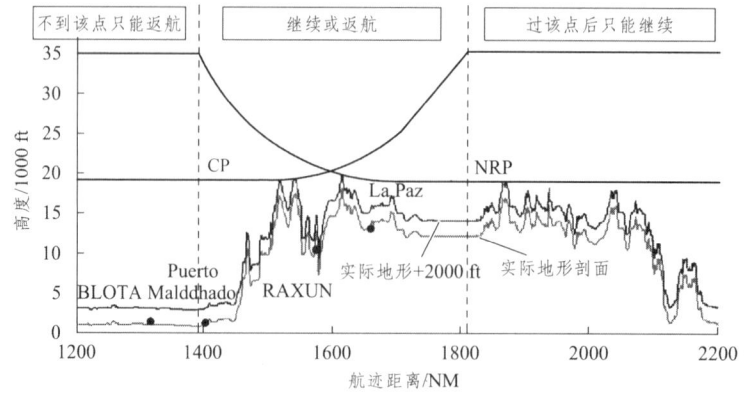

图 7.42 以实际重量进行 2000 ft 越障检查（第二个高地形）

至此，航路越障分析完毕，B737-700 机型的一发失效性能满足航路越障要求。

7.6.4 成都—拉萨飘降分析

图 7.43 给出了波音公司使用 B757-200 机型进行的成都—拉萨航线飘降分析的结果。使用 2000 ft 越障规则，存在一个航路决断点，在这点之前和之后一发失效，将采取不同的飘降策略。

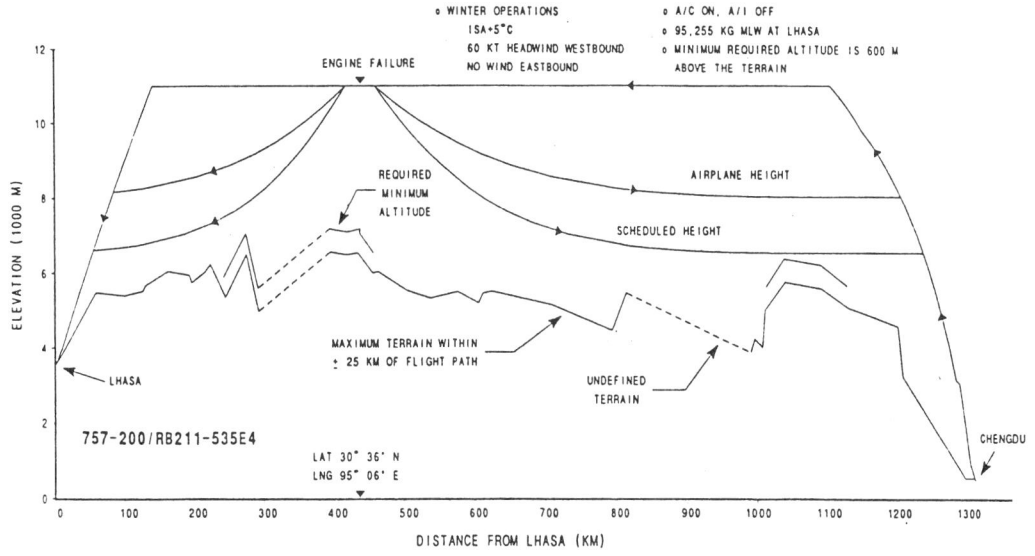

图 7.43　B757-200 成都—拉萨航线飘降分析

图 7.44 和图 7.45 给出了空客公司使用 A340-313 机型进行的成都—拉萨航线飘降分析的结果。使用 2000 ft 越障规则，存在一个航路决断点，在这点之前和之后一发失效，将采取不同的飘降策略。

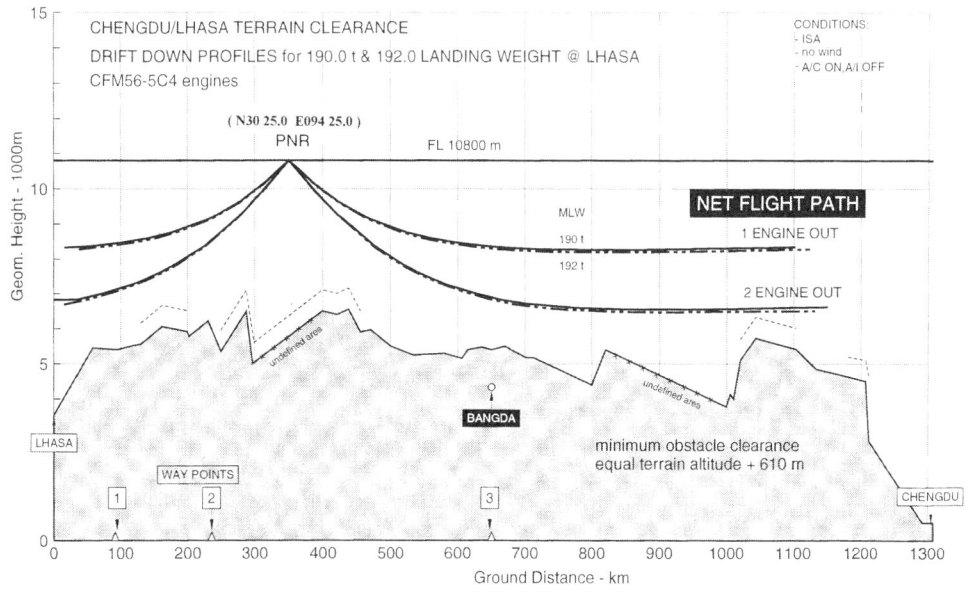

图 7.44　A340-313 成都—拉萨航线飘降分析

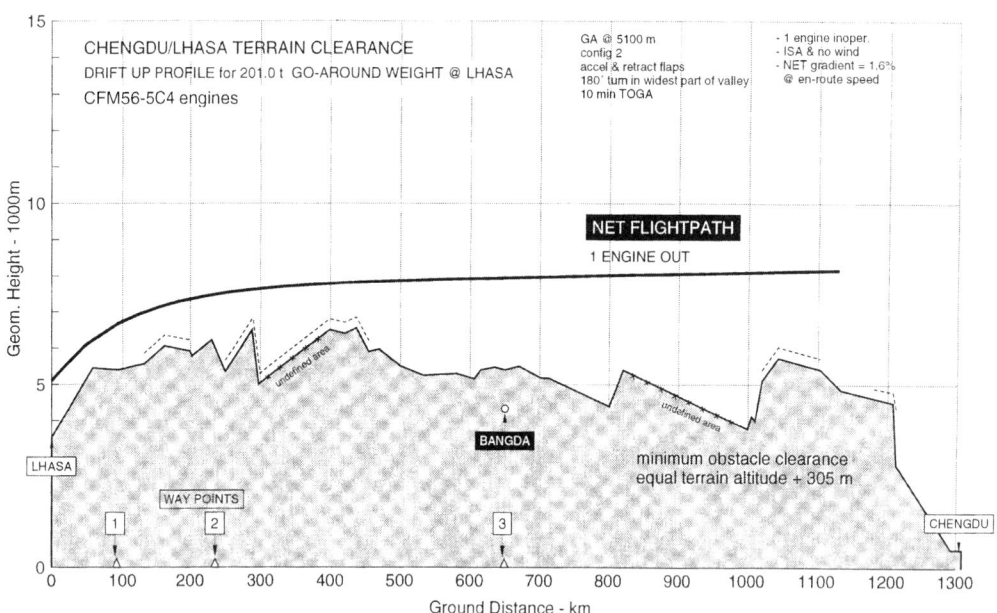

图 7.45　A340-313 成都—拉萨航线飘升分析

第8章 航路供氧分析

现代运输机均为增压式座舱，在巡航阶段，典型的飞行高度超过 30 000 ft；而座舱内气压对应的高度，即座舱高度不超过 8000 ft（FAR 25.841）。在高空航路飞行中，若发生座舱释压，客舱高度会迅速增加到巡航飞行高度，导致人体缺氧，危及机上人员生命安全。因此，一旦出现这种情况，飞机需要执行紧急下降程序，快速下降到一个较低的高度进行巡航。这一高度一般是 10 000 ft。

对于平原地区的航路，或航路障碍物较低的航路，飞机紧急下降中，在较短的时间内（5 min 左右），就可从最大审定巡航高度下降到 10 000 ft。在下降过程中，使用机载氧气系统提供人员的氧气供应。目前，所有运输类飞机均能满足这一初始适航审定要求。图 8.1 为 B737 机型典型紧急下降剖面。

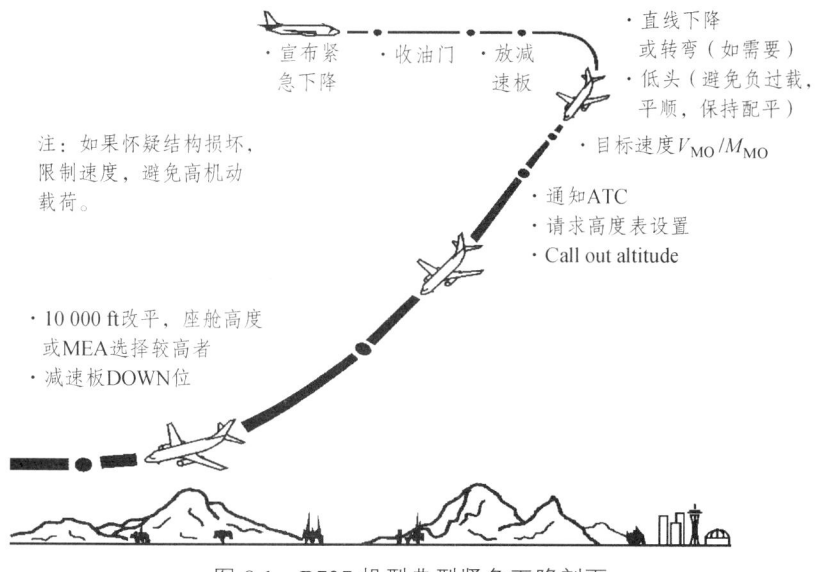

图 8.1　B737 机型典型紧急下降剖面

但是，在高原航线飞行中，航路地形和山峰高度可能超过 20 000 ft，甚至更高，使得飞机不可能迅速下降到 10 000 ft 的目标高度。为了满足安全越障要求，飞机不得不在较高的高度上巡航，直至地形允许，才能下降到外部大气能够安全供氧的高度。这对飞机的机载供氧系统供氧时间提出了严峻的考验。

针对具体航路和机型，按照运行规章的要求来确定飞机的下降剖面以及相应的航路最低氧气量的问题，称为航路供氧分析（Route Oxygen Analysis）。供氧分析是针对机型和航线进行的运行适航性分析，其结果是为飞行员提供座舱释压紧急下降程序，为机务和签派提供最低航路氧气放行量。这也是局方进行航线批准的技术前提。本章将对供氧分析的各方面进行论述。

目前，在全球民航运输机可以飞行的航线区域范围，有这种特殊供氧分析的航线主要集中在中亚、南美和青藏高原。

8.1 缺氧对人体生理的影响

在呼吸时，吸入的气体在气管中从湿的呼吸通道吸收水分，直到水蒸气的分压在正常体温 37 ℃ 时达到 47 mmHg 的饱和压力。由于空气中氧气约占 21%，因此，气管中的氧气分压比它们在外界干燥空气中的分压低 47 mmHg × 21% = 9.9 mmHg。随着高度的增加，由各种气体组成的空气的总压力降低，而各种气体所占的百分比不变，氧分压降低，但由于人体内在体温 37 ℃ 时水蒸气分压总是 47 mmHg，不随高度变化，使得高空中人体内的氧分压迅速减少。

高空客舱释压对人体生理的影响是由低气压和缺氧两个因素造成的。

低气压主要影响人体内含气空腔器官，含气空腔器官内的气体膨胀对含气空腔器官产生冲击力，造成这些器官的损伤。缓慢释压机组能够采取应对措施，因此低气压对人体影响小。迅速释压且气压值较低（气压高度 ≥ 26 850 ft），则对人体影响大。

在高空客舱释压后，吸入的自然气体中氧分压低，引起人体缺氧。缺氧的影响与氧气含量和持续时间有关。氧分压低，一方面使血红蛋白不易结合到新的氧气；另一方面结合了氧气的血红蛋白释放出已结合到的氧气供人体急需，造成人体缺氧。气压高度在 10 000 ft 以下时，缺氧程度很轻，人无明显异常表现。仅在时间较长时，如数小时后，人体才会出现一些缺氧症状，因此对客舱中的旅客无须补充氧气。

气压高度在 10 000 ~ 16 400 ft 时，出现轻度缺氧。轻度缺氧下人体开始产生代偿反应，导致心率和呼吸加快。心率和呼吸加快的目的就是为了获取"足够"的氧气为人体组织代谢所用，补偿因氧分压降低造成的缺氧。在此高度范围内，如不补充氧气，稍长时会产生疲乏、头痛、头脑兴奋、思维效率降低、嘴唇发绀等症状和体征。

气压高度在 16 400 ~ 23 000 ft 时，人体的代偿反应已不能补偿缺氧对人体的影响，数分钟内就可能出现头痛、眩晕、视物模糊、情绪异常、思维效率明显下降、动作协调性变差等症状。在 23 000 ft 以上，人体的代偿反应已不能满足人体的重要器官——脑、心对氧气的最低需求，智力和运动协调能力出现严重障碍，数分钟内人就会丧失意识。相比之下，其他症状和体征已变得不那么重要了。

在缺氧情况下，有效意识时间（Time of Useful Consciousness，TUC）是一个非常重要的概念。它是指人能够完成有目的活动的可用时间，如戴上氧气面罩、操纵飞机等。超过这一时间窗口，人的意识和活动能力将受到危险影响并进入无意识状态或最终导致死亡。表 8.1 列出了在不同高度上发生座舱失密（指爆炸型减压）的情况下，人所能承受的有效意识时间。特别需要指出的是：虽然在时间窗口内能够完成任务活动，但在时间窗口的后期，人的反应和动作效率已经大大降低。

表 8.1　座舱失密下人所能承受有效意识时间

飞行高度/m	有效意识时间
6100（20 000 ft）	10 min
7800（25 000 ft）	2 min
9140（30 000 ft）	30 s
10 700（35 000 ft）	20 s
12 200（40 000 ft）	15 s
19 800（65 000 ft）	12 s

由表中的数据可以看出，在 41 000 ft 以上高度飞行时，一旦座舱破损、发生爆炸型减压，飞行员可能在短短的十几秒内戴上氧气面罩前就会丧失意识。因此，规章要求在 41 000 ft 以上高度飞行时，即使驾驶舱中有两名飞行员，驾驶飞机的飞行员也必须戴上氧气面罩并吸氧。在 25 000 ft 以上高度飞行时，虽然发生爆炸型减压后耐受缺氧的时间有 2 min，但为保证在紧急情况下飞行员有正常的反应能力，规章要求在 7800 m（25 000 ft）及以上高度飞行、驾驶舱中只有一名飞行员时，飞行员必须戴上氧气面罩并吸氧。

8.2　机载供氧系统的类型与特点

目前，商用喷气运输机上使用的氧气系统，就其形式来说可分为三类：化学氧系统、气体氧系统和手提式氧气系统，前两者是氧气系统的主体，后者只是少量形式的补充。这些氧气系统的使用对象分为驾驶舱机组人员、客舱旅客与乘务人员。氧气系统在飞机发生释压、失火产生烟雾和有毒气体时供机组和乘客呼吸使用。

8.2.1　化学氧系统（Chemical Oxygen System）

化学氧系统使用固体的过氧化钾或氯酸钠，依靠化学物质的分解产生氧气，因此又称固体氧系统。它根据适航规章（FAR/JAR 25.1443）要求的氧气流量，按照预设的速率和持续时间进行化学反应，其氧气供应量完全取决于时间，和高度无关。

只有针对客舱人员的氧气系统才使用化学氧系统。

在客舱化学氧系统中，每个化学氧气发生器一般同时为 2~4 个面罩供氧，这些氧气发生器安装在特定容器内，位于乘客座椅上方、厨房、厕所以及每个客舱乘务座位处。当客舱释压，座舱高度超过 14 000 ft 时，氧气面罩自动落下。氧气面罩放出后，旅客拉下面罩就启动了氧气发生器，开始发生化学反应，产生氧气，如图 8.2 所示。

化学氧气发生器在发生反应时表面的温度会升高 120~230 ℃，因此，氧气发生器在正常工作时会伴有烧焦味、烟雾和客舱温度的增加。对于供氧时间越长的化学氧气发生器，这种现象越明显。

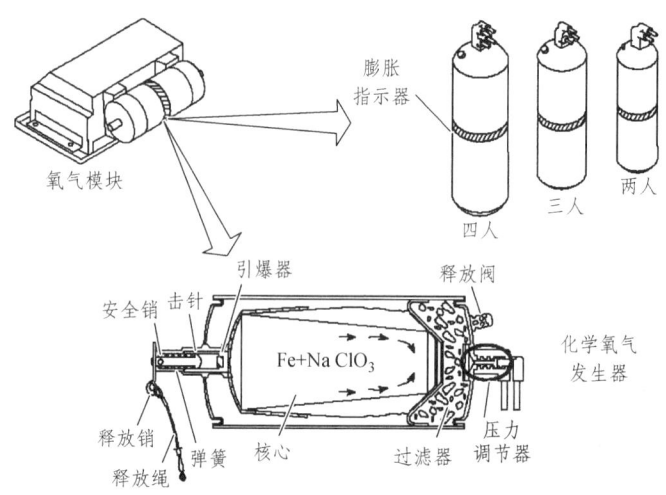

图 8.2 客舱化学氧系统及氧气发生器

化学氧系统没有气体氧系统的高度压力调节器、计量装置和气体输送网管，使其系统可靠性较好。化学氧系统的工作压力很低，没有气体氧系统中氧气瓶及其部件中存在的高压危险。在发生坠机、火灾等事故时，化学氧系统比气体氧系统要安全。化学氧系统的成本和维护费用也比气体氧系统低得多，重量也较轻。化学氧系统可以独立安装，不需要连接到中央氧气系统上，这就增加了设计内部布局的灵活性。

但化学氧系统的缺点是，一旦发生器启动，其核心部件的化学物质将连续地发生化学反应，直到被完全耗尽。因此，发生器决定了氧气供应的时间，而这一时间是固定的。对于目前的商用运输机而言，这一时间最大不超过 22 min。对于某些条件较差的高原航线来说，大范围的高山地形决定了飞机在座舱释压后，只能在 10 000 ft 以上飞行，这段飞行时间可能大大超过最大化学氧系统 22 min 的持续时间。

总之，化学氧系统有如下特点：

（1）独立的化学发生器，在氧气面罩拉下后启动，其后，氧气流不可停止。
（2）对发生器相连的所有面罩供氧，即使有的面罩并没有使用。
（3）氧气流量和供应压力在设计时决定，营运者不可更改，与座舱高度无关。
（4）氧气只能持续特定的时间。
（5）此类系统预先确定了一个最大飞行剖面（氧气剖面）。

用于客舱人员的氧气系统根据机型不同，可能是化学氧系统，也可能是气体氧系统。

对于波音目前生产的运输类飞机，除 B747、B737-700C 和 B717 机型外，客舱 12 min 化学氧系统是基本的配置。对于 B757、B767 和 B777 机型，还可选装 22 min 的化学氧系统，以用于高原地区运行。另外，对于 B717 和所有的前麦道系列（MD-11、DC-10、MD-80、MD-90），15 min 的化学氧系统为基本配置。

空客系列飞机大部分机型均使用客舱化学氧系统作为基本配置，其规格大部分为 15 min 或 22 min。

8.2.2 气体氧系统（Gaseous Oxygen System）

气体氧系统表示氧气的存储状态为气态，氧气存放于位于机身下部货舱可更换的高压氧气瓶中,氧气瓶温度和压强决定了可用氧气量的大小。整个系统由一个或多个高压氧气瓶、减压阀、流量调节器、呼吸器具、连接管路等组成。流量调节器根据其感知的座舱高度大小,按照规章要求的氧气流量对氧气供应量进行调节。高压氧气通过这些管线,从氧气瓶内高达 1850 psi(1 psi = 6.9 kPa)的气压减小到面罩调节器处的约 50 psi 气压。氧气由高压氧气瓶接入系统时会产生高压冲击,这可能在封闭的下游位置,如检查阀、减压阀、调节器、管路弯头处产生危险的高温。气体氧系统示意图如图 8.3 所示。

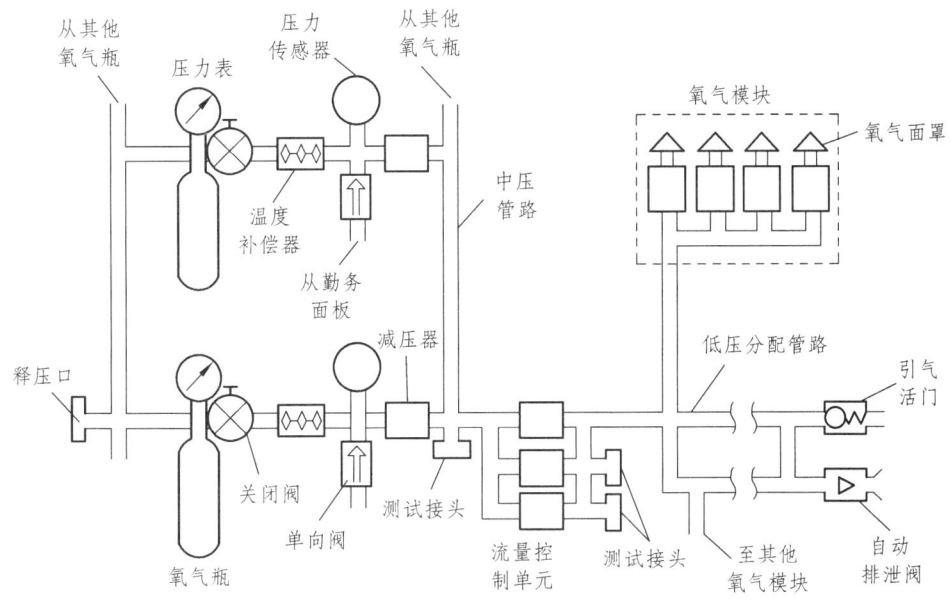

图 8.3　客舱气体氧及分发系统

气体氧系统需要定期做液压试验,化学氧系统则不需要。由于存在大量的管路分配系统和氧气瓶,气体氧系统较化学氧系统更重,而且初始安装成本和日常维护费用也较化学氧系统高。

气体氧系统最大的优势是,由于氧气瓶的数量可以根据航路特点进行增减,例如,空客 A340 可以安装多达 14 个氧气瓶,供氧时间可以比化学氧系统更长,使得装备气体氧系统的飞机可以在那些大面积的高原航线运行。气体氧系统的供氧量由感知的座舱高度进行调节,使得营运者可以根据实际地形的高低灵活设计下降剖面,包括在不同的地形障碍物限制下使用不同的中间改平高度。这些特点均是化学氧系统所不具备的。

在波音目前生产的机型中,对于 B787、B747 机型,客舱气体氧系统是标准项目设备,对于 B737NG/Max、B777 和 B757 机型,客舱气体氧系统则作为客户选装设备。空客飞机中,气体氧系统是 A319(高原型)、A330 和 A340 机型的选装项目。

用于驾驶舱机组的供氧系统均是气体氧系统。

如果客舱 22 min 化学氧系统仍不能满足航线供氧分析要求,则客舱供氧系统需使用气体氧系统。这通常是在新机购买时决定的,也可以通过后期改装的方式实现,但成本昂贵。

对于客舱气体氧系统,有两种类型的氧气分发装置:一种是旅客启动型氧气系统(Passenger Activated System),它要求旅客拉下氧气面罩以启动氧气供应。这种类型的明显优点是,只有那些需要的位置才供给氧气,避免了氧气的浪费。大部分飞机的气体氧系统,包括空客 A330 和 A340 机型上，均使用这种分发形式。

第二种分发系统称为自由流型氧气系统（Free Flow System），在这种系统中，一旦系统启动，氧气流立即向每一个面罩供氧，不需要乘客行动参与，但氧气的供应也不管这一面罩是否有人使用。其优缺点正好与旅客启动的氧气系统相反。自由流型氧气系统在波音飞机上，仅仅是 B747 机型才提供的一个选项。

气体氧系统的氧气经 2 个供气管路和一个网状管道系统到客舱各氧气模块内。氧气模块位于旅客座椅上方、厕所内、各厨房及每个乘务员位。每个氧气模块有 2~4 个面罩。每个氧气模块有电动锁销机构。如果客舱压力高度超过 14 000 ft，锁销自动打开，使面罩下落。

旅客启动的氧气分发系统，当旅客向座位拉面罩时，氧气就开始产生。面罩在正压力下，以客舱压力高度和流量调节装置决定的流率接收纯氧。供氧持续时间取决于所安装氧气瓶的数量、面罩使用的数量以及所飞的飞行剖面。

总之，气体氧系统有如下优点：

（1）可以通过增加高压氧气瓶的数量来对氧气供氧量进行定制。

（2）只有那些被拉下的面罩才供氧。

（3）氧气流量和压力取决于高度，通过高度流量调节装置控制氧气流量，允许对旅客氧气供应进行优化，实现高度越低，氧气流量越小。

（4）氧气供应时间取决于飞行剖面和氧气瓶数目。

（5）低于 10 000 ft 时，没有氧气供应。高度重新增加时，可再次启动氧气供应。

8.3 规章要求

根据人体生理在不同高度的氧气需求，适航审定规章（FAR 25.1443）规定了机载氧气系统必须提供的最低氧气流量，客舱高度越高，补氧所需的氧气流量越大，在紧急下降时随高度的降低，所需的氧气流量减少。飞机上的化学氧气发生器和气体氧系统的调节装置一般均高于这一氧气流量。适航审定规章（FAR25.1447）同时规定，对于审定高度超过 25 000 ft 的飞机，在客舱内的氧气分配设备和氧气出口至少要比座位数多 10%。这些要求由飞机制造公司负责满足。

飞机在航空公司的具体运行中，还需要根据具体机型、具体航路进行供氧分析，以确保飞机在航路巡航中，如果发生座舱释压，机载氧气系统能够满足相关运行规章对供氧的规定。这种供氧分析包括满足驾驶舱的机组人员供氧以及客舱的旅客和乘务人员供氧两个方面。这些运行规章条款的满足是营运者的责任，是运行适航性的组成部分。

下面重点对运行规章的相关要求进行分析。

除了急救和其他任意量额外氧气外，规章要求飞机上装备的氧气用于两种用途，分别是补充氧气（Supplemental Oxygen）和保护氧气（Protective Oxygen）。补充氧气用于在座舱释压后的缺氧情况下，人员补充呼吸氧气、维持生命之用。对于这种用途的氧气，运行规章按照驾驶舱机组人员以及客舱乘客和乘务人员两类使用对象各自提出了不同的要求。保护氧气是在飞机失火或存在有毒气体时，用于保护人员的呼吸，使之免于烟雾或有毒气体的伤害。对于这种用途的氧气，规章只对驾驶舱机组人员提出了要求，而对客舱人员没有这一氧气供应要求。

表 8.2 列出了各主要运行规章对补充氧气和保护氧气的相关要求。这些不同的运行规章中的相关氧气要求是一致或相近的。

表 8.2 涉及补充氧气和保护氧气的相关运行规章要求

Federal Aviation Regulation（FAR）	
121.329	Supplemental Oxygen for Sustenance：Turbine-Engine-Powered Airplanes
121.333	Supplemental Oxygen for Emergency Descent and for First Aid：Turbine-Engine-Powered Airplanes With Pressurized Cabins
121.337	Operators Protective Breathing Requirements
European Union（EU）Requirements	
EU-OPS 1.770	Supplemental Oxygen - Pressurized Aeroplanes
EU-OPS 1.780	Crew Protective Breathing Equipment
中国民用航空规章 CCAR	
121.329	涡轮发动机飞机用于生命保障的补充供氧要求
121.333	涡轮发动机飞机应急下降和急救用的补充氧气要求
121.337	呼吸保护装置
ICAO，Annex 6	
Part 1 4.3.8	Oxygen Supply

8.3.1 客舱最低供氧需求

氧气量应根据座舱气压高度和下列假设来确定：座舱增压故障发生在供氧需求临界的飞行高度或者飞行中某点，飞机按照飞机飞行手册（AFM）中规定的应急程序，在不超过其使用限制的情况下，下降到不再需要补充氧气的飞行高度。氧气量应根据座舱气压高度和飞行持续时间，按照为每次飞行和每一航路所制定的运行程序确定，如图 8.4 所示。

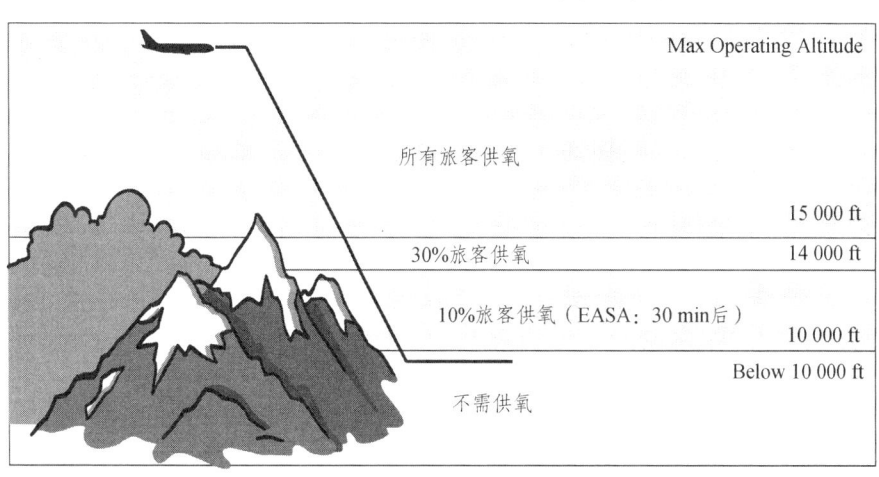

图 8.4 客舱补充氧气要求

每个合格证持有人应当按照下列要求为旅客提供氧气：

CCAR 121.329 / FAR 121.329 / JAR-OPS 1.770：

（1）对于座舱高度在 10 000 ft 以上至 14 000 ft（含）的飞行，并且如果在这些高度上超过 30 min，则对于 30 min 后的那段飞行应当为 10% 的旅客提供足够的氧气。

（2）对于座舱高度在 14 000 ft 以上至 15 000 ft（含）的飞行，足以为 30% 的旅客在这些高度的飞行中提供氧气。

（3）对于座舱高度在 15 000 ft 以上的飞行，在此高度上整个飞行时间内为机上每一旅客提供足够的氧气。

CCAR 121.333 / FAR 121.333 / JAR OPS 1.760：

（1）对旅客供氧时间最低不能少于 10 min。

（2）对于座舱高度高于 8000 ft，但低于或等于 10 000 ft 时，必须为 2% 的旅客提供紧急氧气供应（可通过手提氧气瓶方式实现），但不能少于 1 名旅客。

另外需要特别指出的是，CCAR 121.333 / FAR121.333 额外要求：当飞机运行在飞行高度 25 000 ft 以上时，座舱释压后，在座舱高度 10 000 ft 以上至 14 000 ft（含）的整个飞行期间，应当能为不少于 10% 的旅客供氧。这是一个比前述在 10 000 ft 至 14 000 ft（含）间飞行的 30 min 内可不供氧条款更高的要求。按照这一运行规章条款，通常波音飞机的化学氧气剖面不包含 30 min 那段飞行，而空客飞机则包含。

8.3.2 驾驶舱机组供氧要求

FAR 25.1447 要求，对于最大审定高度超过 25 000 ft 的飞机，必须为驾驶舱机组成员配备速戴型氧气面罩（Quick Donning Oxygen Mask），这种氧气面罩可使飞行员使用单手操作，在 5 s 内戴上氧气面罩。

每个合格证持有人应当按照下列要求为驾驶舱机组成员提供氧气源：

1. 补充氧气要求

释压后，驾驶舱机组氧气系统必须为驾驶舱中的每一位人员至少提供下列氧气：

FAR 121.329：当座舱高度高于 10 000 ft 但低于 12 000 ft（含）时，应对在驾驶舱内的每一位工作的飞行机组成员供氧，而他们也必须用氧，并且对于在该高度范围内飞行超过 30 min 的那一段，还应对机组其他成员供氧；在座舱高度高于 12 000 ft 时，应对在驾驶舱内每一位工作的飞行机组成员供氧，他们也必须用氧，并且在此高度上整个飞行时间内，应对其他机组成员供氧，如图 8.5 所示。

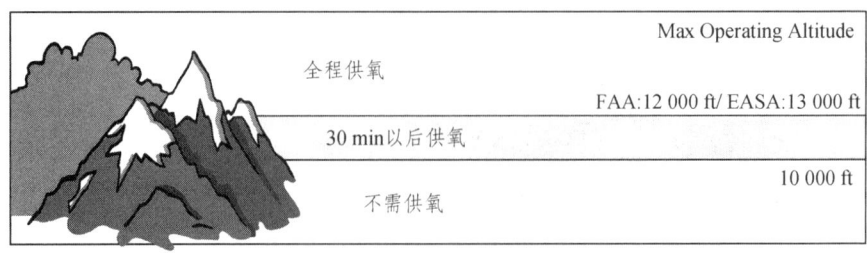

图 8.5　驾驶舱补充氧气要求

FAR 121.333：当在飞行高度 10 000 ft 以上运行时，应当向在驾驶舱内每一飞行机组成员提供符合 121.329 条要求的，但供氧时间不少于 2 h 的氧气。所要求的 2 h 供氧量，是飞机从其最大审定高度，以恒定下降率用 10 min 下降至 10 000 ft，并随后在 10 000 ft 高度上保持 110 min 所必需的供氧量。

补充氧气是上述两者中的较大者。一般而言，上述两者中 2 h 供氧量足以覆盖第一条的氧气需求，可以只满足后者的要求。但是，对于一些由于地形限制，需要较长时间才能下降至 10 000 ft 高度的航线，按释压后实际紧急下降剖面下降到 10 000 ft 所需的氧气量可能会超过 2 h 的供氧量。

2. 保护氧气要求

FAR 121.337：在 8000 ft 座舱高度上，对在驾驶舱值勤的飞行机组成员和正在空中灭火的机组成员供给 15 min 的保护呼吸用氧气。这种情况针对的是座舱并没破损，在增压情况下由于座舱失火或出现烟雾情况而要求的。

3. 特殊情况下的附加氧气

FAR 121.333：当巡航高度高于 25 000 ft，驾驶舱中只有一个飞行员时，他必须戴面罩吸氧；当巡航高度 ≥41 000 ft，驾驶舱中有两个飞行员时，操纵飞机的飞行员必须戴面罩吸氧。

机组氧气面罩中的三个挡位反映出这些不同的供氧要求，以在不同条件下使用：

（1）EMERG：应急设置位，用于保护性吸氧，它以内部正压力的形式提供 100%的纯氧，当飞机失火或存在有毒气体时使用，以防止烟雾、灰尘等进入面罩。

（2）100%：下降段设置位，用于补充性吸氧，它提供 100% 的纯氧，但没有应急设置位那样的正压，在飞机从巡航高度处的释压点到改平的整个下降段使用。

（3）NORMAL：正常设置位，面罩提供氧气和空气的混合气体，在下降完后的改平飞行中使用，这时，不再需要 100% 的纯氧。这一设置和前面两种设置相比，消耗的氧气量大大减小。

8.3.3 越障要求

如果是非 ETOPS 运行，规章并不要求同时考虑巡航中一发失效问题和座舱释压问题。因此，座舱释压后的供氧分析可以在全发情况下进行，所有发动机正常工作，飞机可以在发生座舱释压时巡航高度以下的任意高度飞行。因此，在供氧分析下降剖面的越障设计中，不同于巡航中一发失效飘降分析，没有净航迹的概念，只需使用总航迹进行越障分析即可。

CCAR 121.673 / FAR 121.657 / EU OPS 1.250 飞行高度规则条款要求：任何飞机按照仪表飞行规则运行时，在距预定航道中心线两侧各 25 km（13.5 NM，仅 CCAR 121）水平距离范围内，在平原地区不得在距最高障碍物 400 m（1300 ft）的高度以下，在丘陵和山区不得在距最高障碍物 600 m（2000 ft）的高度以下飞行。

实际分析中，可以使用标准的最低飞行高度。对于巡航段，只要高于 MEA（航路最低安全高度）、MORA（最低偏航高度）、MOCA（最低越障高度）即可；对于下降段，总航迹（不需考虑净航迹）高于越障面 2000 ft 即可。

和前面章节中的飘降分析一样，基于实际地形基础上的供氧分析可以比基于航图上最低飞行高度的供氧分析得到更好的性能结果。可使用 1∶1 000 000 纸张版地形图，或对应等级的数字地形产品。具体方法见飘降分析章节。

8.4 氧气剖面与性能剖面

制造商为满足规章在不同高度的人员的氧气需求,在手册中提供有由机载氧气系统限定的飞行剖面数据,这种由高度(纵坐标)和时间(横坐标)给出的飞行剖面称为氧气剖面。在氧气剖面内飞行,则满足规章要求。这种氧气剖面对化学氧气系统而言是固定的,即每个横坐标点对应的最大高度是不可改变的;对气体氧系统而言是可以用户定制的,即每个横坐标点对应的最大高度是由运营人设计的。

机组的供氧总是比旅客的供氧更为重要,使得机组的供氧有更多的富余。其结果往往是旅客的供氧需求对下降剖面构成了限制。因此,供氧分析中主要是针对旅客氧气需求而进行的。

氧气剖面及其相关图表,波音飞机在 FPPM/FCOM 中,空客飞机在 FCOM 中。

8.4.1 化学氧系统-客舱氧气

图 8.6 给出了波音 B737-700 飞机 FPPM 中的标准 12 min 化学氧系统和选装的 22 min 化学氧系统的氧气剖面。横坐标是飞行时间。实际下降剖面必须低于该化学氧剖面,才能满足规章要求。

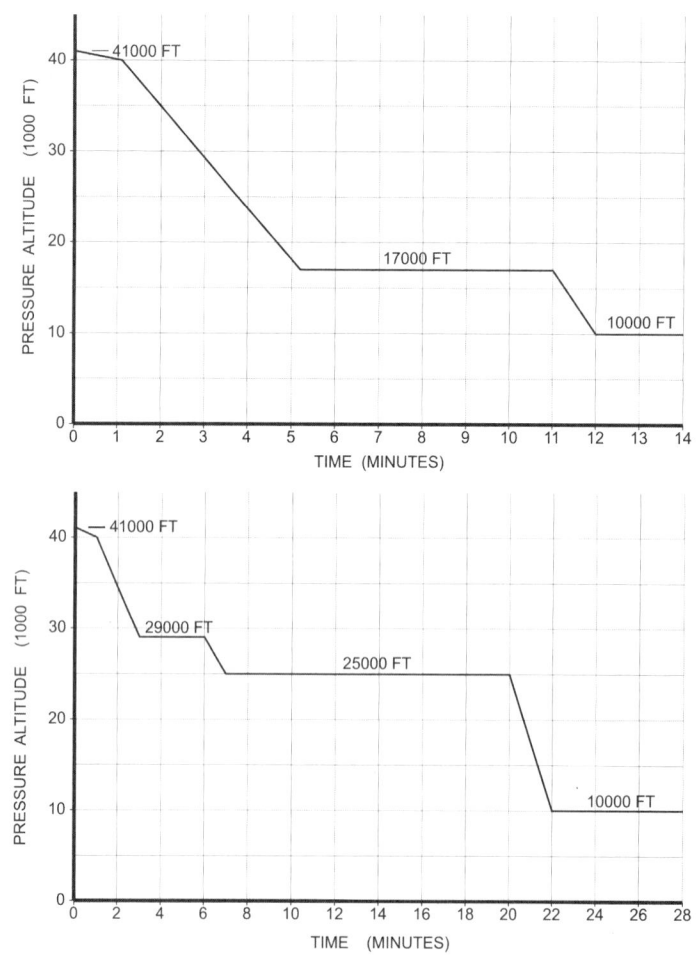

图 8.6 B737-700 飞机的 12 min(上)和 22 min(下)氧气剖面

图 8.7 为空客 A319 型飞机 FCOM 第二册中给出的 12 min 和 22 min 化学氧系统的下降剖面。在 FL140 高度上飞行时间不超过 30 min 时不需要为旅客供氧。

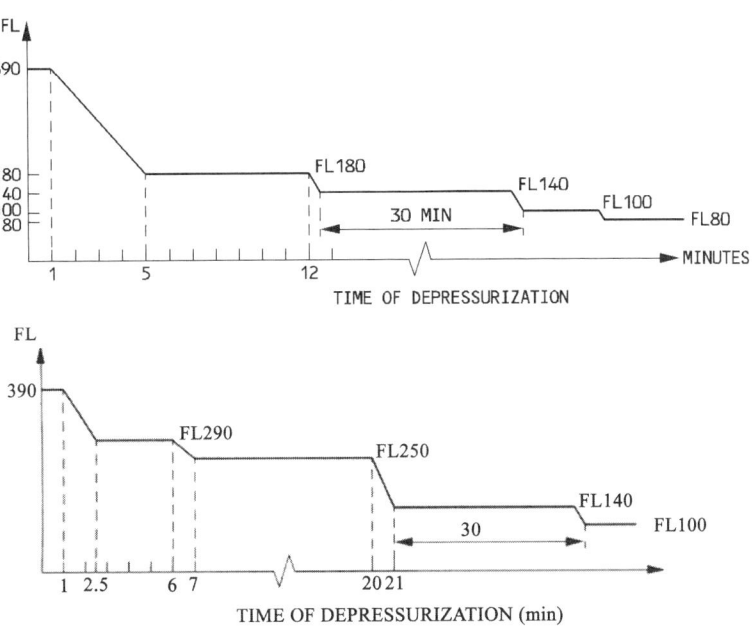

图 8.7 A319 飞机的 12 min（上）和 22 min（下）氧气剖面

需要指出的是，波音机型的氧气剖面在 14 000 ft 高度没有 30 min 的平飞段，这是由欧美运行规章的差异决定的。波音也可以根据运营人的要求，提供包含在 14 000 ft 进行 30 min 平飞的氧气剖面。

氧气剖面表示的是就化学氧系统能力而言，可以飞的最大高度飞行剖面。这个剖面是由化学氧气系统发生器类型和初始适航审定要求（FAR 25.1443）决定的，不允许以任何方式超过，但低于这一剖面飞行并不会带来额外氧气或其他好处。不管什么机型，只要它安装的化学氧发生器型号相同，其氧气剖面就是一致的。

8.4.2 化学氧系统-驾驶舱氧气

对于客舱化学氧系统，手册中提供的氧气图表一般直接给出保护氧气和补充氧气中的较大者。波音 FPPM/FCOM 和空客 FCOM 手册中，机组氧气系统最小放行压力对应的氧气量，是补充氧气（生命保障用）和保护氧气（防护有害烟雾）中的较大者。同时，应考虑在增加特殊情况下的附加氧气需求。另外，还要考虑检查用氧和正常使用中的泄漏及氧气瓶中不可用氧（为确保氧气压力调节器能正常工作的最小压力的氧气），适当增加一部分氧气（如增加 10%）。

表 8.3 为 B737-700 客舱化学氧系统机型提供的机组氧气需求最低放行压力表。其最小瓶压对应的氧气量是规章规定的最低保护氧气量，即在未释压时出现有毒、有害烟雾时的吸氧量。计算条件是：每人每分钟 20 L 纯氧，每个机组成员 15 min 保护氧气，并另加 10% 的应急氧气。正常情况下，这一保护氧气量高于 2 h 补充氧气量。并且，不管客舱氧气系统是 12 min 还是 22 min 化学氧，该表信息不受影响。

表 8.3　B737-700 客舱化学氧系统机型机组氧气要求

Flight Crew Oxygen Requirements
Required Pressure (PSI) for 76 Cu. Ft. Cylinder

BOTTLE TEMPERATURE		NUMBER OF CREW USING OXYGEN		
°C	°F	2	3	4
50	122	735	1055	1360
45	113	725	1040	1340
40	104	715	1020	1320
35	95	700	1005	1300
30	86	690	990	1280
25	77	680	975	1255
20	68	670	960	1240
15	59	655	940	1215
10	50	645	925	1195
5	41	635	910	1175
0	32	620	890	1150
-5	23	610	875	1130
-10	14	600	860	1110

在已知飞行员 + 观察员人数和气瓶温度的情况下，使用这个表格可确定最低放行氧气瓶压力。

表 8.4 给出了空客 FCOM 第三册中 A319 客舱化学氧系统机型的驾驶舱最低飞行机组氧气压力图表。已知温度和驾驶舱人数，可用其确定氧气瓶最低放行压力。

表 8.4　A319 客舱化学氧系统机型机组氧气要求

MINIMUM FLIGHT CREW OXYGEN PRESSURE

REF TEMPERATURE *		Deg. C	-10	0	10	20	30	40	50
		Deg. F	14	32	50	68	86	104	122
MIN ** BOTTLE PRESSURE (PSI)	2 CREWMEMBERS		656	681	706	731	756	781	806
	2 CREWMEMBERS	+1 OBS	861	893	926	959	992	1024	1057
	2 CREWMEMBERS	+2 OBS	1090	1132	1173	1215	1256	1298	1339

表中，参考温度（REF TEMPERATURE）为：地面上，REF TEMP. =（OAT + 驾驶舱温度）/2；飞行中，REF TEMP. = 客舱温度（°C）- 10°C。

按该表氧气瓶最小压力确定的氧气量包括：

（1）飞行前检查用氧。

（2）驾驶舱仅有一个飞行员时用氧。

（3）氧气瓶中不可用氧（为确保氧气压力调节器能正常工作的最小压力）。

（4）氧气系统的正常泄漏。

（5）客舱释压后氧气面罩压力调节器在 NORMAL 位置（稀释氧）的补充氧气：

• 在紧急下降期间为所有机组人员供氧 13 min 的氧气。

• 在 FL100 巡航为 2 名机组人员供氧 107 min 的氧气，或在 FL140 巡航为 4 名机组人员供氧 103 min 的氧气。

（6）或在 8000 ft 座舱高度和 15 min 内为驾驶舱中所有人员提供的 100% 纯氧的保护氧气。

8.4.3　气体氧系统-客舱氧气

对于气体氧形式的客舱旅客氧气剖面，相对于化学氧气而言，最大的不同是，在巡航高度和 10 000 ft 间的各中间改平高度的数值不是预先设定的，而是完全由用户定义的。这样，在座舱释压的情况下，飞机可以沿地形限制的最低安全高度飞行，以减小氧气需求，或在较高的单一高度巡航，以降低机组操作程序的复杂性。针对特殊地形的航线，甚至可以在降至 10 000 ft 后，再重新爬高，以飞越前方的更高障碍物。

一般情况下，如果地形允许，可优先考虑下降到 14 000 ft 改平，平飞巡航后再下降到 10 000 ft 高度。虽然在 14 000 ft 平飞还要为 10%的旅客供氧，但考虑低高度飞行耗油多，所以不直接下降到 10 000 ft 改平。

对于受地形限制不能下降到 14 000 ft 时，则由地形决定中间改平高度。按航路下的障碍物高度加 2000 ft 选择中间改平高度，待平飞到地形允许时再下降到 14 000 ft 平飞，然后继续下降到 10 000 ft。由释压点到下降至 10 000 ft 高度的时间就是确定所需氧气量的总时间。因此，客舱气体氧系统的氧气剖面如图 8.8 所示。

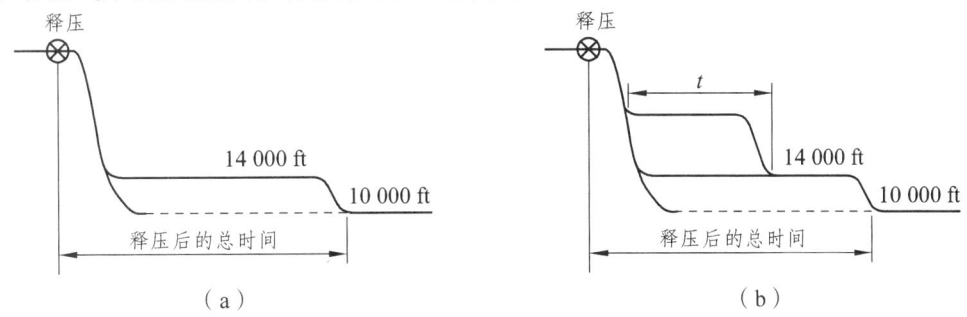

图 8.8 客舱气体氧系统下降剖面

一旦确定了应急下降的以时间为横坐标的氧气剖面，加上速度策略和大气条件，就可以得到应急下降的以距离为横坐标的性能剖面。通过性能剖面和地形剖面相比较，以确定能否越障，进而可以确定具体用氧量和氧气瓶放行压力。

表 8.5（Table1）给出了 B737-8/LEAP-1B27 机型 FCOM 中给出的客舱气体氧系统图表。该表用于确定从释压直到紧急下降到 FL≤14 000 ft 高度改平，再下降到 10 000 ft 高度所需要的氧气量。根据客舱人数（包括乘务员）、释压时的高度和从释压直到最后下降到 10 000 ft 高度飞行的总时间，由该表查出的所需氧气量，就是图 8.8（a）所示飞行剖面的所需氧气量。

表 8.5 B737-8 由巡航高度释压下降至 14 000 ft 高度改平所需的氧气量

Passenger Requirements for Gaseous Passenger Oxygen System
Table 1

NUMBER OF OCCUPANTS IN PASSENGER CABIN	TOTAL POST DECOMPRESSION TIME (HOURS)	PRESSURE ALTITUDE AT DECOMPRESSION (FT)				
		27000	31000	35000	39000	43000
		LITERS REQUIRED				
100	0.17*	1170	1240	1330	1470	1620
	1	1480	1600	1750	1960	2180
	2	2140	2260	2410	2620	2840
	3	2800	2920	3070	3280	3500
200	0.17*	2330	2460	2630	2900	3170
	1	2940	3190	3480	3870	4290
	2	4260	4510	4800	5190	5610
	3	5580	5830	6120	6510	6930

Total post decompression time includes descent, level-off at intermediate altitude (if applicable) and flight at final level-off altitude.
Time to shut down 90% of masks at or below 14000 ft pressure altitude is 11 minutes.
***Minimum post decompression time (10 min) approximates direct descent to 10000 ft pressure altitude.**

Table 2

NUMBER OF OCCUPANTS IN PASSENGER CABIN	ADDITIONAL OXYGEN REQUIRED (LITERS PER MINUTE ABOVE 14000 FT PRESSURE ALTITUDE)			
	INTERMEDIATE PRESSURE ALTITUDE			
	15000**	17000	21000	25000
100	13	79	149	209
200	26	158	298	418

Total oxygen quantity required is:
Emergency descent and level-off at or below 14000 ft pressure altitude (from table 1) plus cruise above 14000 ft pressure altitude (from table 2).
**30% of cabin occupants using oxygen.

Passenger Requirements for Gaseous Passenger Oxygen System
Table 3
Cylinder Volume to Pressure Conversion

CYLINDER PRESSURE AT 21°C (PSI)	OXYGEN VOLUME (1000 LITERS)								
	NUMBER OF 115 CUBIC FOOT CYLINDERS INSTALLED								
	4	5	6	7	8	9	10	11	12
100	0.1	0.1	0.1	0.1	0.2	0.2	0.2	0.2	0.3
200	0.7	0.9	1.1	1.3	1.5	1.7	1.9	2.1	2.3
300	1.4	1.8	2.2	2.6	2.9	3.3	3.7	4.0	4.4
400	2.1	2.7	3.2	3.8	4.3	4.9	5.4	6.0	6.5
500	2.8	3.5	4.3	5.0	5.7	6.4	7.1	7.9	8.6
600	3.5	4.4	5.3	6.2	7.1	8.0	8.9	9.8	10.7
700	4.2	5.3	6.3	7.4	8.5	9.5	10.6	11.7	12.7
800	4.9	6.1	7.4	8.6	9.9	11.1	12.3	13.6	14.8
900	5.6	7.0	8.4	9.8	11.3	12.7	14.1	15.5	16.9
1000	6.3	7.9	9.5	11.1	12.6	14.2	15.8	17.4	19.0
1100	7.0	8.7	10.5	12.3	14.0	15.8	17.5	19.3	21.1
1200	7.7	9.6	11.5	13.5	15.4	17.3	19.3	21.2	23.1
1300	8.4	10.5	12.6	14.7	16.8	18.9	21.0	23.1	25.2
1400	9.1	11.3	13.6	15.9	18.2	20.5	22.7	25.0	27.3
1500	9.8	12.2	14.7	17.1	19.6	22.0	24.5	26.9	29.4
1600	10.5	13.1	15.7	18.3	21.0	23.6	26.2	28.8	31.5
1700	11.1	13.9	16.7	19.5	22.3	25.1	27.9	30.7	33.5
1800	11.8	14.8	17.8	20.8	23.7	26.7	29.7	32.6	35.6
1900	12.5	15.7	18.8	22.0	25.1	28.3	31.4	34.6	37.7
2000	13.2	16.5	19.9	23.2	26.5	29.8	33.1	36.5	39.8

Check maximum pressure in shaded area. Maximum cylinder pressure = 1850 PSI at 21°C. For maximum cylinder pressure at hotter or colder temperatures, add or subtract 32 PSI per 5°C, respectively.

Table 4
Temperature Corrections

CYLINDER PRESSURE AT 21°C (PSI)	PRESSURE CORRECTION FOR EACH 5°C ABOVE/BELOW 21°C (PSI)
400	+7/-7
600	+11/-11
800	+14/-14
1000	+17/-17
1200	+21/-21
1400	+24/-24
1600	+28/-28
1800	+31/-31
2000	+34/-34

如果由于地形限制，在 14 000 ft 以上，存在一个或多个中间改平高度，则所需的氧气量要多一些。Table 2 给出了该机型在 14 000 ft 以上存在中间改平高度时，每巡航 1 min 所需的

额外氧气量。用在 14 000 ft 以上高度上巡航的时间（min），即图 8.8（b）中的 t，得到总的所需额外氧气量，再加上 Table 1 查出的氧气量，就是所需的总氧气量（升）。

从上述 Table 1、Table 2 中确定了所需的总的氧气量（升）后，可用 Table 3 将氧气量（升）转换成氧气瓶最低放行压力（psi）。这一总氧气量是在 ISA 下、21℃ 时的升数，对于其他温度，还需使用 Table 4 对最终放行压力进行调整。

对于空客采用客舱气体氧的飞机，手册提供的图表形式和波音相比，略有不同。图 8.9 为空客 A319-115 高原型客舱气体氧系统飞机所使用的氧气剖面图表。根据使用中的氧气面罩数、氧气瓶的压力及紧急下降后的巡航高度来确定在该巡航高度上的供氧时间，即供氧限制的允许飞行时间。

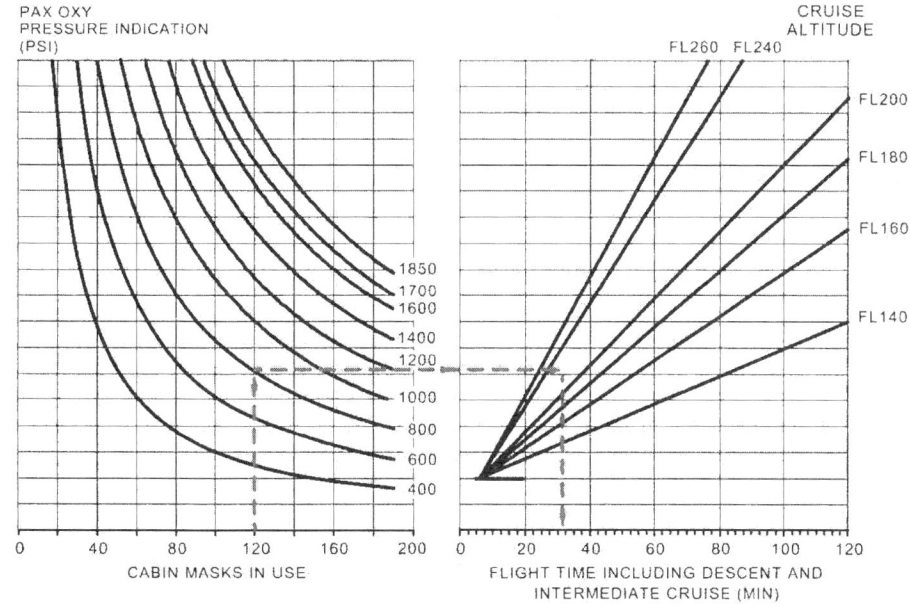

图 8.9　A319-115 高原型气体氧系统飞机氧气剖面（FCOM）

所提供的氧气包括：在 FL400 上 0.5 min 的氧气；以 5000 ft/min 下降率由 FL400 下降到选定巡航高度过程中所需的氧气；以 5000 ft/min 下降率由选定巡航高度下降到 FL100 的氧气（因为巡航高度可能高于 FL140）；在选定巡航高度上飞行由上面图表所确定的时间所需的氧气。

因此，它适用于如图 8.10 所示的紧急下降剖面。

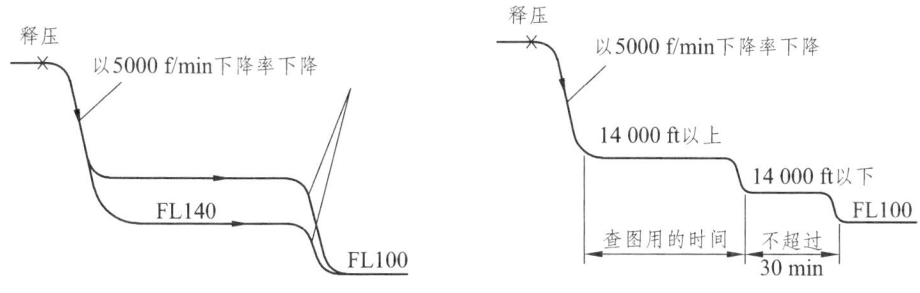

图 8.10　A319-115 高原型气体氧系统飞机氧气剖面

【例 8.1】 已知 B757-200 机型成都—拉萨航线距离 706 NM，飞机在 41 000 ft 高度巡航，座舱释压后紧急下降，由地形限制的巡航高度为 7250 m（由障碍物高度 + 600 m 决定的）。由于整条航线下方几乎都是标高 6000 m 以上的高山，所以一直在这个高度上巡航，直到两个机场的下降点。由这个高度下降到拉萨贡嘎机场的下降距离是 38 NM，到成都双流机场的下降距离是 60 NM。贡嘎和双流机场的标高分别是 3562 m（11 686 ft）和 495 m（1600 ft）。飞机紧急下降速度为 $M0.86/350$ KIAS，放减速板，7 250 m 高度巡航的速度为 280 KCAS。试确定在 ISA、无风情况下，B757-200 机型成都—拉萨航线的供氧时间（参见图 8.11）。

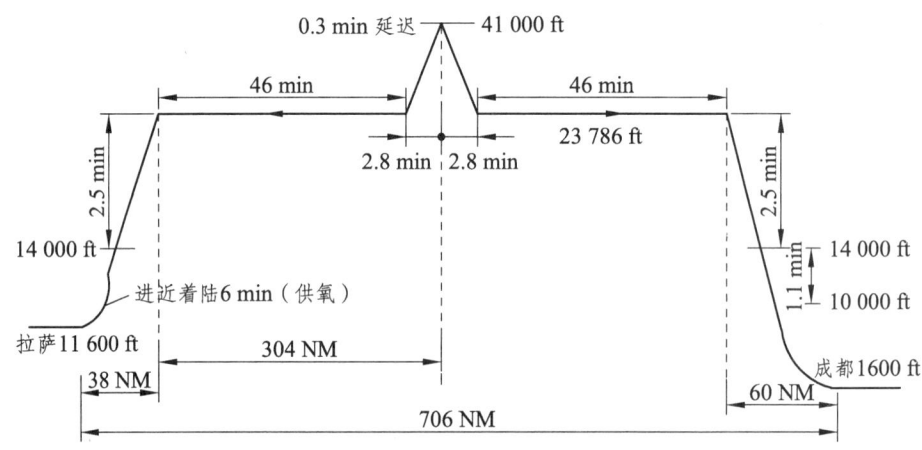

图 8.11 成都—拉萨航线的供氧时间确定

解： 释压点取在巡航段中点，距拉萨（706 – 60 – 38）/ 2 + 38 = 345（NM）。

设释压后经 0.3 min 延迟进入紧急下降，按 $M0.86/350$ KIAS，放出减速板，紧急下降规律，可计算出下降到 7250 m（23 786 ft）用的时间为 2.8 min。

在 7250 m 高度巡航的速度为 280 KCAS，对应的真空速为 397 kt，则巡航段的时间 = 304/397 = 0.766（h）= 46（min）。由 7250 m 下降到 14 000 ft 和 10 000 ft 的时间分别为 2.5 min 和 1.1 min，在拉萨机场进近和着陆的时间为 6 min（需要供氧）。

因此，在 10 000 ft 以上的释压后的总时间为

$$2.8 + 46 + 2.5 + 6 + 0.3 = 58 \text{（min）}$$

8.4.4 气体氧系统-驾驶舱氧气

当客舱氧气为气体氧系统时，确定机组氧气量必须分别计算保护氧气和补充氧气，然后比较这两个结果，取较大者作为所需机组氧气量。典型情况下，由于氧气罩 EMERG 挡位的高流量，保护氧气通常比补充氧气大。然而，在高原山区航路，由于地形限制需要在高高度长时间飞行，补充氧气量可能会超过保护氧气量。

表 8.6 给出了 B737-8/LEAP-1B27 机型（客舱气体氧系统）FCOM 中给出的机组氧气图表。其中 Table 1 为保护氧气量，它是在座舱高度 8000 ft、每人每分钟吸纯氧 20 L、15 min 的基础上，适当增加以考虑检查用氧及正常使用时的氧气泄漏所需的氧气量。

Table 2 为所需的补充氧气量。它覆盖了从释压后紧急下降、改平巡航、直到下降至 10 000 ft 这一期间，是按氧气面罩调节器放在 "Normal" 位，14 000 ft 改平巡航算出的。释压后总时间是从释压直到最后下降至 10 000 ft 总的飞行时间，不足 2 h 按 2 h 计算。不在 14 000 ft 改平，所需的额外氧气量可由 Table 3 来修正。这一额外氧气量只是在改平高度上氧气流量的增量，用改平高度上的巡航时间乘以这个增量就得到所需的额外氧气量，把此量加到 Table 2 查出的氧气量上就得到所需的总补充氧气量。

如果运营人计划在改平巡航段让机组吸纯氧（氧气面罩调节器放在 100% 位），则查 Table 3 时应使用括号中的数字。

表 8.6　B737-8 驾驶舱机组氧气需求

Flight Crew Requirements for Gaseous Passenger Oxygen System
Table 1 of 5

NUMBER OF CREW	OXYGEN REQUIRED (LITERS)
2	660
3	990
4	1320

Table 2 of 5

NUMBER OF CREW	OXYGEN REQUIRED FOR LEVEL OFF AT 14000 FT (LITERS)			
	TOTAL POST DECOMPRESSION TIME (HR)			
	2	3	4	5
2	660	960	1270	1570
3	980	1440	1900	2360
4	1310	1920	2530	3140

Table 3 of 5

NUMBER OF CREW	ADDITIONAL LITERS REQUIRED FOR EACH MINUTE HELD AT INTERMEDIATE ALTITUDE OTHER THAN 14000 FT				
	INTERMEDIATE PRESSURE ALTITUDE (FT)				
	UP TO 13999	14000	14001 TO 17999	18000 TO 21999	22000 TO 29000
	REGULATOR ON "NORMAL" OR (100%)				
2	0 (22)	0 (17)	1 (16)	3 (12)	6 (10)
3	0 (33)	0 (25)	2 (24)	5 (18)	8 (15)
4	0 (44)	0 (34)	2 (32)	6 (24)	11 (20)

For more extensive than normal crew usage, add 2.05 liters/person/minute for each crew member at 6000 ft cabin altitude when regulator setting is NORMAL or 13 liters/person/minute when regulator setting is 100%.

Instructions:
1. Determine protective breathing requirements from Table 1.
2. Determine supplemental requirements for level off at 14000 ft from Table 2 and correct for level off altitudes other than 14000 ft using Table 3.
3. Flight crew system oxygen requirement is the larger of protective breathing (Table 1) and supplemental breathing (Tables 2 and 3) requirements.

Flight Crew Requirements for Gaseous Passenger Oxygen System
Cylinder Volume to Pressure Conversion
Table 4(a) of 5: One 115 Cubic Ft. Cylinder

OXYGEN VOLUME (1000 LITERS)	CYLINDER PRESSURE AT 21°C (PSI)
0.1	200
0.3	300
0.5	400
0.7	500
0.8	600
1.0	700
1.2	800
1.4	900
1.5	1000
1.7	1100
1.9	1200
2.1	1300
2.2	1400
2.4	1500
2.6	1600
2.7	1700
2.9	1800
3.1	1900
3.3	2000

Check maximum pressure in shaded area. Maximum cylinder pressure is 1850 PSI at 21°C.
Adjust maximum cylinder pressure by +32 PSI/-32 PSI for every 5°C above/below 21°C.

Flight Crew Requirements for Gaseous Passenger Oxygen System
Table 5 of 5: Temperature Corrections

CYLINDER PRESSURE AT 21°C (PSI)	PRESSURE CORRECTION FOR EACH 5°C ABOVE/BELOW 21°C (PSI)
400	+7/-7
600	+11/-11
800	+14/-14
1000	+17/-17
1200	+21/-21
1400	+24/-24
1600	+28/-28
1800	+31/-31
2000	+34/-34

取保护氧气和补充氧气中的较大者作为机组氧气系统所需的总的氧气量，然后查 Table 4 转换成对应的氧气瓶压力，若需要，再使用 Table 5 进行温度修正。

8.4.5 性能剖面的确定

氧气剖面表示了化学氧系统能力的飞行剖面，并不表示飞机的性能能力能遵守这个剖面，为此，还必须建立性能剖面。性能剖面（应急下降剖面）是针对给定的重量、初始巡航高度和气象条件确定的，以距离为横坐标的飞行剖面。确定了各下降和平飞速度策略后，就可将以时间为横坐标的氧气剖面转换为以距离为横坐标的性能剖面。性能剖面与飞机性能有关，因此与机型有关。

计算性能剖面时，主要是确定各飞行段的速度策略，它一般是根据航空公司的具体实际和运行政策决定的，规章并没有做出明确的规定。

根据波音飞行机组训练手册（FCTM），紧急下降时以 M_{MO}/V_{MO} 进行，同时放出减速板。平飞段速度的选择有几项因素需要考虑：如果需要最大距离时，可以使用 M_{MO}/V_{MO}；然而，如果座舱释压是由飞机结构损坏导致，使用这个最大速度就不可能。FCTM 指出，如果怀疑结构破损，机组应限制飞行速度并避免高机动载荷。平飞中另外一个可以考虑的速度是紊流穿越速度，如果预期飞行中可能遭遇紊流，FCTM 推荐使用紊流穿越速度，在计算以距离为横坐标的性能剖面时，这一速度是保守的。

空客飞机计算性能剖面时，通常使用飞行距离最远的剖面，即基于以下假设：

下降阶段：以 M_{MO}/V_{MO} 进行紧急下降，如需要，可放出减速板以增大下降率。

平飞阶段：以最大速度巡航（不超过 V_{MO}）。假定飞机可以用 M_{MO}/V_{MO} 飞行，没有考虑由于结构破损、颠簸气流等需要用较小的速度飞行的情况。但同时指出，是否使用 M_{MO}/V_{MO} 飞行，并不是一个强制的标准。使用 M_{MO}/V_{MO} 平飞速度策略，12 min 和 22 min 化学氧系统的典型飞行距离为 100 NM 和 160 NM。

不同高度 M_{MO}/V_{MO} 对应的真空速是不同的，因此，平飞段的真空速（TAS）和下降段的平均真空速（TAS）一般使用性能软件计算得到。

图 8.12 和图 8.13 为波音 B737-700/7B24 机型在不同重量和高度下的最大速度巡航、下降参数表。使用性能软件 BPS/INFLT 计算得到，平飞巡航使用 $V_{MO}/M_{MO} = 340\text{ kt}/0.82$，最大巡航推力，ISA，静风。紧急下降使用 $V_{MO}/M_{MO} = 340\text{ kt}/0.82$，油门慢车，减速板升，ISA，静风。

PRESS ALT (1000 FT) (STD TAT)		WEIGHT (KG)									
		68	66	64	62	60	58	56	54	52	50
39 (−27)	%N1		94.6	94.4	94.4	94.4	93.7	92.1	91.0	90.0	89.2
	MAX TAT		−31	−30	−29	−29	−15	−11	−8	−6	−3
	KIAS		244	249	252	254	255	255	255	255	255
	MACH		.787	.802	.811	.817	.820	.820	.820	.820	.820
	FF/ENG		1315	1325	1334	1341	1310	1254	1210	1171	1135
	KTAS		452	460	465	469	470	470	470	470	470
37 (−26)	%N1	94.6	94.6	93.5	92.0	91.0	90.1	89.3	88.7	88.2	87.7
	MAX TAT	−29	−28	−14	−11	−8	−5	−3	−1	1	3
	KIAS	265	267	267	267	267	267	267	267	267	267
	MACH	.814	.819	.820	.820	.820	.820	.820	.820	.820	.820
	FF/ENG	1476	1483	1427	1371	1326	1286	1249	1215	1188	1164
	KTAS	467	470	470	470	470	470	470	470	470	470
35 (−23)	%N1	92.0	91.1	90.3	89.6	89.0	88.6	88.1	87.7	87.3	87.0
	MAX TAT	−8	−6	−3	−1	1	3	4	6	7	
	KIAS	279	279	279	279	279	279	279	279	279	279
	MACH	.820	.820	.820	.820	.820	.820	.820	.820	.820	.820
	FF/ENG	1495	1450	1411	1374	1340	1310	1285	1262	1243	1226
	KTAS	473	473	473	473	473	473	473	473	473	473
33 (−19)	%N1	90.1	89.6	89.2	88.8	88.4	88.0	87.7	87.5	87.2	87.0
	MAX TAT	0	2	4	6	7	8	10	11	12	12
	KIAS	292	292	292	292	292	292	292	292	292	292
	MACH	.820	.820	.820	.820	.820	.820	.820	.820	.820	.820
	FF/ENG	1507	1473	1444	1417	1394	1373	1356	1339	1325	1311
	KTAS	477	477	477	477	477	477	477	477	477	477
31 (−14)	%N1	89.3	88.9	88.6	88.3	88.1	87.9	87.6	87.4	87.2	87.1
	MAX TAT	6	8	9	10	11	12	13	14	15	15
	KIAS	306	306	306	306	306	306	306	306	306	306
	MACH	.820	.820	.820	.820	.820	.820	.820	.820	.820	.820
	FF/ENG	1554	1530	1509	1491	1475	1459	1445	1431	1419	1407
	KTAS	481	481	481	481	481	481	481	481	481	481

```
               %N1      88.9   88.7   88.4   88.2   88.0   87.8   87.7   87.5   87.4   87.2
               MAX TAT   11     12     13     14     15     16     17     17     18     18
    29         KIAS     319    319    319    319    319    319    319    319    319    319
   (-10)       MACH    .820   .820   .820   .820   .820   .820   .820   .820   .820   .820
               FF/ENG  1630   1613   1597   1582   1568   1555   1543   1533   1523   1514
               KTAS     485    485    485    485    485    485    485    485    485    485

               %N1      86.9   86.8   86.6   86.5   86.4   86.3   86.2   86.1   86.1   86.0
               MAX TAT   24     25     25     26     26     26     27     27     27     27
    25         KIAS     340    340    340    340    340    340    340    340    340    340
   ( -4)       MACH    .805   .805   .805   .805   .805   .805   .805   .805   .805   .805
               FF/ENG  1703   1692   1683   1674   1667   1661   1655   1650   1646   1642
               KTAS     485    485    485    485    485    485    485    485    485    485

               %N1      80.3   80.2   80.1   79.9   79.8   79.7   79.6   79.5   79.4   79.3
               MAX TAT
    17         KIAS     340    340    340    340    340    340    340    340    340    340
   (  6)       MACH    .694   .694   .694   .694   .694   .694   .694   .694   .694   .694
               FF/ENG  1681   1672   1664   1655   1647   1640   1633   1627   1622   1617
               KTAS     431    431    431    431    431    431    431    431    431    431

               %N1      78.2   78.1   77.9   77.8   77.7   77.6   77.5   77.4   77.3   77.2
               MAX TAT
    14         KIAS     340    340    340    340    340    340    340    340    340    340
   ( 10)       MACH    .657   .657   .657   .657   .657   .657   .657   .657   .657   .657
               FF/ENG  1692   1684   1675   1666   1658   1651   1644   1638   1633   1628
               KTAS     413    413    413    413    413    413    413    413    413    413
```

图 8.12　B737-700/7B24 最大速度（340 kt/M 0.82）巡航参数（ISA，静风）

```
737-700                           CFM56-7B24/26                         CONFIG 06      REPORT VERSION = 3.10
 UNITS FOR INPUT VARIABLES:        UNITS FOR ALTITUDE ARE: FT            UNITS FOR RATE OF CLIMB ARE: FPM
                                   UNITS FOR WEIGHT ARE: KG              UNITS FOR TEMPERATURE ARE: C
 SPEED SCHEDULE IS: 0.82 MACH / 340 CAS - WITH 300.KCAS RESTRICTION BELOW 10000 FT DECELERATION ALT:12000 FT
 VREF INCREMENT VALUE =   0.000                                          DO CABIN PRESSURIZATION: NO
 TOP OF DESCENT ALTITUDE: 41000 FT APPROACH ALTITUDE IS: 1500 FT         LANDING ALTITUDE IS: 0
 VMO/MMO LIMIT = YES               INCLUDE APU FUEL FLOW: NO             OPTION TABLES USED:  NONE

 CONFIG06     DESCENT CHART FOR 737-700      AIRPLANE WITH CFM56-7B24/26     ENGINES
 0.82/340/300   WIND  0 KTS   ISA +0 DEGREES C

           PRESSURE  UNITS                          TOP OF DESCENT WEIGHT - KG
           ALTITUDE  MIN/KG
              FT     NAM/KNOTS   68000      66000      64000      62000      60000      58000      56000      54000

            39000   TIME/FUEL  18.4/ 235  18.1/ 231  17.8/ 226  17.6/ 222  17.2/ 217  16.9/ 213  16.6/ 208  16.3/ 204
                    DIST/TAS    106/406    104/406    103/406    101/406     99/406     97/406     94/406     92/406

            37000   TIME/FUEL  17.8/ 232  17.5/ 228  17.2/ 223  17.0/ 219  16.7/ 214  16.3/ 210  16.0/ 205  15.7/ 201
                    DIST/TAS    102/403    100/403     98/403     96/403     94/403     92/403     90/403     87/403

            35000   TIME/FUEL  17.2/ 230  17.0/ 225  16.7/ 221  16.4/ 216  16.1/ 212  15.8/ 207  15.5/ 203  15.1/ 198
                    DIST/TAS     97/401     95/401     94/400     92/400     90/400     88/400     85/400     83/400

            33000   TIME/FUEL  16.7/ 227  16.4/ 223  16.1/ 218  15.9/ 214  15.6/ 209  15.3/ 205  15.0/ 200  14.6/ 196
                    DIST/TAS     93/398     91/397     89/397     88/397     86/397     83/397     81/397     79/397

            31000   TIME/FUEL  16.2/ 225  15.9/ 220  15.6/ 216  15.4/ 211  15.1/ 207  14.8/ 202  14.5/ 198  14.2/ 194
                    DIST/TAS     89/394     87/394     85/394     84/394     82/394     80/393     78/393     76/393

            29000   TIME/FUEL  15.7/ 222  15.4/ 218  15.2/ 213  14.9/ 209  14.6/ 204  14.3/ 200  14.0/ 196  13.7/ 191
                    DIST/TAS     85/390     83/390     82/390     80/390     78/390     76/390     74/389     72/389

            25000   TIME/FUEL  14.7/ 217  14.4/ 212  14.2/ 208  14.0/ 204  13.7/ 199  13.4/ 195  13.2/ 191  12.9/ 187
                    DIST/TAS     77/381     75/381     74/381     72/381     71/381     69/380     67/380     65/380

            17000   TIME/FUEL  11.9/ 198  11.7/ 194  11.5/ 191  11.4/ 187  11.2/ 183  11.0/ 179  10.8/ 176  10.6/ 172
                    DIST/TAS     55/355     54/354     53/354     52/354     51/354     50/354     49/354     48/354

            14000   TIME/FUEL  10.8/ 188  10.6/ 185  10.5/ 181  10.3/ 177  10.2/ 174  10.0/ 170   9.9/ 167   9.7/ 164
                    DIST/TAS     48/344     47/344     46/344     45/344     44/343     44/343     43/343     42/343

            10000   TIME/FUEL   8.6/ 166   8.5/ 163   8.4/ 160   8.3/ 156   8.2/ 153   8.1/ 151   8.0/ 148   7.9/ 145
                    DIST/TAS     34/236     33/235     33/234     32/233     32/232     31/231     31/229     30/228
```

图 8.13　B737-700/7B24 最大速度（340 kt/M 0.82）下降参数（ISA，静风，减速板升）

图 8.14 ~ 图 8.16 为空客 A319-112/5B6 机型在不同重量和高度下的最大速度巡航、下降参数表。使用性能软件 PEP/IFP 计算得到，平飞巡航使用 $V_{MO}/M_{MO} = 350$ kt/0.82 最大巡航推力，ISA，静风。紧急下降使用 $V_{MO}/M_{MO} = 350$ kt/0.82，油门慢车，减速板升，ISA，静风。

```
ISA  0 Wind                VMO 350 KT        EGT(C)   MACH
CLEAN CONFIGURATION        MMO 0.82M         N1(%)    IAS
NORMAL AIR CONDITIONING                      KG/H/ENG TAS
ANTI ICE OFF                                 NM/1000KG
```

WEIGHT (1000KG)	FL140	FL180	FL250	FL290	FL310	FL330	FL350	FL370	FL390
56	553 .676 75.6 350 1704 425 124.7	566 .726 78.5 350 1680 450 133.8	618 .820 85.0 347 1836 494 134.4	600 .820 84.4 319 1573 485 154.3	593 .820 84.3 306 1461 481 164.7	588 .820 84.1 292 1298 477 174.8	588 .820 84.3 279 1265 473 182.1	599 .820 85.3 267 1183 470 185.8	607 .812 86.0 252 1183 466 196.9
58	554 .676 75.8 350 1710 425 124.2	567 .726 78.6 350 1686 450 133.4	619 .820 85.1 347 1844 494 133.9	602 .820 84.6 319 1584 485 153.2	596 .820 84.4 306 1474 481 163.2	592 .820 84.2 292 1383 477 172.4	594 .820 84.8 279 1328 473 178.0	607 .820 86.0 267 1304 470 180.4	607 .808 86.0 251 1181 463 196.2
60	555 .676 75.9 350 1717 425 123.7	568 .726 78.8 350 1693 450 132.9	620 .820 85.2 347 1852 494 133.2	604 .820 84.7 319 1595 485 152.1	598 .820 84.5 306 1488 481 161.6	597 .820 84.7 292 1406 477 169.6	600 .820 85.2 279 1358 473 174.0	609 .817 86.4 266 1311 469 178.7	607 .803 86.0 249 1178 460 195.4
62	556 .676 76.0 350 1724 425 123.2	569 .726 78.9 350 1701 450 132.2	621 .820 85.3 347 1862 494 132.6	606 .820 84.9 319 1607 485 151.0	600 .820 84.8 306 1504 481 160.0	602 .820 85.1 292 1435 477 166.1	607 .820 85.7 279 1395 473 169.4	609 .813 86.2 265 1309 467 178.2	607 .795 86.1 246 1175 456 194.1
64	557 .676 76.1 350 1731 425 122.7	570 .726 79.0 350 1709 450 131.6	622 .820 85.4 347 1871 494 131.9	608 .820 85.1 319 1620 485 149.8	605 .820 85.1 306 1524 481 157.9	607 .820 85.5 292 1465 477 162.8	614 .820 86.4 279 1434 473 164.8	609 .810 86.2 263 1307 465 177.7	607 .784 86.1 242 1171 450 192.1
66	558 .676 76.2 350 1739 425 122.2	571 .726 79.1 350 1718 450 130.9	624 .820 85.6 347 1881 494 131.2	611 .820 85.3 319 1635 485 148.4	609 .820 85.3 306 1547 481 155.5	612 .820 85.9 292 1433 477 159.4	614 .820 86.4 278 1471 473 164.2	609 .817 86.2 261 1304 462 177.0	606 .756 86.3 233 1158 433 187.1
68	559 .676 76.4 350 1746 425 121.6	572 .726 79.3 350 1728 450 130.1	625 .820 85.7 347 1891 494 130.5	614 .820 85.4 319 1651 485 147.0	614 .820 85.5 306 1577 481 152.5	619 .820 86.2 292 1534 477 155.5	614 .820 86.4 277 1432 469 163.7	609 .813 86.2 260 1302 459 176.2	

图 8.14　A319-112/5B6 最大速度（350 kt/M 0.82）巡航参数（ISA，静风）

```
M0.82/350KT              ISA                    100% OF IDLE POWER
CG POSITION 27.0 %       SLAT UP FLAP UP        NORMAL AIR CONDITIONING
WITHOUT ANTI ICING       AIRBRAKES EXTENDED
```

WEIGHT (1000KG)		68				66				64			IAS (KT)
FL	TIME (MIN)	FUEL (KG)	DIST. (NM)	N1	TIME (MIN)	FUEL (KG)	DIST. (NM)	N1	TIME (MIN)	FUEL (KG)	DIST. (NM)	N1	
390	5.8	58	44	IDLE	5.7	57	44	IDLE	5.6	55	43	IDLE	255
370	5.4	56	41	IDLE	5.3	54	40	IDLE	5.2	53	39	IDLE	267
350	5.0	53	38	IDLE	4.9	52	37	IDLE	4.8	51	36	IDLE	279
330	4.7	51	35	IDLE	4.6	50	34	IDLE	4.4	49	34	IDLE	292
310	4.3	49	33	IDLE	4.2	48	32	IDLE	4.1	47	31	IDLE	306
290	4.0	47	30	IDLE	3.9	46	29	IDLE	3.8	45	28	IDLE	319
250	3.4	43	25	IDLE	3.3	42	25	IDLE	3.2	41	24	IDLE	347
180	1.9	28	13	IDLE	1.9	27	13	IDLE	1.8	26	13	IDLE	350
140	1.0	14	7	IDLE	0.9	13	6	IDLE	0.9	13	6	IDLE	350
100	0.0	0	0	IDLE	0.0	0	0	IDLE	0.0	0	0	IDLE	350

WEIGHT (1000KG)		62				60				58			IAS (KT)
FL	TIME (MIN)	FUEL (KG)	DIST. (NM)	N1	TIME (MIN)	FUEL (KG)	DIST. (NM)	N1	TIME (MIN)	FUEL (KG)	DIST. (NM)	N1	
390	5.5	54	42	IDLE	5.4	53	41	IDLE	5.2	51	40	IDLE	255
370	5.1	52	39	IDLE	4.9	50	38	IDLE	4.8	49	37	IDLE	267
350	4.7	49	36	IDLE	4.6	48	35	IDLE	4.4	47	34	IDLE	279
330	4.3	47	33	IDLE	4.2	46	32	IDLE	4.1	45	31	IDLE	292
310	4.0	45	30	IDLE	3.9	44	29	IDLE	3.8	43	28	IDLE	306
290	3.7	44	28	IDLE	3.6	42	27	IDLE	3.5	41	26	IDLE	319
250	3.1	40	23	IDLE	3.0	39	23	IDLE	3.0	38	22	IDLE	347
180	1.8	26	12	IDLE	1.7	25	12	IDLE	1.6	24	12	IDLE	350
140	0.9	13	6	IDLE	0.9	12	6	IDLE	0.8	12	6	IDLE	350
100	0.0	0	0	IDLE	0.0	0	0	IDLE	0.0	0	0	IDLE	350

WEIGHT (1000KG)		56				54			IAS (KT)
FL	TIME (MIN)	FUEL (KG)	DIST. (NM)	N1	TIME (MIN)	FUEL (KG)	DIST. (NM)	N1	
390	5.1	50	39	IDLE	5.0	48	38	IDLE	255
370	4.7	47	36	IDLE	4.6	46	35	IDLE	267
350	4.3	45	33	IDLE	4.2	44	32	IDLE	279
330	4.0	43	30	IDLE	3.9	42	29	IDLE	292
310	3.7	42	28	IDLE	3.6	40	27	IDLE	306
290	3.4	40	25	IDLE	3.3	38	24	IDLE	319
250	2.9	37	21	IDLE	2.8	35	20	IDLE	347
180	1.6	23	11	IDLE	1.5	22	11	IDLE	350
140	0.8	11	5	IDLE	0.8	11	5	IDLE	350
100	0.0	0	0	IDLE	0.0	0	0	IDLE	350

图 8.15　A319-112/5B6 最大速度（350 kt/M 0.82）下降参数（ISA，静风，减速板升）

使用下降性能表时，需要将起始下降高度参数与终止下降高度参数相减，得到从起始下降高度紧急下降至终止下降高度的参数。下降段真空速使用平均真空速。

使用这样的性能数据，通过真空速乘以氧气剖面上各段的时间，可以将时间为横坐标的氧气剖面转化为距离为横坐标的性能剖面，如图 8.16 所示。然后才可以和同样以距离为横坐标的地形剖面进行对比，以判断是否满足越障要求。

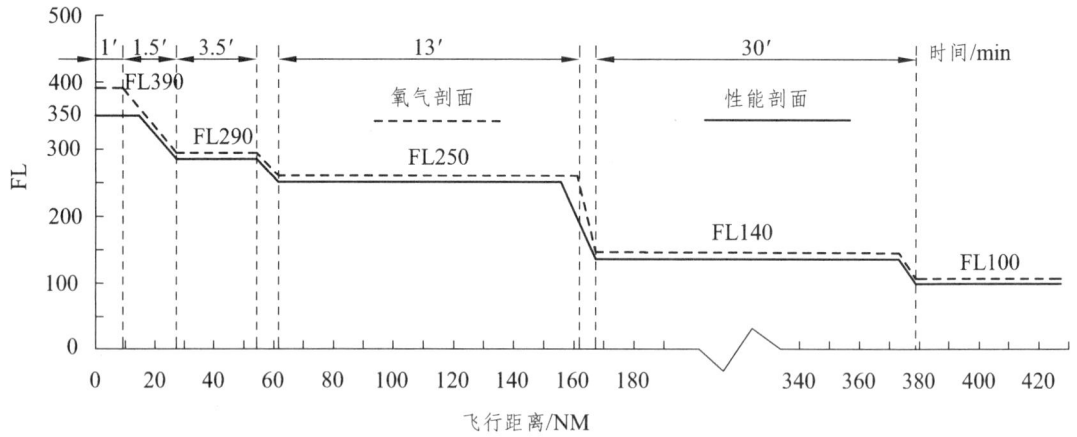

图 8.16 氧气剖面乘以速度转化为性能剖面

【例 8.2】 已知 A330-200 机型 22 min 化学氧氧气剖面，如图 8.17 所示。在某一高原航段，飞机在该关键航段起点处重量 202 t，飞行高度 37 000 ft，以保守条件考虑的风速为顺风 40 kt。试将其氧气剖面转换成性能剖面。

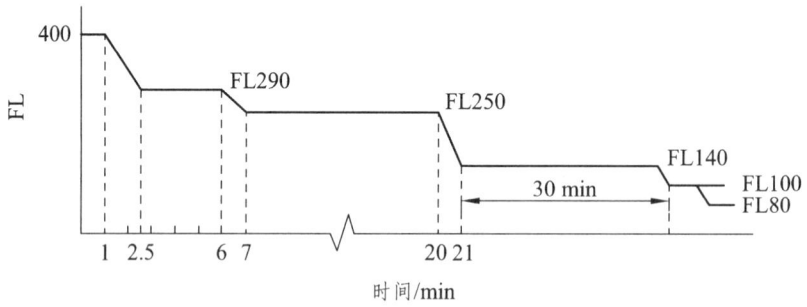

图 8.17 A330-200 22 min 化学氧氧气剖面

解：以空客推荐速度策略进行，即放减速板以 M_{MO}/V_{MO} 进行紧急下降，平飞段以最大速度巡航（不超过 V_{MO}）。

首先，使用空客 PEP/IFP 软件计算 A330-200 飞机各高度平飞的最大速度（TAS），以及以最大速度紧急下降的平均真空速（TAS）和下降时间，得到表 8.7 所示的数据。

进一步，使用下降段时间和氧气剖面给出的各段最大允许时间，可以计算得到各平飞段的飞行时间，考虑风速后可得到各段飞行的地速，进而得到各段的地面飞行距离。经过这一思路进一步计算后的表格如表 8.8 所示。

表 8.7　A330 在不同高度平飞巡航和下降的性能数据

开始高度/ft	结束高度/ft	真空速/kt	时间/s
37 000	37 000	485	
37 000	29 000	496	0.93
29 000	29 000	500	
29 000	25 000	484	0.73
25 000	25 000	471	
25 000	14 000	430	2.2
14 000	14 000	401	
14 000	10 000	390	0.86
10 000	10 000	379	

表 8.8　A330-200 基于氧气剖面限制下的性能剖面数据

开始高度/ft	结束高度/ft	真空速/kt	时间/min	地速/kt	地面距离/NM
37 000	37 000	485	1.57	525	13.7
37 000	29 000	496	0.93	536	8.3
29 000	29 000	500	3.5	540	31.5
29 000	25 000	484	0.73	524	6.3
25 000	25 000	471	12.07	511	102.7
25 000	14 000	430	2.2	470	17.2
14 000	14 000	401	29.13	441	214.1
14 000	10 000	390	0.87	426	6.1
10 000	10 000	379	5	419	34.9

利用表 8.8 所示的数据可绘制得到以距离为横坐标的性能下降剖面，以该剖面下降，满足氧气剖面的各项要求，如图 8.18 所示。

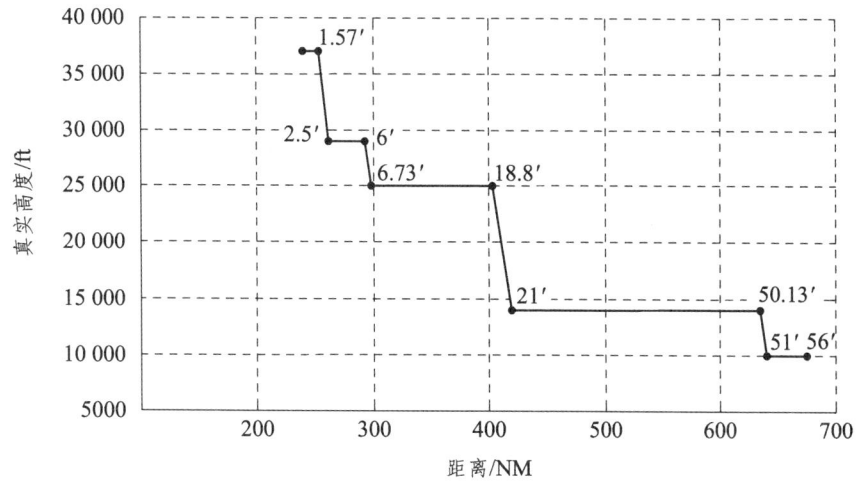

图 8.18　A330-200 满足 22 min 化学氧气剖面的性能下降剖面

【例 8.3】 已知 A340-600 机型，客舱有旅客座位 380 个（其中 12 个头等舱，54 个公务舱，314 个经济舱），乘务员座位 14 个，共有氧气面罩 432 个（380×110%＋14）。客舱布局如图 8.19 所示。

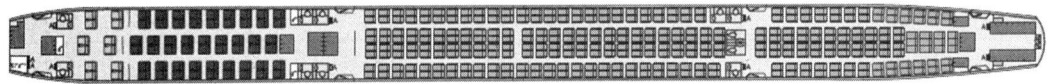

图 8.19　A340-600 客舱座位布局（12 头等舱/54 公务舱/314 经济舱）

该机型安装有由复合材料制造的高压氧气瓶组构成的客舱气体氧系统，每个氧气瓶在 1850 psi 压力和标准温度气压干气体（Normal Temperature Pressure Dry，NTPD）条件下的有效氧气容积为 2902 L（102.483 ft^3）。气体氧系统供给每个氧气面罩的氧气流量随座舱高度而变化，如表 8.9 和图 8.20 所示。

表 8.9　A340-600 客舱气体氧系统单个氧气面罩流量随高度的变化关系

座舱高度/ft	氧气面罩流量/（L/min）	座舱高度/ft	氧气面罩流量/（L/min）
10 000	0	26 000	2.603
11 000	0.702	27 000	2.733
12 000	0.725	28 000	2.859
13 000	0.747	29 000	2.982
14 000	0.769	30 000	3.100
15 000	0.851	31 000	3.213
16 000	1.034	32 000	3.323
17 000	1.211	33 000	3.429
18 000	1.383	34 000	3.531
19 000	1.555	35 000	3.630
20 000	1.711	36 000	3.726
21 000	1.873	37 000	3.817
22 000	2.029	38 000	3.905
23 000	2.180	39 000	3.989
24 000	2.326	40 000	4.070
25 000	2.468		

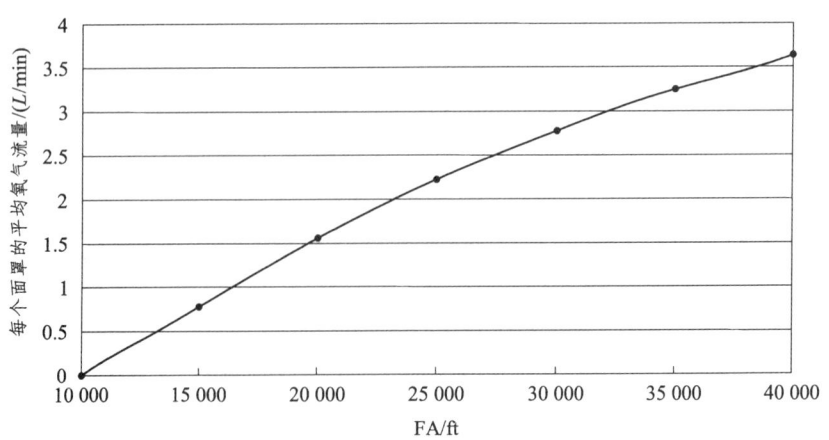

图 8.20　A340-600 客舱气体氧系统氧气面罩流量随高度的变化关系

飞机在某高原航路关键航段，起始重量 335 t，飞行高度 33 500 ft，已经确定座舱失压后由地形限制的性能下降剖面如表 8.10 所示。该关键航段上，以保守条件考虑的风速为逆风 20 kt。

试确定该下降剖面所需的总氧气量和所需氧气瓶数。

表 8.10　A340-600 受地形限制的下降剖面

开始高度/ft	结束高度/ft	真空速/kt	时间/min
33 500	33 500	495	1
33 500	21 000	477	2.55
21 000	21 000	444	8.5
21 000	19 000	440	0.49
19 000	19 000	431	30
19 000	15 000	417	1.02
15 000	15 000	407	38.7
15 000	10 000	393	1.31
10 000	10 000	379	2

解：以空客推荐速度策略进行，即放减速板以 M_{MO}/V_{MO} 进行紧急下降，平飞段以最大速度巡航（不超过 V_{MO}）。

利用表 8.10，可插值计算得到平飞和下降时的每个氧气面罩的氧气流量。其中，在高度（14 000，15 000]之间，需要给 30% 的旅客供氧，相当于需要该高度面罩氧气流量的 30%；在高度（10 000，14 000]之间，需要给 10% 的旅客供氧，相当于需要该高度面罩氧气流量的 10%。表 8.11 中"每个面罩氧气流量（L/min）"列中的数据即是按照这一方法处理的。最后，可计算得到表 8.11 所示的数据。

表 8.11　A340-600 按地形限制下降剖面飞行的所需氧气数据

开始高度/ft	结束高度/ft	真空速/kt	时间/min	地速/kt	地面距离/NM	每个面罩氧气流量/（L/min）	氧气容积/L
33 500	33 500	495	1	475	7.9	3.48	1503
33 500	21 000	477	2.55	457	19.4	2.764 5	3045
21 000	21 000	444	8.5	424	60	1.873	6877
21 000	19 000	440	0.49	420	3.4	1.711	362
19 000	19 000	431	30	411	205.5	1.555	20 152
19 000	15 000	417	1.02	397	6.7	1.211	533
15 000	15 000	407	38.7	387	249.6	0.255 3	4268
15 000	10 000	393	1.31	373	8.1	0.073 6	41
10 000	10 000	379	2	359	11.9	0	0

最后一列"氧气容积"的总和为 36 781 L，按 1850 psi 的放行氧气瓶压力对应的单个氧气瓶有效容积 2902 L 计算，共需要 13 个氧气瓶。

8.4.6 性能剖面与地形剖面的比较

确定性能剖面和航路地形剖面后，需要将两个剖面曲线在同一坐标上进行比较。在满足总航迹 2000 ft 越障的前提下，确定航路临界点及其经纬度，并最终制定释压应急下降程序。

空客的 TIP 软件可以帮助进行这项工作。图 8.21 显示了 A330 化学氧系统机型使用该软件生成性能剖面的一个界面。在图中上部的表格中，"Final Alt""TAS""Time"为手工输入，其余参数为软件自动计算得出。和飘降分析一样，在对比中，可通过平移性能剖面曲线，寻找并确定临界点，从而减少量大量手工作业。

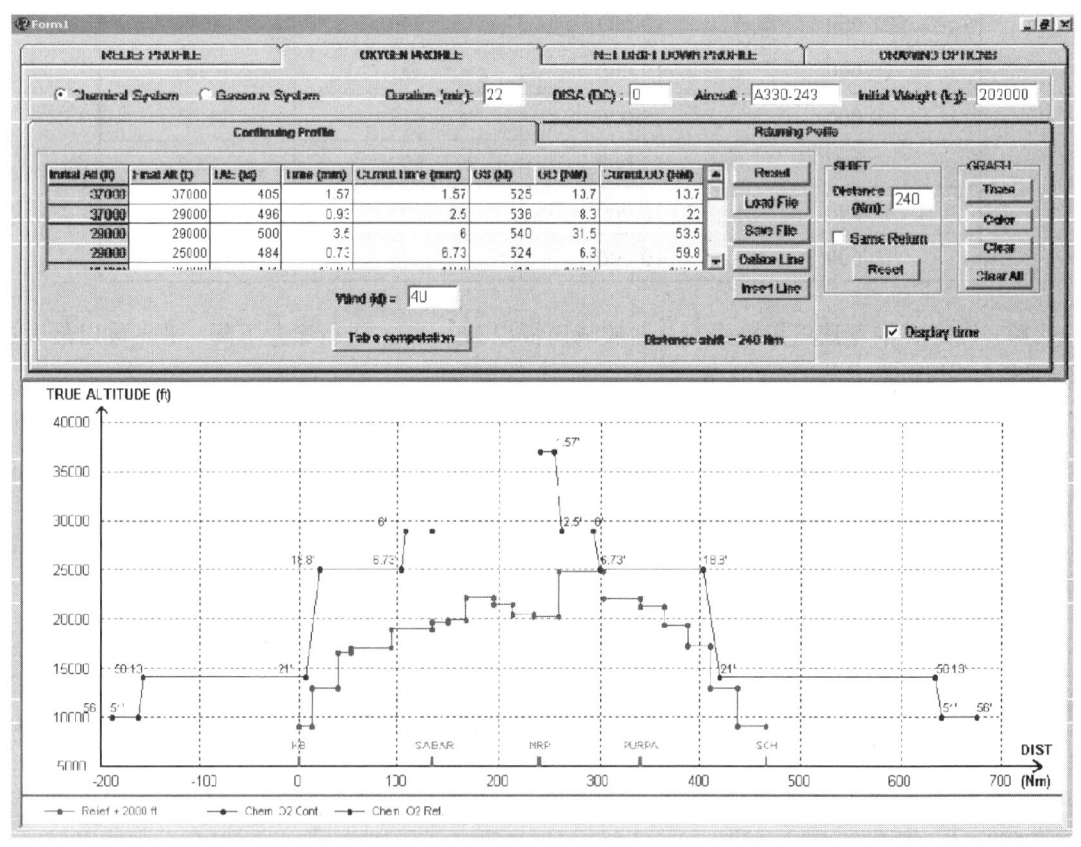

图 8.21 空客 TIP 软件中用于供氧分析的界面

8.4.7 其他注意事项

在计算巡航速度和时间时可按标准大气、无风计算。因为释压可能发生在航路中的任何一点，所以假定释压点在航路中点附近，即等时点（ETP）。从等时点释压后返航或继续飞向目的地机场的时间相同。航路风只改变等时点的位置，而对释压后飞至 10 000 ft 所需的时间没有影响。

如果取的航路温度高，则真空速大，计算出的供氧时间偏短。一般可按比较保守的情况，即 ISA 大气条件计算。如果航路冬季 85% 可靠性气温低于 ISA，也可以按航路冬季 85% 可靠性气温计算。

客舱化学氧系统和气体氧系统的航路供氧分析建议流程如图 8.22 和图 8.23 所示。

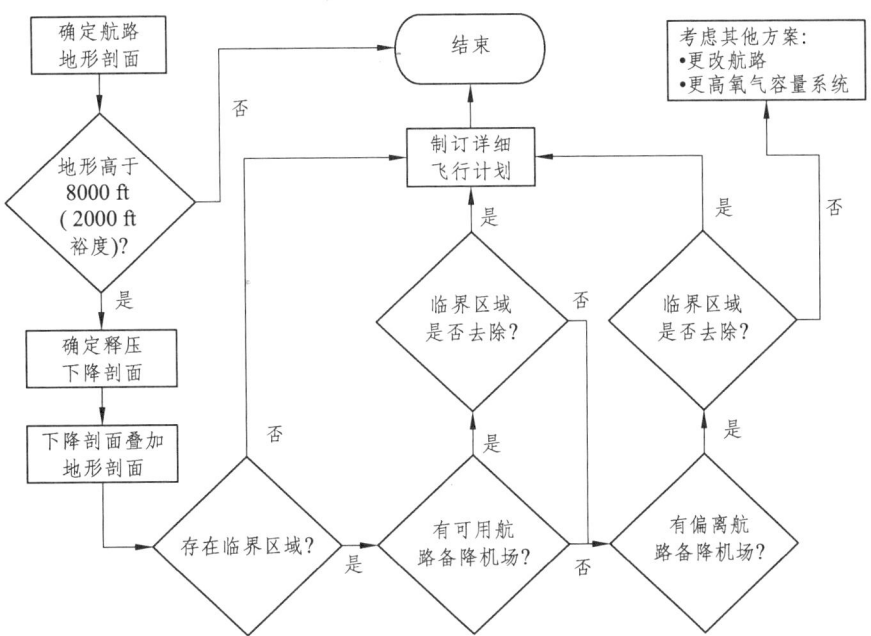

图 8.22　客舱化学氧系统供氧分析一般流程

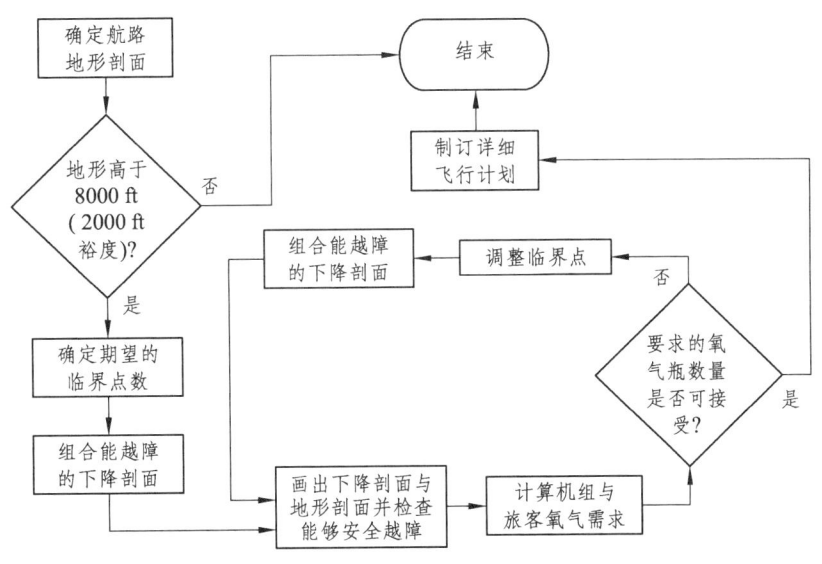

图 8.23　客舱气体氧系统供氧分析一般流程

在分别考虑座舱释压和发动机故障的时候，确定的关键点和逃离路线可能是不同的。例如，在考虑座舱释压情况时临界点可能是等时点（无风时则近似在巡航段中点）；而研究发动机故障时关键点可能是航路上障碍物最高的那个点。确定不同航路故障情况下的关键点和逃离路线，可能使结果复杂化，这会加重机组的负担并增加了出错的风险。

因此，在可能的情况下，不管是什么系统故障，最好确定相同的临界点和相同的逃离路线，以减少机组的反应时间和出错的风险。在这种情况下，航路分析（飘降分析和供氧分析）给出的结果常常基于代价最大的下降剖面，如图 8.24 所示。

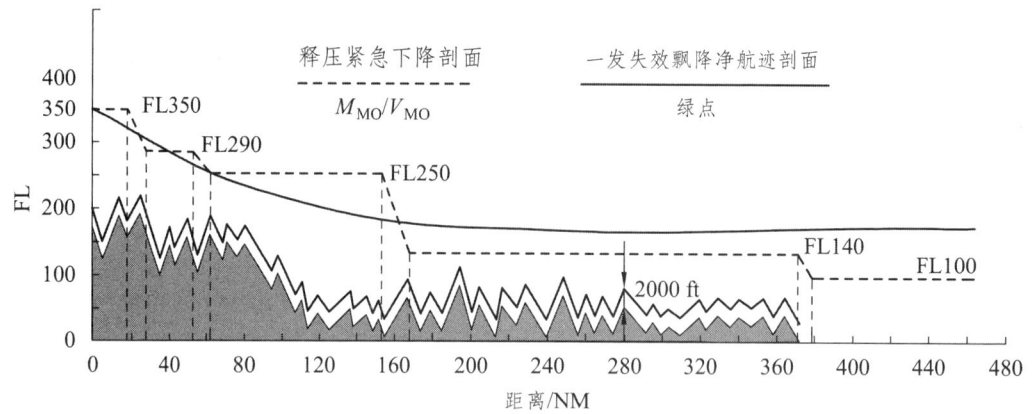

图 8.24　相同的临界点释压剖面和一发失效剖面

实际进行中，结合前章讲授的内容，可首先进行发动机故障后的飘降越障分析，确定返航点、继续点、逃离路线，然后再针对返航、继续或逃离路线研究氧气供应是否足够的问题。

对于非 ETOPS 运行，按全发工作来计算所需氧气量，巡航速度可取 LRC 速度，巡航高度取地形标高（对应的气压高度）+ 2000 ft。对于 ETOPS 运行，要按两种情况计算氧气量：

① 按全发工作、选取的全发速度（如 LRC 速度）巡航来计算所需氧气量；

② 按一发失效的改航速度（即批准的一发失效巡航速度）计算所需氧气量，巡航高度取按净航迹等于地形标高（对应的气压高度）+ 2000 ft 对应的总航迹高度。所需氧气量取两种情况的较大者。

8.5　航路供氧分析算例

对于用氧气瓶供氧的气体氧系统，是根据地形确定释压后的巡航高度、时间，计算所需氧气量，确定最小氧气瓶放行压力。如果超过允许的最大瓶压，应该加装氧气瓶。对于用氧气发生器供氧的化学氧系统，此时能供氧的时间是一定的，这时要根据地形确定释压后的巡航高度、时间，即确定飞行剖面，看能否为化学氧系统所允许，如不能允许，应该考虑改变路线。

使用前章航路越障分析中使用的相同的航路和机型为算例，在客舱化学氧系统情况下，对南美巴拿马城（Panama City）到布宜诺斯艾利斯（Buenos Aires）高原航线（见图 8.25）进行供氧分析。

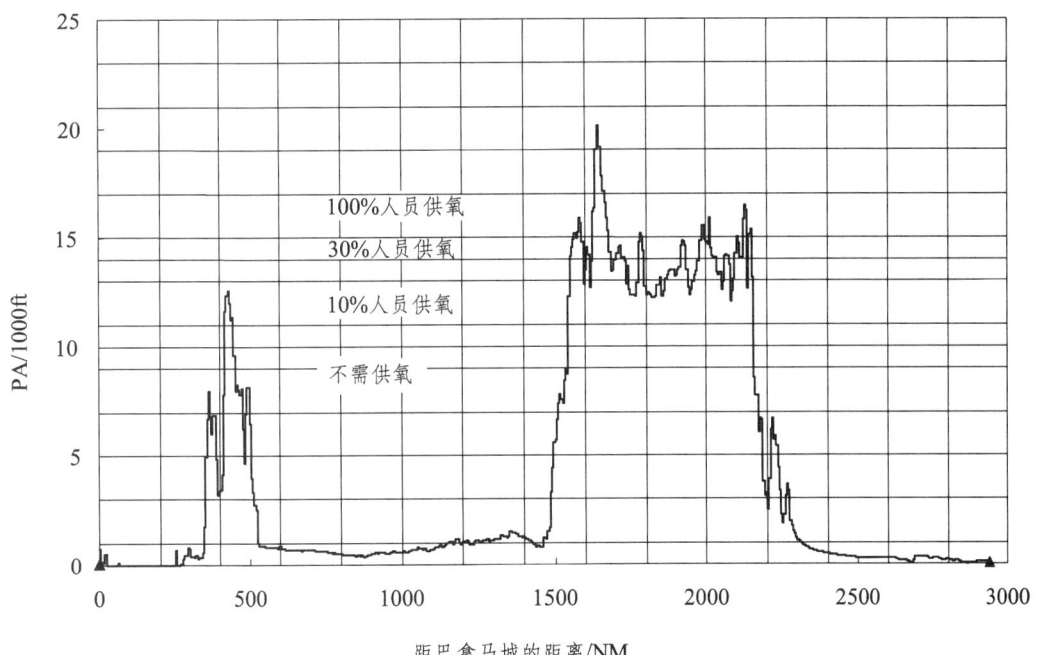

图 8.25 巴拿马城到布宜诺斯艾利斯航路地形剖面

8.5.1 地形剖面与性能剖面的确定

和前面分析一样，为简化起见，认为压力高度等于真实高度（几何高度）。

B737-700 机型的 12 min 和 22 min 氧气剖面被转换为横坐标为距离的性能剖面（见图 8.26），其中转化条件为：下降速度使用 V_{MO}/M_{MO}，下降中打开减速板，10 000 ft 改平后的速度为 LRC。标准大气，静风，初始巡航高度 FL350，开始下降时的延时为 20 s。

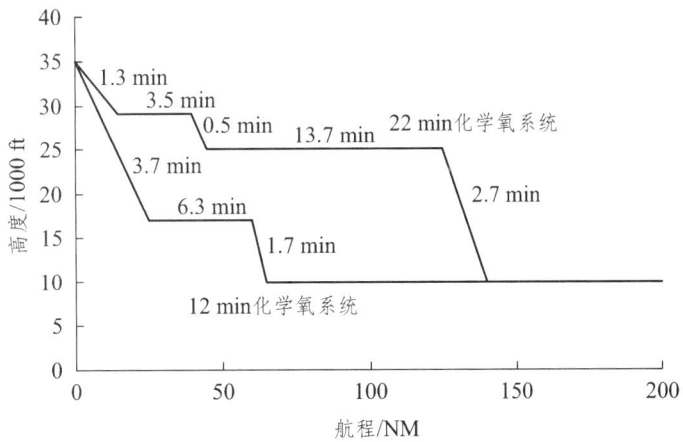

图 8.26 B737-700 机型氧气剖面对应的最大性能剖面

8.5.2 12 min 化学氧系统的供氧分析

首先，使用 12 min 的化学氧系统对第一个山峰进行供氧分析。将以距离为横坐标表示的供氧剖面画在地形图上，可以得到如下两个点（见图 8.27），过了第一个点发生航路释压，则备降至航路备降机场伊基托斯（Lquitos），在没有到达第二个点时发生释压，则返回航路备降机场卡利（Cali）。因此可以得出结论：12 min 的化学氧系统在第一个山峰可以满足释压后的规章供氧要求。

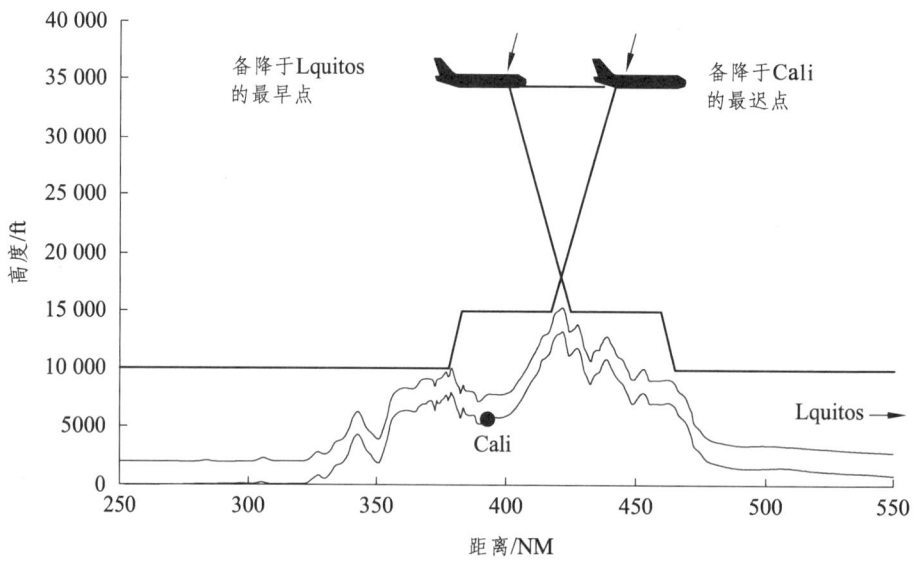

图 8.27　12 min 化学氧系统在第一个山峰的供氧分析

使用 12 min 的化学氧系统对第二个山峰进行供氧分析。对第二个山峰使用 12 min 的化学氧系统进行供氧分析后可以发现，在该区域存在一段航路，在这段航路内任意一点，如果发生座舱释压，飞机将不能在 12 min 的氧气剖面限制下完成越障（见图 8.28）。因此，使用 12 min 的化学氧系统在第二个山峰区域不能满足释压后的规章供氧要求。

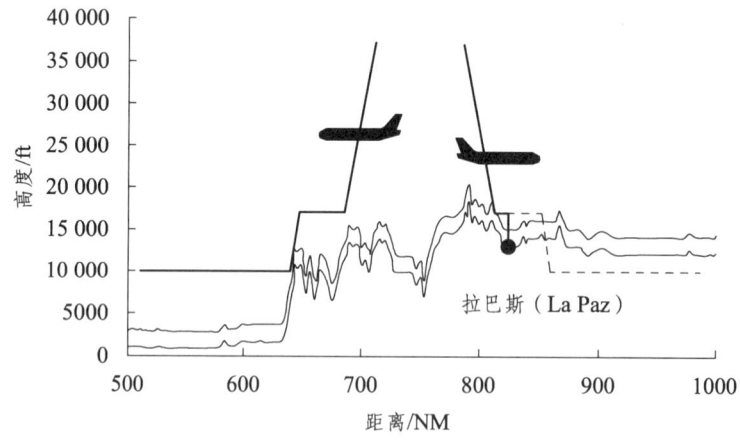

图 8.28　12 min 化学氧系统不能在第二个山峰满足越障要求

这种情况下，可以采用的措施有：

（1）对限制地形区域进行详细分析，以确定能否在避开障碍物的情况下，下降至 10 000 ft。

（2）考虑在偏离航路的备降机场上进行备降。

（3）确定一个不同的飞行计划和航路以避开障碍物。

（4）考虑使用 22 min 化学氧系统。

（5）增加机载便携氧气瓶，以增加供氧时间，同时仍然满足法定供氧需求。

下面考虑改装 22 min 的化学氧系统的方法。由于 12 min 化学氧系统已能满足第一山峰的越障要求，因此，这里只需对第二山峰进行分析。

8.5.3 22 min 化学氧系统的供氧分析

1. 确定第一临界点

首先，在航路上飞近第二山峰的区域，确定第一临界点，从该点开始的，以距离为横坐标的 22 min 氧气剖面能够满足 2000 ft 越障要求至拉巴斯（La Paz）机场（见图 8.29）。

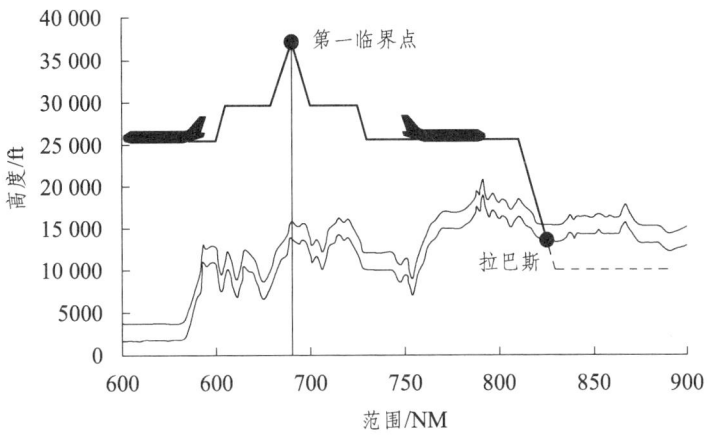

图 8.29 22 min 化学氧系统第一临界点

以第一临界点划分，没到该点发生座舱释压，飞机回飞至航路备降机场 Lquitos；过该点后发生座舱释压，则继续前飞至航路备降机场 La Paz 降落。

2. 确定第二临界点

在飞越第一临界点之后，在航路上确定第二临界点。在第二临界点，以距离为横坐标的 22 min 氧气剖面能够满足 2000 ft 越障要求回飞至 La Paz 机场，如图 8.30（a）所示。即过第二临界点后，氧气系统将不允许飞机飞回至航路备降机场 La Paz 降落。

然而，在第二临界点后的预定航迹上，在 22 min 化学氧系统的飞行距离内，没有备降机场。因此过该点后，须确定是否存在其他偏离航路的备降机场，并在飞机的 22 min 化学氧系统的飞行距离内。

通过地图可以看出，过第二临界点后，合适的偏离航路备降机场可以选苏克雷（Sucre）机场。下面验证飞机从第二临界点备降至 Sucre 机场的氧气能力。

选择 Sucre 机场为过第二临界点后的偏离航路备降机场。从第二临界点开始，以距离为横坐标的 22 min 氧气剖面能够满足 2000 ft 越障要求至 Sucre 机场，如图 8.30（b）所示。

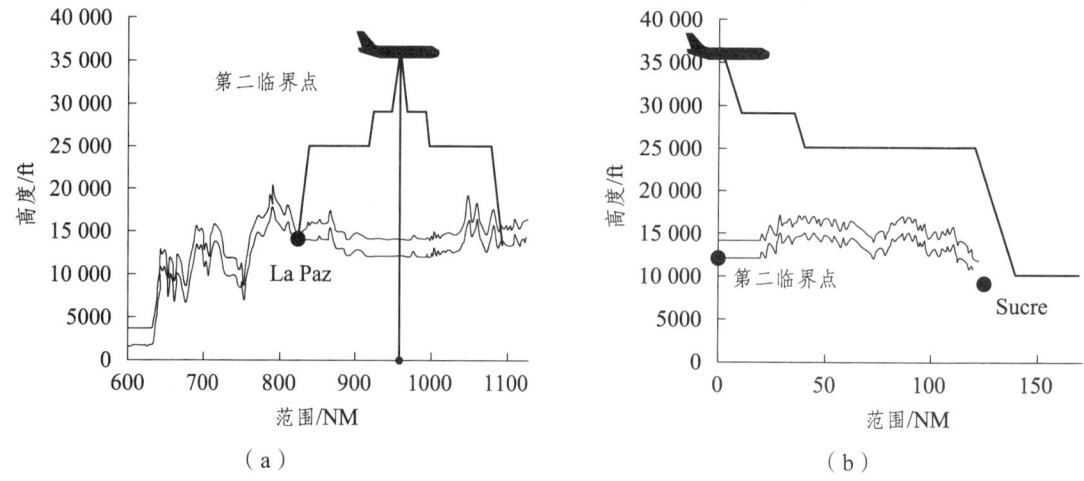

(a)　　　　　　　　　　　　　　(b)

图 8.30　第二临界点到 La Paz 和 Sucre 符合越障要求

因此，以第二临界点为界，在该点之前出现座舱释压，飞机可回飞至 La Paz 机场；在该点之后出现座舱释压，飞机需飞往偏离航路备降机场 Sucre。

3. 确定第三临界点

在飞过第二临界点后，由于飞机不能在 22 min 氧气能力范围内飞至下一航路备降机场胡胡伊（Jujuy），因此，还需在航路上确定第三临界点，该点为航路上可飞至 Sucre 机场备降的最晚点，过该点在 Sucre 备降将不能满足 22 min 氧气需求。

以 Sucre 机场为圆心，以 22 min 氧气距离范围为半径，可以在预定航路上确定第三临界点位置，如图 8.31 所示。经过第三临界点到 Sucre 机场间航路的地形分析，飞机可以满足越障要求，如图 8.32（a）所示。

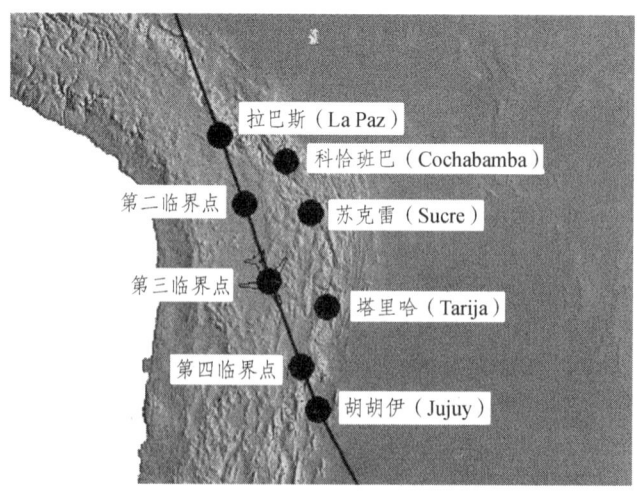

图 8.31　航路上的第二、第三、第四临界点

过了第三临界点后发生座舱释压，22 min 氧气能力仍不允许飞机直飞至航路上的 Jujuy 机场备降，因此，还需确定一个偏离航路的备降机场，以供飞机在第三临界点后发生座舱释压情况下备降使用，经过地图分析，这一机场可确定为塔里哈（Tarija），如图 8.31 所示。

选定 Tarija 为过第三临界点后的偏离航路备降机场，检查第三临界点至 Tarija 供氧剖面，22 min 氧气剖面能够满足规章要求，如图 8.32（b）所示。

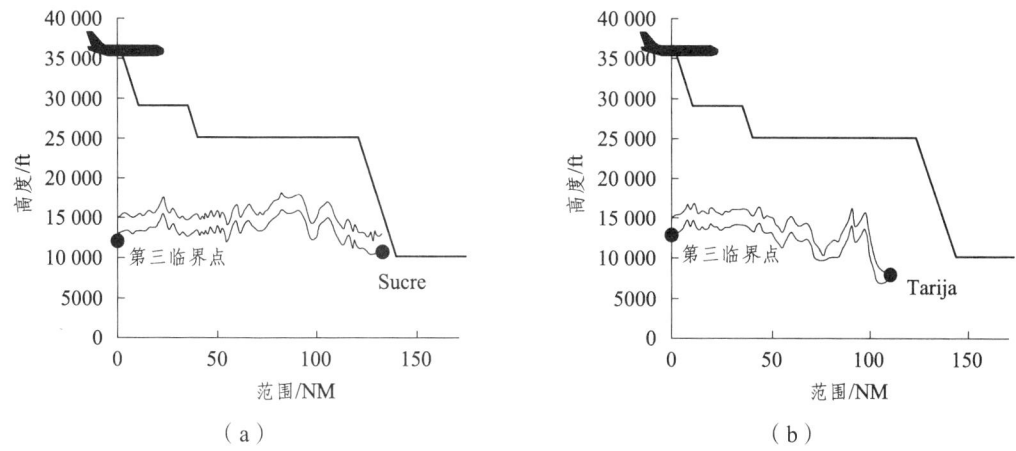

图 8.32　第三临界点到 Sucre 和 Tarija 符合越障要求

因此，以第三临界点为界，在该点之前出现座舱释压，飞机可飞回至偏离航路备降机场 Sucre；在该点之后出现座舱释压，飞机需飞往偏离航路备降机场 Tarija。

4. 确定第四临界点

过了第三临界点后，22 min 氧气能力仍不允许飞机直飞至 Jujuy 机场备降，因此，还需在预定航路上继续确定第四临界点。该点为航路上可飞至偏离航路备降场 Tarija 降落的最晚点，过该点后将不能在航路备降机场 Tarija 降落。

以 Tarija 机场为圆心，以 22 min 氧气距离范围为半径，可以在预定航路上确定第四临界点位置，如图 8.31 所示。

检查第四临界点至 Tarija 供氧剖面，符合规章要求，如图 8.33（a）所示。

经过进一步验证，由第四临界点沿预定航路向前直飞至航路备降机场 Jujuy 符合越障要求，如图 8.33（b）所示。

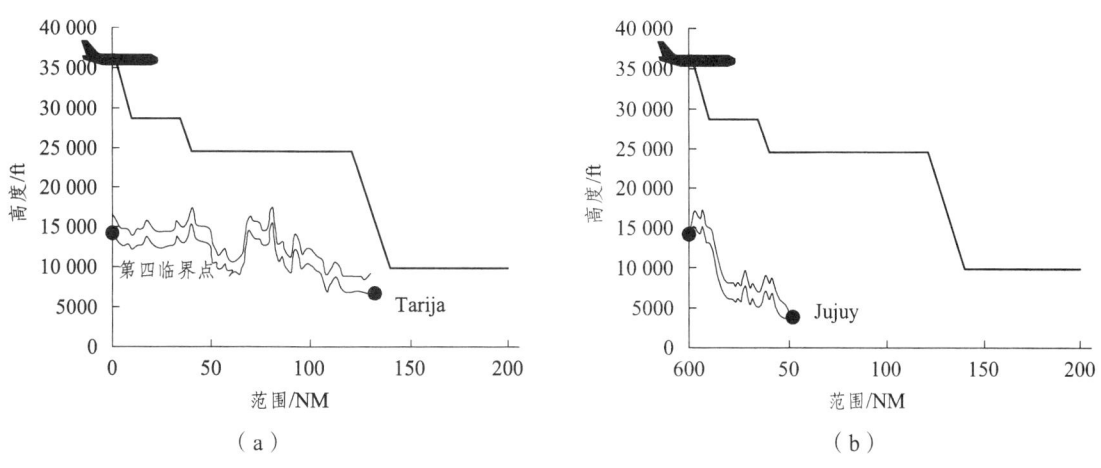

图 8.33　第四临界点到 Tarija 和 Jujuy 符合越障要求

因此，以第四临界点为界，在该点之前出现座舱释压，飞机可飞回至偏离航路备降机场 Tarija；在该点之后出现座舱释压，飞机需沿预定航路前飞至航路备降机场 Jujuy。

至此，飞机完全飞越了第二个山峰，从 Jujuy 机场至最终目的地机场间的地形不再构成释压后的越障限制，飞机可以马上降至 10 000 ft 高度巡航。

供氧分析结束。

至此，供氧分析确定了第二个山峰区域的四个关键航路点。它们分别是：

第一临界点 wpt1（S14 28.64 W069 03.81），第二临界点 wpt2（S18 30.00 W067 30.00），第三临界点 wpt3（S20 30.00 W066 50.00），第四临界点 wpt4（S22 30.00 W066 00.00）。

提供给机组的航路座舱释压紧急下降程序包括：

（1）wpt1 之前座舱释压，沿航路返回至 Lquitos 降落。
（2）wpt1 至 wpt2 之间座舱释压，沿航路至 La Paz 降落。
（3）wpt2 至 wpt3 之间座舱释压，偏离航路至 Sucre 降落。
（4）wpt3 至 wpt4 之间座舱释压，偏离航路至 Tarija 降落。
（5）wpt4 之后座舱释压，沿航路至 Jujuy 降落。

起飞前须确保这个计划所需的航路备降机场，在预达时刻前后满足天气要求，如果不满足，则该机型对航路不适航。

整个计划如图 8.34 所示。

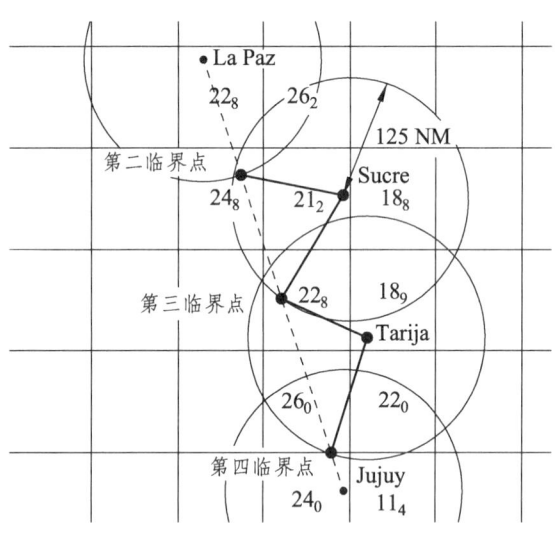

图 8.34　第二山峰区域的备降场和关键航路点分布

8.5.4　气体氧系统供氧分析

气体氧的供氧时间一般均大于化学氧，因此同样高原航路，使用气体氧飞机运行，常常导致紧急下降程序的简化，从而提高运行签派的可靠性。

不像化学氧系统的固定下降剖面，气体氧系统的下降剖面是完全根据地形定制的，因此，具有更大的灵活性。

同样航路，如果使用气体氧的 B737-700 进行分析，可能的结果如图 8.35 和图 8.36 所示。

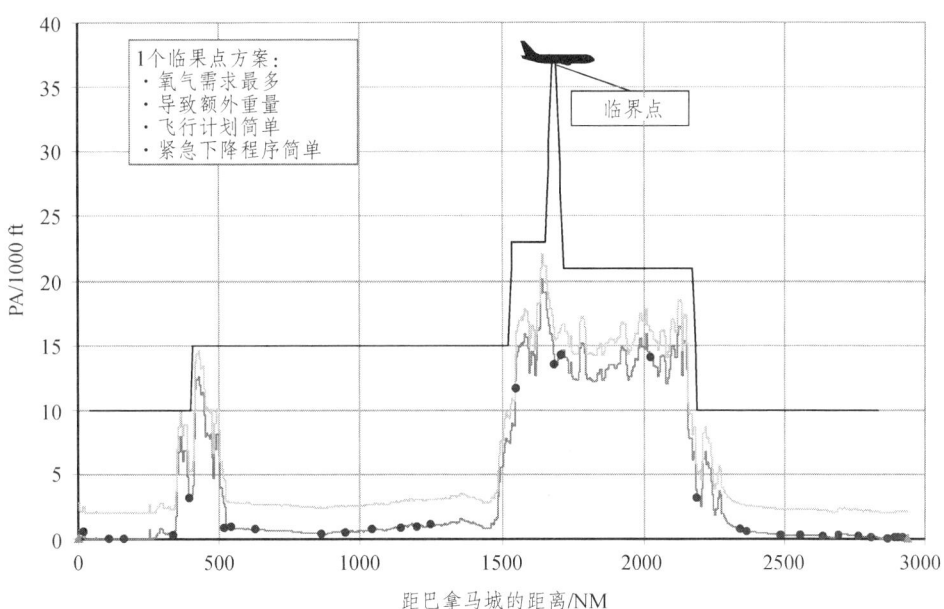

图 8.35　737-700 气体氧系统方案一：一个临界点

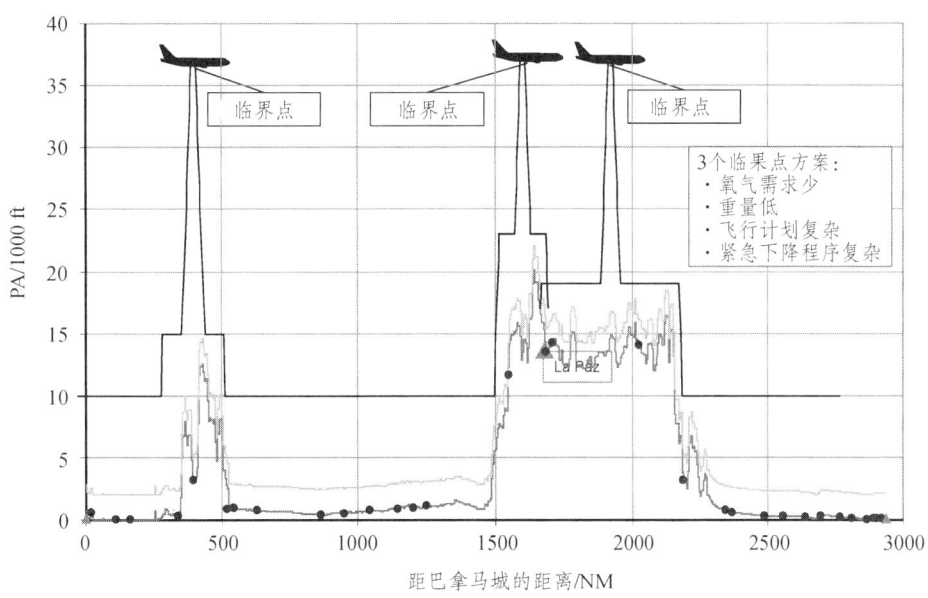

图 8.36　737-700 气体氧系统方案二：三个临界点

整个青藏高原及其周边区域的航线，是飘降与供氧分析的主要区域。目前，在这些区域运行的主力机型为空客 A319-115/133、A330-243 等气体氧高原机型，最大起降高度分别为 14 500 ft、13 500 ft。另外，波音的 B737-700 型高原型气体氧飞机也在少量运行，其最大起降高度也达到了 14 500 ft。

图 8.37 为目前使用量最大的 A319-115 高原型气体氧飞机在迪庆—拉萨航线上的飘降与供氧分析结果。

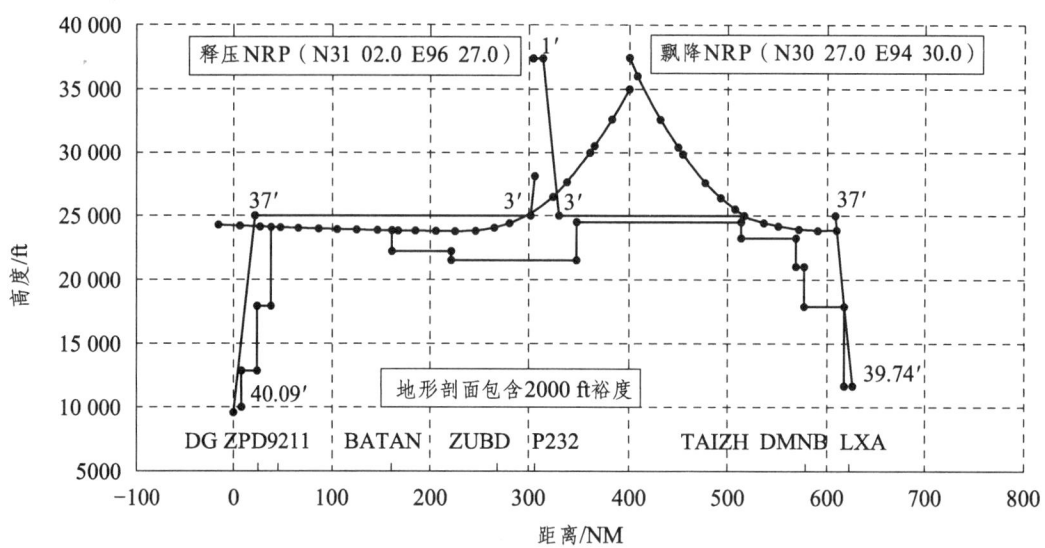

图 8.37 A319-115 高原型气体氧飞机迪庆—拉萨航线飘降-供氧分析

第 9 章 进近与着陆

通常，进近着陆阶段的规章要求对整个飞行不构成限制，很多情况下飞机可以以结构限重着陆，这导致着陆中性能分析的工作量要比起飞一侧小得多。然而，在特殊情况下，如某些飞机系统失效、不利的外部条件、污染道面等情况下，着陆性能的下降变成极其严重。因此着陆性能检查在起飞前的飞行准备和放行中也是极其重要的。

9.1 进近与着陆概述

飞机通常沿进近程序进近着陆。进近程序由进场、起始进近、中间进近、最后进近及复飞段组成。各段分隔点分别称为起始进近定位点（Initial Approach Fix，IAF）、中间进近定位点（Intermediate Fix，IF）、最后进近定位点（Final Approach Fix，FAF）和复飞点（Miss Approach Point，MAPt），如图 9.1 所示。

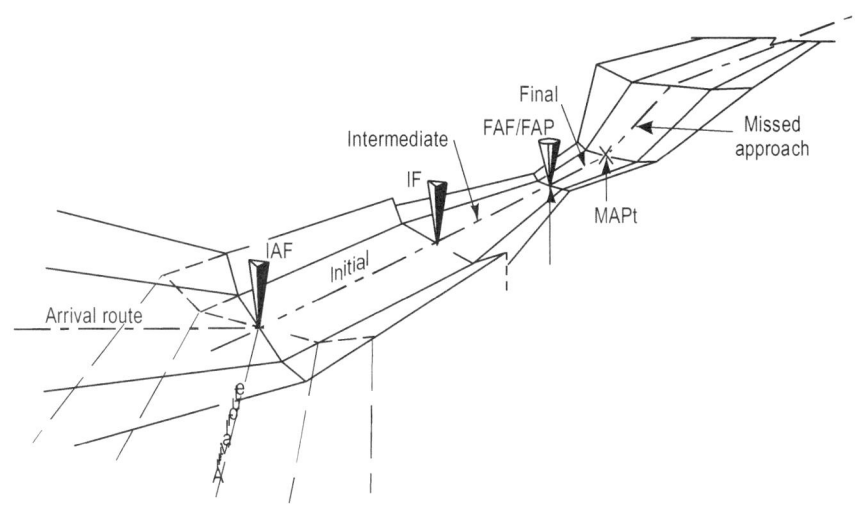

图 9.1 进近程序的组成

根据最后进近段有无下滑道引导，进近程序又分为非精密进近（Non Precision Approach，NPA）和精密进近（Precision Approach，PA）。精密进近是指有航向道和下滑道引导的仪表进近，如 ILS 进近（见图 9.2）。非精密进近是指只有航迹引导而没有下滑引导的仪表进近，如 NDB、VOR 进近等。

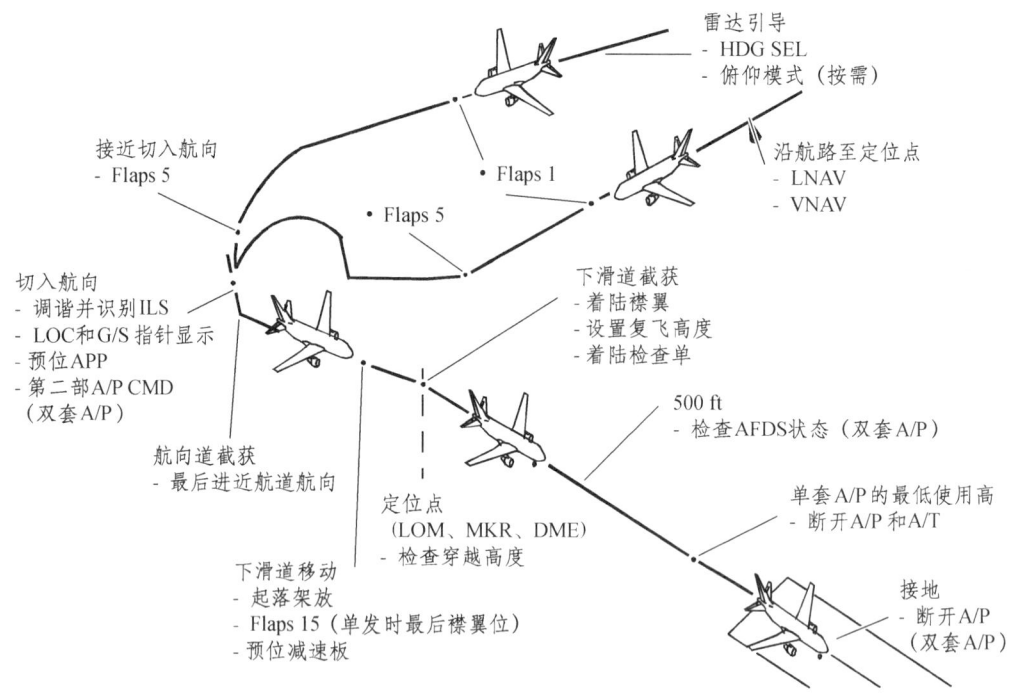

图 9.2　737NG ILS 进近着陆典型过程

一般而言，在仪表气象条件（IMC）下，所有的进近应该在机场标高 1000 ft 以上稳定，在目视气象条件（VMC）下，应该在机场标高 500 ft 以上稳定。当满足以下所有标准时，即视为稳定进近：

- 飞机处于正确的飞行轨迹；
- 保持正确的飞行轨迹仅要求稍微改变航向/俯仰；
- 飞机速度不大于 $V_{REF}+20$ kt，而且不小于 V_{REF}；
- 飞机处于正确的着陆形态；
- 下沉率不大于 1000 ft/min，如果进近要求大于 1000 ft/min，应执行特殊简令；
- 推力调定适合飞机形态；
- 所有简令和检查单已执行；
- ILS 和 GLS 进近应在下滑道和航向道 1 个点之内。
- 最后进近下滑道典型值为 3°。

大多数局方对着陆的最低标准有能见度要求，但不要求云底高。进近时如果目视无法看见跑道，则飞机能够下降到的最低高度是有限制的。这个最低高度对精密进近是决断高度（Decision Altitude，DA）/决断高（Decision Height，DH）；对非精密进近是最低下降高度（Minimum Descend Altitude，MDA）/最低下降高（Minimum Descend Height，MDH）。

对于 B737NG 系列，正常着陆使用 Flap30 或 Flap40，复飞使用 Flap15（见图 9.3）。Flap30 提供更好的减噪性能，并减少襟翼磨损/载荷。使用 Flap40 可使着陆速度最小，着陆距离最短。对于 A320 系列，正常着陆使用 CONF FULL，复飞使用 CONF 3。

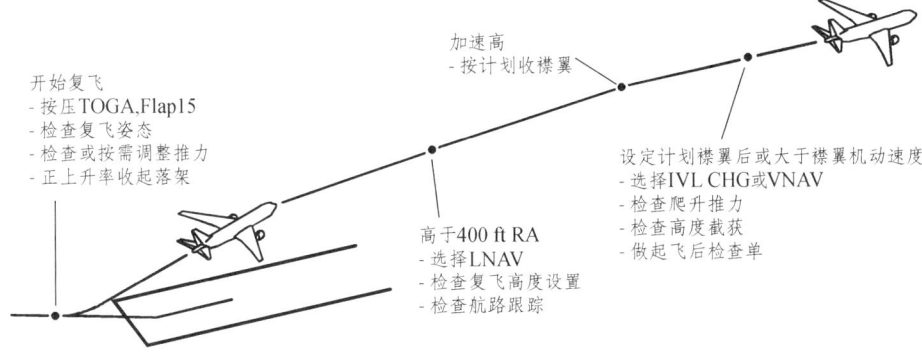

图 9.3　B737NG 典型复飞过程

典型目视进近程序在 300～600 ft 高于 AFE（Above Field Elevation）、1～2 NM 外解除 AP/AT，转入可用的目视引导，包括 PAPI（Precision Approach Path Indicator）、VASI（Visual Approach Slope Indicator）或瞄准点。50 ft 过跑道头后，将目光转向远端跑道头。

飞机沿 ILS 下滑道进近时，通常是 ILS 下滑道天线以 50 ft 过跑道入口。不同机型，ILS 天线安装位置不同。对于较小型的飞机，如 B737，ILS 接收天线安装于机头雷达罩；对于较大型的飞机，如 B747，ILS 接收天线安装于前起落架舱门。图 9.4 为 B737-700 在典型着陆重量下的过跑道头几何图。

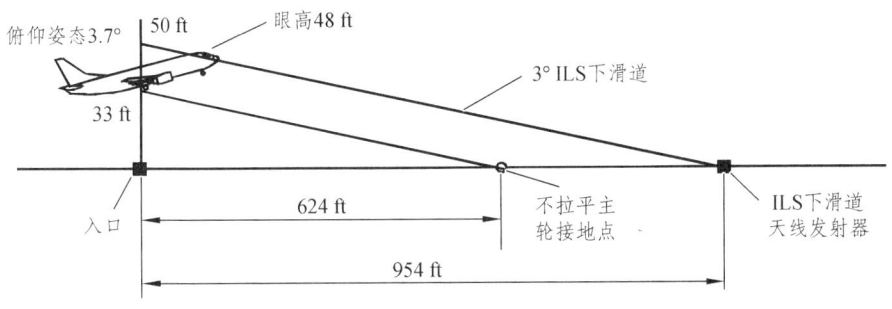

图 9.4　B737-700 ILS 进近过跑道头典型状态（Flap 30）

离地 20 ft 左右开始拉平，柔和地将油门杆收至慢车，最理想的状态是，主起落架接地时油门收到慢车。典型的着陆拉平时间范围是 4～8 s。从跑道入口至主轮接地点的距离典型值为 1000～2000 ft。

主起落架接地后，打开反推，减速板升起，柔和地将前轮放到跑道上，自动刹车工作，60 kt 以下解除反推。

按照 ICAO 标准，审定着陆重量下的 V_{REF} 决定了飞机的进近类别，决定了起飞着陆的最低标准。表 9.1 给出了 ICAO 标准中的 C、D 类飞机划分标准。B737-700 和 A319-112 均被定义为 C 类飞机。

表 9.1　ICAO 根据入口速度 V_{REF} 确定飞机进近类别　　　　　　　　　　单位：kt

ICAO Category	入口速度范围	初始进近速度范围	最后进近速度范围	目视机动最大速度（Circling）	复飞最大速度	
					中间	最后
C	121/140	160/240	115/160	180	160	240
D	141/165	185/250	130/185	205	185	265
入口速度：基于审定着陆重量着陆构型的 V_{REF}						

9.2　着陆限制与操纵速度

9.2.1　进近着陆最小操纵速度

进近着陆最小操纵速度 V_{MCL}（Minimum Control Speed Approach Landing）是下列两种情况下对应速度中的较小者：一发失效，工作发 TOGA，维持直线飞行坡度不超过 5°，向工作发侧转弯，在 5 s 内改变 20° 航向。一发失效，工作发 TOGA，保持 5% 梯度下降，向工作发侧转弯，在 5 s 内改变 20° 航向，如图 9.5 所示。

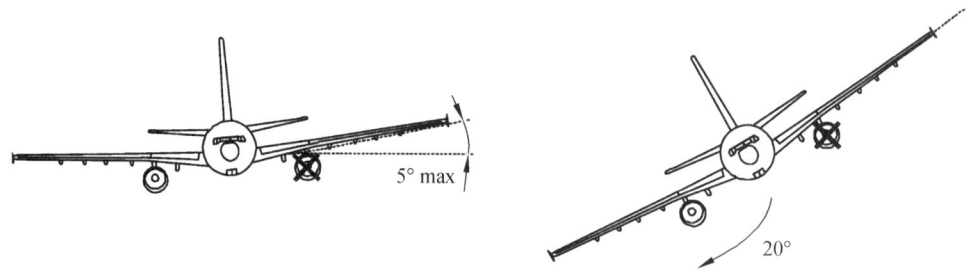

坡度不超过5°的直线飞行　　　　　　向工作发一侧转弯5 s内航向改变20°

图 9.5　进近着陆最小操纵速度

V_{MCL} 由试飞确定，飞机处于全发进近配平状态，临界发动机停车，工作发 TOGA，飞机处于最临界构型、最不利的重心位置，正常驾驶技能，并不超出规定的操纵力。

针对三发和四发飞机，还需确定双发失效进近着陆最小操纵速度 V_{MCL-2}。该最小操纵速度和 V_{MCL} 相似，V_{MCL-2} 是两台临界发动机停车，工作发 TOGA，恢复对飞机的操纵并维持零偏航和坡度不大于 5° 的直线飞行的最小速度。

V_{MCL-2} 由试飞确定，飞机处于临界发动机停车，进近配平状态，最临界构型，最不利重心位置，工作发动机在一发停车时维持 3° 进场航迹角所需功率，第二台发动机失效后，工作发立即改为最小可用推力然后 TOGA，正常驾驶技能，并不超出规定的操纵力。

9.2.2　着陆参考速度

着陆参考速度 V_{REF}（Reference Speed）是着陆构型（空客 CONF FULL；波音 Flap 30 或 Flap 40）在 50 ft 入口高时的最低速度。

$$V_{REF} = 1.3 V_S \text{ 或 } 1.23 V_{S1g}，且 V_{REF} \geqslant V_{MCL}。$$

对于空客，V_{REF} 等于 CONF FULL 形态下的 V_{LS}；而波音的 V_{REF} 按不同的着陆形态，分别称为 V_{REF30}、V_{REF40}。

9.2.3 最后进近速度

飞机进近着陆中，50 ft 过跑道头时的速度，称最后进近速度 V_{APP}（Final Approach Speed），实际着陆构型，起落架放。

正常运行中，通常的做法是：V_{APP} 在 V_{LS} 或 V_{REF} 基础上，增加一个速度增量来确定。这个速度增量通常由风速决定，也可能受系统故障/降级的影响。

例如，对于空客机型，基于 V_{LS}/V_{REF} 基础上的 V_{APP} 按如下原则确定：

正常运行：$V_{APP} = V_{LS} + \text{Wind}/3$（不包括阵风）；

系统失效：$V_{APP} = V_{REF} + \Delta V_{INOP}$。

风修正范围限制在，最小 5 kt，最大 15 kt。

对于波音机型，基于 V_{REF} 基础上的 V_{APP} 按如下原则确定：

$$V_{APP} = V_{REF} + \text{Wind}/2 + \text{Gust}$$

风修正范围限制在，最小 5 kt，最大 20 kt。

在过渡到进近时，空客 FMGC 使用性能模型，预测的着陆重量或当前重量，计算进近速度（V_{LS}、V_{APP}、F、S、Green Dot）并显示于 PERF APPR 页面（见图 9.6），选择的着陆形态决定了 V_{LS}、V_{APP}，后一速度还受到飞行员输入的风速大小修正。

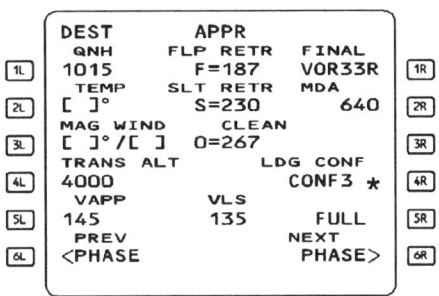

图 9.6　空客 FMGC PERF APPR 页面

9.3　复飞爬升与着陆距离

9.3.1　复飞爬升限重

FAR 25.121 要求：飞机着陆重量必须满足进近爬升与着陆爬升的梯度要求（见图 9.7）。其中，进近爬升（Approach Climb）要求为：

- 考虑实际机场 PA；
- 临界键发动机停车，工作发复飞状态；
- 要求的最小梯度：双发飞机 2.1%、三发飞机 2.4%、四发飞机 2.7%；
- 进近构型（空客：CONF2，CONF3；波音：Flap 15）；

- 起落架收；
- 可用速度范围 $1.23V_{S1g} \leq V \leq 1.4V_{S1g}$，并确保 $V \geq V_{MCL}$；
- 进近构型失速速度不超过着陆构型失速速度的 110%。

着陆爬升（Landing Climb）要求为：
- 考虑实际机场 PA；
- 所有飞机，要求的最小梯度：3.2%；
- 着陆构型（空客：CONF 3，CONF FULL；波音：Flap30，Flap40）；
- 起落架放；
- 全发工作，8 s 后可获得最大推力；
- 可选速度范围 $1.13V_{S1g} \leq V \leq 1.23V_{S1g}$，并确保 $V \geq V_{MCL}$。

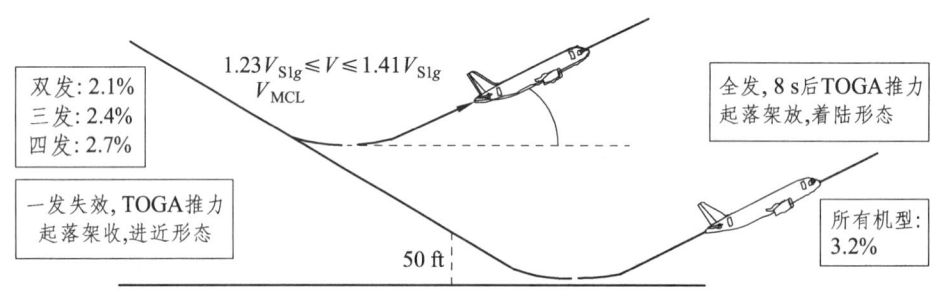

图 9.7　进近爬升与着陆爬升规章要求

复飞爬升限重是满足以上两者中的较小重量。一般而言，对于双发飞机，复飞爬升限重更易受限于进近爬升；对于四发飞机，复飞爬升限重更易受限于为着陆爬升。

表 9.2 为 B737-700 型飞机，以进近 Flap 15 和着陆 Flap 30 构型，着陆重量 54.4 t，在不同高度下的性能参数。其中，高度单位为英尺（ft），速度单位为 KIAS，国际标准大气。

表 9.2　B737-700 机型高度对进近爬升和着陆爬升的影响

PA/ft	进近爬升			着陆爬升（8 s 推力延迟）		
	总梯度/%	速度/kt	N_1/%	总梯度/%	速度/kt	N_1/%
0	6.97	145.8	94.6	12.82	127.9	94.7
3000	5.97	145.9	95.5	11.17	127.9	95.5
6000	4.93	146.1	96.6	9.50	128.1	96.6
9000	3.88	146.4	98.1	7.28	128.4	98.1
12 000	2.73	147.1	98.8	5.96	128.9	98.8

可以看出，对于该型飞机，复飞爬升梯度限重受限于进近爬升。不管是进近爬升梯度，还是着陆爬升梯度，均随机场压力高度的增加而快速减小。

表 9.3 为 A319-115 高原型飞机的进近爬升限重随机场 PA 与 OAT 的变化情况。条件：着陆形态 CONF 3，复飞形态 CONF 1 + F，Anti-Ice OFF，空调开。

表 9.3　A319-115 机型进近爬升限重随 PA 与 OAT 的变化情况

OAT/°C	10 000 ft	12 000 ft	14 500 ft
< 10	62	59	55
20	61	59	53
25	61	56	51

在高原机场，对于有的机型，如果普通的进近构型导致的爬升梯度过低，为满足规章要求，针对进近与着陆，可能分别会使用较低一挡的形态，以避免着陆重量过低。但这样会使着陆刹车能量问题变得更加严峻。

需要指出的，规章对进近爬升、着陆爬升的梯度要求，只是确保飞机在限定条件下具有基本的爬升能力，这个爬升能力和复飞程序的梯度以及复飞越障均没有关系。这一点和起飞阶段的爬升限重概念相似。因此，目前的性能分析（如着陆分析表）中，只验算着陆重量能够满足单发进近爬升和全发着陆爬升的最低梯度，并不考虑飞机实际爬升梯度是否满足复飞程序梯度，或复飞中是否安全越障。

很多复杂地形机场与高原机场的复飞程序均公布有最低梯度要求。为确保飞行安全，现有规章体系均建议运营人在着陆性能分析基础上，对一发失效复飞是否满足复飞程序梯度要求进行补充验算，以确保一发失效下的复飞安全。

9.3.2　审定着陆距离与着陆场长限重

1. 干道面所需着陆距离

25.125/121.195/EU-OPS 1.515 要求：干道面所需着陆距离（Required Landing Distance，RLD）定义为标准大气、跑道无坡度条件下，飞机沿 3° 下滑线下滑，从高于着陆表面 50 ft、速度 V_{REF} 的一点，到着陆并完全停止所经过的水平距离的 1.67 倍，如图 9.8 所示。制动条件：最大人工刹车，无反推，基于磨损 90% 的轮胎。其中：V_{REF} 为 $1.23V_{S1g}$，即：

$$RLD_{DRY} = CLD_{DRY} \times 1.67$$

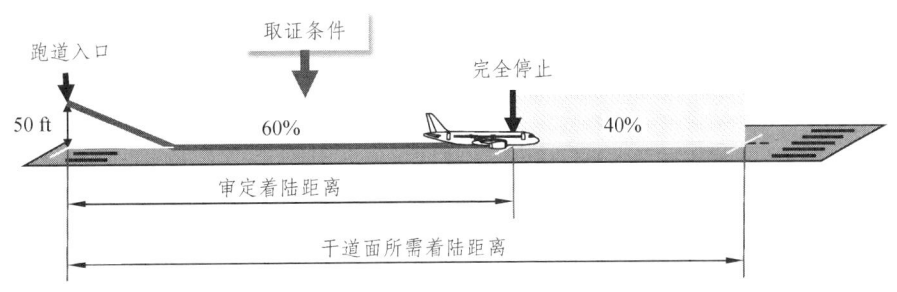

图 9.8　所需着陆距离（干道面）

未乘以 1.67 系数的这个距离也称为审定着陆距离（Certified Landing Distance，CLD）、审定条件下的实际着陆距离（Actual Landing Distance Certified，ALD）、演示着陆距离（Demonstrated Landing Distance，DLD）等。即 25 部审定条件下的实际着陆距离。

2. 湿道面所需着陆距离

121.195/EU-OPS 1.520 要求：湿道面所需着陆距离为干道面所需着陆距离的 1.15 倍，如图 9.9 所示。

$$\mathrm{RLD_{WET}} = \mathrm{LDR_{DRY}} \times 1.15 = \mathrm{CLD_{DRY}} \times 1.96$$

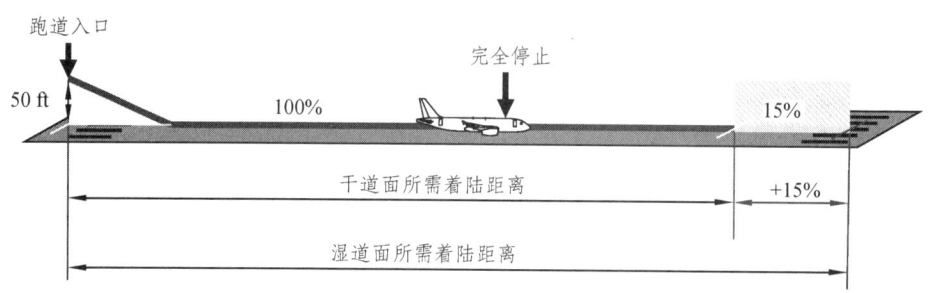

图 9.9　所需着陆距离（湿道面）

3. 污染道面所需着陆距离

欧洲规章（CS 25.1591/EU-OPS 1.520）下的污染道面所需着陆距离是下面两者中的较大者：一方面为污染道面审定着陆距离乘以 1.15。污染道面审定着陆距离是污染道面审定条件下的实际着陆距离，它和干道面审定条件基本相同，除了污染道面刹车系数、可包括反推、磨损 80% 的轮胎、实际温度。另一方面为湿道面所需着陆距离，即：

$$\mathrm{RLD_{CONTA}} = \max(\mathrm{CLD_{CONTA}} \times 1.15,\ \mathrm{RLD_{WET}})$$

美国规章（121.195）下的污染道面所需着陆距离和湿道面所需着陆距离相同。

同起飞一样，所需着陆距离是飞机在特定条件下需要的距离，它必须和机场提供的可用距离匹配。

4. 可用着陆距离

可用着陆距离（Landing Distance Available，LDA）是跑道长度（TORA），停止道不能用于着陆的性能计算，如图 9.10 所示。

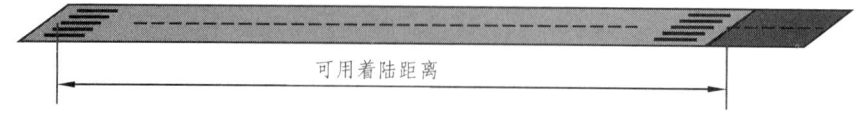

图 9.10　可用着陆距离

有的机场，如果端净空不满足相关规范，可能会导致内移跑道入口（Displaced Threshold）这种情况，如图 9.11 所示。ICAO Annex 8 要求：如果进近端有障碍物穿越 2% 的梯度面，则跑道入口在 2% 障碍物梯度面与跑道交点 + 60 m 处。

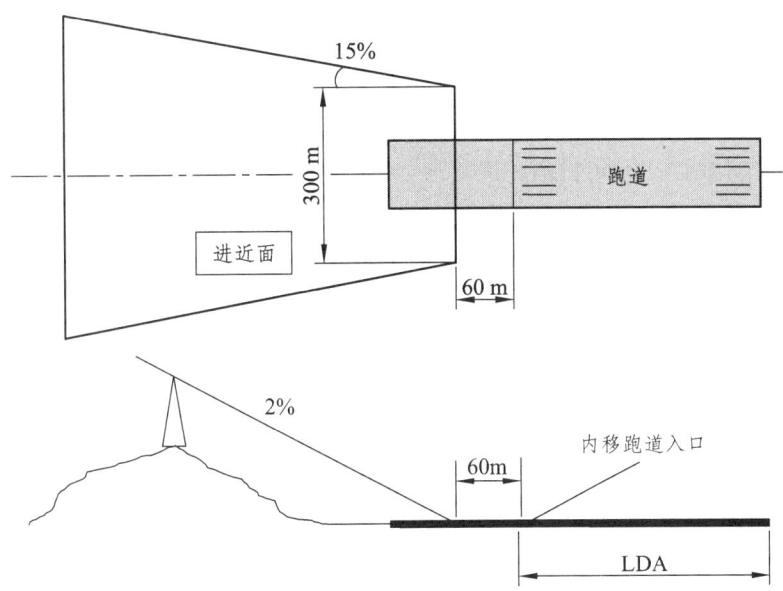

图 9.11　可用着陆距离的修正-内移跑道入口

对于存在入口内移的跑道，需特别注意：可用着陆距离不是物理跑道的长度，而是以两个端头的入口标志为准。但起飞可用距离、滑跑可用距离、加速停止可用距离可以不受入口内移的影响。

5．着陆场长限重

按照运行规章 121 部要求，起飞前的放行中，根据目的地机场预达时刻的天气预报，必须确保：所需着陆距离≤可用着陆距离。

刚好满足这一要求的着陆重量称为着陆场地长度限重（Landing Field Limit Weight）。

9.3.3　运行着陆距离

RLD≤LDA 是起飞前的强制放行要求，RLD 是根据审定条件下的实际着陆距离乘以系数确定的。

审定条件记录于 25 部规章中，这一条件和实际航班运行中的着陆条件可能存在较大的不同。典型的，在运行条件下，一般总是使用自动刹车和反推、完全可能是非标准大气、可能还会出现影响到制动性能的系统故障等。总之，审定条件是一种固定条件，而运行条件则可能是千差万别的。不同条件下的实际着陆距离显然会有所不同。

过去，根据起飞前的预报天气，通过签派放行判定满足 RLD≤LDA 即可。大部分情况下，飞机在实际到达目的地机场时，跑道一般也是够用的。但是，如果到达时刻的实况天气和起飞前的预报天气出现变化，影响到着陆性能，或飞行中出现了系统故障，特别是这些故障对飞机制动性能有影响时，着陆一侧飞行安全的不确定性就会大大增加。

为确保这些情况下的飞行安全，从 2006 年开始，FAA 首先要求运营人在到达时对着陆距离进行补充安全评估。随后全球各国局方进行了相同的跟进。这种到达前的判定可在接到目的地机场天气时或下降顶点（TOD）时进行。其具体内容是：

飞行员应当在到达前，确定当前运行条件下的实际着陆距离。当前运行条件下的实际着陆距离，被称为运行着陆距离（Operational Landing Distance，OLD）。与可用着陆距离相比，确保留有 15% 的余量。即：

$$OLD \times 1.15 \leqslant LDA$$

着陆中，审定条件下的审定着陆距离和运行条件下的运行着陆距离存在的差异，如表 9.4 所示。

表 9.4 审定着陆距离与运行着陆距离的差异

项　目	审定条件（人工着陆）	运行条件
下滑道角度	3°	取决于飞行技术与实际机场 ILS 下滑道
过跑道头速度	V_{REF}	V_{APP}，取决于飞行技术，一般不低于 $V_{REF}+5$，在有风、结冰和系统故障时，可能会使用更大的速度
过跑道头高	50 ft	取决于飞行技术，可能高于 50 ft，也可能低于 50 ft
刹车	最大人工刹车	更多地使用自动刹车不同挡位
反推	不使用（干）	几乎总是使用
温度	ISA 温度	实际温度
道面	干、污染（仅 EASA）	干、湿、污染，且污染物可能沿跑道不均匀分布
跑道坡度	0	可能带坡度，一般不超过 ±2%
操纵技术	较为激进的最大性能拉平技术，干道面空中段 4.2~4.6 s，$V_{TD}/V_{APP}=0.98\sim0.99$，空中段长度约 1000 ft。EASA 污染道面空中段 7 s，$V_{TD}/V_{APP}=0.93$，空中段长度约 1500 ft	普通的拉平技术，不追求极限性能，入口参数可能存在偏离，空中段长度通常为 1000~2000 ft
来源手册	AFM 审定数据	FCOM/QRH 非审定数据
使用者/用途	签派员/起飞放行前决策用	飞行员/到达时刻决策用
实际距离乘系数	1.67、1.15	1.15

9.3.4 制动系统的影响

现代大型飞机在地面滑跑段的主要减速措施有刹车、地面扰流板和反推三种。这些减速措施发挥的好坏将极大地影响着陆性能。下面加以简要分析。

1. 刹　车

刹车是着陆制动的主要手段。刹车压力可以由人工踩踏板或计算机自动控制。刹车的制动效果很大程度上取决于道面状况以及机轮与道面的正压力大小。图9.12为中央操纵控制台。

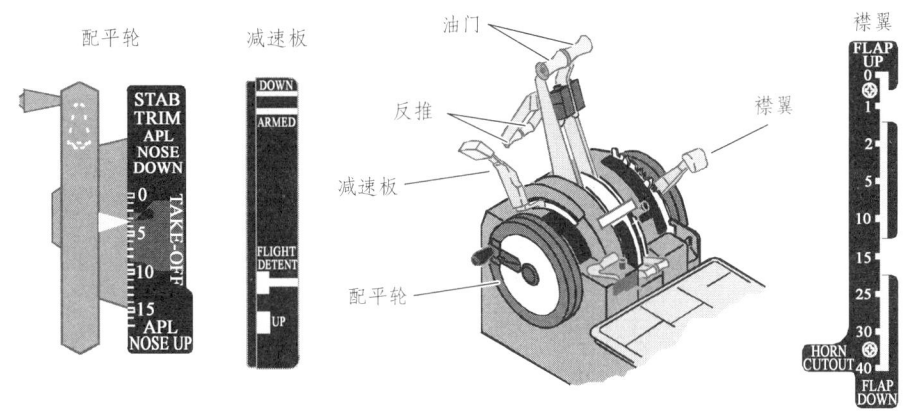

图 9.12　中央操纵控制台（B737-700）

现代飞机刹车上普遍安装有防滞系统（Anti-Skid Brake）。防滞系统在刹车压力过大、机轮有锁死趋势时自动介入，它通过自动调整刹车压力，防止机轮锁死，并使机轮保持在最大刹车系数对应的滑移率状态，可有效地避免拖胎、爆胎和方向失控。图9.13为滑移率对摩擦力的影响。使用人工刹车时，频繁的点刹会干扰防滞系统的工作，应使用稳定的脚踏板输入。

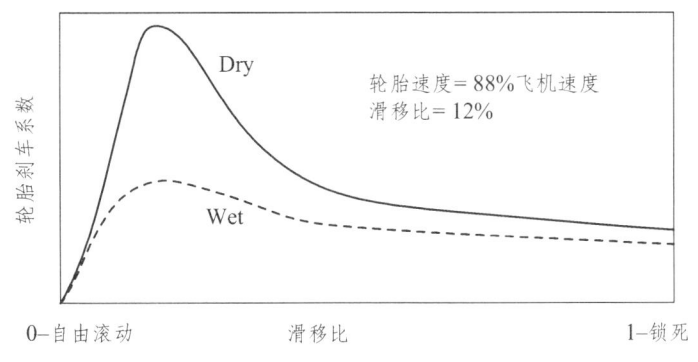

图 9.13　滑移率对摩擦力的影响

现代飞机刹车上还普遍具有自动刹车（Auto-Brake）功能，如图9.14所示。着陆前选定自动刹车挡位，接地后自动刹车即可自动工作。它通过自动调整刹车压力，来力图实现选定挡位预定的减速率，达到等减速率制动。最大人工刹车加防滞系统一般可提供比自动刹车最高挡位更大的减速力。自动刹车比人工刹车启动更快，人员工作负荷也较轻，刹车磨损也较小。通过施加人工刹车可随时解除自动刹车。因此，自动刹车在实际航班运行中得到普遍的使用。

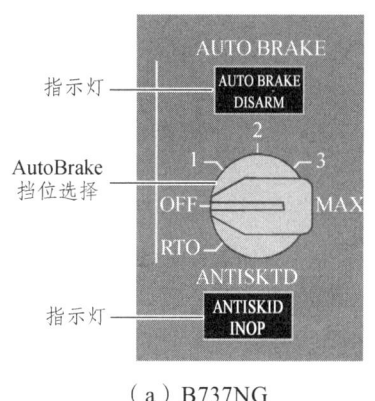 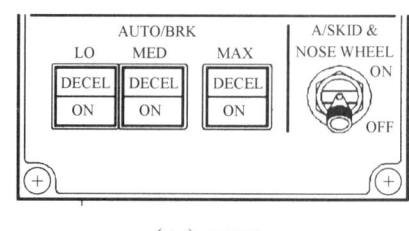

（a）B737NG　　　　　　　　　　（b）A320s

图 9.14　自动刹车控制面板

波音 B737NG 的自动刹车挡位分为如下几挡（见图 9.15）：

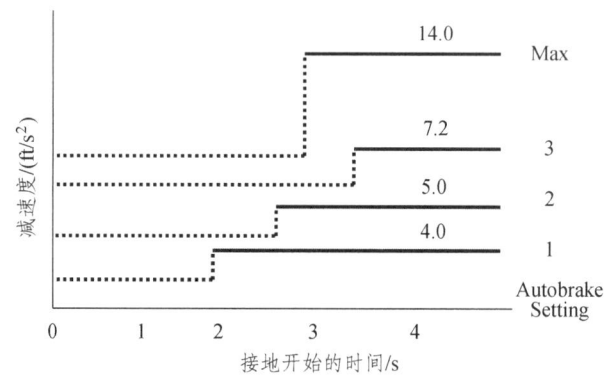

图 9.15　737NG 自动刹车各挡位及预设减速度

- MAX：当需要最短停止距离时使用，减速率小于最大人工刹车时的减速率。
- 3：在湿、滑跑道上或在着陆滑跑距离受限制时使用。如果有足够的滑跑距离，将自动刹车设置为 2 可能更为恰当。
- 1 或 2：这些设定值提供适合所有常规操作的中度减速效应。
- RTO：起飞用，当速度超过 90 kt，油门收至慢车时，自动使用最大刹车压力。

空客 A320 系列的自动刹车挡位分为如下几挡：

- MAX：起飞用，只要地面减速板升起信号发出，即使用最大刹车压力。
- MED：减速板升起 2 s 后施加刹车压力，预设减速度 3 m/s^2。
- LOW：减速板升起 4 s 后施加刹车压力，预设减速度 1.7 m/s^2。

2. 减速板

机翼上表面可以伸出的面板称为扰流板（Spoiler）或减速板（Speed Brake）。通常，在空中时，只有部分面板可伸出，且升起的角度受限，称为空中扰流板。现代飞机空中扰流板常常在压盘时自动升起，以辅助转弯操纵。在地面滑跑阶段，减速板通常可全部升起至最大角度，称地面扰流板。

着陆阶段，地面扰流板/减速板的主要作用是减小升力，提高作用于机轮上的正压力而增强刹车的效果。其次，它也可以提供较大的气动阻力。着陆前，地面扰流板预位（Armed）状态下，一旦主起落架接地（受到压缩）或一旦选择反推，地面扰流板便会自动升起。扰流板的自动工作方式与人工操纵方式相比，启动更快。实际中均普遍使用自动减速板。

大速度下，同样舵面偏转，空气动力大，地面扰流板的效果强。地面扰流板提供的减速力和跑道状况无关。

图 9.16 为 B747 型飞机在典型着陆重量下，以 120 kt 速度制动，使用四发反推力，地面扰流板对制动力的影响。

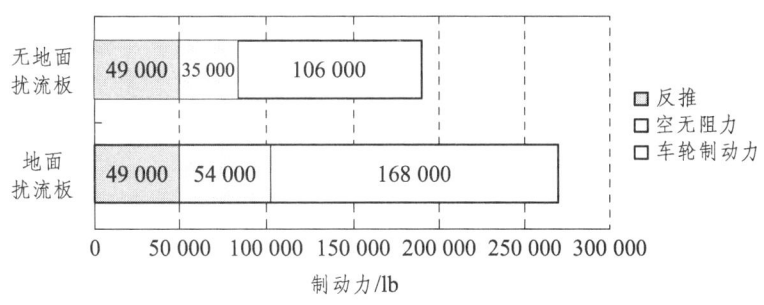

图 9.16　B747 型飞机地面扰流板对制动力的影响

3. 反　推

通过发动机外涵道气流向前偏转，可提供一个向前的反推力，使飞机产生制动减速效果，如图 9.17 所示。反推提供的减速力和跑道状况无关。

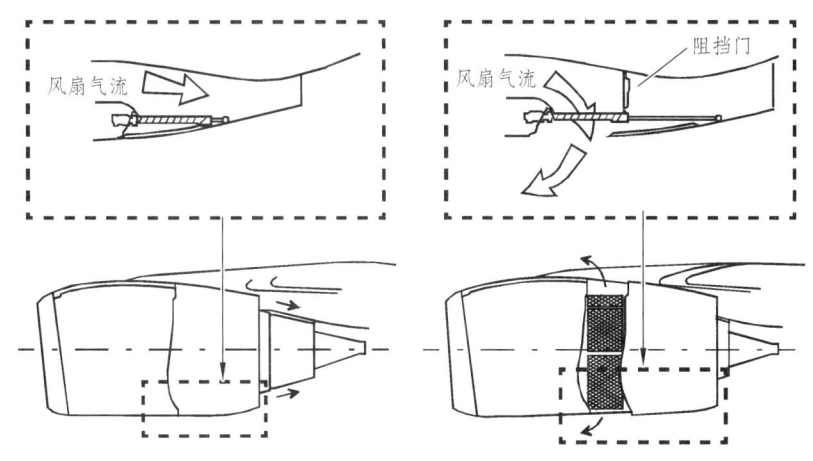

图 9.17　反推偏转气流

在干道面上使用人工刹车时，反推的使用将增加制动力，使着陆距离缩短。

在干道面上使用自动刹车时，打开反推，飞机有进一步减速的趋势，自动刹车为保持减速率为预设值，将自动减小刹车压力，使飞机的总减速力保持不变。所以这种情况下，反推的使用与否，对着陆距离影响很小。此时，反推主要起避免刹车磨损、减小刹车升温的作用。在高原机场运行中，这是一个避免刹车升温过高的一个重要技术。

在湿滑道面上，可能出现即使自动刹车将刹车压力调整到最大值，也不能保持预设减速率，这种情况下，反推的使用增加了减速力，使着陆距离显著减小。

在高速时，反推效果好，因此应在落地后尽早选择反推，这是很重要的。这将最大限度降低刹车温度、减小轮胎和刹车的磨损,并减少在很滑的跑道上的停止距离。在低速时,应解除反推,以防止发动机喘振和由于排气再吸入导致的异物损伤。在应急情况下,可保持最大反推,直到飞机完全停下。

干道面时,反推和扰流板的减速作用相对较小,湿、污染道面,则是主要的减速手段。污染跑道上使用反推可能是强制要求。

图9.18给出了空客飞机在典型着陆过程中各制动力随速度的变化。

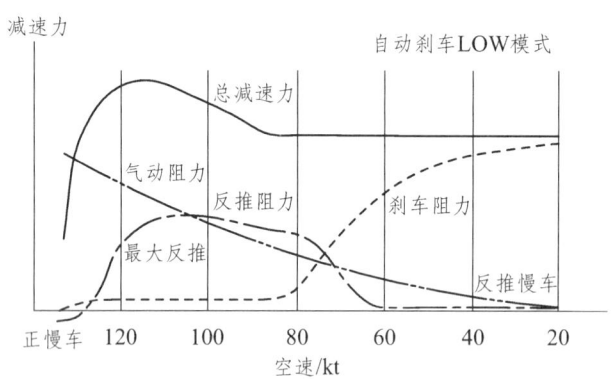

图 9.18　空客飞机典型着陆过程中各制动力随速度的变化

表9.5给出了 B737-700/CFM56-7B24 飞机,在以进近 Flap15 和着陆 Flap30,自动扰流板,着陆重量 120 klb,ISA 大气情况下,所需着陆距离(RLD)和不同自动刹车挡位(AB)下的运行着陆距离随高度的变化对比。

表 9.5　RLD 与自动刹车不同挡位下的 OLD 性能对比

PA/ft	RLD/ft	60%RLD/ft	OLD (AB-1) /ft	OLD (AB-2) /ft	OLD (AB-3) /ft	OLD (AB-max) /ft
0	4363	2618	6680	5592	4343	3174
3000	4671	2803	7247	6056	4686	3398
6000	5021	3013	7905	6593	5081	3656
9000	5419	3251	8654	7205	5531	3947
12 000	5887	3532	9537	7925	6058	4286

可以看出,如果在每个高度下,在满足起飞前方形态的条件下(RLD = LDA):

① 即使使用最高挡位的自动刹车,也不能在跑道的 60% 距离内实现全停,基本上只能在跑道长度的 73% 距离内实现全停。这充分说明了最大人工刹车和自动刹车最高挡位的制动性能区别。

② 另一方面,除自动刹车最大挡,其他挡位自动刹车下,均不能确保 OLD × 1.15 ≤ LDA。可以看出,对于这种刚好满足着陆性能要求的短跑道,需要正确选择自动刹车的不同挡位,以达到运行着陆距离评估要求,确保着陆安全。

9.3.5　其他影响因素

飞行技术对着陆距离有重大的影响。

进近速度（50 ft 处速度）大，则接地速度也增大，着陆距离长。规章要求任何情况下，进近速度不得小于 1.23 倍当前构型 1g 失速速度。进近速度通常需要根据风分量的大小、飞行中是否结冰、飞行中系统是否故障等情况进行调整，实际中最低的进近速度一般比 V_{REF} 高 5 kt。通常情况下，进场速度增加 10%，将导致着陆距离增加 20%。

进场高度（标准进场高度为 50 ft）大，空中段距离易增长，从而使着陆距离增长。对于 3° 下滑角，每增高 1 m，空中飘飞段距离要增长 20 m。

拉平的目标是在规定的姿态时主轮接地。实际中容易延伸拉平，导致接地推迟。大型飞机由于有强有力的制动系统，空中减速同样速度所需的距离是地面减速的 3 倍以上。因此，空中拉平段的延长，将显著地增加着陆距离。

图 9.19 给出了典型波音机型在各种偏差下着陆距离的变化情况。

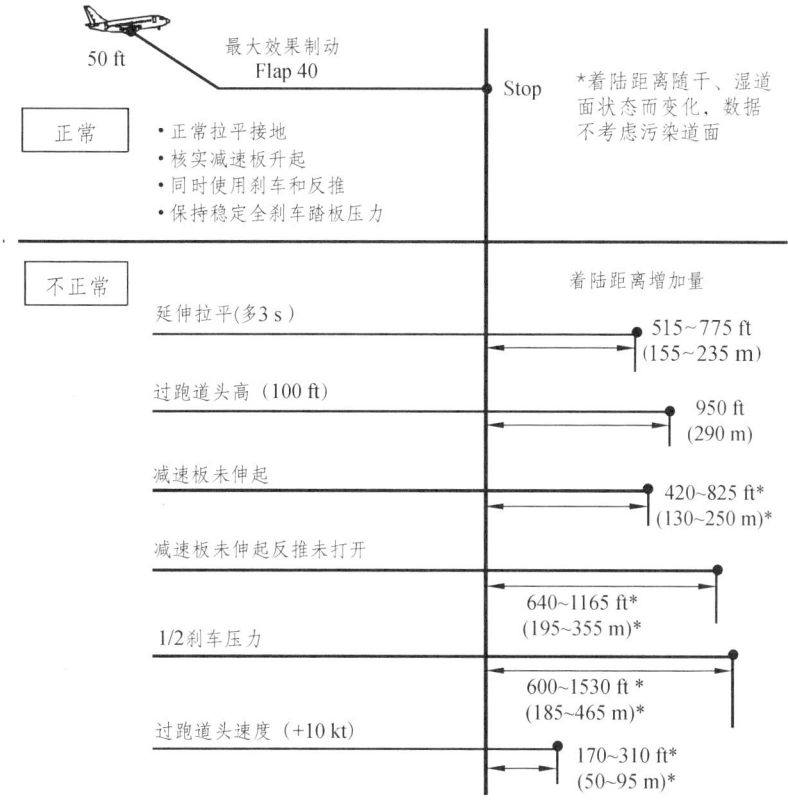

图 9.19 运行中影响着陆距离的因素

目前很多高原山区机场，由于自然环境的限制，使得机场环境较差，如跑道短、ILS 下滑道角度大、进场高度高，加上高原飞行，易导致空中段拉平段距离增加，如果道面状况不理想，在着陆时就很容易冲出跑道。

图 9.20 为 B737-700 FCOM 手册中 PI 章给出的不同条件下的运行着陆距离数据。其参考着陆距离数据基于 1000 ft 空中段距离（和干道面审定条件相同）、ISA 海平面无风、无跑道坡度、双发反推、自动减速板条件。在这个数据的基础上，可修正得到不同外部条件、不同自动刹车挡位下的运行着陆距离。使用这个距离乘 1.15 后与可用距离比较，进行空中到达前的判断。

Normal Configuration Landing Distance
Flaps 40

BRAKING CONFIGURATION	LANDING DISTANCE AND ADJUSTMENTS (M)							
	REF DIST	WT ADJ	ALT ADJ	WIND ADJ	SLOPE ADJ	TEMP ADJ	APP SPD ADJ	REVERSE THRUST ADJ	
	60000 KG LANDING WEIGHT	PER 5000 KG ABV/BLW 60000 KG	PER 1000 FT STD/HIGH*	PER 10 KTS HEAD/TAIL WIND	PER 1% DOWN/UP HILL	PER 10°C ABV/BLW ISA	PER 5 KTS ABOVE VREF40	ONE REV	NO REV
Dry Runway									
MAX MANUAL	840	50/-40	15/25	-30/105	10/-10	15/-15	30	15	30
AUTOBRAKE MAX	1045	50/-55	25/35	-40/130	0/0	20/-25	50	0	0
AUTOBRAKE 3	1440	85/-90	40/55	-65/220	0/0	35/-35	85	0	0
AUTOBRAKE 2	1835	120/-130	55/80	-90/305	10/-30	50/-50	90	20	20
AUTOBRAKE 1	2045	150/-155	65/90	-105/365	45/-55	60/-55	85	145	175
Good Reported Braking Action									
MAX MANUAL	1165	65/-70	30/45	-55/190	30/-25	25/-25	45	55	130
AUTOBRAKE MAX	1235	70/-75	30/45	-55/195	25/-20	30/-30	55	60	140
AUTOBRAKE 3	1445	85/-90	40/55	-65/225	10/-5	35/-35	85	5	15
AUTOBRAKE 2	1835	120/-130	55/80	-90/305	10/-30	50/-50	90	20	20
AUTOBRAKE 1	2045	150/-155	65/90	-105/365	45/-55	60/-55	85	145	175
Medium Reported Braking Action									
MAX MANUAL	1575	105/-105	45/65	-85/310	70/-55	40/-40	60	155	375
AUTOBRAKE MAX	1590	105/-110	45/70	-85/310	70/-50	40/-40	70	155	370
AUTOBRAKE 3	1630	105/-110	50/70	-85/315	60/-40	40/-45	85	140	370
AUTOBRAKE 2	1895	125/-135	55/80	-100/350	45/-45	50/-50	90	60	175
AUTOBRAKE 1	2055	150/-155	65/95	-110/380	70/-65	55/-60	85	160	235
Poor Reported Braking Action									
MAX MANUAL	2040	150/-150	65/95	-130/490	175/-110	50/-55	70	330	875
AUTOBRAKE MAX	2045	150/-150	65/100	-130/490	175/-115	50/-55	70	330	875
AUTOBRAKE 3	2050	155/-155	65/100	-130/490	175/-110	50/-55	80	330	875
AUTOBRAKE 2	2150	155/-155	70/100	-130/500	155/-105	55/-60	85	260	795
AUTOBRAKE 1	2240	165/-170	70/105	-135/515	165/-115	60/-65	85	305	745

Reference distance is based on sea level, standard day, no wind or slope, VREF40 approach speed, two-engine detent No. 2 reverse thrust, and auto speedbrakes.
For max manual braking and manual speedbrakes, increase reference landing distance by 50 m.
For autobrake and manual speedbrakes, increase reference landing distance by 45 m.
Reference Distance includes an air distance allowance of 305 m from threshold to touchdown.
Actual (unfactored) distances are shown.

*For landing distance at or below 8000 ft pressure altitude, apply the STD adjustment. For altitudes higher than 8000 ft, first apply the STD adjustment to derive a new reference landing distance for 8000 ft then apply the HIGH adjustment to this new reference distance.

图 9.20　737-700 OLD FCOM PI

9.4　湿与污染道面性能

9.4.1　道面局方定义

满足以下特征的道面被认定为湿跑道（Wet Runway）：超过 25% 的道面被任何可见潮湿（dampness）或 3 mm（1/8 in）及以下厚度的积水所覆盖。

满足以下特征的道面被认定为污染跑道（contaminated Runway）：超过 25% 的道面被霜冻（frost）、冰（ice）、任何厚度的雪（snow）、雪浆（slush）、厚度超过 3mm 的积水所覆盖。

下面给出了污染道面污染物种类的进一步解释。

干雪（Dry Snow）：缺乏足以粘结在一起的水分的雪，抓捏成雪球后松开，它会散开，通常在 0 °C（32 °F）以下出现。

湿雪（Wet Snow）：含水的颗粒雪，可以被捏成雪团，但没有水被挤出。

雪浆（Slush）：具有流体特性（流动、溅水）的富含水的雪，用手抓起来后水会流出，用脚踩踏时会流动移开，出现在气温约为 5 °C 的时候。

压实的雪（Compacted Snow）：被压实成固体状的雪，飞机在其上滑行时不会使其移开。

霜冻（Frost）：霜冻是由空中潮气在低于冰点温度下的表面凝结成的冰晶组成。它区别于冰的地方在于：霜冻晶粒是独立成长的，因此，具有更为颗粒状的纹理。

冰（Ice）：固态的冻水。

湿冰（Wet Ice）：正在融化的冰或冰面上有水层。

通常把道面污染物分为两大类：

硬质污染物：飞机在上面滑行时保持在其上，不会深入其间。冰、压实的雪属于固态污染物。对于此类污染物，其厚度对飞机的加、减速能力没有影响。

软质污染物：飞机在其上滑行时会深入其间，不能待在其表面。积水、雪浆、湿雪、干雪属于松软污染物。对于此类污染物，其厚度会影响飞机的加、减速能力。考虑到这类污染物在滑跑时会产生飞溅冲击、发动机吸入、严重降低的加速度，建议起飞时的最大积水、雪浆厚度不超过 13 mm（1/2 in）。

制造商一般按这两类污染物分别给出不同的性能数据。对于硬质污染物，一般按照报告刹车效应等级给出；对于软质污染物，一般按照污染物种类与厚度给出。

需要指出的是，针对污染道面，规章假设：污染物在整个跑道是均匀分布，具有相同厚度和密度。现实情况可能和这个假设并不一致。

9.4.2 规章发展及现状

过去，在湿道面和污染道面上的规章要求，欧美两大局方存在不一致的地方。1998 年后，两大局方湿道面的规章标准得到统一，而在污染道面上，到目前为止，仍未统一。下面分别简单介绍该领域的历史发展与现状。

在美国一侧，1978 年 FAA 在 AC 91-6A 中提供了积水、雪浆、积雪/冰道面的运行指南，但不包括湿道面。在 AFM 中没有湿道面上的取证性能数据，如果有，往往是咨询信息，或是按欧洲标准审定的数据。这些波音机型包括 707、727、737-100/-200/ Adv/ -300/-400/-500、747-100/-200/-300/-400、757-200、767-200/-300/-200ER/-300ER、777-2/300、DC-9/-10、MD-80/-90/-11 等。

从 20 世纪 90 年代前半期开始，美国在新的规章修订建议中提出了湿道面审定要求，并在欧美两大局方间进行了规章协调的行动。最终在 1998 年，在 25 部的 92 次修订中，湿道面要求被列入 B 分部的性能相关条款中。按新的湿道面标准审定的飞机包括波音的 737NG、747-400F、747-8、757-300、767-400、777-200LR、777-300ER、717、787、737max 等。

2009 年前后，为降低污染道面冲出跑道事故，FAA、EASA、ICAO 与其他机构一起，在前期专门技术工作组的基础上，开始在局方指导材料、机场、ATC、运营人、制造商等相关方面，针对污染道面的报告、用语、数据使用等进行统一协调，其结果被称为跑道状态评估矩阵（Runway Condition Assessment Matrix，RCAM）。2014 年，FAA 发布 AC 91-79，2015 年发布 AC 25-31、25-32，正式确认了 RCAM 方法，ICAO 已经准备就这一问题采纳 FAA 的建议。

在欧洲一侧，早在 20 世纪 70 年代各国民航局中就存在湿、污染道面的局方要求。空客与波音部分机型使用当时英国民航局（UK CAA）以及 JAR 要求进行湿道面的审定。这些机型包括空客的 A300、A310 和 A300-600，以及波音按欧洲标准审定的机型：707、727、737-1/200、747-1/200。1988 年，污染道面规章要求在 JAR 25 部第 13 次修正案中正式进入其 G 分部（JAR 25.1591 / AMJ 25.1591）。20 世纪 80 年代末和 90 年代早期，空客第一架电传飞机 A320 以及波音的 B777-200 分别按这一要求进行了湿道面和污染道面的审定，包括使用 80% 磨损的刹车系统进行污染道面制动性能的确定。之后在整个 20 世纪 90 年代，JAA 对 25.1591 条款相关的污染道面局方指导材料进行了持续的小幅更新。2000 年，在 JAR 25 部第 15 次修正案中，欧美两大局方（实际上是全球各国局方）在湿道面标准上得到统一。空客的所有电传飞机均按新标准审定，特别的，按 20 世纪 80 年代标准审定的 A320，在 2000 年后，空客按新标准对其进行了重新审定。

之后，随着 JAA 转向 EASA，关于污染道面的更新仍在持续进行，包括 2006 年 CS 25 部的第 2 次修正案。

JAR/CS 25.1591 要求，制造商申请局方审定时，可基于自愿的原则，在 AFM 中提供飞机在积水、雪浆、雪、冰道面上的补充性能信息。如果未提供，则必须注明：飞机禁止在这些道面类型上运行。而美国 FAR 25 部中至今没有对应的条款要求。

欧美规章在污染道面的不同性能要求，导致制造商在手册中以不同的方式提供性能数据。

AMC 25.1591 要求，污染道面性能的确定，可基于计算的方法，也可基于试飞的方法。在空客按 JAA/EASA 标准审定的 AFM 中，污染道面性能作为经批准的审定数据专门列入第 7 章中。而在波音机型的 AFM 中，这些信息是作为非审定数据提供的。

从历史上看，在湿道面/污染道面的净空道使用问题上，规章（主要是欧洲一侧）经历过若干次细微的变迁过程。图 9.21 给出了 20 世纪 80 年代末至 1998 年标准统一前，这一要求的不同。在统一后的标准中，湿道面上禁止使用净空道。欧洲标准的污染道面中，净空道使用与否和湿道面相同。如果不清楚这些历史情况，学习者往往在阅读不同时期的资料时，产生混乱的结论。

统一后的湿道面规章标准包括两种类型的湿道面。

普通（Normal）湿道面是没有经过特殊处理的普通道面，这类道面在干、湿状态下会呈现较大的性能差异。

防滑（Skid Resistant）湿道面是经过特殊处理的湿道面，在干、湿状态下基本上表现出较小的性能差异。

防滑道面是符合 FAA AC 150/5320-12 或对等标准的道面。该咨询通告给出了道面的测量、修建和维护的指南，可分为两种：一种为开槽（grooved）处理的道面，FAA 标准开槽构型为 0.25 in/6 mm 深、0.25 in/6 mm 宽，槽间间隔 1.5 in/38 mm；另外一种为表面覆盖透水涂层的 PFC（Porous Friction Course），PFC 是一种多孔、粗糙的特殊涂层。

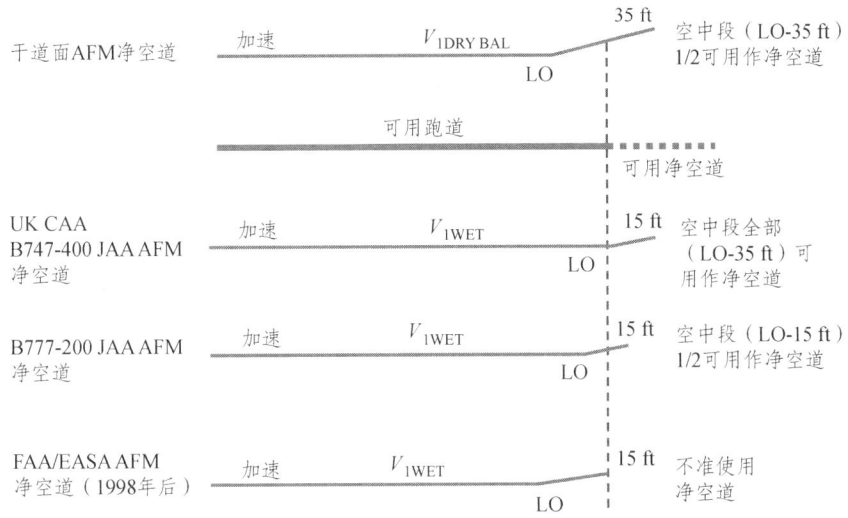

图 9.21　不同时期的湿道面净空道使用标准

制造商可自由选择是否提供防滑湿道面性能数据，如果提供，运营人使用防滑湿道面计算性能须得到所在国局方的运行批准，并列入运营人运行规范。图 9.22 为干道面、湿道面、防滑湿道面在着陆性能上的差异。

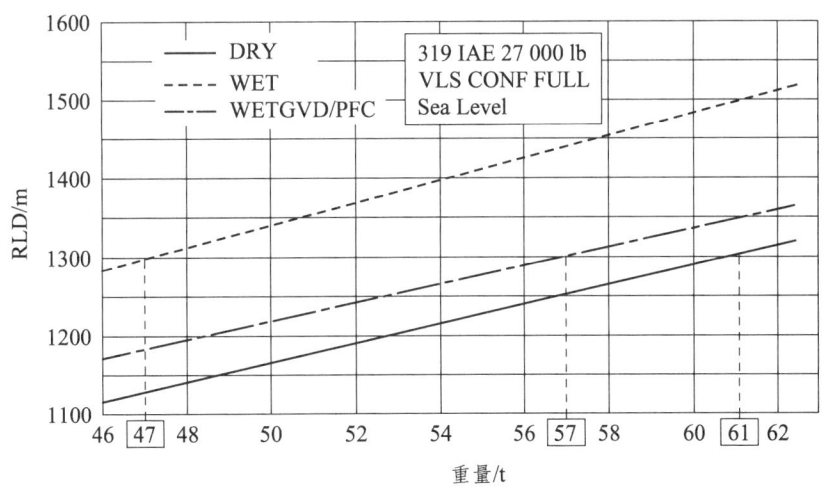

图 9.22　干道面、湿道面、防滑湿道面在着陆性能上的差异（1300 m 跑道）

欧美在湿道面统一后的规章中，涉及飞行性能审定的要点包括：第一次正式要求 AFM 必须包含湿道面审定性能数据，并给出计算湿道面飞机刹车系数的工程计算方法，考虑了胎压、防滞系统效率、速度对制动的影响。针对湿道面定义了 15 ft 的屏高，取消了净空道在湿道面上的使用，提出了防滑湿跑道的标准和要求，明确了中断起飞数据的时序标准。新增要求在湿道面使用磨损 90% 的刹车做飞行测试，磨损 100% 的刹车做实验室测试。新的湿道面审定标准允许在制动中考虑反推的作用，只要它是安全可靠的。

例如，波音在湿道面反推使用上采取的策略是：对于四发机型，一发失效（ASD）使用两台对称反推，双发机型使用一台反推。

表 9.6 给出了目前三类跑道上，规章要求的要点对比。

表 9.6 三种类型跑道规章要求的要点

Dry	Wet	Contaminated
不包含反推	包含反推	包含反推
35 ft 屏高	15 ft 屏高	15 ft 屏高
干道面刹车系数	湿道面刹车系数	污染道面刹车系数
可以使用净空道	不可使用净空道	不可使用净空道
90% 磨损刹车试飞	90% 磨损刹车试飞	80% 磨损刹车试飞

9.4.3 其他污染道面问题

1. 滑　水

在污染道面上，和干道面相比，飞机滑跑时会产生额外阻力。通常把这些增加的阻力分为排水阻力（Displacement Drag）和飞溅阻力（Impingement Drag）。

排水阻力是因为轮胎排开积水/污染物而产生的阻力。飞溅阻力则是由于机轮（主要是前轮）将污染液体飞溅抛向机身而产生的阻力。EASA AMC 25.1591 给出了这两类阻力在不同起落架构型下的建议计算方法。

在积水道面滑行，积水层在机轮的挤压下，产生流体动力。这个力一方面阻止机轮旋转，另一方面将机轮托起，减少道面轮胎接触面积，甚至使机轮脱离道面。

通常可分为以下三种类型的滑水：

黏性滑水（Viscous Hydroplaning）：水层对道面与轮胎间的润滑作用，使轮速下降，摩擦力降低；水层较薄时产生。例如：湿道面上的摩擦力具有这种特征。

橡胶还原滑水（Reverted Rubber Hydroplaning）：由于拖胎，摩擦产生的高温使积水层受热产生蒸汽，高温蒸汽使橡胶变软、发黏而还原为液态。高温蒸汽将轮胎抬离道面，而轮胎的边缘却与道面保持接触，形成罩住蒸汽的一个密封罩。随着防滞系统在飞机上的普遍使用，极大地减少了橡胶还原滑水现象。

动态滑水（Dynamic Hydroplaning）：也称为动力滑水，是指轮胎与道面完全脱离，机轮一般停转或反转，积水、雪浆、湿雪等污染道面上高速滑跑时会产生。动态滑水时刹车效能基本上完全丧失，且一旦产生则不易消失。这类滑水对飞行安全的危害最大。

产生动态滑水必须具备两个条件：首先是速度大于动态滑水临界速度 V_p，其次是水深大于动态滑水临界水深。V_p 取决于胎压，与飞机重量、污染物的比重无关。美国、欧洲目前相关局方材料中建议的工程计算公式为

$$V_p = 9\sqrt{\text{Tire Pressure (psi)}}$$

式中，胎压单位使用 lb/in^2（psi），得到的速度是以单位 kt 表示的地速。

动态滑水临界水深一般在 2.5~12.5 mm，它与道面、轮胎花纹及深度有关。

AMC 25.1591 给出了接近 V_p 速度时，以及在 V_p 的 0.86 ~ 1.6 倍之间的排水与飞溅阻力系数的修正方法。

2. 刹车系数

轮胎刹车系数 μ（Wheel Braking Coefficient），是轮胎刹车状态产生的制动力与正压力之比。其大小和道面状态、速度、防滞系统效率、刹车磨损、轮胎状况等因素有关。刹车系数决定了飞机的制动性能。

例如，25.109（c）要求胎压为 100 psi 时，其湿道面轮胎-道面之间的最大刹车系数可用下式计算得到：

$$\mu = -0.0437\left(\frac{V}{100}\right)^2 + 0.320\left(\frac{V}{100}\right)^2 - 0.805\left(\frac{V}{100}\right) + 0.804$$

针对污染道面，AMC 25.1591 给出了各污染道面确定刹车系数的建议方法，以在没有试飞数据时使用。例如，针对积水和雪浆的刹车系数计算公式为

$$\mu = -0.0632\left(\frac{V}{100}\right)^2 + 0.2683\left(\frac{V}{100}\right)^2 - 0.4321\left(\frac{V}{100}\right)^2 + 0.3485$$

当速度超过 V_p 后，使用 0.05 作为刹车系数。

而针对其他污染物类型，如湿雪，刹车系数为 0.17，干雪为 0.17，压实的雪为 0.20，冰为 0.05。

另外一个近似的概念是道面摩擦系数测量车给出的报告摩擦系数 μ。ICAO 在 DOC 9137 机场勤务手册（Airport Services Manual）中给出了若干经批准的测量车类型，如 Skidometer、Saab Friction Tester（SFT）、MU-Meter、James Brake Decelerometer（JDB）、Tapley Meter、Diagonal Braked Vehicle（DBV）等。这些经批准的测量车被机场管理部门用于对跑道表面状态实施监测。

道面摩擦系数测量车存在的问题是：一方面，对于同一跑道，不同类型的测量装置得到的摩擦系数值可能不同，没有一个可接受的标准可对不同测量车的摩擦系数进行转换；另一方面，由于测量车在重量、测量时的速度（典型值 65 km/h）、轮胎类型、防滞系统等方面均和实际飞机相差较大，目前同样不存在一种可接受的标准，能将测量车的 μ 与飞机制动性能建立起关系。

ICAO 标准指出：仅对硬质污染物道面，报告的 μ 才和飞机制动性能存在关联，对于软质污染道面，报告的 μ 和飞行性能的关联度不可靠。

这个报告摩擦系数 μ 一直被机场管理局用于确定道面维护程序。ICAO 要求：针对不同的道面摩擦系数测量车，应定义"维护计划值（Maintenance Planning Level）"，如果测量值低于这一水平，应采用适当的道面维护程序；应定义"最小摩擦值（Minimum Friction Level）"，如果测量值低于这一水平，应认为跑道状态可能处于"道面湿滑（Slippery When Wet）"，必须发布航行通告。

3. RCAM 与报告刹车效应等级

飞行员报告刹车效应等级（Pilot-Reported Braking Action）是对跑道滑溜状态的主观评估，飞行员根据着陆滑跑中的刹车减速性以及方向控制效果，进行刹车效应等级评估。飞行员报告刹车效应等级可以通过 ATC 传递给后续着陆的飞机。这是确定制动性能的重要参考。

过去，报告刹车效应等级只有 Good（相当于湿道面）、Medium、Poor、Nil 等级别。机场在污染道面的报告方面，其用语和描述方法等也存在不同。道面摩擦系数测量值对于飞行性能参考价值也存在诸多模糊的地方。在多起冲出跑道事故的推动下，全球各相关机构对此进行了改进。

2009 年，FAA 组建的专门研究小组提出了跑道状态评估矩阵（RCAM）方法，针对污染道面，改进和细化了报告刹车效应等级，提出了跑道状态码（Runway Condition Code，RwyCC）的确定分类标准，对机场道面状态描述用语进行了规范，取消了道面摩擦系数测量值的报告要求，并在污染道面的运行、适航两个领域中的飞行性能关联方面进行了协调。

2016 年，ICAO 推出主要针对污染道面的全球报告格式（Global Reporting Format，GRF），与 FAA 标准相似。

EASA 则计划在 2020 年前后，跟进和推进相似计划。

新的规范涉及制造商、运营人、机场管理局、航空资料提供商、空中交通服务等多个领域的规章/标准修订。

下面对跑道状态评估矩阵（RCAM）的内容做一简单介绍（见表 9.7）。

表 9.7 跑道状态评估矩阵（RCAM）

RwyCC	道面状况描述	报告刹车效应	减速或方向控制观测	轮胎刹车系数
6	• 干	—		符合 25.1251 审定值的 90%
5	• 霜冻 • 湿（包括潮和 3 mm 以下积水） 3 mm 或以下厚度： • 雪浆 • 干雪 • 湿雪	Good	施加刹车后，刹车减速正常且方向控制正常（Normal）	25.109（c）
4	−15 °C 及更冷温度： • 压实的雪	Good to Medium	刹车减速或方向控制介于 Good 和 Medium 之间	0.20
3	• 湿（"slippery when wet" runway） • 压实的雪上覆盖任何厚度的干雪或湿雪 大于 3 mm 厚度： • 干雪 • 湿雪 暖于 −15 °C 温度： • 压实的雪	Medium	施加刹车后，刹车减速可察觉的降低或方向控制可察觉的降低（noticeably）	0.16
2	大于 3 mm 厚度： • 积水 • 雪浆	Medium to Poor	刹车减速或方向控制介于 Medium 和 Poor 之间	速度小于 $85\%V_p$ 时，使用 25.109（c）刹车系数的 50%，但不超过 0.16。超过 $85\%V_p$ 后，刹车系数为 0.05
1	• 冰	Poor	施加刹车后，刹车减速显著降低或方向控制显著降低（significantly）	0.08
0	• 湿冰 • 压实的雪上积水 • 冰上干雪或湿雪	Nil	施加刹车后，刹车减速极小到没有（minimal to non-existent）或方向控制不确定（uncertain）	不适用（在 Nil 状态禁止运行）

跑道状态码（RwyCC）是 0 到 6 之间的数字，它按跑道的 1/3 长度分别给出，描述了跑道的滑溜程度。0 代表最滑，而 6 代表干道面。飞行员报告刹车效应等级被扩展到五个等级，Good 相当于湿道面。RwyCC 数字可以和飞行员报告刹车效应等级直接对应。表 9.7 为机场管理部门（道面状况报告数据提供方）、运营人（道面状况-飞行性能数据使用方）以及制造商（手册性能数据提供方）使用的污染道面指南建议。

目前，波音、空客均已有按照这些要求提供的性能数据。图 9.23 给出了空客提供的某机型在各种条件下的运行着陆距离数据。

Weights (1000kg)	A/BRK	46	50	54	58	62	66	70	74	78	per 1000ft above SL	per 10kt tailwind	2 rev op	per 5kts VAPP incr	per 10 deg above ISA	per 1% downward slope
DRY	MAN	850	900	950	990	1040	1100	1180	1280	1370	+3%	+19%	-1%	+6%	+3%	+2%
	MED	1070	1140	1210	1280	1340	1410	1480	1540	1600	+3%	+19%	0%	+6%	+3%	+1%
	LO	1490	1590	1690	1790	1890	1990	2100	2200	2290	+3%	+20%	0%	+6%	+3%	+1%
SKID RESIST	MAN	930	980	1030	1090	1140	1190	1240	1300	1380	+3%	+19%	-2%	+5%	+3%	+2%
	MED	1070	1140	1210	1280	1340	1410	1480	1540	1600	+3%	+19%	0%	+6%	+3%	+1%
	LO	1490	1590	1690	1790	1890	1990	2100	2200	2290	+3%	+20%	0%	+6%	+3%	+1%
GOOD	MAN	1050	1120	1200	1280	1350	1440	1520	1600	1680	+4%	+25%	-5%	+6%	+3%	+3%
	MED	1110	1180	1260	1340	1420	1500	1580	1660	1740	+4%	+23%	0%	+6%	+3%	+3%
	LO	1550	1650	1750	1860	1960	2070	2170	2280	2370	+3%	+20%	0%	+6%	+3%	+1%
GOOD TO MEDIUM	MAN	1250	1330	1400	1480	1550	1630	1700	1780	1840	+3%	+22%	-6%	+5%	+3%	+4%
	MED	1290	1360	1440	1520	1600	1670	1750	1830	1890	+3%	+22%	-6%	+5%	+3%	+4%
	LO	1500	1600	1700	1800	1900	2000	2100	2200	2290	+3%	+21%	0%	+6%	+3%	+2%
MEDIUM	MAN	1390	1480	1560	1650	1730	1820	1900	1990	2060	+3%	+23%	-8%	+5%	+3%	+5%
	MED	1430	1510	1600	1680	1770	1860	1940	2030	2100	+3%	+23%	-8%	+5%	+3%	+5%
	LO	1550	1650	1750	1860	1960	2060	2170	2270	2360	+3%	+22%	-1%	+6%	+3%	+4%
MEDIUM TO POOR	MAN	1700	1800	1900	2000	2100	2210	2310	2410	2500	+3%	+26%	-12%	+4%	+3%	+8%
	MED	1720	1830	1930	2030	2130	2240	2340	2450	2540	+3%	+26%	-12%	+4%	+3%	+8%
	LO	1810	1920	2030	2140	2250	2370	2480	2590	2690	+3%	+25%	-7%	+5%	+3%	+8%
POOR	MAN	2000	2120	2230	2350	2480	2600	2720	2840	2940	+3%	+28%	-15%	+4%	+3%	+11%
	MED	2020	2140	2260	2380	2500	2620	2740	2870	2970	+3%	+28%	-15%	+4%	+3%	+11%
	LO	2060	2180	2300	2430	2550	2670	2800	2920	3030	+3%	+27%	-12%	+4%	+3%	+11%

图 9.23 空客运行着陆距离

9.5 刹车热能

刹车的热能来自制动时吸收的飞机动能。在高原运行，以及航班由各短程航段组成的情况下，刹车温度高是一个必须面对的问题。刹车泄胎或爆胎常常导致整个航班计划的打乱，导致重大的经济损失。破损的轮胎碎片也很可能打坏机体上的重要部件，导致严重的安全隐患。为此，我们需要对刹车系统的温度及性能特性进行深入了解。

刹车温度取决于刹车时飞机的动能、重量、TAS、刹车使用度。重量大、TAS 大、机场标高高、气温高、跑道下坡、顺风，均导致刹车温度高；自动刹车高挡位，反推大，导致刹车温度低。

9.5.1 刹车系统温度特性

现代飞机刹车由数个固定在机轮上的动盘（rotors）和对应数量的固定在起落架支柱上的定盘（stators）所组成。刹车时，通过液压驱动的定盘夹紧动盘，从而产生制动力，将飞机的动能转换为刹车系统的热能。刹车的启动既可由自动刹车系统，也可由机组人工踩刹车实现。

刹车温度变化的一个基本特点是升温快而冷却慢，特别的，即使在刹车停止使用后，某些刹车部件的温度，仍将持续增加，如图 9.24 所示。图 9.25 为 B777 型飞机在 45 million ft·lb 能量输入情况下，刹车三个部分温度随时间的变化过程。在刹车使用过程中，动盘与定盘部位升温极快，在 40 s 内即达到最高温度（超过 850 ℃），然后经过很长一段时间，慢慢散热降温，在 90 min 后，温度仍高达 330℃。刹车吸收的高温由刹车盘由内向外传播，刹车温度监视系统（Brake Temperature Monitoring System，BTMS）在 10～15 min 达到其峰值温度。而安装在机轮轮毂上的易熔塞（fuse plug）温度则直到 35～50 min 后才到达其峰值。这意味着，在超过易熔塞熔化能量情况下着陆，易熔塞真正熔化的时间可能发生在着陆后相当长的一段时间之后。如果没有正确评估刹车能量，可能导致在下一次起飞滑跑中甚至在起落架收进轮舱后易熔塞熔化。

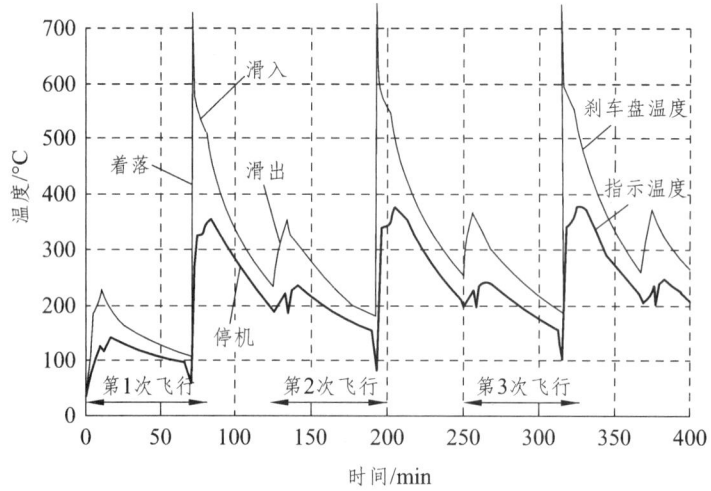

图 9.24　正常运行过程中刹车盘温度和刹车指示温度的变化

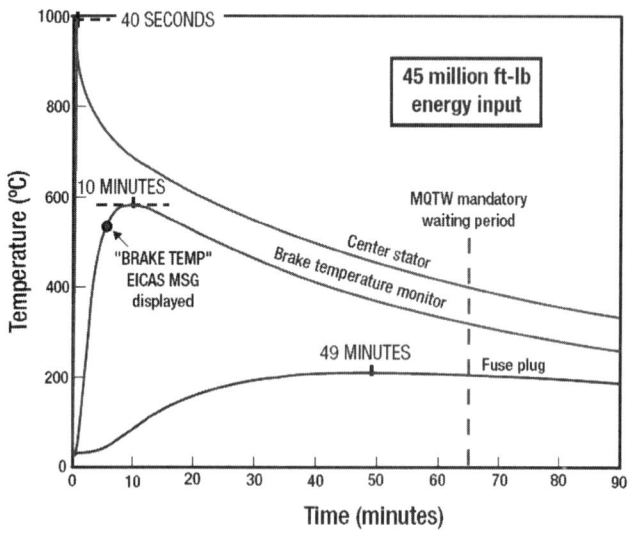

图 9.25　B777 型飞机刹车各部分温度随时间的变化过程

安装于机轮轮毂上的易熔塞，是一种防爆胎的安全装置，沿圆周分布的一系列小孔，安装有低熔点的金属螺栓。在高的刹车能量下，易熔塞熔化，释放轮胎气压，防止爆胎。例如，对于 B737-300 飞机的某种轮胎类型，能达成易熔塞熔化的最大刹车能量为 23.73 million ft·lb，实验确定的熔化时间间隔为 38 min。

　　刹车能量过高，可能产生严重的后果，导致起火、刹车制动力衰退、抱死、完全失效以及易熔塞熔化等。在极端情况下，过高的温度可能导致刹车系统出现无法控制的火灾，危及机上人员的紧急撤离，并导致飞机严重损毁。

　　一旦刹车能量超过某一限度，刹车制动能力就开始减退。刹车系统的衰退特性在适航审定中被测试，并在公布的和刹车相关的性能中被加以考虑。然而，如果实际运行中没有考虑刹车的残余热能，刹车的衰退就可能会遇到。严重情况下，可能危及着陆和中断制动能力。

　　刹车温度超过其设计极限时将会加速飞机刹车系统磨损。在极端情况下，这种快速磨损量将超过液压活塞的可用行程，导致刹车不能产生制动力。除了这种刹车完全失效的情况外，另外一个担心是轮胎的问题。遭受极端温度的轮胎，尤其是重复出现这种情况，可能变得坚硬并失去结构强度，出现断裂或碎片，并在轮胎的高压驱动下高速飞出。遭受极端温度的轮胎，易展现出过早失效的特性。

　　由于刹车温度的重要性，高原飞机可根据制造商建议，安装机轮降温风扇。机轮风扇通常安装于轮毂上，可快速降低轮胎温度。对于没有安装机轮风扇的机型，也可使用外部风扇来降低刹车温度。现代飞机还普遍安装有刹车温度监视系统，或提供这类系统的安装选项，以在驾驶舱给机组提供指示。例如，在目前波音系列飞机上，刹车温度监视系统（BTMS）作为选装配置的机型有：737 全系列、757-200/300、767-200/300/400 和 MD-80；作为标准配置的机型有：747-400、777-200/300、717、MD-90 和 MD-11。

　　目前，大型民用运输机上根据刹车盘的材料不同，主要使用两种类型的刹车系统，即钢刹车和碳刹车。前者的动盘和定盘由钢合金制造，后者的动盘和定盘则由碳复合材料制造。它们具有一些影响飞行性能的不同的特性。例如，B737-700 配备的刹车类型（Brake Category）有：A、B（标准容量钢刹车）、F（高容量钢刹车）、M（碳刹车）。

　　钢刹车材料成本相对较低，但需要到达刹车能量要求的重量，碳刹车则正好相反。例如，对于波音 757 或 767，一副钢刹车和碳刹车重量相差约 360 kg（800 lb）。碳刹车不需要像钢刹车那样大的质量是因为碳刹车可以承受高得多的操作温度。例如，在波音 767-400 碳刹车的取证试飞中，最大刹车能量制动产生的内部刹车温度超过 1650 ℃（3000 °F），这一温度已经超过了钢的熔化温度。但是，碳刹车的初始购置成本和大修成本比钢刹车高出不少。而碳刹车的高成本部分被其较长的使用寿命（就大修间的着陆次数而言）所抵消。

　　钢刹车的磨损主要取决于施加其上的能量（使用的严重程度），所以较小的能量将导致其较长的寿命。另外，当刹车温度增加时，钢刹车的磨损将显著增加。不像钢刹车，碳刹车的磨损主要取决于其使用次数，所以较小的使用次数将导致其较长的寿命。碳刹车一个重要的优点是其在高温下极佳的磨损特性。碳刹车的大部分磨损实际上是在"冷"滑行制动中产生的。

　　这两种类型的刹车还存在一些少量的性能差别。碳刹车的热衰退性能比钢刹车好，因此其受残余刹车热能的影响小。碳刹车还基本不会出现钢刹车的抱死问题。刹车抱死是指：在高能量制动后使用停留刹车，高温导致的刹车定盘和动盘熔化并相互结合为一个整体的现象。

9.5.2 刹车能量的审定要求

作为飞机审定过程的一部分，规章对刹车系统能够安全吸收的能量级别进行了要求，这是通过仪器测量和飞行演示实现的，以证明这些取证刹车能量级别作为运行极限是安全的。典型的，需要进行试飞验证的刹车系统能量级别通常有两种：

① 最大加速停止动能。是飞机在起飞重量、速度、气压高度和温度的最严峻组合情况下飞机进行中断起飞的动能水平。规章要求，必须通过功率仪器测试证实，对于处于按预定磨损状态的刹车系统的每个部件，有能力安全吸收不低于最大加速停止动能的能力。除此之外，还必须进行演示试飞以作为功率仪器测试的补充，以证实飞机能够在这种最大加速停止动能条件下安全停止。1998 年修订的适航标准进一步确定这种演示试飞必须在刹车系统处于接近其磨损极限下进行。演示试飞前，飞机必须至少滑行 3 miles，并在滑行中进行 3 次全停，以积累基本的残余热能。在停止后的至少 5 min 内，不能出现危及安全完成紧急撤离的情况发生。飞机飞行手册（AFM）中的最大刹车能量速度 V_{MBE} 表示了这一限制。

② 易熔塞不熔化停止动能。必须使用功率仪器测试和试飞验证方法，建立易熔塞不熔化的最大刹车能量水平。这一能量用于确定快速过站最大重量限制，并公布在飞机飞行手册（AFM）中。在取证过程中，易熔塞会在两种条件下进行试飞。首先，在运行着陆条件下，当飞机动能达到易熔塞不熔化停止动能时，易熔塞不能熔化。其次，在取证试飞中，易熔塞必须展示出它的本来功能，即在高温下确保熔化以释放轮胎压力。这通常在演示最大加速停止动能的中断起飞中进行，这一过程中，易熔塞必须在适当的时间熔化，以在机轮爆胎前释放轮胎压力。

FAR/JAR 25 部还要求机轮具有超温爆炸保护能力，这也是通过易熔塞来实现的。在温度超过设计熔点温度时，易熔塞熔化以释放轮胎压力防止爆胎。

为防止易熔塞熔化，定义了快速过站最大重量（Max Quick Turnaround Limit，MQTW），它是刹车能量达到足以使机轮的易熔塞熔化相对应的飞机着陆重量。

当实际着陆重量低于快速过站最大重量时，则对飞机的地面过站停留时间没有特殊要求；否则，必须在冷却停留时间后，检查易熔塞是否熔化。快速过站最大重量只是保护在紧接着的起飞中易熔塞的熔化问题，并没有保护紧接着的起飞中出现中断起飞情况下的安全问题。图 9.26 给出了波音 B737-700 型飞机的样例。

使用快速过站最大重量表需注意：该表数据基于单次着陆刹车能量，没有计入刹车残余热能，以及新刹车、最大人工刹车、无反推条件下得到的热能。

9.5.3 影响刹车温度的因素

刹车吸收动能较大的情况有三种：中断起飞、着陆和滑行。

中断起飞中刹车系统吸收了巨大的热能，超过了其他所有需要制动的飞行状态。主要原因是，中断起飞时飞机的重量比着陆重量大，中断起飞时的速度也大于着陆接地时的速度，并且可以利用的跑道长度也较短，这些均要求飞机在中断起飞中使用极度刹车。即使是相同的重量和刹车速度，由于中断起飞襟翼角度小，飞机气动阻力小；另外发动机为起飞工作状态，着陆时发动机是慢车状态，所以中断起飞吸收的刹车热能很大。

Quick Turnaround Limit Weight - Category F Steel Brakes
Flaps 40

OAT (°C)	LIMIT WEIGHT (1000 KG)					
	AIRPORT PRESSURE ALTITUDE (FT)					
	0	2000	4000	6000	8000	10000
54	81.3					
50	81.6	78.6				
45	81.6	79.3	76.1			
40	81.6	79.9	76.8	73.5		
35	81.6	80.6	77.5	74.2	71.0	
30	81.6	81.3	78.1	74.8	71.6	68.6
25	81.6	81.6	78.8	75.5	72.3	69.2
20	81.6	81.6	79.4	76.2	72.9	69.8
15	81.6	81.6	80.1	76.9	73.6	70.4
10	81.6	81.6	80.8	77.6	74.3	71.1
5	81.6	81.6	81.5	78.3	75.0	71.7
0	81.6	81.6	81.6	79.0	75.7	72.4
-5	81.6	81.6	81.6	79.8	76.5	73.1
-10	81.6	81.6	81.6	80.5	77.3	73.9
-15	81.6	81.6	81.6	81.3	78.0	74.6
-20	81.6	81.6	81.6	81.6	78.8	75.4
-30	81.6	81.6	81.6	81.6	80.4	77.1
-40	81.6	81.6	81.6	81.6	81.6	78.7
-50	81.6	81.6	81.6	81.6	81.6	80.4
-54	81.6	81.6	81.6	81.6	81.6	81.2

Increase weight by 800 kg per 1% uphill slope. Decrease weight by 1050 kg per 1% downhill slope.
Increase weight by 1850 kg per 10 knots headwind. Decrease weight by 6850 kg per 10 knots tailwind.
After landing at weights exceeding those shown above, adjusted for slope and wind, wait at least 67 minutes and check that wheel thermal plugs have not melted before executing a subsequent takeoff.

As an alternate procedure, ensure that each brake pressure plate temperature, without artificial cooling, is less than 425°F as follows:
No sooner than 10 and no later than 15 minutes after parking, measure each brake pressure plate surface temperature at a minimum of two points per brake by an accurate method (using a Doric Microtemp 450 hand held thermometer or equivalent, hold temperature probe in place for 20 seconds or until reading stabilizes). If each measured temperature is less than 425°F, immediate dispatch is allowed; otherwise the required minimum ground wait period of 67 minutes applies.

If a Brake Temperature Monitoring System (BTMS) is installed:

No sooner than 10 and no later than 15 minutes after parking, check the BRAKE TEMP light. If the BRAKE TEMP light is not on, no ground waiting period is required. If the BRAKE TEMP light is on, do not dispatch until at least 67 minutes after landing, or until all the BTMS readings on the Systems Display are below 3.5 and the BRAKE TEMP light is off. Check that wheel thermal plugs have not melted before making a subsequent takeoff.
Note: If any brake temperature display digit is blank or indicates 0.0 or 0.1, then this method cannot be used.

图 9.26 737-700 FCOM PD 快速过站最大限重

正常着陆时，刹车也吸收大量的热能。在同一表速下，真速随高度的增加而增加，导致飞机动能增大，刹车吸收的热能多。因此在高原运行中，即使在正常着陆中刹车能量也是要必须面对的问题。

滑行中，为保持对飞机状态的控制，维持适当的速度，需要使用刹车，这部分热能也是构成刹车热能的一个重要部分，特别是在下坡滑行或滑行中多次使用刹车的情况下，但这部分能量却常常被忽略了。

影响刹车温度的因素有多种，下面对这些因素进行简单分析。

飞机重量对飞机动能影响巨大，因而对刹车温度会产生巨大的影响。在同等情况下，重量越重，飞机刹车时的动能就越大，飞机停止下来的刹车温度就越高。

机场的标高和气温也对刹车温度产生很大的影响。这种影响体现在两个方面：一方面，温度和机场压力高度越高，同一表速下的真空速越大，飞机动能越大，使刹车温度增加；另一方面，温度和机场压力高度越高，发动机的反推力越小，在同样的自动刹车挡位，要求刹车提供的制动力就越大，使刹车温度增加。

在跑道长度足够的情况下，低挡位的自动刹车有利于降低刹车温度，全反推的使用有利于降低刹车温度。另外，刹车时的速度越大，其温度增加越多，因此，准确控制进场速度和进场高度，有利于控制飞机的接地速度，从而减小刹车温度。

反推主要是在高速段起作用，而刹车在低速段效果更好。因此，在接地即使用最大反推，中后期再使用最大刹车，可有助于高原运行中刹车升温问题的解决。

为控制刹车热能，除快速过站限重表外，也可参考非审定要求的刹车冷却计划表（Brake Cooling Schedule），它可以帮助运营人确定具体的刹车能量大小。其目的不是替代快速过站最大限重表，其使用是非强制性的。图9.27给出了一个样例。它同样未考虑刹车中的残余热能问题。

ADVISORY INFORMATION
Recommended Brake Cooling Schedule
Reference Brake Energy Per Brake (Millions of Foot Pounds)

WEIGHT (1000 KG)	OAT (°C)	WIND CORRECTED BRAKES ON SPEED (KIAS)*																
		80			100			120			140			160			180		
		PRESSURE ALTITUDE (1000 FT)																	
		0	5	10	0	5	10	0	5	10	0	5	10	0	5	10	0	5	10
80	0	15.3	17.2	19.4	22.9	25.8	29.3	31.7	35.8	40.9	41.5	47.1	54.2	52.2	59.6	69.0	62.4	71.4	83.3
	10	15.8	17.7	20.0	23.6	26.6	30.2	32.7	37.0	42.2	42.8	48.7	55.9	53.9	61.5	71.2	64.4	73.7	86.0
	15	16.0	18.0	20.3	24.0	27.1	30.7	33.2	37.6	42.9	43.5	49.4	56.8	54.7	62.4	72.3	65.3	74.8	87.3
	20	16.3	18.3	20.6	24.4	27.5	31.1	33.7	38.1	43.5	44.1	50.1	57.6	55.6	63.4	73.4	66.3	75.9	88.6
	30	16.7	18.8	21.2	25.0	28.2	32.0	34.6	39.2	44.7	45.4	51.5	59.3	57.1	65.1	75.4	68.2	78.0	91.0
	40	16.8	18.9	21.3	25.2	28.5	32.3	35.0	39.6	45.3	46.0	52.3	60.2	58.0	66.3	77.0	69.5	79.7	93.3
	50	16.8	19.0	21.4	25.3	28.6	32.5	35.2	40.0	45.8	46.4	52.9	61.1	58.8	67.4	78.5	70.7	81.3	95.6
70	0	13.9	15.6	17.6	20.6	23.3	26.3	28.4	32.1	36.5	37.1	42.1	48.2	46.6	53.0	61.2	56.4	64.4	74.8
	10	14.4	16.2	18.2	21.3	24.0	27.2	29.3	33.1	37.7	38.3	43.4	49.7	48.1	54.7	63.1	58.2	66.5	77.2
	15	14.6	16.4	18.5	21.6	24.4	27.6	29.8	33.6	38.3	38.9	44.1	50.5	48.9	55.6	64.1	59.1	67.5	78.4
	20	14.8	16.7	18.8	22.0	24.8	28.0	30.2	34.2	38.9	39.5	44.7	51.3	49.5	56.4	65.1	60.0	68.5	79.6
	30	15.2	17.1	19.3	22.6	25.5	28.8	31.1	35.1	40.0	40.6	46.0	52.7	50.9	58.0	66.9	61.6	70.4	81.8
	40	15.3	17.2	19.4	22.7	25.6	29.1	31.3	35.5	40.4	41.0	46.6	53.5	51.7	58.9	68.1	62.7	71.8	83.6
	50	15.3	17.2	19.4	22.8	25.8	29.2	31.5	35.7	40.8	41.4	47.1	54.2	52.3	59.7	69.3	63.7	73.1	85.4
60	0	12.6	14.1	15.9	18.4	20.7	23.4	25.1	28.3	32.2	32.5	36.9	42.1	40.7	46.3	53.1	49.6	56.5	65.3
	10	13.0	14.6	16.4	19.0	21.4	24.2	25.9	29.2	33.2	33.6	38.0	43.4	42.0	47.7	54.9	51.2	58.3	67.4
	15	13.2	14.8	16.6	19.3	21.7	24.6	26.3	29.7	33.7	34.1	38.6	44.1	42.7	48.5	55.7	51.9	59.2	68.4
	20	13.4	15.0	16.9	19.6	22.1	24.9	26.7	30.1	34.2	34.6	39.2	44.8	43.3	49.2	56.5	52.7	60.1	69.5
	30	13.7	15.4	17.4	20.1	22.7	25.6	27.4	31.0	35.2	35.6	40.3	46.0	44.5	50.6	58.1	54.2	61.7	71.4
	40	13.8	15.5	17.5	20.3	22.8	25.8	27.7	31.3	35.6	36.0	40.8	46.6	45.1	51.3	59.0	55.0	62.8	72.8
	50	13.8	15.5	17.5	20.3	22.9	25.9	27.8	31.5	35.8	36.2	41.1	47.1	45.6	51.9	59.9	55.7	63.8	74.2
50	0	11.2	12.6	14.1	16.2	18.2	20.5	21.8	24.6	27.9	28.0	31.7	36.1	34.8	39.5	45.1	42.1	47.9	55.1
	10	11.6	13.0	14.6	16.7	18.8	21.2	22.5	25.4	28.8	28.9	32.7	37.2	35.9	40.7	46.6	43.5	49.4	56.8
	15	11.7	13.2	14.8	16.9	19.1	21.5	22.8	25.8	29.2	29.4	33.2	37.8	36.5	41.4	47.3	44.2	50.2	57.7
	20	11.9	13.4	15.1	17.2	19.4	21.9	23.2	26.2	29.6	29.8	33.7	38.4	37.0	42.0	48.0	44.8	50.9	58.6
	30	12.3	13.8	15.5	17.7	19.9	22.5	23.8	26.9	30.5	30.7	34.7	39.4	38.1	43.2	49.4	46.1	52.4	60.2
	40	12.3	13.8	15.6	17.8	20.0	22.6	24.0	27.1	30.7	30.9	35.0	39.9	38.5	43.7	50.0	46.7	53.1	61.2
	50	12.3	13.8	15.6	17.8	20.1	22.7	24.1	27.2	30.9	31.1	35.2	40.2	38.8	44.1	50.6	47.2	53.8	62.1
40	0	9.9	11.1	12.5	14.0	15.7	17.7	18.5	20.8	23.5	23.5	26.5	30.1	28.9	32.7	37.3	34.8	39.4	45.1
	10	10.2	11.5	12.9	14.4	16.2	18.2	19.1	21.5	24.3	24.3	27.4	31.1	29.9	33.8	38.5	35.9	40.7	46.5
	15	10.4	11.7	13.1	14.6	16.5	18.5	19.4	21.8	24.7	24.6	27.8	31.5	30.3	34.3	39.1	36.4	41.3	47.2
	20	10.6	11.9	13.3	14.9	16.7	18.8	19.7	22.2	25.1	25.0	28.2	32.0	30.8	34.8	39.7	37.0	41.9	47.9
	30	10.9	12.2	13.7	15.3	17.2	19.3	20.2	22.8	25.8	25.7	29.0	32.9	31.7	35.8	40.8	38.0	43.1	49.3
	40	10.9	12.2	13.7	15.3	17.3	19.4	20.3	22.9	25.9	25.9	29.3	33.2	31.9	36.2	41.2	38.4	43.6	50.0
	50	10.9	12.2	13.8	15.4	17.3	19.5	20.4	23.0	26.1	26.0	29.4	33.4	32.1	36.4	41.6	38.7	44.0	50.5

*To correct for wind, enter table with the brakes on speed minus one half the head wind or plus 1.5 times the tailwind. If ground speed is used for brakes on speed, ignore wind and enter table with sea level, 15°C.

Adjusted Brake Energy Per Brake (Millions of Foot Pounds)
No Reverse Thrust

EVENT		REFERENCE BRAKE ENERGY PER BRAKE (MILLIONS OF FOOT POUNDS)								
		10	20	30	40	50	60	70	80	90
RTO MAX MAN		10	20	30	40	50	60	70	80	90
LANDING	MAX MAN	7.5	15.8	24.6	33.8	43.5	53.5	63.6	73.9	84.2
	MAX AUTO	7.3	15.0	23.2	31.9	41.2	51.0	61.3	72.2	83.7
	AUTOBRAKE 3	7.0	14.2	21.8	29.7	38.1	47.1	56.7	67.1	78.3
	AUTOBRAKE 2	6.6	13.3	20.2	27.3	34.7	42.6	51.0	59.9	69.6
	AUTOBRAKE 1	6.3	12.4	18.6	24.9	31.6	38.6	46.2	54.4	63.5

（a）

Recommended Brake Cooling Schedule
Adjusted Brake Energy Per Brake (Millions of Foot Pounds)
Two Engine Detent Reverse Thrust

	EVENT	REFERENCE BRAKE ENERGY PER BRAKE (MILLIONS OF FOOT POUNDS)								
		10	20	30	40	50	60	70	80	90
	RTO MAX MAN	10	20	30	40	50	60	70	80	90
LANDING	MAX MAN	6.9	14.5	22.7	31.4	40.4	49.7	59.3	68.9	78.5
	MAX AUTO	6.0	12.6	19.8	27.6	36.0	45.1	54.8	65.3	76.5
	AUTOBRAKE 3	4.5	9.5	15.1	21.3	28.1	35.6	43.7	52.5	62.0
	AUTOBRAKE 2	2.6	5.9	9.7	14.1	19.1	24.7	31.0	37.9	45.4
	AUTOBRAKE 1	1.8	3.8	6.3	9.1	12.5	16.4	21.0	26.3	32.5

Cooling Time (Minutes) - Category F Steel Brakes

		EVENT ADJUSTED BRAKE ENERGY (MILLIONS OF FOOT POUNDS)							
		16 & BELOW	17	20	23	25	28	32	33 TO 48	49 & ABOVE
		BRAKE TEMPERATURE MONITOR SYSTEM INDICATION ON CDS							
		UP TO 2.4	2.6	3.1	3.5	3.9	4.4	4.9	5.0 TO 7.5	7.5 & ABOVE
INFLIGHT GEAR DOWN	NO SPECIAL PROCEDURE REQUIRED		1	2	3	4	5	6	CAUTION	FUSE PLUG MELT ZONE
GROUND			10	20	30	40	50	60		

Cooling Time (Minutes) - Category M Carbon Brakes

		EVENT ADJUSTED BRAKE ENERGY (MILLIONS OF FOOT POUNDS)							
		16 & BELOW	17	19	20.9	23.5	26.9	29.4	30 TO 41	41 & ABOVE
		BRAKE TEMPERATURE MONITOR SYSTEM INDICATION ON CDS							
		UP TO 2.5	2.6	3	3.3	3.8	4.5	4.9	5.0 TO 7.1	7.1 & ABOVE
INFLIGHT GEAR DOWN	NO SPECIAL PROCEDURE REQUIRED		1	4	5	6	7	7.6	CAUTION	FUSE PLUG MELT ZONE
GROUND			6.7	16.0	24.1	34.2	45.9	53.3		

Observe maximum quick turnaround limit.
Table shows energy per brake added by a single stop with all brakes operating. Energy is assumed to be equally distributed among the operating brakes. Total energy is the sum of residual energy plus energy added.
Add 1.0 million foot pounds per brake for each taxi mile.

When in caution zone, wheel fuse plugs may melt. Delay takeoff and inspect after one hour. If overheat occurs after takeoff, extend gear soon for at least 7 minutes.

When in fuse plug melt zone, clear runway immediately. Unless required, do not set parking brake. Do not approach gear or attempt to taxi for one hour. Tire, wheel and brake replacement may be required. If overheat occurs after takeoff, extend gear soon for at least 12 minutes.

Brake temperature monitor system (BTMS) indication on CDS systems page may be used 10 to 15 minutes after airplane has come to a complete stop or inflight with gear retracted to determine recommended cooling schedule.

(b)

图 9.27 B737-700 机型刹车冷却计划表

预防刹车过热，除了提高飞行技术、控制刹车增温的因素外，使用起落架空中冷却也是迅速消散热能的有效方法。一般而言，刹车在地面静止状态下的冷却效率只有空中冷却效率的 1/10；空中收轮后的刹车冷却效果也很差，其冷却效率甚至低于地面。但增加空中放轮时间，在地形复杂机场以及性能严重衰退的高原机场，可能会危及一发失效后的越障安全问题。

9.6 审定着陆性能计算

以 B737-700/7B24 机型在示例机场 03 跑道着陆为例，使用 AFM-DPI 进行审定性能数据的计算，选择 Landing Limit Weights 计算模式。其他计算条件如下：

进近 Flap15，着陆 Flap30，A/C Auto，A/I Off，前重心，自动减速板，反推工作，刹车类型 F。温度 24 ℃，风速 0，结构限重 58 604 kg，自动刹车关，人工着陆，快速过站 Yes，入口速度、进近爬升、着陆爬升均为规章最低值，计算结果如图 9.28 所示。

```
                    FAA Approved Airplane Flight Manual
        BOEING AFM-DPI Performance Software Serial Number: D631A001.F01.G082
              Data Version: 024    Software Version: 008.03
                       Landing Limit Weights Report

                              Configuration
                              -------------
Model         = 737-700             Brake Type        = Cat F
Engine        = CFM56-7B24          Brake Config      = All Operative
Thrust Rating = CFM56-7B24          Tire Speed        = 225.00 MPH
Air Cond Bleed = Auto               Center of Gravity = Forward
Anti-ice Bleed = Off                Reversers         = Oper: No Credit
Flaps                               Spoilers          = Automatic
  Approach   15
  Landing    30

                                Conditions
                                ----------
Certificate Limitations: Maximum Landing Weight =   58604 KG
Actual Temp       =    24.0 DEG C
Pressure Altitude =    6217 FEET     Runway Cond     = Dry
Runway Wind       =       0 KNOTS    Inflight Icing  = No
Runway Length     =    3400 METERS   Slope           =   .00 PERCENT

                           Performance Options
                           -------------------
Autoland           = No             Max Quick Turnaround = Yes
                                    Threshold Speed      = Standard
                                    Appr Clb Gross Grad  = Standard
                                    Land Clb Gross Grad  = Standard

                           Landing Limit Weights
                           ---------------------
            * Approach Climb                    61478 KG
            * Landing Climb                     68602 KG
            # Scheduled Landing Field Length    81647 KG
            # Brake Energy                      81647 KG
            # Tire Speed                        81647 KG
             CRITICAL: Certificate Limit        58604 KG
* - NOTE: Weight exceeds Certificate Limit (Max. Landing Weight) of   58604 KG.
# - NOTE: Weight exceeds Calculation Maximum Landing Weight of   81647 KG.
          Weight displayed is Calculation Maximum Landing Weight.
              Max Quick Turnaround Weight =   73339 KG

                        Critical Limit Weight Climb Data
                        --------------------------------
                      Limit
              Gross   Gross
              Grad    Grad    Speed              Power
              PERCENT PERCENT KIAS    Flaps      Setting      N1
              ------- ------- -----   -----      -----------  -----
Approach      2.68    2.10    151.8    15        ENGINOP-GA   96.7
Landing       6.04    3.20    133.1    30        AE-8SEC      96.8

            Critical Limit Weight Scheduled Landing Field Length Data
            ---------------------------------------------------------
Threshold Speed           = 133.1 KIAS
Landing Flaps             = 30
Landing Field Length      = 1692 METERS
   Factored Flare Distance  =  566 METERS
   Factored Ground Distance = 1126 METERS
     Flare Distance Factor  = 1.667
     Ground Distance Factor = 1.667
VS (Flaps 15)             = 111.0 KCAS
VS (Flaps 30)             = 108.5 KCAS
VREF (Flaps 30)           = 133.1 KIAS
VMCL                      =  83.9 KIAS at    24.0 DEG C

                                Messages
                                --------
NOTE: Landing Field Length data are calculated at
      Standard Day (ISA) temperature.
NOTE: After landing at weights exceeding the Max Quick Turnaround Weight,
      wait at least 62. minutes, then check wheel thermal plugs before
      making a subsequent takeoff.
NOTE: Landing Field Length data are calculated at zero slope.
```

图 9.28　AFM-DPI 计算 B737-700 审定着陆性能

通过上述计算知道，该机场计算条件下，最大着陆重量（MLD）为结构限重，其他因素不构成限制。以结构限重着陆，不同自动刹车挡位下的运行着陆距离以及审定着陆距离对比如表 9.8 所示。

表 9.8　B737-700 不同条件下的实际着陆距离

刹车	最大人工	A/B max	A/B 3	A/B 2	A/B 1
实际着陆距离/m	1013	1306	1844	2412	2902

9.7　着陆分析表

着陆分析表（Landing Analysis Chart）类似于起飞分析表。对于普通低海拔有着较长跑道的机场，飞机几乎总是能以结构限重着陆，因此着陆分析表的使用较少。但是，对于复杂地形机场以及高原机场，着陆分析表的计算与使用是确保着陆安全的重要手段。

着陆分析表给出的最大着陆重量（MLW）是下列重量中的最小者：

场长限重（Landing Field Length Limit），确保所需距离小于等于可用距离。

爬升限重（Climb Limited），包括进近爬升与着陆爬升，确保达到规章要求的最低爬升梯度。

刹车能量限重（Brake Energy Limited），确保不超过刹车系统吸能极限。

轮速限重（Tire Speed Limited），确保轮胎不被离心力破坏。

结构限重（Maximum Structural Landing Weight），确保飞机结构不受损。

不同于起飞分析表，着陆分析表计算中不需要任何障碍物信息。再次强调一下：着陆分析表计算中，不考虑复飞中是否安全越障（着陆一侧没有越障限重）、不考虑全发或一发失效是否满足复飞程序梯度要求。虽然这在实际运行中是一个很重要的问题，但它们是通过其他附加性能分析的，而不是在着陆分析表中解决的。

起飞分析表、着陆分析表一般是同一个性能软件计算的。对于波音飞机，为 BPS 模块；对于空客飞机，为 PEP/TLO 模块。

9.7.1　波音着陆分析表

图 9.29 为巫家坝机场 03 跑道 B737-700 着陆分析表，该机型结构限重着陆重量为 58.6 t。可以看出，干道面上，整个着陆几乎不受外部条件限制，绝大部分情况均可以结构限重着陆。

BPS 除了这种表计算外，也可进行点计算，得到更进一步的性能信息。这种计算模式在 BPS 中被称为工程输出模式。图 9.30 给出了一个样例的局部。

```
737-700              LANDING PERFORMANCE        ZPPP
CFM56-7B24           Wujiaba                    03
LDA   3400 M         Kunming                    Elev  6217 FT

Approach 15    Landing 30    Air Cond Auto    Anti-ice Off
Dry Rwy

         Maximum Allowable Landing Weight (100 KG)
    OAT                 Wind (Knots)
     C    -10    -5     0      5      10     15     20
     40   529A   529A   529A   529A   529A   529A   529A
     35   555A   555A   555A   555A   555A   555A   555A
     30   582A   582A   582A   582A   582A   582A   582A
     25   609A   609A   609A   609A   609A   609A   609A
     20   639A   639A   639A   639A   639A   639A   639A
     15   653A   653A   653A   653A   653A   653A   653A
     10   654A   654A   654A   654A   654A   654A   654A
      5   655A   655A   655A   655A   655A   655A   655A
      0   656A   656A   656A   656A   656A   656A   656A
     -5   656A   656A   656A   656A   656A   656A   656A
    -10   657A   657A   657A   657A   657A   657A   657A

Above Standard Pressure Add (KG per MB)
        40    40    40    40    40    40    40
Below Standard Pressure Subtract (KG per MB)
        69    69    69    69    69    69    69

Reference QNH is 1013.25 MB
Corrections based on 1003.25 MB and 1023.25 MB

Landing weight must not exceed   58604 KG
Limit Codes:  F=Field      C=Climb       B=Brakes
              A=Approach Climb   L=Landing Climb   T=Tire Speed
```

图 9.29 B737-700 ZPPP 03 跑道干道面着陆分析表

ELEVATION	6217 FT	LDA X FACTOR	1.000	737-700		RUNWAY 03		ZPPP	
LDA	3400 M	LDA INCREMENT	0 M	CFM56-7B24		ENGINES	Wujiaba	DATED 22-APR-2021	
SLOPE	0.00 %	CORRECTED LDA	3400 M						

MAX LANDING WEIGHTS IN KG   MIN QUICK TURNAROUND TIME IS   62.00 MIN
AND CORRESPONDING LANDING SPEEDS IN KNOTS

WIND COMP -KT	OAT DEG C	MAX WT	THR SPD	VAAP CLB	VLNG CLB VMCA	MAX LANDING WEIGHT AS LIMITED BY					LANDING DIST-M		APPROACH FLAP	LANDING FLAP
						FIELD	APP CLIMB	LNDG CLIMB	TIRE SPEED	QUICK TURN-A	REQ'D	ACTUAL	
0	40	52900	126	144	126 78	81600	52900	59200	81600	71300	1531	919	15	30
	35	55500	129	148	129 80	81600	55500	62000	81600	71900	1604	962	15	30
	30	58200	133	151	133 82	81600	58200	64900	81600	72600	1679	1007	15	30
	25	58600	133	152	133 84	81600	60900	68000	81600	73200	1692	1015	15	30
	20	58600	133	152	133 85	81600	63900	71300	81600	73900	1692	1015	15	30
	15	58600	133	152	133 86	81600	65300	72800	81600	74600	1692	1015	15	30
	10	58600	133	152	133 86	81600	65400	72900	81600	75300	1692	1015	15	30
	5	58600	133	152	133 86	81600	65500	73000	81600	76000	1692	1015	15	30
	0	58600	133	152	133 86	81600	65600	73100	81600	76800	1692	1015	15	30
	-5	58600	133	152	133 86	81600	65600	73100	81600	77600	1692	1015	15	30

图 9.30 B737-700 ZPPP 03 跑道着陆分析点计算（局部）

9.7.2 空客着陆分析表

空客着陆分析表分为两大类：一类是针对签派（At Dispatch）使用的，另一类是空中（At Inflight）到达时判定用的。签派形式按规章要求，满足所需着陆距离不大于可用着陆距离；而空中形式按咨询通告要求，满足运行着陆距离乘 1.15 不大于可用着陆距离。空客着陆分析表的表现形式比波音的更为丰富，由计算者定制决定。这两种不同形式的着陆分析表计算界面如图 9.31 所示。

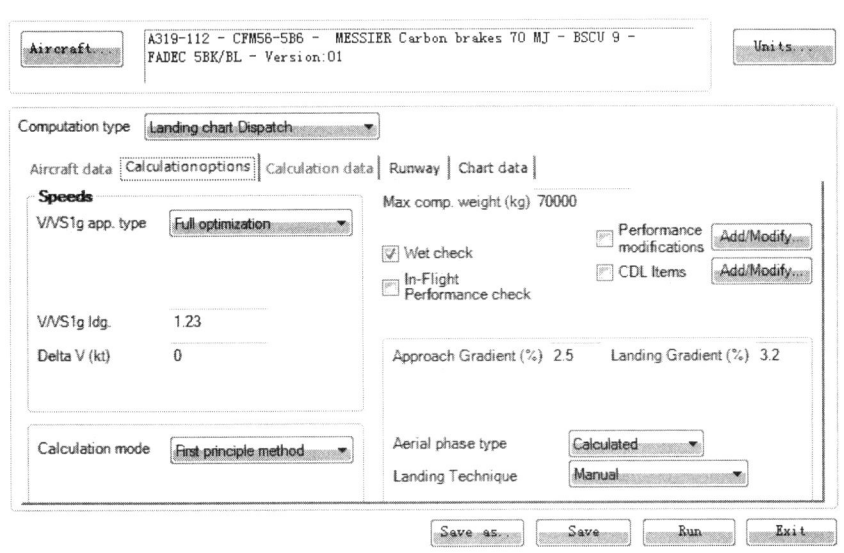

图 9.31　TLO 计算着陆分析表的软件界面

图 9.32 和图 9.33 为样例机场 03 跑道的签派形式与空中形式。需注意：为便于看到性能数据的变化，这两个表的可用着陆距离已改为较短的 2600 m。

A319112 - JAA　CFM56-5B6 engines Fadec 5BK-L	Wujiaba - ZPPP KMG - ZPPP	03	35.0.0　23-Apr-21
AT DISPATCH QNH　　1013.25 HPA Air cond.　Off Anti-icing　Off All reversers inoperative Wet check	Elevation 1891 M Isa temp　3 C Rwy slope 0.14 % LDA　　2600 M Structure Limited Landing Weight : 61 T		AD112E01 V10 DRY CONF FULL GA: CONF 3

OAT C	TAILWIND -10 KT			WIND 0 KT			HEADWIND 10 KT			HEADWIND 20 KT		
40	67.9 1194/	133 1989	3	67.9 1018/	133 1696	3	67.9 959/	133 1599	3	67.9 900/	133 1500	3
35	70.0 1244/	135 2073	1	70.0 1067/	135 1778	1	70.0 1008/	135 1680	1	70.0 948/	135 1581	1
30	70.0 1244/	135 2073	1	70.0 1067/	135 1778	1	70.0 1008/	135 1680	1	70.0 948/	135 1581	1
25	70.0 1244/	135 2073	1	70.0 1067/	135 1778	1	70.0 1008/	135 1680	1	70.0 948/	135 1581	1
20	70.0 1244/	135 2073	1	70.0 1067/	135 1778	1	70.0 1008/	135 1680	1	70.0 948/	135 1581	1
15	70.0 1244/	135 2073	1	70.0 1067/	135 1778	1	70.0 1008/	135 1680	1	70.0 948/	135 1581	1
10	70.0 1244/	135 2073	1	70.0 1067/	135 1778	1	70.0 1008/	135 1680	1	70.0 948/	135 1581	1
5	70.0 1244/	135 2073	1	70.0 1067/	135 1778	1	70.0 1008/	135 1680	1	70.0 948/	135 1581	1
0	70.0 1244/	135 2073	1	70.0 1067/	135 1778	1	70.0 1008/	135 1680	1	70.0 948/	135 1581	1
-5	70.0 1244/	135 2073	1	70.0 1067/	135 1778	1	70.0 1008/	135 1680	1	70.0 948/	135 1581	1
INFLUENCE OF RUNWAY CONDITION												
WET	0.0 0.0	1 1		0.0 0.0	1 1		0.0 0.0	1 1		0.0 0.0	1 1	
STANDING WATER	-17.6 -17.6	-16 -16		-4.5 -4.5	-4 -4		-0.7 -0.7	0 0		0.0 0.0	1 1	
INFLUENCE OF AIR COND.												
On	-1.8 -1.8	-1 -1		-1.8 -1.8	-1 -1		-1.8 -1.8	-1 -1		-1.8 -1.8	-1 -1	
VFA Speed correction VFA　0.8 KT/1000 KG MLW(1000 KG) VFA(kt) code ALD-RLD	1=max weight 2=landing distance 3=approach climb 4=landing climb 5=tire speed 6=braking energy LABEL FOR INFLUENCE :　NO COMBINATION: DW(1000KG) DVFA(KT) 　　COMBINE:　　DW(1000KG) DVFA(KT)											

图 9.32　A319 着陆分析表（AT Dispatch）

A319112 - JAA CFM56-5B6 engines Fadec 5BK-L	Wujiaba - ZPPP KMG - ZPPP	03	35.0.0 23-Apr-21 AD112E01 V10
IN-FLIGHT Wind 0 KT QNH 1013.25 HPA Air cond. Off Anti-icing Off Autobrake mode low All reversers inoperative	Elevation 1891 M Isa temp 3 C Rwy slope 0.14 % LDA 2600 M Structure Limited Landing Weight : 61 T Approach Climb Grad : 2.5%		CONF FULL GA: CONF 3

OAT C	6-DRY	5-GOOD	4-GOOD TO MEDIUM	3-MEDIUM	2-MEDIUM TO POOR
40	62.0 128 2 2261/ 2600	62.0 128 2 2261/ 2600	61.3 127 2 2261/ 2600	56.8 123 2 2261/ 2600	51.7 117 2 2261/ 2600
35	63.0 129 2 2261/ 2600	63.0 129 2 2261/ 2600	62.4 128 2 2261/ 2600	57.8 124 2 2261/ 2600	52.6 118 2 2261/ 2600
30	64.1 130 2 2261/ 2600	64.1 130 2 2261/ 2600	63.4 129 2 2261/ 2600	58.9 125 2 2261/ 2600	53.6 119 2 2261/ 2600
25	65.2 131 2 2261/ 2600	65.2 131 2 2261/ 2600	64.5 131 2 2261/ 2600	60.1 126 2 2261/ 2600	54.6 121 2 2261/ 2600
20	66.3 132 2 2261/ 2600	66.3 132 2 2261/ 2600	65.7 132 2 2261/ 2600	61.3 127 2 2261/ 2600	55.7 122 2 2261/ 2600
15	67.5 133 2 2261/ 2600	67.5 133 2 2261/ 2600	66.9 133 2 2261/ 2600	62.5 129 2 2261/ 2600	56.9 123 2 2261/ 2600
10	68.7 135 2 2261/ 2600	68.7 135 2 2261/ 2600	68.1 134 2 2261/ 2600	63.7 130 2 2261/ 2600	58.1 124 2 2261/ 2600
5	70.0 136 2 2261/ 2600	70.0 136 2 2261/ 2600	69.3 135 2 2261/ 2600	64.9 131 2 2261/ 2600	59.3 125 2 2261/ 2600
0	70.0 136 1 2227/ 2562	70.0 136 1 2227/ 2562	70.0 136 1 2244/ 2581	66.2 132 2 2261/ 2600	60.5 127 2 2260/ 2600
-5	70.0 136 1 2193/ 2522	70.0 136 1 2193/ 2522	70.0 136 1 2209/ 2541	67.6 133 2 2261/ 2600	61.9 128 2 2261/ 2600

D WIND KT	INFLUENCE OF DELTA WIND				
-10	-11.5 -11 -11.5 -11	-11.5 -11 -11.5 -11	-12.6 -12 -12.6 -12	-23.1 -14 -23.1 -14	-22.7 -13 -22.7 -13
+10	0.0 0 0.0 0	0.0 0 0.0 0	0.0 0 0.0 0	+0.7 1 +0.7 1	+1.2 2 +1.2 2
+20	0.0 0 0.0 0	0.0 0 0.0 0	0.0 0 0.0 0	+1.3 1 +1.3 1	+2.5 3 +2.5 3

VAPP Speed correction	1=max weight 2=landing distance 3=approach climb
VAPP 0.8 KT/1000 KG	4=landing climb 5=tire speed 6=braking energy
MLW(1000 KG) VAPP(kt) code LD-FLD	LABEL FOR INFLUENCE: NO COMBINATION: DW(1000KG) DVAPP(KT) COMBINE: DW(1000KG) DVAPP(KT)

图 9.33 A319 着陆分析表（AT Inflight）

同样的，空客 TLO 也可进行着陆分析的点计算。图 9.34 给出了样例机场的点计算结果。计算条件：OAT 24 ℃，静风，2600 m LDA。

```
I------------I------------I------------I------------I------------I
I MX LD WEIGHTI WE LIM LD MINIWE LIM LD MAXI WE LIM ACG I WE LIM LCG I
I KG         I KG         I KG         I KG         I KG         I
I    61000.0 I    35000.0 I    61000.0 I    61000.0 I    61000.0 I
I------------I------------I------------I------------I------------I
I WE LIM TR SPDIWE LIM BRK ENIREQUIRED LD I FACTORED LD I LD         I
I KG         I KG         I M          I M          I M          I
I    61000.0 I    61000.0 I     1482.6 I************I      889.6 I
I------------I------------I------------I------------I------------I
I AERIAL DIS I ACG MX WE  I CAT II MX WEI LCG MX WE  I AP CLIMB SPDI
I M          I %          I %          I %          I KT         I
I      268.7 I      3.517 I************I     13.508 I    130.602 I
I------------I------------I------------I------------I------------I
I LD CLIMB SPDI VAPP CAS  I VAPP IAS   I VMCL IAS   I LIMIT CODE I
I KT         I KT         I KT         I KT         I            I
I    126.081 I    125.912 I    126.085 I    111.305 I         1. I
I------------I------------I------------I------------I------------I
I BRK ENERGY I CRIT TEMP  I V/VS ACG   I
I %          I DEG C      I            I
I       48.1 I       42.7 I      1.230 I
I------------I------------I------------I
```

图 9.34　ZPPP 03 跑道（2600 m）着陆点计算

9.8　复飞程序性能分析

ICAO DOC 8168 关于复飞程序设计规范简单示于图 9.35 中。缺省情况下，复飞程序的爬升梯度为 2.5%。这种情况可不标出。地形复杂机场，满足越障要求的复飞梯度可能超过 2.5%，这种情况的程序梯度必须予以公布。

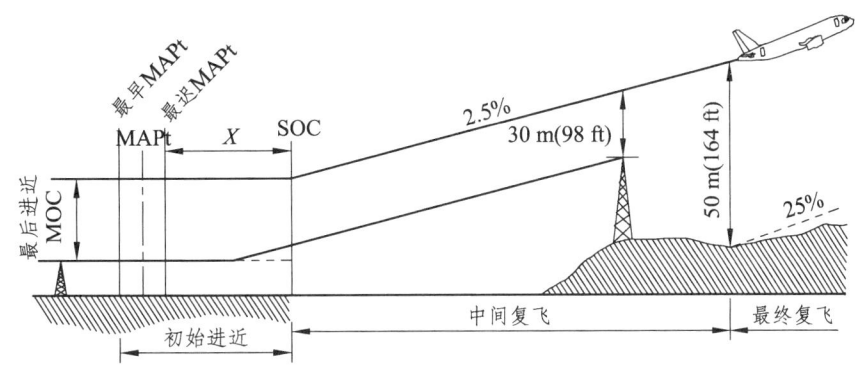

图 9.35　8168 复飞程序规范

EU-OPS 1.510 提出了对着陆的附加要求：

（a）对于复飞梯度超过 2.5% 的仪表进近，运营人应检查在预期着陆重量、一发失效、复飞构型与速度下，飞机具有大于或等于复飞梯度的能力。

（b）对于 DH 低于 200 ft 的仪表进近，运营人必须验证在预期着陆重量、一发失效、复飞构型与速度下，飞机具有大于 2.5% 或公布复飞梯度（两者中较大者）的能力。

CAAC AC-121-FS-2014-123"飞机起飞一发失效应急程序和一发失效复飞应急程序制作规范"要求：

公布的仪表进近程序的复飞航段或复飞程序是针对全发超障设计的，航空承运人应考虑进近阶段一发失效的可能性，确保一发失效复飞的安全。

一发失效复飞超障评估时，应从 DA/DH 处开始，按照 MLW 和标准仪表复飞路线进行超障评估。如不能安全超障，则可采取如下方式之一或其组合以确保 OEI 复飞安全超障：

- 降低 MLW，以确保 OEI 后沿标准仪表复飞路线复飞满足超障要求；
- 按照 MLW 和标准仪表复飞路线计算 OEI 复飞高度，并相应提高 DA/DH；
- 按照 MLW 沿同跑道起飞 OEI 应急程序路线进行越障评估；
- 以上方法或其组合均不能满足航空承运人的运营要求时，则需制作 OEI 复飞应急程序。

一发失效复飞障碍物分析应考虑以下保护区范围：

从复飞点开始，保持半宽 300 m 至与起飞 OEI 保护区的融合处，然后半宽继续以 12.5% 的扩张率扩展至 900 m，对于 RNP AR 飞行程序，可取 900 m 和 $2 \times RNP$ 的较小值。

一发失效复飞应急程序垂直超障余度要求与起飞一发失效应急程序垂直超障余度要求相同。

目前在中国民航的实际运行中，均按这些要求，在着陆分析表的基础上，进行一发失效复飞性能的超障检查。

参考文献

[1] 陈治怀. 飞机性能工程[M]. 北京：中国民航出版社，1993.

[2] 刘晓明，苏彬，孙宏. 飞行性能与计划[M]. 成都：西南交通大学出版社，2003.

[3] 王大海，杨俊，余江. 飞行原理[M]. 成都：西南交通大学出版社，2004.

[4] 朱代武，陈肯，周继华. 现代飞行程序设计[M]. 成都：西南交通大学出版社，2019.

[5] 余江. 高原/复杂地形机场和航线运行的飞机性能分析[M]. 成都：西南交通大学出版社，2015.

[6] DALE C. Dictionary of Aeronautical Terms[M]. US：Aviation Supplies @ Academics Inc.，1997.

[7] Aeronautical Information Manual[M]. US：Department of Transportation, Federal Aviation Administration，2019.

[8] Aeronautical information publication 26 Edition[M]. US：Department of Transportation, Federal Aviation Administration，2020.

[9] Instrument Procedures Handbook[M]. US：Department of Transportation, Federal Aviation Administration，2017.

[10] CAAC. CCAR-25-R4. 运输类飞机适航标准[S]. 北京：中国民用航空局，2016.

[11] CAAC. CCAR-121-R7. 大型飞机公共航空运输承运人运行合格审定规则[S]. 北京：中国民用航空局，2021.

[12] CAAC. AC-97-FS-2011. 民用航空机场运行最低标准制定与实施准则[S].

[13] CAAC. AC-121FS-018. 飞机航线运营应进行的飞机性能分析[S].

[14] CAAC. AC-121-2009-17R2. 特殊机场的分类标准及运行要求[S].

[15] CAAC. AC-121-FS-2014-123. 飞机起飞一发失效和一发失效复应急程序制作规范[S].

[16] 民航西南地区高原、特殊机场运行指南[S]. 民航西南地区管理局，2011.

[17] FAA. Federal Aviation Regulations[S]. http://www.faa.gov/avr/AFS/FARS.

[18] EASA. Regulation[S]. https://www.easa.europa.eu/regulations.

[19] 双发延伸航程运行（ETOPS）指南[S]. 民航局飞标司，2002.

[20] ICAO DOC 8168. Procedures for Air Navigation Services Aircraft Operations[M]. 7th Edition，2016.

[21] ICAO DOC 9137. Airport Services Manual[M]. 5th Edition，2020.

[22] ICAO DOC 9613. Performance Based Navigation (PBN) Manual[M]. 4rd Edition, 2013.

[23] FAA. AC 120-91. Airport Obstacle Analysis[M]. 2006.

[24] Transport Canada Civil Aviation. AC 700-016. Compliance with Regulations and Standards for Engine-Inoperative Obstacle Avoidance[S]. 2010.

[25] Transport Canada Civil Aviation. AC 700-049, Missed Approaches with Published Climb Gradients: Special Authorization and Guidance[S]. 2018.

[26] Australian Civil Aviation Safety Authority. Guidelines for the Consideration and Design of Engine Out SID and Engine Out Missed Approach Procedures. Draft CAAP 235-4（0）[S]. 2006.

[27] Aeroplane Performance[M]. England：Click2ppsc Ltd.，2001.

[28] Getting to Grips with Aircraft Performance[M]. France：Airbus Customer Services，2002.

[29] Getting to Grips with ETOPS[M]. France：Airbus Customer Services，1998.

[30] Getting to Grips with MMEL and MEL[M]. France：Airbus Customer Services，2005.

[31] Getting to Grips with RNP AR[M]. France：Airbus Customer Services，2009.

[32] DAVID R. Aerodynamics，Engines and System for the Professional Pilot[M]. England：Airlife Publishing Ltd.，2001.

[33] CLIFFORD M. Aeronautical Engineer's Data Book[M]. UK：Butterworth-Heineman Publishing，2002.

[34] JOHN D A. Aircraft Performance and Design[M]. US：Mcgraw-Hill Companies Inc.，1999.

[35] MARTIN E E. Aircraft Performance - Theory and Practice[M]. US：American Institute of Aeronautics and Astronautics，2000.

[36] ALEXANDER T W. Commercial Aviation Safety[M]. US：Mcgraw-Hill Companies Inc.，2001.

[37] SWATTON P J. Aircraft Performance Theory for Pilot[M]. UK：Blackwell Science Ltd，2000.

[38] Rolls-Royce plc. The Jet Engine[M]. England：Renault Printing Co Ltd，1996.

附 录

附录1 符号表

符号	含义	符号	含义
α	迎角	V_R	抬轮速度
γ	坡度	V_{SS}	振杆速度
δ	空气压力比	V_{IB}	初始抖动速度
θ	上升/下降角、空气温度比	V_S	传统失速速度
ρ	空气密度	V_{S1G}	1g 失速速度
σ	空气密度比	V_{EF}	临界发动机失效速度
a	音速	V_{LOF}	离地速度
C_D	阻力系数	V_{MU}	最小离地速度
C_L	升力系数	V_{SR}	参考失速速度
D	阻力	V_{MCG}	地面最小操纵速度
g	重力加速度	V_{MCA}	空中最小操纵速度
H	高度	V_{MBE}	最大刹车能量速度
L	升力	V_{TIRE}	最大轮胎速度
M	马赫数	N_1	风扇转速
q	动压	N_2	高压压气机转速
R	转弯半径	V_{FE}	放襟翼最大速度
S	机翼面积	V_{FTO}	最后起飞速度
T	温度,推力	V_{APP}	最后进近速度
V	速度	V_{REF}	着陆参考速度
W	重量	V_{MCL}	进近着陆最小操纵速度
R/C	爬升率	T_{REF}	平推力温度(拐点温度)
V_1	起飞决断速度		
V_2	起飞安全速度		
V_{2min}	最小起飞安全速度		

附录 2　缩略语表

A/C	Air Conditioner 空调
A/I	Anti-Ice 防冰
AC	Advisory Circular（FAA）咨询通告
ACJ	Advisory Circular Joint（JAA）联合咨询通告
AEO	All engines operating 全发工作
AFM	Aircraft Flight Manual 飞机飞行手册
AOM	Airline Operation Manual 航空公司运行手册
AMC	Acceptable Means of Compliance 可接受的符合性方法
AMJ	Advisory Material Joint （JAA）联合咨询材料
AR	Authorization Required 需要局方授权
BRP	Brake Release Point（起飞跑道）松刹车点
CAAC	Civil Aviation Administration of China 中国民用航空局
CCAR	China Civil Aviation Regulation 中国民用航空规章
CAS	Calibrated Air Speed 校正空速
CDL	Configuration Deviation List 构型偏差单
CWY	Clear Way 净空道
CS	Certification Specifications（EASA）审定规范
EASA	European Aviation safety Agency 欧洲航空安全局
EGT	Exhaust Gas Temperature 排气温度
EOSID	Engine Out Standard Instrument Departure 起飞一发失效应急程序
EPR	Engine Pressure Ratio 发动机压力比
ETOPS	Extended range with Twin engine aircraft Operations 双发延程飞行
FAA	Federal Aviation Administration 美国联邦航空局
FAF	Final Approach Fix 最后进近定位点
FAR	Federal Aviation Regulation 美国联邦航空规章
FBW	Fly By Wire 电传操纵飞机
FCOM	Flight Crew Operating Manual 飞行机组操作手册
FMC	Flight Management Computer 飞行管理计算机
GDS	Green Dot Speed 绿点速度
IA	Indicated Altitude 指示高度
IAS	Indicated Air Speed 指示空速

ICAO	International Civil Aviation Organization 国际民航组织	
IEM	Interpretative / Explanatory material（JAA）注释/解释材料（JAA）	
IFP	In Flight Performance 飞行中性能	
ILS	Instrument Landing System 仪表着陆系统	
ISA	International Standard Atmosphere 国际标准大气	
JAA	Joint Aviation Authority 欧洲联合航空局	
JAR	Joint Airworthiness Requirements 欧洲联合适航要求	
LRC	Long Range Cruise 远程巡航	
MCDU	Multipurpose Control and Display Unit 多功能控制和显示组件	
MCT	Maximum Continuous Thrust 最大连续推力	
MDA	Minimum Descend Altitude 最低下降高度	
MEA	Minimum En route Altitude 最低航路高度	
MOCA	Minimum Obstacle Clearance Altitude 最低越障高度	
MORA	Minimum Off Route Altitude 最低偏航高度	
MSA	Minimum Sector Altitude 扇区最低安全高度	
MSL	Mean Sea Level 平均海平面	
ND	Navigation Display 导航显示器	
NTPD	Normal Temperature and Pressure Dry 标准温度气压干气体	
OAT	Outside Air Temperature 外界大气温度	
OEI	One Engine Inoperative 一发失效	
OFP	Operational Flight Path 运行飞行航迹	
PA	Pressure Altitude 气压高度（压力高度）	
PBN	Performance Based Navigation 基于性能的导航	
PEP	Performance Engineering Programs 性能工程师软件	
PNR	Point of No Return 无返回点，返航点	
PFD	Primary Flight Display 主飞行显示器	
QFE	Pressure at the airport reference point 场压	
QNH	Mean Sea Level pressure 修正海压	
QNE	Standard Sea Level pressure 标准海压	
QRH	Quick Reference Handbook 快速参考手册	
RNP	Required Navigation Performance 所需导航性能	
RTOW	Regulatory Takeoff Weight Chart 起飞分析表（空客）	
SAT	Static Air Temperature 静温	
SCAP	Standard Computerized Airplane Performance 标准性能计算软件接口规范	

SID	Standard Instrument Departure Procedure 标准仪表离场程序
STAR	Standard Terminal Arrival Procedure 标准仪表进场程序
SM	Statute Mile 法定英里
SWY	Stop Way 停止道
TA	True Altitude 真实高度
TAS	True Air Speed 真空速
TAT	Total Air Temperature 空气总温
TOC	Top of Climb 爬升顶点
TOD	Top of Descent 下降顶点
TOGA	Take Off Go Around 起飞复飞推力等级
TOW	Take Off Weight 起飞重量
TREF	Flat Rating Temperature 平推力温度（拐点温度）

附录3　单位制及其转换

温度（Temperature）：

气体分子的运动程度。

公制：相对温度为摄氏温度（Celsius），冰点 0 °C，沸点 100 °C，差值 100。绝对温度为开氏温度（Kelvin），冰点 273.15 K，沸点 373.15 K，差值 100。

英制：相对温度为华氏温度（Fahrenheit），冰点 32 °F，沸点 212 °F，差值 180。绝对温度为兰氏温度（Rankine），冰点 491.67 R，沸点 671.67 R，差值 180。

°C = (°F − 32) × 5/9

长度或距离（Length or Distance）：

一维空间的测量。

公制：毫米 millimeters，厘米 centimeters，米 meters，千米 kilometers。

英制：英寸 inchs，英尺 feet，码 yard，法定英里 statute miles。

航空：海里 nautical miles。

1feet = 12 inchs，1yard = 3 feet，1sm = 5280 feet

1 m = 3.280 84 ft

1 sm（statute mile）= 1609.343 95 m

1 NM（nautical mile）= 6076.115 68 ft = 1852 m

面积（Area）：

二维空间的测量。

公制：平方米 square meters，平方千米 square kilometers。

英制：平方英寸 square inchs，平方英尺 square feet。

1 m^2 = 10.763 91 ft^2

1 in^2 = 6.451 60 cm^2

容积（Volume）：

三维空间的测量。

公制：升 liters，立方厘米 cubic centimeters，立方米 cubic meters。

英制：美加仑 U.S. gallons，立方英尺 cubic feet。

1 U.S.gallon = 3.7854 L = 231 in^3

速度（Velocity）：

单位时间运动的距离。

公制：km/h，m/s。

英制：miles/hour，feet/s。

航空：节 knots（NM/h）。
1 kt = 1.1508 mile/h = 1.8520 km/h = 1.6878 ft/s

加速度（Acceleration）：
速度改变的快慢。
公制：m/s^2，g。
英制：feet/s^2，g。
航空：knots/s^2，g。
1 m/s^2 = 3.280 84 ft/s^2
1 g = 32.174 05 ft/s^2 = 9.806 65 m/s^2

角度（Angles）：
方向的改变量。
所有单位制：弧度 radians，度分秒 degrees, minutes, seconds。
圆周长度：$2\pi r$。
360 deg = 2π rad
1 rad = 57.295 83°（= 360/2π）

质量（Mass）：
物体中物质的数量。
公制：kg（Mass）。
英制：slugs。
1 kg（Mass）= 0.068 522 slugs

力或重量（Force or Weight）：
以特定加速度加速某一质量物体所需要的代价。
公制：牛顿 Newton，以 1 m/s^2 加速度加速 1 kg 质量物体所需的力；公斤（力）kg（Force），以 1 g 加速度加速 1 kg 质量物体所需的力。
英制：磅 pound，以 1 ft/s^2 加速度加速 1slug 质量物体所需的力。
1 lb = 0.453 592 37 kg（Force）= 4.448 22 N

密度（Density）：
单位体积的质量（质量密度），单位体积的重量（重量密度）。
相对密度（比重 Specific Gravity）：物体密度与纯水密度的比值。纯水密度定义为 4 °C 时为 1 kg/L。
公制：kg/m^3。
英制：slugs/ft^3。
航空：kg/L，lb/gallon。

1 kg（Force）/L = 8.3453 lb/gallon

压力（Pressure）：
单位面积上的力。
公制：N/m^2（Pascals），bars
英制：lb/ft^2
航空：atmospheres, hectoPascals（millibars），inches of Mercury。
1 atm = 1013.2 mbar = 29.92 inHg = 760.0 mmHg = 2116.216 6 lb/ft^2。
1 bars = 100 000 N/m^2 = 100 000 Pascals = 1000 hectoPascals

能量（Energy）：
物体系统做功的能力。
公制：J（N·m）；cal（gram-degree C at 14.5 deg C）。
英制：ft·lb；BTU（pound-deg F at 63 degrees F）。
1 J = 0.238 846 cal
1 N·m = 0.737 57 ft·lb
1 BTU = 1055.1 J

功率（Power）：
做功的快慢。
公制：W（N·m）
英制：ft·lb/s；horsepower
1 horsepower = 550 ft·lb/s = 745.7 W